Bodo Morgenstern

Elektronik

Band III: Digitale
Schaltungen und Systeme

Literatur für das Grundstudium

Mathematik für Ingenieure
von L. Papula, 2 Bände

Übungsbuch zur Mathematik für Ingenieure
von L. Papula

Mathematische Formelsammlung
von L. Papula

Grundlagen der Elektrotechnik
von W. Ameling, 2 Bände

Elektrotechnik für Ingenieure
von W. Weißgerber, 3 Bände

Elemente der angewandten Elektronik
von E. Böhmer

Elektronik
von B. Morgenstern, 3 Bände

Elektrische Meßtechnik
von K. Bergmann

Werkstoffkunde für die Elektrotechnik
von P. Guillery, R. Hezel und B. Reppich

Lehr- und Übungsbuch der Technischen Mechanik
von H. H. Gloistehn, 3 Bände

Vieweg

Bodo Morgenstern

Elektronik

Band III: Digitale Schaltungen und Systeme

Mit 410 Bildern und 69 Tabellen

vieweg

Die Deutsche Bibliothek – CIP-Einheitsaufnahme

Morgenstern, Bodo:
Elektronik / Bodo Morgenstern. – Braunschweig;
Wiesbaden: Vieweg.

Bd. 3. Digitale Schaltungen und Systeme: mit 69 Tabellen. –
1992
ISBN 3-528-03366-5

Druck: Wilhelm & Adam, Heusenstamm
Buchbinderische Verarbeitung: Lengericher Handelsdruckerei, Lengerich
Gedruckt auf säurefreiem Papier
Printed in Germany

ISBN 3-528-03366-5

*Man muß keinem Werk, hauptsächlich keiner Schrift die Mühe ansehen,
die sie gekostet hat.*

(Lichtenberg)

Vorwort

Das vorliegende Werk enthält den Stoff einer zweitrimestrigen Pflichtvorlesung für Studierende der Nachrichtentechnik im dritten Studienjahr, die ich an der Universität der Bundeswehr Hamburg halte. Es umfaßt die wesentlichen Bereiche der digitalen Informationsverarbeitung in Hard- und Software, wobei das Schwergewicht mit Hinblick auf die Bände Elektronik I (Elektronische Bauelemente) und II (Analoge Schaltungen) in der Hardware liegt.

Es wendet sich an Studierende der Nachrichtentechnik und der Technischen Informatik sowie verwandter Gebiete an Technischen Hochschulen und Fachhochschulen. Da es sowohl als Lehrbuch als auch zum Selbststudium geeignet ist, nützt es auch dem Anwender digitaler Systeme in der Praxis, der sich mit deren Wirkungsprinzipien vertraut machen möchte.

Vorausgesetzt werden elementare Kenntnisse in Mathematik, Physik, Grundlagen der Elektrotechnik und Elektronik gemäß den Bänden I und II. Die Stoffauswahl - um eine solche muß es sich bei der Weite des Gesamtgebietes zwangsläufig handeln - erfolgte so, daß versucht wurde, dem Studierenden ein breites Basiswissen zu vermitteln, das an einigen Stellen exemplarisch vertieft wird. Dadurch soll einerseits ein möglichst umfassender Überblick gegeben werden, und zum anderen soll der Leser in die Methoden des Entwurfes von und dem Umgang mit digitalen Systemen anhand konkreter Anwendungen eingeführt werden.

Band III enthält insgesamt 25 Kapitel, von denen einige wenige, streng genommen, nicht direkt der Elektronik zuzuordnen sind, sondern eher der Mathematik/Informatik. Im Interesse eines breiten Grundverständnisses erschien das jedoch geboten. Die ersten beiden Kapitel sind einleitender Natur. Sie befassen sich mit Definitionen der Informatik nach DIN und der Darstellung binärer Variablen durch elektrische Größen.

Die Kapitel 3 bis 5 behandeln kombinatorische logische Verknüpfungsfunktionen. Ausgehend vom grundsätzlichen Verhalten von UND, ODER, NICHT, NAND, NOR, XOR und XNOR wird deren schaltungstechnische Realisierung in den gängigen Varianten (Diodenlogik sowie Transistorlogik in Bipolar- und Unipolartechnologien) diskutiert. Die Leistungsdaten der wichtigsten Logikfamilien werden miteinander verglichen.

Die Kapitel 6 und 7 liefern die Grundlagen für die spätere Behandlung von Schaltnetzen und Schaltwerken. Ein kurzer Abriß der Rechenregeln und Theoreme der Booleschen Algebra leitet über zur Schaltnetzanalyse, zur Schaltnetzsynthese und zu den Verfahren der Schaltnetzminimierung mittels algebraischer und grafischer Verfahren.

Elektronische Kippschaltungen (Flipflops, Monoflops, Schmitt-Trigger und Multivibratoren) sind Thema des 8. Kapitels.

Die Kapitel 9 bis 12 stehen unter dem Generalthema Codierung. Zunächst erfolgt eine Einführung in die Zahlensysteme, wobei die für Digitalrechner wichtigsten Dual- und Hexadezimalsysteme besonderes Gewicht haben. Anschließend wird die binäre Codierung von Ziffern und Zahlen behandelt. Kapitel 11 befaßt sich kurz mit der Codierung und dem Datenkanal. Ein weiteres Thema ist die Datensicherung mit ihren verschiedenen Methoden.

Während die ersten Kapitel vorwiegend der Kombinatorik gewidmet sind, stehen ab Kapitel 13 die sequentiellen Schaltungen im Vordergrund. Kapitel 13 befaßt sich mit Zählern. Die Wirkungsweise und der Entwurf von Zählern werden an einigen Beispielen für asynchrone und synchrone Vor- und Vor/Rückwärtszähler erörtert.

Registerschaltungen und Schieberegister sind Thema des nächsten Kapitels. Die dynamischen Probleme, die sich beim Betrieb digitaler Schaltungen in Form von Races und Hazards ergeben und die die Funktionsweise statisch richtig entworfener Schaltungen infrage stellen, werden im Kapitel 15 skizziert.

Die beiden folgenden Kapitel befassen sich mit den sehr wichtigen Schnittstellen zwischen der analogen und der digitalen Signalverarbeitung, die diese Prozesse steuert. In Kapitel 16 wird zunächst der Digital/-Analog-Wandler mit seinen charakteristischen Größen in den gängigen Varianten behandelt, und Kapitel 17 hat den Analog/Digitalwandler zum Thema. Das Prinzip der parallelen und/oder seriellen Umsetzung wird anhand typischer Beispiele erörtert. Kapitel 18 befaßt sich mit den Abtast-Halte-Gliedern, die im Zusammenhang mit der diskreten Signalverarbeitung von großer Wichtigkeit sind und die thematisch zu Kapitel 17 passen.

Ein kurzer Abriß über digitale Filter ist in Kapitel 19 zu finden. Im Kapitel 20 wird versucht, die Vielfalt Programmierbarer Logischer Schaltungen (PLD) zu systematisieren.

Kapitel 21 ist den Speicherwerken gewidmet. Sie existieren in vielen Varianten und sind wesentlicher Bestandteil aller Digitalrechner. Einführend werden Kenngrößen definiert und anschließend die wichtigsten Vertreter der Magnetspeicher und der Halbleiterspeicher (flüchtig und nichtflüchtig) unter Berücksichtigung der Zugriffsprinzipien (wahlfrei bis seriell) diskutiert.

Eine weitere unabdingbare Komponente von Rechnern sind die Vergleichs- und Rechenwerke, die in Kapitel 22 behandelt werden. Als Vorstufe zum klassischen von-Neumann-Rechner kann man die digitalen Schaltwerke oder Zustandsmaschinen betrachten, die Thema von Kapitel 23 sind.

Die beiden letzten Kapitel behandeln den Digitalrechner. In Kapitel 24 findet der Leser die wichtigsten allgemeinen Grundlagen (Begriffsbestimmung Analog-, Digital- und Hybridrechner, prinzipieller Aufbau des von-Neumann-Rechners, Hard- und Softwareausrüstung, geschichtliche Entwicklung der Rechnertechnik, Wirkungsweise des von-Neuman-Rechners und seiner Weiterentwicklung, den Hochleistungs-Prozessoren). Kapitel 25 ist dem Mikrocomputer gewidmet. Anhand eines hypothetischen 8-bit-Mikrocomputers werden in Anlehnung an den Typ MCS 6502 exemplarisch und detailliert der Aufbau und die Funktionsweise eines Systems erläutert unter zwar einschließlich des parallelen und des seriellen Betriebs von Peripheriegeräten.

Mit Bedacht wurde ein Mikroprozessor gewählt, der im Aufbau und in der Wirkungsweise relativ einfach und übersichtlich ist, da sich anhand dieses Beispiels die prinzipiellen Problemstellungen leicht erfassen lassen.

Ein Ausblick auf industrielle 16- und 32-Bit-Mikroprozessoren einschließlich der Erläuterung wichtiger Leistungsmerkmale soll zum Studium weiterführender Literatur über diese aktuellen Prozessorfamilien anregen.

Die digitale Mikroelektronik, die im Mittelpunkt dieses Bandes steht, ist von einem rasanten Entwicklungstempo gekennzeichnet. Sie erschließt laufend neue Anwendungsgebiet und Realisierungsmöglichkeiten, und manches Detail, das in diesem Werk behandelt wird, mag nicht immer letzter Stand sein. Das ist jedoch nicht gravierend, wenn es um die Darstellung prinzipieller Dinge geht.

Ein Beispiel für das Leistungsspektrum preisgünstiger Rechensysteme (hier ATARI) stellt dieses Buch selbst dar. Die Texterfassung erfolgte mit einem Texterfassungsprogramm (Recognita), für das Vorlagen von Schreibmaschinentexten früherer, bewährter Auflagen von Vorlesungsskripten dienten, so daß sich ein mühsames, erneutes manuelles Eintippen erübrigte. Die Abbildungen wurden auf ähnliche Weise mit einem CAD-Programm (Megapaint Professional) erstellt. Die Layoutgestaltung erfolgte mit Calamus. Trotz dieser mächtigen Werkzeuge ist der Weg zum fertigen Buch recht steinig, was sowohl den Inhalt als auch die Form angeht. Verbliebene Fehler und Unzulänglichkeiten sind daher (fast) unvermeidlich, und ich wäre dem Nutzer für konstruktive Kritik dankbar.

Ich möchte mich abschließend bei allen im privaten und im dienstlichen Bereich, die mir für viele Überstunden und manches Ungemach geduldiges Verständnis entgegengebracht haben und die mir mit Rat und Tat zur Seite standen, herzlich bedanken. Dies gilt insbesondere für Herrn Dipl.-Inf. U. Schaarschmidt, dem mir wertvolle Anregungen gab und der das mühsame Korrekturlesen übernahm sowie für Frau H. Kellner, die sich mit mancher Tabelle plagte. Mein Dank gilt ebenso dem Vieweg-Verlag für die gute Zusammenarbeit.

Hamburg, im Juli 1991   *Bodo Morgenstern*

Inhaltsverzeichnis

Inhaltsverzeichnis

XV

Seite

(ROM, PROM, EPROM, EAROM, EEPROM)

257

21.3.4.1   Struktur von Halbleiter-Festwertspeichern

258

21.3.4.2   Technologien von Halbleiter-Festwertspeichern

259

21.3.5   Nichtflüchtige Halbleiter-Schreib/Lesespeicher (NOVRAM)

263

21.3.6   Flüchtige Halbleiter-Schreib/Lesespeicher mit
Schutz gegen Betriebsspannungsausfall

264

21.3.7   Optische WORM-Speicher (Write-Once-Read-Many)

264

21.4   Magnetblasenspeicher (Magnetic Bubble Memories)

264

21.4.1   Physikalisches Prinzip des Blasenspeichers

264

21.4.2   Aufbau eines Magnetblasenspeichers

266

21.4.3   Arbeitsweise

266

22.   Vergleich und Rechenwerke (Arithmetisch-Logische Einheit ALU)

269

22.1   Vergleicher

269

22.1.1   Äquivalenz-Verknüpfung (Einfacher Vergleicher)

269

22.1.2   Größer-Kleiner-Vergleicher

269

22.2   Rechenwerke

270

22.2.1   Halbaddierer (HA) für 1 bit

271

22.2.2   Volladdierer (VA) für 1 bit

271

22.2.3   Vollsubtrahierer (VS) für 1 bit

272

22.2.4   Serieller Addierer

272

22.2.5   Einfacher Paralleladdierer mit "Carry-Ripple-Through"-Technik

273

22.2.6   Schneller Parallel-Volladdierer mit "Carry-Look-Ahead"-Technik

274

22.2.7   Erweiterung des Parallel-Volladdierers zur ALU

275

22.2.8   Zusammenschaltung mehrer ALU zur Vergrößerung der Wortlänge

276

22.2.9   Algorithmen zur Durchführung von Multiplikation und Division

278

22.2.9.1   Multiplikation

278

22.2.9.2   Division

280

23.   Digitale Schaltwerke, mikroprogrammierte Steuerungen

282

23.1   Einleitung, Problemstellung

282

23.2   Schaltwerk, Steuerwerk, Operationswerk und Steuerkreis

282

23.3   Arten von Schaltwerken

283

23.3.1   Festverdrahtetes Schaltwerk

283

23.3.2   Schaltwerk mit PLD-Schaltkreisen

283

23.3.3   Speicherprogrammierte (mikroprogrammierte) Schaltwerke

283

23.3.4   Schaltwerke mit Mikroprozessoren

283

23.4   Das Schaltwerk als endlicher Automat (Zustandsmaschine,
Finite State Machine FSM)

284

23.4.1   Mealy-Automat

285

23.4.2   Moore-Automat

286

23.4.3   Vergleich Mealy/Moore-Automat

286

23.5   Ungetaktete ("asynchrone") Schaltwerke

286

23.6   Getaktete („synchrone") Schaltwerke

287

23.7   Beispiele für synchrone, mikroprogrammierte Schaltwerke

287

23.8   Verallgemeinertes Modell des synchronen

1 Definitionen und Begriffe der Informationsverarbeitung nach DIN 41859 und DIN 44300

Viele Begriffe der Informationsverarbeitung sind genormt. Die wichtigsten und in diesem Buch am häufigsten gebrauchten sind nachfolgend zusammengestellt. Auführlich kann man sich in den einschlägigen Normen nach DIN und IEC informieren.

Digitales Signal

Signal, dessen Signalparameter eine Nachricht oder Daten darstellt, die nur aus *Zeichen* besteht bzw. bestehen.

Zeichenvorrat

Ein Element aus einer zur Darstellung von Informationen vereinbarten endlichen Menge von verschiedenen Elementen. Die Menge heißt *Zeichenvorrat*.

Digitale elektrische Größe

Eine elektrische Größe (Spannung, Strom, Impedanz) mit einer *endlichen Anzahl nicht überlappender Wertebereiche*.

Binärzeichen (Bit, Binary Digit)

Jedes Zeichen aus einem Zeichenvorrat von *zwei* Zeichen. Es wird als *Bit* bezeichnet. Es können beliebige Zeichenpaare benutzt werden, z.B. 0 und L, 0 und 1, Ja und Nein, Wahr und Falsch, Low und High. Ein Bit beschreibt den *logischen Zustand eines zweiwertigen Systems*. Ursprüngliche Bezeichnung nach *Shannon:* Basic Indissoluble Unit.

Hat man k Bits, so läßt sich damit der logische Zustand eines Systems mit k Ausgängen beschreiben (Unterschied zur Einheit 1 bit: s. nächsten Absatz)

Kleinste binäre Nachrichtenmenge (1 bit)

1 bit = ld(2) ist das Maß für die *kleinste unterscheidbare Nachrichtenmenge*. Beispiel: Ein System mit k Ausgängen kann $n = 2^k$ verschiedene Nachrichten senden.

Binäre elektrische Größe

Digitale elektrische Größe mit genau nur zwei möglichen Wertebereich, oft als *Low*-Bereich (L) und *High*-Bereich (H) bezeichnet.

L-Bereich (LOW)

Derjenige der beiden Wertebereiche (Pegelbereiche) einer binären elektrischen Größe, der näher bei $-\infty$ liegt.

H-Bereich (HIGH)

Derjenige der beiden Wertebereiche (Pegelbereiche) einer binären elektrischen Größe, der näher bei $+\infty$ liegt.

Schalter (Schaltvariable)

Eine Variable, die nur *endlich viele Werte* annehmen kann. Die Menge dieser Werte bildet einen *Zeichenvorrat*. Die in der Digitaltechnik am häufigsten verwendete Schaltvariable ist der *binäre Schalter*.

Schaltfunktion

Funktion, bei der jede Argumentvariable und das Ergebnis (also die Funktion selbst) nur endlich viele Werte annehmen können. Ist die Schaltfunktion durch einen *Operator* darstellbar, so spricht man von einer *Verknüpfung*.

Schaltwerk

Funktionseinheit zum Verarbeiten von Schaltvariablen, wobei der *Ausgangswert zu einem bestimmten Zeitpunkt* abhängt von den Eingangswerten *zu diesem und zu endlich vielen vorangegangenen Zeitpunkten*. Ein Schaltwerk kann endlich viele "*innere Zustände*" annehmen.

Speicherglied

Bestandteil eines Schaltwerks oder Schaltnetzes, der Schaltvariable aufnimmt, speichert und abgibt.

Verknüpfungsglied

Bestandteil eines Schaltwerks, der eine Verknüpfung von Schaltvariablen bewirkt (s.a.Schaltfunktion).

Schaltnetz

Kombination von Verknüpfungsgliedern, wobei der Wert am Ausgang *zu irgendeinem Zeitpunkt nur von den Eingangswerten zu diesem Zeitpunkt* abhängt. Es enthält also keine Speicherglieder.

Kombinatorische Logik, kombinatorische Schaltung

Identische Bezeichnung für Schaltnetz.

Sequentielle Logik, sequentielle Schaltung

Identische Bezeichnung für Schaltwerk.

2 Darstellung binärer Variablen durch elektrische Größen

2.1 Allgemeines

Logiksysteme zeichnen sich durch eine große Vielzahl und durch große Unterschiedlichkeit in der technischen Realisierung aus. Eine Übersicht gibt Bild 2.1. Bei elektronischen Systemen werden die binären Variablen allgemein durch *zwei unterschiedliche elektrische Spannungsniveaus* festgelegt, bei deren Wahl man im Prinzip völlig frei ist. *Nebenbedingungen sind:*

- Die verwendeten Schaltkreise müssen die beiden Potentiale auch unter ungünstigsten Bedingungen einwandfrei erkennen und weiter verarbeiten können. Es sind daher keine *festen Spannungen,* sondern vielmehr *Spannungsbereiche* nötig, innerhalb derer sich das Signal befinden muß. Zwischen beiden Bereichen liegt ein *verbotenes Gebiet.*

- Den speziellen Eigenschaften der verwendeten Bauelemente muß Rechnung getragen werden.

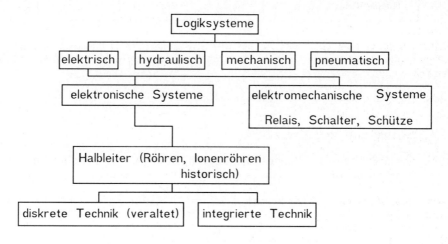

Bild 2.1: Übersicht über Logiksysteme

Bei der Verwendung von Bipolar-Transistoren als *Schalter* (s.a. Abschnitt 5.1) ist *Emitterschaltung* und bei Unipolar-Transistoren (FET) ist *Sourceschaltung* üblich. Deshalb liegt meistens ein logisches Signalniveau in der Nähe von 0 Volt.

Die Polarität des zweiten Signalbereichs richtet sich nach der Art der verwendeten Transistoren (Tabelle 2.1).

Tabelle 2.1: Polarität der elektrischen Logik-Signale

Typ	PNP-Bipolartrans. oder P-Kanal-FET	NPN-Bipolartrans.- und N-Kanal-FET
Signal- Spann- nung	negativ	positiv

Die Höhe der Signal/Betriebsspannung ist ein Kompromiß. Sie beeinflußt *Störsicherheit, Signalhub, Signaltoleranzen, Umschaltzeit* und *Verlustleistung* (Tabelle 2.2). Häufig verwendete Betriebsspannungen sind: 3 V, 5 V, 6 V, 12 V, 24 V. Bausteine geschlossener Logiksysteme haben allgemein einheitliche Betriebsspannungen; *Pegelumsetzer* erlauben den Übergang von einem Logiksystem in ein anderes.

Tabelle 2.2: Einfluß der Betriebsspannung auf die Signalparameter

Geforderte Eigenschaft	notwendige Signal-/Betriebsspannung
hohe Störsicherheit	groß
großer Signalhub	groß
große Signaltoleranzen	groß
kleine Umschaltzeiten	klein
kleine Verlustleistung	klein

Prinzipiell ist es möglich, jedem der beiden Pegelbereiche HIGH und LOW die Wertigkeiten 0 oder 1 zuzuordnen. Die Konsequenzen daraus werden im nächsten Abschnitt behandelt.

2.2 Positive und negative Logik

Prinzipiell sind 2 Arten von Zuordnungen möglich, die allgemein als *positive* und *negative Logik* bezeichnet werden. Tabelle 2.3 gibt eine Zusammenstellung:

Anmerkung zu Tabelle 2.3: Die Begriffe LOW und HIGH für binäre elektrische Größen werden allgemein abgekürzt mit "L" und "H". Hier ist leicht eine Verwechslung mit den besonders in der angelsächsischen Literatur zu findenden Booleschen Größen "0" und "L" möglich, wo "L" die Bedeutung von logisch "1" hat.

Sofern keine Verwechslung mit der (numerischen) Ziffer 1 möglich ist, wird deshalb von uns die logische "1" statt des "L" verwendet. Die im weiteren Verlauf des Buchs bevorzugte positive Logik mit positiver Betriebsspannung ist in Tabelle 2.3 stark umrandet hervorgehoben.

2 Positive und negative Logik

System	positive Logik	negative Logik
Boolesche Algebra	$1 \cong$ wahr $\cong$ L $0 \cong$ falsch	$0 \cong$ wahr $1 \cong$ falsch $\cong$ L
Halbleiter mit positiver Betriebsspannung $+U_B$ und den beiden logischen Pegeln 0 V und $+U_1$	$+U_1 \cong$ wahr $\cong$ HIGH $\cong 1$ 0 V $\cong$ falsch $\cong$ LOW $\cong 0$	0 V $\cong$ wahr $\cong$ LOW $+U_1 \cong$ falsch $\cong$ HIGH
Halbleiter mit negativer Betriebsspannung $-U_B$ und den beiden logischen Pegeln 0 V und $-U_1$	$-U_1 \cong$ wahr $\cong$ LOW $\cong 1$ 0 V $\cong$ falsch $\cong$ HIGH $\cong 0$	0 V $\cong$ falsch $\cong$ HIGH $-U_1 \cong$ falsch $\cong$ LOW

3 Logische Verknüpfungsfunktionen I, Grundfunktionen

3.1 Allgemeine Definitionen

Zur binären Signalverarbeitung existieren *3 logische Elementarfunktionen*, auf die sich alle Schaltnetze (kombinatorischen Schaltungen) zurückführen lassen. Es sind dies die Funktionen

UND	ODER	NICHT
(AND)	(OR)	(NOT)
Konjunktion, Koinzidenz	Disjunktion	Negation, Inversion

Durch Hinzufügen einer *zeitabhängigen* Funktion, des *Speichers*, läßt sich jedes *Schaltwerk* (sequentielle Schaltung) realisieren.

Binäre Schaltnetze und Schaltwerke sind so aufgebaut, daß die Ausgangsfunktion Q oder y (oder mehrere Ausgangsfunktionen Q_i bzw. y_i) eine genau definierte Wertekombination aus den n Eingangsvariablen x_0, x_1 . . . x_{n-1} ergibt bzw. ergeben (Bild 3.1). Hierbei ist eine Reihe von Sprachelementen zur Beschreibung möglich, von denen die wichtigsten behandelt werden sollen:

- *symbolische Darstellung* (z. B. nach DIN oder IEC),
- Darstellung durch *elektrische Schalter,*
- Strukturformel der *Booleschen Algebra,*
- *Wahrheitstabelle*
- *Arbeitstabelle,*
- *Karnaugh-Veitch-Diagramm (KV-Tafel).*

Bild 3.1: Logische Verknüpfung allgemein

3.1.1 Die Wahrheitstabelle

Die *Wahrheitstabelle* (truth table) stellt die durch die Strukturformel gegebenen *schaltalgebraischen Beziehungen* zwischen den unabhängigen Eingangsgrößen und den abhängigen Ausgangsgrößen in einer Tabelle dar, zu der jede mögliche Kombination der Eingangsgrößen und die dazugehörigen Ausgangsgrößen gehören.

3.1.2 Die Arbeitstabelle

Für die Beschreibung der Funktionsweise elektronischer Schaltnetze und Schaltwerke ist die *Arbeitstabelle* (function table) üblich, die mit der Wahrheitstabelle nicht verwechselt werden darf. Sie gibt die Werte der digitalen *elektrischen* Größen (LOW oder HIGH) im Ausgang für jede mögliche Kombination der Variablen im Eingang an.

3.1.3 Karnaugh-Veitch-Diagramm (KV-Tafel)

Veitch hat eine topologische Methode zur Minimierung Boolescher Ausdrücke entwickelt, die von *Karnaugh* vervollkommnet wurde. Hierbei werden die Variablen durch rechteckige Felder in der KV- Tafel dargestellt. Es existieren eine *Minterm-* und eine *Maxterm-Methode.* Auf Einzelheiten wird im Kapitel 6, Schaltalgebra (Schaltkreisvereinfachung) eingegangen.

Im folgenden sind die 3 logischen Elementarfunktionen UND, ODER, NICHT und 4 weitere logische Grundfunktionen

NICHT-UND (NAND)	NICHT-ODER (NOR)	EXCLUSIV-ODER (XOR) Antivalenz	EXCLUSIV-NOR (XNOR) Äquivalenz

in verschiedenen Darstellungsweisen behandelt. Hierbei werden wir für die Kennzeichnung der binären Variablen die Ziffern "0" und "1" verwenden.

3.2 Logische Elementarfunktionen

3.2.1 UND-(AND)-Funktion

Die UND-Verknüpfung bewirkt *dann und nur dann* einen Wert 1 der Ausgangsgröße y, wenn *alle* Eingangswerte x_0, x_1 ... x_{n-1} ebenfalls 1 sind. Für ein dreifaches UND sind Symbol, elektrische Kontaktschaltung, Wahrheitstabelle und Boolesche Schreibweise in Bild 3.2 dargestellt.

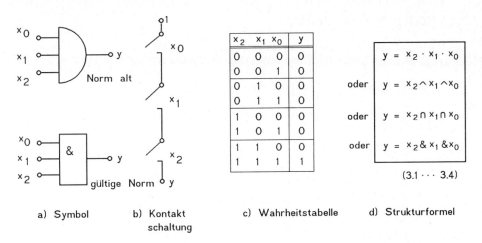

x_2	x_1	x_0	y
0	0	0	0
0	0	1	0
0	1	0	0
0	1	1	0
1	0	0	0
1	0	1	0
1	1	0	0
1	1	1	1

$$y = x_2 \cdot x_1 \cdot x_0$$

oder $$y = x_2 \wedge x_1 \wedge x_0$$

oder $$y = x_2 \cap x_1 \cap x_0$$

oder $$y = x_2 \,\& x_1 \,\& x_0$$

$$(3.1 \cdots 3.4)$$

a) Symbol   b) Kontakt schaltung   c) Wahrheitstabelle   d) Strukturformel

Bild 3.2: Logische UND-(AND)-Funktion

Anmerkung: Mit Rücksicht auf die vielen vorhandenen älteren Laborgeräte und die in der Literatur und in Industrieunterlagen nach wie vor zu findende alte Norm sind hier zusätzlich zur neuen IEC-Norm auch die alten DIN-Symbole zu finden, sofern es zweckdienlich erscheint.

Satz: Bei n Eingangswerten ergeben sich allgemein 2^n verschiedene Kombinationen.

3.2.2 ODER-(OR)-Funktion

Die ODER-Funktion bewirkt *immer dann* am Ausgang y eine 1, wenn *mindestens eine* der n Eingangsgrößen x_0, x_1, x_2 ... x_{n-1} den Wert 1 hat. Für 3 Eingangsgrößen x_0, x_1 und x_2 zeigt Bild 3.3 die entsprechenden Darstellungen.

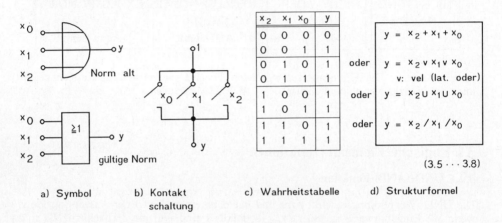

x_2	x_1	x_0	y
0	0	0	0
0	0	1	1
0	1	0	1
0	1	1	1
1	0	0	1
1	0	1	1
1	1	0	1
1	1	1	1

$$y = x_2 + x_1 + x_0$$

oder $\quad y = x_2 \vee x_1 \vee x_0$

$\qquad\qquad$ v: vel (lat. oder)

oder $\quad y = x_2 \cup x_1 \cup x_0$

oder $\quad y = x_2 / x_1 / x_0$

(3.5 · · · 3.8)

a) Symbol $\qquad$ b) Kontakt $\qquad$ c) Wahrheitstabelle $\qquad$ d) Strukturformel
$\qquad\qquad\qquad\quad$ schaltung

Bild 3.3: Logische ODER-(OR)-Funktion

3.2.3 NICHT-(NOT)-Funktion

Die NICHT-Funktion bewirkt eine *Umkehrung.* Die Ausgangsvariable y ist 1, wenn die Eingangsvariable x gleich 0 ist und umgekehrt. Das schaltungssymbolische NICHT-

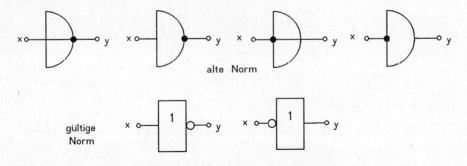

Bild 3.4: Negation (NOT-Funktion)

Glied wird durch ein UND oder ODER *mit einem Eingang* dargestellt, wobei die Negation durch einen Kreis (neu) bzw. einen Punkt (alt) angegeben wird. Symbolisch drückt

man die Negation in der Schaltalgebra durch einen über der Variablen oder dem algebraischen Ausdruck angeordneten Querstrich aus.

3.2.4 NICHT-UND-(NAND)-Funktion

Die NAND-Funktion (Not-AND) ist eine *negierte UND-Funktion* und bewirkt im Ausgang y *immer dann* eine 1, wenn *mindestens eine* der n Eingangsvariablen x_0, x_1 ... x_{n-1} gleich 0 ist. *Anders gesagt*: Der Ausgang ist *nur dann* gleich 0, wenn *alle* Eingänge gleich 1 sind. Bild 3.5 zeigt ein Dreifach-NAND.

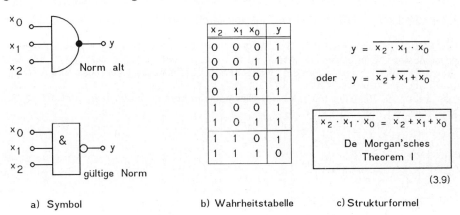

a) Symbol   b) Wahrheitstabelle   c) Strukturformel

Bild 3.5: Dreifach-NICHT-UND-(NAND)-Funktion

3.2.5 NICHT ODER-(NOR)-Funktion

Die NOR-Funktion (Not **OR**) ist eine *negierte ODER-Funktion* und bewirkt am Ausgang y *nur dann* eine 1, wenn *alle* Eingänge x_0, x_1, x_2 ... x_{n-1} gleich 0 sind. *Anders gesagt:* Der Ausgang ist *immer dann* gleich 0, wenn *mindestens ein* Eingang gleich 1 ist. Bild 3.6 zeigt das für ein Dreifach-NOR.

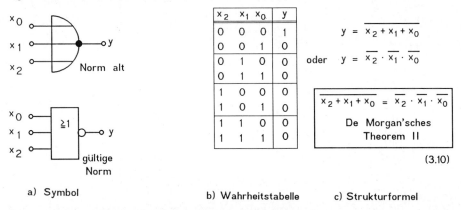

a) Symbol   b) Wahrheitstabelle   c) Strukturformel

Bild 3.6: Dreifach-NICHT-ODER-(NOR)-Funktion

NAND- und NOR-Glieder sind über die *De Morgan'schen Theoreme der Schaltalgebra* miteinander verknüpft (vgl. Gleichungen (3.9) und (3.10) in den Bildern 3.5c und 3.6c). Sie wurden von *Shannon* weiter verallgemeinert und sagen allgemein aus:

Ein Schaltnetz oder Teile davon lassen sich in eine funktionsgleiche Schaltung umformen, indem man im fraglichen Bereich alle UND gegen ODER (und umgekehrt) austauscht und zusätzlich alle Eingänge an den Grenzen des fraglichen Bereichs invertiert. Unter einem Bereich kann hier eine einzelne Variable oder ein Boolescher (Teil)-Ausdruck verstanden werden.

3.2.6 EXCLUSIV-ODER-(XOR)-Funktion (Antivalenz)

Die XOR-Funktion (**EX**clusive **OR**) liefert immer dann am Ausgang y eine 1, wenn *irgendeine* der n Eingangsvariablen x_0, x_1, x_2 ... x_{n-1} , *aber nur eine,* den Wert 1 hat. Den für die Praxis wichtigsten Fall des zweifachen XOR *(Entweder-Oder)* zeigt Bild 3.7.

Die praktische Realisierung muß mit Elementarfunktionen geschehen. Bild 3.8 zeigt 2 Möglichkeiten hierfür.

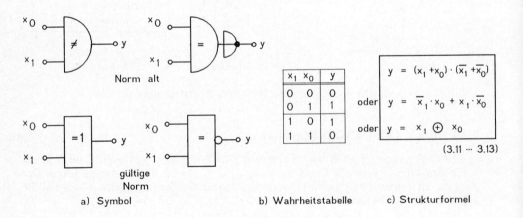

x_1	x_0	y
0	0	0
0	1	1
1	0	1
1	1	0

$$y = (x_1 + x_0) \cdot (\overline{x}_1 + \overline{x}_0)$$

oder $$y = \overline{x}_1 \cdot x_0 + x_1 \cdot \overline{x}_0$$

oder $$y = x_1 \oplus x_0$$

(3.11 ··· 3.13)

a) Symbol   b) Wahrheitstabelle   c) Strukturformel

Bild 3.7: XOR-Funktion (Antivalenz)

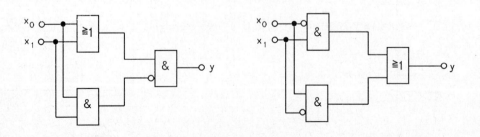

Bild 3.8: XOR mit Elementarfunktionen

3.2.7 EXCLUSIV-NOR-(XNOR)-Funktion (Äquivalenz)

Die XNOR-Funktion bewirkt immer dann im Ausgang y eine 1, wenn *alle* Variablen x_0, x_1, x_2 ... x_{n-1} *den gleichen Zustand* (0 oder 1) haben. Das Zweifach-XNOR zeigt Bild 3.9.

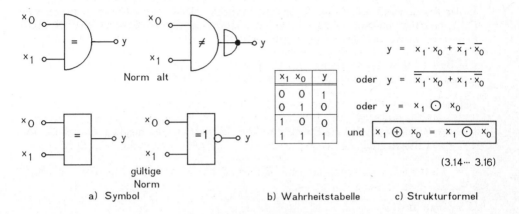

$$y = x_1 \cdot x_0 + \overline{x}_1 \cdot \overline{x}_0$$

oder $y = \overline{\overline{x}_1 \cdot x_0 + x_1 \cdot \overline{x}_0}$

oder $y = x_1 \odot x_0$

und $\boxed{x_1 \oplus x_0 = \overline{x_1 \odot x_0}}$

x_1 x_0	y
0 0	1
0 1	0
1 0	0
1 1	1

Norm alt

gültige
Norm

a) Symbol

b) Wahrheitstabelle

c) Strukturformel

(3.14 ... 3.16)

Bild 3.9: XNOR-Funktion

Bild 3.10 zeigt 2 Realisierungsmöglichkeiten mit Elementarfunktionen.

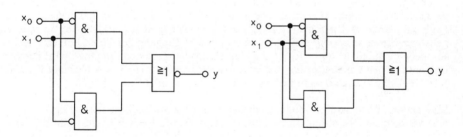

Bild 3.10: XNOR mit Elementarfunktionen

3.3 Belastungsregeln für logische Verknüpfungen, Fan-In, Fan-Out

3.3.1 Fan-Out (F_0)

Jeder Eingang einer digitalen logischen Verknüpfungsschaltung stellt für den Ausgang der vorangehenden Stufe, von der er gespeist wird, eine bestimmte Belastung dar. Diese Belastung hängt von vielen Faktoren ab (z. B. logischer Zustand des Ausgangs - High oder Low -, Betriebsspannung, Temperatur etc.). Die exakte Beschreibung der Lastverhältnisse wird deshalb in der Regel sehr umständlich.

Den Anwender interessiert allgemein aber nur, *wieviele Eingänge nachfolgender Verknüpfungsschaltungen am Ausgang der treibenden Schaltung unter ungünstigsten Bedingungen (worst case) parallel betrieben werden dürfen, damit eine einwandfreie Funktion der Gesamtschaltung sichergestellt ist.*

In der Praxis wird deshalb nur selten mit Strömen, sondern vielmehr mit *Lasteinheiten* (LE) gerechnet. Hierbei stellt 1 LE den Bezugsstrom dar, den ein Eingang eines Normal-Gatters unter Worst-Case-Bedingungen benötigt.

Die Belastbarkeit des Ausgangs, das Fan-out F_o, auch *Ausgangsauffächerung* oder *Ausgangsverzweigung* genannt, wird üblicherweise in Lasteinheiten angegeben.

Beispiel: $F_o = 6$ bedeutet, daß der Ausgang mit 6 LE belastet werden kann. Das sind also
6 Eingänge mit je 1 LE oder
für den Fall, daß ein Eingang z. B. 2 LE darstellt, 4 Eingänge mit je 1 LE und
1 Eingang mit 2 LE.

3.3.2 Fan in (F_i)

Die Definition für die *Eingangsauffächerung* oder den *Eingangslastfaktor* F_i ist nicht einheitlich, besonders auch im Hinblick auf die verschiedenen Schaltkreisfamilien.

Eine auf die heute nicht mehr aktuelle RTL (Widerstands-Transistor-Logik, vgl. Kap. 5) bezogene Definition ist dort gegeben. Ein besonders ungünstiger Fall für die Eingangsbelastung ergibt sich z. B., wenn in Bild 5.3 (linke Hälfte) der Eingang x_0 auf High-, die anderen Eingänge $x_1 \ldots x_{n-1}$ auf Low-Potential liegen. Der von x_0 über R_{k0} gelieferte Strom verzweigt sich dann zwischen dem Eingang der Transistorstufe und den Koppelwiderständen $R_{k1} \ldots R_{k\,n-1}$. Mit zunehmender Zahl der Eingänge wird der Steuerstrom für den Eingangstransistor immer weiter verringert. $F_i = 4$ bedeutet für dieses RTL-Beispiel also, daß nicht mehr als 4 Eingänge parallel liegen dürfen.

Eine andere, nicht so sinnfällige, z. B. bei TTL (Transistor-Transistor-Logik, Abschn. 5.5) verwendete Definition ist die folgende: Das Fan-in eines Eingangs gibt an, welche Belastung, ausgedrückt in Vielfachen der Lasteinheit LE, der Eingang für die vorangehende Stufe darstellt.

Beispiel: $F_i = 2{,}4$ bedeutet, der Eingang zieht 2,4 LE, ist also mit 2,4 "Normaleingängen" gleichwertig.

Eine weitere Definition für das Fan-In bezieht sich nicht auf irgendwelche Belastungungseinheiten, sondern einfach auf die *Zahl der Eingange* eines Gatters. Wir werden diese Definition im Abschnitt 7.3 verwenden, indem wir sagen: Ein Zweifach-OR-Gatter hat ein Fan-In von 2.

4 Logische Verknüpfungen II, Diodenlogik DL

Die *Diodenlogik* (DL) enthält nur *passive* Bauelemente. Grundsätzlich sind positive und negative Logik möglich. DL in diskreter Technik hat nur geringe praktische Bedeutung, ist aber für das grundsätzliche Verständnis nützlich.

4.1 UND-Schaltung

Beim *positiven* UND liegen gemäß Bild 4.1a alle Dioden mit ihren Anoden über einen gemeinsamen Widerstand R an der Betriebsspannung $+U_B$. Dieser Punkt bildet gleichzeitig den Ausgang y.

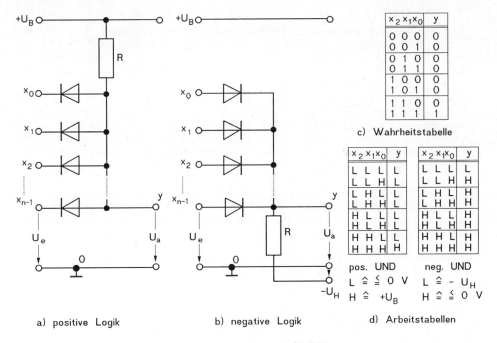

$x_2\,x_1\,x_0$	y
0 0 0	0
0 0 1	0
0 1 0	0
0 1 1	0
1 0 0	0
1 0 1	0
1 1 0	0
1 1 1	1

c) Wahrheitstabelle

$x_2\,x_1\,x_0$	y	$x_2\,x_1\,x_0$	y
L L L	L	L L L	L
L L H	L	L L H	H
L H L	L	L H L	H
L H H	L	L H H	H
H L L	L	H L L	H
H L H	L	H L H	H
H H L	L	H H L	H
H H H	H	H H H	H

pos. UND   neg. UND

L $\,\hat{=}\,\leq$ 0 V   L $\,\hat{=}\,$ - U_H

H $\,\hat{=}\,$ +U_B H $\,\hat{=}\,\leq$ 0 V

a) positive Logik   b) negative Logik   d) Arbeitstabellen

Bild 4.1: UND in Diodenlogik (DL)

Die n Eingänge x_0, x_1, x_2 ... x_{n-1} sind die Katoden der Dioden. Analog dazu liegen beim *negativen* UND (Bild 4.1b) alle Katoden über einen gemeinsamen Widerstand R auf einer negativen Hilfsspannung -U_H. Die Eingänge werden durch die Anoden gebildet. Bild 4.1c zeigt für das Dreifach-DL-UND die Wahrheitstabelle und in Bild 4.1d die Arbeitstabellen für positive und negative Logik.

4.2 ODER-Schaltung

Beim positiven ODER gemäß Bild 4.2a liegen alle Katoden über einen gemeinsamen Widerstand R an $-U_H$ und bilden den Ausgang y. Die Anoden stellen die n Eingänge x_0, x_1, $x_2 \ldots x_{n-1}$ dar. Liegt mindestens eine der Anoden auf H, so ist auch der Ausgang y = H. Beim negativen ODER (Bild 4.2b) liegen alle Anoden über R an $+U_B$ und bilden den Ausgang y.

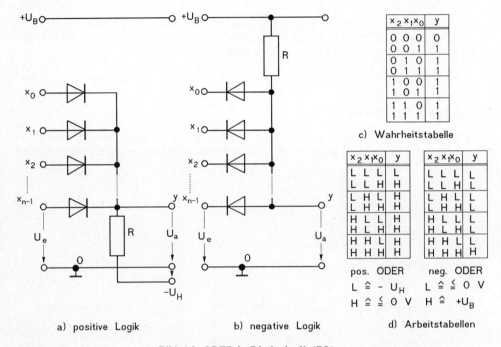

$x_2\,x_1x_0$			y
0	0	0	0
0	0	1	1
0	1	0	1
0	1	1	1
1	0	0	1
1	0	1	1
1	1	0	1
1	1	1	1

c) Wahrheitstabelle

$x_2\,x_1x_0$			y
L	L	L	L
L	L	H	H
L	H	L	H
L	H	H	H
H	L	L	H
H	L	H	H
H	H	L	H
H	H	H	H

pos. ODER

$L \,\hat{=}\, -U_H$

$H \,\hat{=}\, \lessgtr 0\ V$

$x_2\,x_1x_0$			y
L	L	L	L
L	L	H	L
L	H	L	L
L	H	H	L
H	L	L	L
H	L	H	L
H	H	L	L
H	H	H	H

neg. ODER

$L \,\hat{=}\, \lessgtr 0\ V$

$H \,\hat{=}\, +U_B$

d) Arbeitstabellen

a) positive Logik   b) negative Logik

Bild 4.2: ODER in Diodenlogik (DL)

Liegt nur einer der n Eingänge x_0, x_1, $x_2 \ldots x_{n-1}$ auf L, so ist auch der Ausgang y = L. Bild 4.2c zeigt für ein Dreifach-DL-ODER die Wahrheitstabelle und für positive und negative Logik die Arbeitstabellen.

Hierbei erkennt man wieder die in den De Morgan'schen Theoremen (3.9) und (3.10) formulierte Dualität zwischen UND- und ODER-Funktionen:

Die positive UND-Funktion ist identisch mit der negativen ODER-Funktion und umgekehrt.

4.3 Mehrstufige Diodenschaltungen

Bei der Hintereinanderschaltung zweier logischer Grundfunktionen ergeben sich bei elektronischen Schaltungen wegen der Belastung der vorangehenden Stufe durch die nachfolgende allgemein Potentialverschiebungen. Bei der Dimensionierung mehrstufiger Schaltungen ist deshalb darauf zu achten, daß die L- und H-Niveaus innerhalb der vorgegebenen Toleranzen bleiben.

5 Logische Verknüpfungen III, Transistorlogik

5.1 Der Inverter mit Bipolartransistor

Bei Verwendung von *Bipolar-Transistoren* stellt die *Emitter-Grundschaltung* die einfachste Form des Inverters dar. Bild 5.1a zeigt das Prinzipschaltbild mit einem NPN-Si-Transistor, und in Bild 5.1b...d sind Logiksymbol, Wahrheitstabelle und Arbeitstabelle dargestellt.

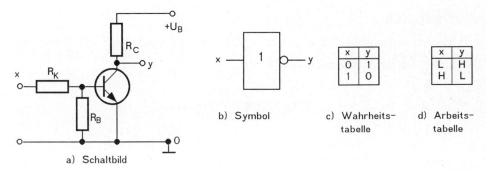

a) Schaltbild
b) Symbol
c) Wahrheitstabelle
d) Arbeitstabelle

Bild 5.1: Bipolartransistor-Inverter

Die Wahl von R_c hängt ab von der
- *Schaltgeschwindigkeit* (Schalt-Zeitkonstante $T_{aus} = R_c \cdot C_{last}$),
- maximalen *Verlustleistung* des Transistors,
- maximal zu betreibenden *Last* im Ausgang.

Bei Si-Transistoren für Logikkreise liegt das Maximum von ß bzw. B bei $I_c = 10$ mA. Daraus wird oft im Hinblick auf kleine Eingangsleistung bei gegebenem U_B der Arbeitswiderstand R_C bemessen. Bei Ge-Transistoren empfiehlt sich für sicheres Sperren eine negative Hilfsspannung für den Fußpunkt von R_B. Der Inverter ist gleichzeitig als Verstärkerstufe wirksam, und er läßt sich vorteilhaft mit Diodenschaltungen (s. Kap. 4) kombinieren).

5.2 RTL   Widerstands-Transistor-Logik

Bei der *Widerstands-Transistor-Logik* (Resistor-Transistor-Logic RTL) verwendet man eine Transistorschaltung, bei der nach Bild 5.2 im einfachsten Fall die Verknüpfung der logischen Variablen x_0, x_1, x_2... x_{n-1} über Widerstände erfolgt, deren Summenpunkt auf dem Eingang einer Transistorverstärkerstufe liegt. Hierbei bezeichnet man die Zahl n der Eingänge als *Eingangsauffächerung* (Fan-in, vgl. Kap. 3). Der Ausgang y kann wegen seines niedrigen Innenwiderstandes allgemein wieder mit einer Reihe von nachfolgenden Eingängen des gleichen Schaltungstyps parallel belastet werden. Die maximal zulässige Zahl n_A von nachfolgenden Eingängen bezeichnet man als *Ausgangssauffächerung* (Fan-out).

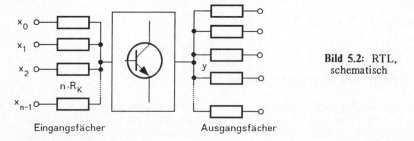

Eingangsfächer   Ausgangsfächer

Bild 5.2: RTL, schematisch

5.2.1 RTL-NOR

Da die Transistorstufe in Emitterschaltung als Inverter arbeitet, ist das RTL-NOR eine sehr einfach zu realisierende Schaltung. Ihr Prinzip zeigen die Bilder 5.3a und 5.3b in 2 Varianten. Die Strukturformel lautet

$$y = \overline{x}_0 \cdot \overline{x}_1 \cdot \overline{x}_2 \cdot \ldots \overline{x}_{n-1} \qquad (5.1)$$

oder

$$y = \overline{x_0 + x_1 + x_2 + \ldots x_{n-1}}. \qquad (5.2)$$

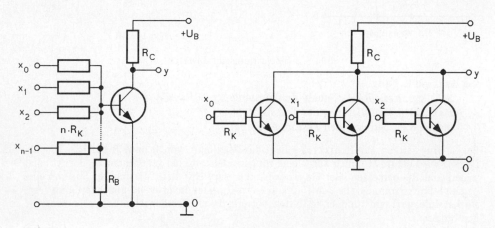

Bild 5.3: Schaltungsvarianten des RTL-NOR

Großes Fan-in bedeutet kleine Widerstände und damit große Eingangssteuerleistung. Dabei nimmt das Fan-out ab. Fan-in und Fan-out sind also immer als Kompromiß zu wählen. Die Anwendung der RTL-Kreise ist auf relativ niedrige Schaltgeschwindigkeiten beschränkt und ist im praktischen Einsatz nicht mehr zu finden.

5.2.2 RTL - NAND

RTL-NAND-Funktionen sind im Prinzip möglich, haben aber wegen der kritischen Dimensionierung keine praktische Bedeutung erlangt.

5.3 DTL Dioden-Transistor-Logik

5.3.1 Allgemeines

DTL-Funktionen bestehen aus der Hintereinanderschaltung einer DL-Schaltung (Dioden-UND bei positiver Logik bzw. positivem Dioden-ODER bei negativer Logik) und einem Inverter. Bild 5.4 zeigt beide Möglichkeiten. Im ersten Falle fließen die Eingangsströme aus der Schaltung heraus, im zweiten Falle in sie hinein.

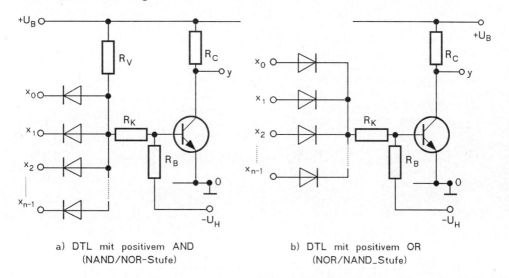

a) DTL mit positivem AND   b) DTL mit positivem OR
   (NAND/NOR-Stufe)   (NOR/NAND_Stufe)

Bild 5.4: DTL in zwei Varianten

Tabelle 5.1: DTL-NAND/NOR-Funktionen (s. Text)

Logikart	Schaltung	
	Bild 5.4a (NAND/NOR)	Bild 5.4b (NOR/NAND)
positiv $H \cong +U_B \cong 1$ $L \cong 0 \, V \cong 0$	NAND $\bar{y}_P = x_2 \cdot x_1 \cdot x_0$	NOR $\bar{y}_P = x_2 + x_1 + x_0$
negativ $H \cong +U_B \cong 1$ $L \cong 0 \, V \cong 0$	NOR $\bar{y}_N = x_2 + x_1 + x_0$	NAND $\bar{y}_N = x_2 \cdot x_1 \cdot x_0$

x_2	x_1	x_0	y
0	0	0	1
0	0	1	1
0	1	0	1
0	1	1	1
1	0	0	1
1	0	1	1
1	1	0	1
1	1	1	0

x_2	x_1	x_0	y
L	L	L	H
L	L	H	H
L	H	L	H
L	H	H	H
H	L	L	H
H	L	H	H
H	H	L	H
H	H	H	L

x_2	x_1	x_0	y
L	L	L	H
L	L	H	L
L	H	L	L
L	H	H	L
H	L	L	L
H	L	H	L
H	H	L	L
H	H	H	L

Tabelle 5.2: s. Text

Jede der Schaltungen ist entweder als NAND oder NOR verwendbar. Tabelle 5.1 zeigt für den Fall einer DTL-NAND/NOR-Schaltung mit den 3 Eingängen x_0, x_1 und x_2 die verschiedenen Möglichkeiten. In Tabelle 5.2 sind die entsprechenden Wahrheits- und Arbeitstabellen für positive Logik dargestellt.

5.3.2 Integrierte DTL-Schaltungen

Integrierte DTL-Schaltungen sind in Verbindung mit *AS-(Advanced Schottky)-Technik* von Interesse. Man ersetzt in DTL-Schaltungen den Koppelwiderstand R_K allgemein durch zwei Potentialverschiebungsdioden D_1 und D_2 in Serie (Bild 5.5a). Das hat technologische Vorteile, da sie weniger Kristallfläche belegen. Anstelle der Potentialverschiebungsdiode D_1 kann auch ein Transistor T_1 integriert sein (Bild 5.5b). Der Kollektorwiderstand R_C des Inverters wird als *Ziehwiderstand* (pull-up-resistor) bezeichnet.

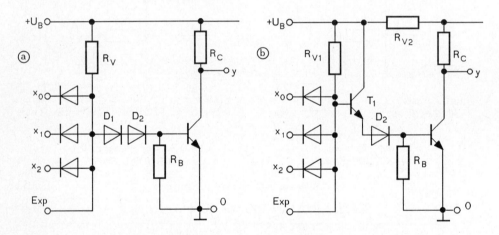

Bild 5.5: Integrierte DTL-Schaltung (Dreifach-NAND/NOR)

5.3.3 Wired-AND-Funktion (Phantom-UND)

Legt man die Ausgänge y_1 und y_2 zweier DTL-Schaltungen entsprechend Bild 5.6a parallel, so erhält man durch *"Verdrahten"* eine neue UND-Verknüpfungslogik, das *Wired AND* (to wire, engl.: verdrahten).

Bild 5.6b zeigt das Ersatzschaltbild, wobei die Ausgangstransistoren T_1 und T_2 als Schalter dargestellt sind. Da sich das Low-Signal durchsetzt, hat die Schaltung bei positiver Logik das Verhalten einer UND-Funktion

$$y = y_2 \cdot y_1 . \tag{5.3}$$

Bei verschiedenen Logikfamilien ist die Zusammenschaltung der Ausgänge nur unter gewissen Einschränkungen möglich; man muß dabei die jeweiligen Produktinformationen beachten.

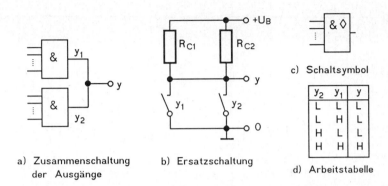

a) Zusammenschaltung   b) Ersatzschaltung
    der Ausgänge

c) Schaltsymbol

d) Arbeitstabelle

Bild 5.6: Wired AND

5.3.4 Wired-OR-Funktion (Phantom-Oder)

Durch Vertauschen der Widerstände und Transistoren aus Bild 5.6 ergibt sich die *WIRED-OR*-Funktion (Bild 5.7). Hier setzt sich das HIGH-Signal durch. Die Schaltfunktion für das Beispiel in Bild 5.8 lautet:

$$y = \overline{x_3 \cdot x_2} \cdot \overline{x_1 \cdot x_0} \tag{5.4}$$

oder
$$y = \overline{x_3 \cdot x_2 + x_1 \cdot x_0} \tag{5.5}$$

oder
$$\overline{y} = x_3 \cdot x_2 + x_1 \cdot x_0 \; . \tag{5.6}$$

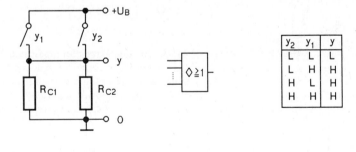

a) Ersatzschaltung   b) Schaltsymbol   c) Arbeitstabelle

Bild 5.7: Wired OR

Bild 5.8 zeigt die Realisierung eines WIRED-OR durch Parallelschalten der Ausgänge zweier NAND-Funktionen.

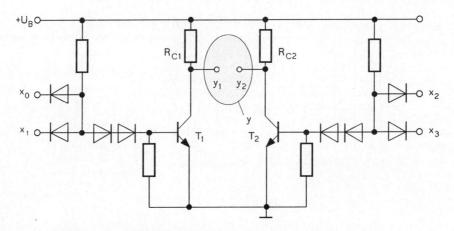

Bild 5.8: Wired OR durch Parallelschalten zweier NAND-Ausgänge

5.4 DCTL (Direkt gekoppelte Transistor-Logik)

Bei den DCTL-Schaltungen (Direct-Coupled-Transistor-Logic) arbeiten *mehrere Transistoren auf einen gemeinsamen Kollektorwiderstand*. Deshalb ist auch die Bezeichnung CCTL (Collector-Coupled-Transistor-Logic) üblich.

Bild 5.9 zeigt eine Dreifach-NOR/NAND- Schaltung. Der Ausgang y führt immer dann das Potential Low, wenn einer der Eingänge x_0, x_1 oder x_2 High ist. Demnach gilt

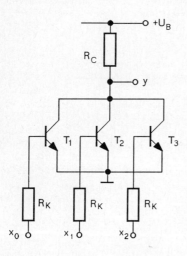

$$\overline{y} = x_2 + x_1 + x_1 \qquad (5.7)$$

$$\text{oder} \quad y = \overline{x}_2 \cdot \overline{x}_1 \cdot \overline{x}_1 . \qquad (5.8)$$

Anmerkung:

Taucht bei den Bezeichnungen von Verknüpfungsfunktionen ein Doppelausdruck mit schrägem Trennungsstrich auf, so bezieht sich *die links vom Strich stehende Funktion auf positive Logik, die andere auf negative.*

Bild 5.9: Dreifach DCTL-NOR/NAND

5.5 TTL (Transistor-Transistor-Logik, Standard-TTL)

Die *Transistor-Transistor-Logik* (TTL) war bis ca. 1977 die am weitesten verbreitete Logik, und man kann sie als Weiterentwicklung der DTL betrachten. Bei den integrierten Schaltungen lassen sich mit Vorteil *Transistoren mit mehreren Emittern* (Multi-Emitter-Transistoren) verwenden. (Prinzipiell sind auch diskrete Einzeltransistoren in Planartechnik mit mehreren Basen und Emittern herstellbar, sie haben aber nur in Spezialfällen Bedeutung).

Bild 5.10a zeigt einen Dreifach-Emitter-Transistor. Die Emitter bilden die logischen Eingänge x_0, x_1 und x_2. Die vereinfachte Ersatzschaltung in Bild 5.10b läßt die Ähnlichkeit zum Eingangkreis einer integrierten DTL-Schaltung erkennen. Die Basis-Emitter-Dioden D_0 ... D_2 bilden die Eingangsdioden, und die gemeinsame Basis-Kollektor-Diode entspricht den Potentialverschiebungsdioden D_{P1} und D_{P2}.

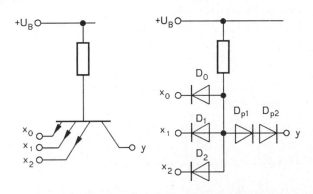

a) Multi-Emitter-Eingang   b) Ersatzschaltung

Bild 5.10: TTL-Multi-Emittertechnik

In Bild 5.11 ist die Grundschaltung eines Dreifach- TTL-NAND dargestellt. Die Anordnung enthält nur 5 verschiedene Bauelemente. Auch bei Erhöhung der Zahl der Eingänge steigt die Zahl der Einzelkomponenten nicht. Transistor T_2 führt *dann und nur dann* Strom, wenn *alle* Emitter von T_1 auf H liegen. Somit lautet die Schaltfunktion bei n Eingängen

$$\overline{y} = x_0 \cdot x_1 \cdot \dots x_{n-1}. \tag{5.9}$$

Ein wesentlicher Vorteil der TTL gegenüber der DTL liegt in der höheren Schaltgeschwindigkeit.

Durch Erweiterung der Grundschaltung im Ausgang durch eine *Gegentaktendstufe* wird das dynamische Verhalten weiter verbessert (Bild 5.12). Der Vorteil dieser Anordnung liegt in dem kleinen Ausgangswiderstand sowohl im H- als auch im L-Zustand, wodurch sich auch bei kapazitiven Belastungen kleine Schaltzeitkonstanten ergeben. Gleichzeitig wird das Fan-out vergrößert. Wegen einer gewissen Ähnlichkeit mit dem indianischen Totempfahl wird die Schaltung in der amerikanischen Literatur anschaulich auch als *Totempole-Schaltung* bezeichnet. Liegen alle Eingänge auf H, so wird T_1 invers betrieben, T_2 erhält Strom, und T_4 wird gesättigt. Damit ist y = L. Die Diode D hebt das Emitterpotential von T_3 soweit an, daß dieser sicher sperrt. Hat ein Eingang das Potential L, so wird T_1 im Normalbetrieb gesättigt, T_2 und T_4 sperren, und T_3 leitet über R_2. Bild 5.13 zeigt die *Übertragungskennlinie* $u_y = f(u_x)$ für den Fall $u_{x0} = u_{x1} = u_{x2}$ (parallelgeschaltete Eingänge).

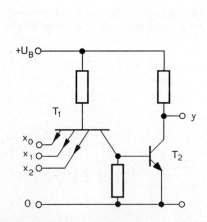

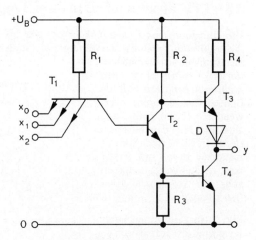

Bild 5.11: Dreifach-TTL-NAND   **Bild 5.12:** Totempole-Schaltung

Die Wired-AND-Funktion läßt sich in TTL nur bei speziellen Schaltungen mit offenem Kollektorkreis realisieren, bei denen R_4, T_3 und D aus Bild 5.12 fehlen und durch einen externen Widerstand ersetzt werden müssen *(Open Collector)*.

Für Rechnerkonfigurationen, die mit dem *Bus-Konzept* arbeiten, ist es vorteilhaft, wenn die Totem-Pole-Stufe aus Bild 5.12 außer den beiden niederohmigen Zuständen L und H einen *dritten, hochohmigen* annehmen kann (TRI-STATE). Dadurch wird das Verknüpfungsglied insgesamt unwirksam. Bild 5.14 gibt eine zur TRI-STATE-Logik erweiterte Schaltung nach Bild 5.12 wieder. Die Eingangsspannung u_e *(Output Enable)* wirkt am Eingang OE in der Weise, daß die Schaltung für u_e = H normal arbeitet, während für u_e = L die Ausgangstransistoren T_3 und T_4 sperren.

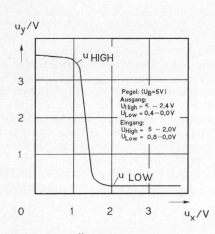

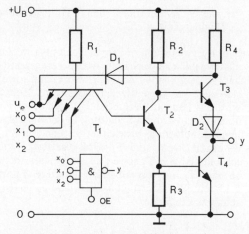

Bild 5.13: TTL-Übertragungskennlinie   **Bild 5.14:** Tri-Strate-TTL-NAND mit Symbol

5.6 TTL L und TTL H

Die Standard-TTL-Serie ist durch weitere Versionen ergänzt worden. Eine besonders *leistungsarme*, aber *langsamere* Familie ist TTL L, bei der die Widerstände hochohmiger ausgelegt sind. Das Gegenteil ist bei TTL H der Fall (*kleine* Schaltzeiten, *höhere* Verlustleistung).

5.7 Schottky-TTL

Im Band Elektronik I haben wir die *Schottky-Diode* als besonders schnellen Schalter kennengelernt. Sie wird auch in der TTL verwendet. Die *Speicherzeit* eines Transistors läßt sich wesentlich reduzieren, wenn man eine *Schottky-Antisättigungsdiode* parallel zur Basis-Kollektordiode schaltet. Man erhält dann einen *Schottky-Transistor* (Bild 5.15).

Es existieren 2 Schottky-TTL-Baureihen, von denen eine *leistungsarm* und *mittelschnell* (TTL LS) und die andere *schnell* (bei höherer Verlustleistung) ist (TTL S). Bild 5.16 zeigt ein Beispiel für ein 3-fach-TTL S-NAND. Überall dort, wo Sättigung auftreten kann, sind Schottky-Dioden bzw. -Transistoren eingesetzt. TTL-Familien sind untereinander *pin-kompatibel*, d. h. gleiche Funktionen besitzen gleiche Anschlußbelegung.

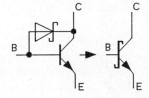

Bild 5.15: Schottky-Transistor

Bild 5.17 zeigt die Grundschaltung des TTL-LS-Gatters am Beispiel eines 2-fach-NAND. Anstelle des Multi-Emittereingangs wird hier eine DL-Technik verwendet. Die Ausgangsschaltung ähnelt der des TTL-S-Gatters (Bild 5.16). Der Pull-Down-Transistor T_3 für den Ausgangstransistor T_5 sorgt für sicheres und schnelles Schalten in den L-Zustand. Der Ausgang für den H-Zustand besteht aus einer Darlington-Schaltung T_4, T_2. Diode D_6 erlaubt es, daß man den Ausgang y etwa auf das Doppelte von U_B hochziehen kann, ohne daß die Schaltung Schaden nimmt.

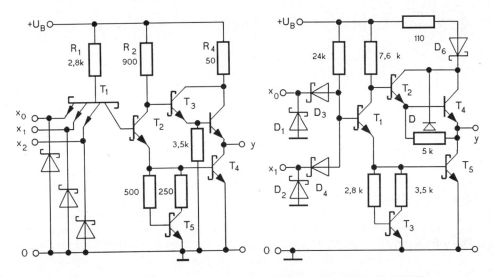

Bild 5.16: Schottky-TTL-S-NAND   **Bild 5.17:** Schottky-TTL-LS-NAND

5.8 Advanced Schottky-TTL

Durch weitere Verbesserungen in der Technologie entstanden Anfang der achtziger Jahre die *Advanced-Schottky-Familie* (AS) und die *Advanced Lowpower-Schottky*-Familie (ALS). Fairchild nennt seine AS-Familie *FAST* (Fairchild Advanced Schottky TTL). Durch Anwendung der Ionenimplantation und Oxidisolation anstelle von Sperrschichtisolation konnten die Einzeltransistoren entsprechend Bild 5.18 verkleinert werden. Bild 5.19 zeigt ein FAST-2fach-NAND-Gatter der Firma Fairchild.

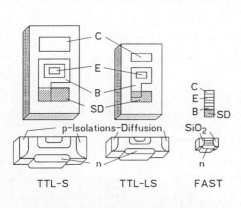

Bild 5.18: Relative Größe der Einzeltransistoren (Fairchild)

In Bild 5.20 sind die typischen Übertragungsfunktionen $u_y = f(u_x)$ der drei Schottky-Technologien LS, S und FAST zum Vergleich dargestellt (z.B. Inverter).

Bild 5.21 zeigt die *TRI-STATE-Technik bei FAST-Gattern* am Beispiel eines Inverters. Solange der Eingang $u_e = H$ ist, arbeitet die Schaltung normal. Für $u_e = L$ werden die Basen von T_1, T_2 und T_3 nach L gezogen, und y ist hochohmig.

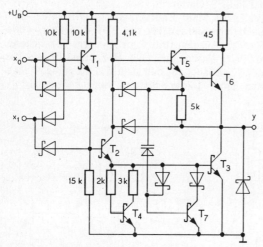

Bild 5.19: FAST-2fach-NAND (Fairchild)

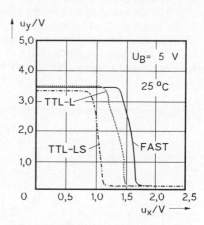

Bild 5.20: Übertragungsfunktionen von Schottky-Gattern

5.9 ECL (Emittergekoppelte Transistor-Logik, ECTL)

Die *Umschaltzeit* logischer Schaltungen wird wesentlich durch zwei Einflüsse bestimmt, nämlich die

    - *Speicherzeit* der Transistoren und das
    - *Umladen* der Leitungskapazitäten.

Die *Speicherzeit* läßt sich reduzieren, wenn man die Transistoren nur im *aktiven Bereich* betreibt. Die *Umladung* der Leitungskapazitäten erfolgt umso schneller, je kleiner der *Spannungshub* und der *Innenwiderstand* am Ausgang der Schaltung sind. Der kleine Spannungshub erhöht allerdings auch wieder die Störanfälligkeit. Im Beispiel nach Bild 5.22 besteht die *ECTL-Grundschaltung* (Emitter-Coupled-Transistor-Logic) aus einem Differenzverstärker und zwei nachgeschalteten Emitterfolgern. Die rechte Seite des Diffe-

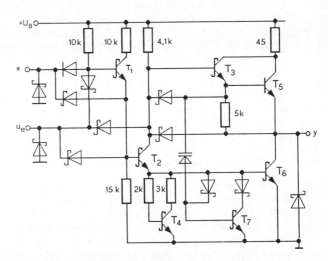

Bild 5.21: Tri-State-FAST-Inverter

renzverstärkers liegt basisseitig auf einer festen Vorspannung U_{ref}. Die linke Seite bildet mit den kollektor- und emitterseitig parallelliegenden Transistoren T_1 .... T_3 den Signaleingang, im gewählten Beispiel ein Dreifach-ODER. Da zwei zueinander komplementäre Ausgänge y und $\bar{y}$ vorhanden sind, kann die Schaltung als OR- oder NOR-Funktion eingesetzt werden.

Zur Erzeugung der *Referenzspannung* U_{ref} haben die Hersteller spezielle integrierte Schaltungen entwickelt *(bias driver)*, die bis zu 25 logische Elemente betreiben können. Grundsätzlich kann jedes der 3 Potentiale U_{ref}, $+U_B$ oder $-U_B$ an Masse liegen; aus Gründen der Störsicherheit wählt man zweckmäßig $+U_B$ als Masse. Bei positiver Logik, $U_{ref} = -1$ V und $-U_B = -5$ V ergeben sich als typische Werte für die binären elektrischen Pegel, bezogen auf die logischen Variablen:

$$0 \cong -1,55 \text{ V} = \text{L}, \quad 1 \cong -0,75 \text{ V} = \text{H}.$$

Gebräuchliche Bezeichnungen für diese Logikfamilien sind auch ECL (Emitter Coupled Logik) und MECL (Motorola ECL), sowie CML (Current Mode Logic). Die (englische) Bezeichnung CML rührt daher, daß man den Eingangsdifferenzverstärker auch als Stromschalter auffassen kann.

Durch dieses Prinzip werden die Schaltstromspitzen auf den Versorgungsleitungen besonders klein. Die komplementären Ausgänge eignen sich übrigens auch sehr gut für den Betrieb symmetrischer, verdrillter Leitungen. ECL ist die derzeit schnellste Technologie mit Schaltzeiten im Picosekundenbereich. Die Bilder 5.23a...c zeigen die Übertragungsfunktion $u_y = f(u_x)$ mit U_B als Parameter (a), die Temperaturabhängigkeit (b) und den kompensierten Fall (c).

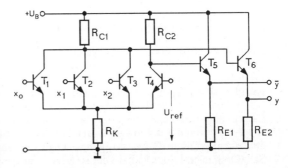

Bild 5.22: 3-fach ECL-OR/NOR

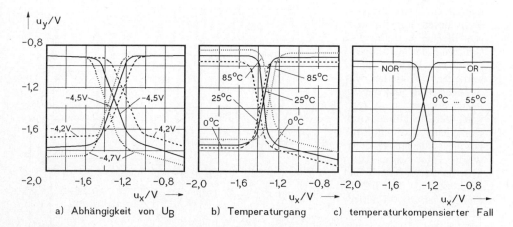

a) Abhängigkeit von U_B b) Temperaturgang   c) temperaturkompensierter Fall

Bild 5.23: ECL-Übertragungskennlinien

5.10 ETL (Emitterfolger-Transistor-Logik)

Bei der ETL-Grundschaltung sind die Eingangstransistoren als *Emitterfol*ger geschaltet und weisen einen hohen Eingangswiderstand auf. Das Fan-out erreicht deshalb sehr große Werte (max 50). Bild 5.24 zeigt eine Dreifach-NOR/NAND-Schaltung in ETL mit der Strukturformel

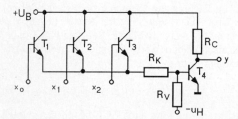

$$\bar{y} = x_2 \cdot x_1 \cdot x_0 . \qquad (5.13)$$

Der Störabstand ist besser als bei DCTL und TTL, nachteilig ist die benötigte Hilfsspannung u_H.

Bild 5.24: Dreifach-ETL-NAND

5.11 CTL (Komplementär-Transistor-Logik)

Die CTL-Grundschaltung (Complementary-Transistor-Logic) hat sowohl im Eingang als auch im Ausgang Emitterfolger (Bild 5.25). Die Eingangstransistoren sind vom PNP-Typ, und im Ausgang wird ein NPN-Transistor verwendet. Liegt einer der Eingänge auf Low, so führt auch der Emitter des jeweiligen Transistors L-Potential.

Liegen alle Eingänge auf High, so sind die Eingangstransistoren gesperrt, und die Ausgangsspannung u_y wird im wesentlichen durch R_1 bestimmt. Sie ist daher vom Stromverstärkungsfaktor B des Ausgangstransistors und von der Belastung abhängig. Die Schaltung nach Bild 5.25 hat ODER/UND-Verhalten mit der Strukturformel

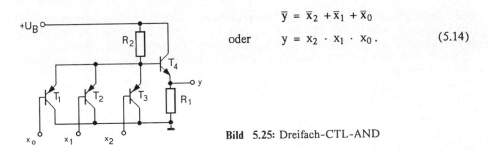

$$\overline{y} = \overline{x}_2 + \overline{x}_1 + \overline{x}_0$$

oder $y = x_2 \cdot x_1 \cdot x_0 .$ (5.14)

Bild 5.25: Dreifach-CTL-AND

5.12 LSL (Langsame, störsichere Logik)

Erwähnenswert ist noch eine Logikfamilie, bei der besonders hohe Störsicherheit durch große Betriebsspannung und hohe Schaltzeiten erkauft wird (*langsame störsichere Logik*, LSL). Sie hat schaltungstechnisch Ähnlichkeiten mit der TTL.

5.13 I²L (Integrierte Injektionsstrom-Logik)

Durch besonders *enge Verknüpfung technologischer und schaltungstechnischer* Maßnahmen ist die I²L (Integrierte Injektionsstrom-Logik) entstanden, die sich durch geringe Verlustleistung, kleinen Flächenbedarf und kleine Schaltzeiten auszeichnet. Sie ist den bipolaren Schaltungen zuzuordnen; ihr Einsatz in der Großintegration ist im Gang.

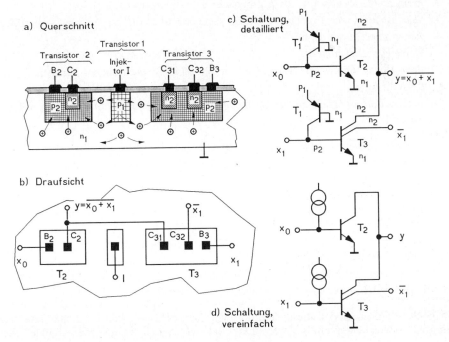

Bild 5.26: I²L-Technologie (Erläuterung im Text)

Bild 5.26 zeigt das Prinzip der I²L am Beispiel eines 2-fach NOR. Der Injektor I bildet den Emitter je eines PNP-Transistors T_1 und T_1'. Er injiziert Löcher in die beiden NPN-Transistoren T_2 und T_3, die jeder für sich einen Inverter darstellen. Die Basen von T_2 und T_3 sind die logischen Eingänge x_0 und x_1; T_3 enthält außerdem noch einen negierenden Ausgang $\bar{x}_1$ in Form eines zweiten Kollektors. Die NOR-Verknüpfung kommt durch das verdrahtete UND (Wired AND, s. a. Abschn. 5.3.3) der Kollektoren von T_2 und T_3 im Punkt A zustande.

Es fällt auf, daß die Schaltung keine Widerstände, sondern nur Transistoren enthält. Dadurch werden das Layout sehr klein und die Schaltung schnell. Der ebenfalls gebräuchliche Name MTL (Merged Transistor Logik) bringt zum Ausdruck, daß NPN- und PNP-Transistoren gemischt vorhanden sind.

5.14 Digitale Verknüpfungsschaltungen mit Feldeffekt-Transistoren

Feldeffekttransistoren (FET) unterscheiden sich von Bipolartransistoren durch eine ganze Reihe von vorteilhaften Eigenschaften (s. a. Band Elektronik I), von denen die wichtigsten, die insbesondere den MOSFET für den Einsatz in integrierten Digitalschaltungen interessant machen, genannt werden:

- *hoher Eingangswiderstand* (>10^{13} Ohm),
- *galvanische Entkopplung* zwischen Eingang und Ausgang,
- *einfacher Aufbau*, dadurch nur wenige technologische Schritte (ca. 9 beim MOS-FET gegenüber 14 beim Bipolartransistor),
- *geringer Platzbedarf* (ca. 20 % gegenüber dem Bipolartransistor),
- *Selbstisolation* der Einzeltransistoren gegeneinander, die zusätzliche Isolierdiffusionen überflüssig macht,
- *kleine Verlustleistung*,
- *Realisierung Ohmscher Widerstände* durch MOS-Strukturen bei Einsparung von Kristallfläche,
- *Vertauschungsmöglichkeit von Drain und Source*, wegen des symmetrischen Aufbaus bilateraler Betrieb möglich.

Diesen Vorteilen stehen jedoch einige Nachteile gegenüber:
- *Höhere Betriebsspannungen* wegen der hohen erforderlichen Gate-Source-Spannungen (typisch: $U_{GS} = 5 \ldots 15$ V, $U_{DS} - 15 \ldots 30$ V),
- relativ *niedrige obere Grenzfrequenz* f_o wegen der höheren Widerstände und der vergleichsweise großen MOS-Kapazitäten, (f_o ca. 40 MHz gegenüber 500 MHz bei Bipolar-ICs),
- *Latch-up-Effekte* bei Überschreiten der zulässigen Betriebsspannungen (vgl. a. Elektronik Bd. I),
- Möglichkeit der Bildung von *parasitären Kanälen* unter dickeren Oxydschichten, wodurch die Funktion der Schaltung infrage gestellt wird.

MOS-Schaltungen sind insbesondere dort wirtschaftlich, wo sich ein hoher Integrationsgrad verwirklichen läßt (Schwerpunkte sind: Schieberegister, Speicher, digitale Filter,

A/D- und D/A-Wandler) und geringere Schaltgeschwindigkeit im Vordergrund steht. Für die Kombination mit schnellen bipolaren Systemen stehen spezielle Übergangsschaltungen MOS/TTL oder MOS/DTL usw. zur Verfügung.

5.14.1 MOS-Schaltungstechnik

Alle aktiven und passiven Elemente einschließlich Kondensatoren lassen sich bei digitalen MOS-Schaltungen mit dem MOSFET realisieren. Bild 5.27a zeigt schematisch den Aufbau eines selbstsperrenden Planar-MOSFET. Der Gate-Anschluß wird von polykristallinem Si gebildet. Das Material im Kanal (Länge l, Breite b) ist technologiebedingt nicht dotiert, während Source und Drain diffundiert sind. Aus Bild 5.27c erkennt man, daß überall da, wo eine Kreuzung zwischen einer polykristallinen Leitung und einer diffundierten Struktur mit zwischenliegendem Oxid vorhanden ist, ein symmetrischer MOSFET entsteht. Diese Geometrie ist z.B. die Grundlage für *VLSI-Schaltungen* (VLSI: Very Large Scale Integration) in N-Kanal-MOS-Technologie, die bis Anfang der achtziger Jahre große Bedeutung hatte.

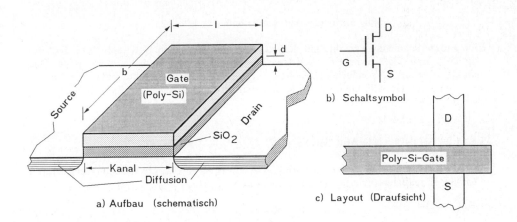

a) Aufbau (schematisch) b) Schaltsymbol c) Layout (Draufsicht)

Bild 5.27: Planar-MOSFET, schematisch

5.14.1.1 MOSFET-Inverter

Bild 5.28 zeigt den *MOSFET-Inverter*. Prinzipiell läßt er sich in N-Kanal- oder P-Kanal-Ausführung, selbstleitend oder selbstsperrend, realisieren. T_1 ist der Eingangstransistor, während T_2 als Lastwiderstand arbeitet. Hierzu wird T_2 im Ohmschen Bereich des Kennlinienfeldes betrieben (im Bild 5.29 am Beispiel eines N-Kanal-Anreicherungstyps demonstriert). Die Nichtlinearität der Kennlinie des Last-MOSFET wirkt sich insbesondere bei kleinen Spannungen nachteilig aus. Der Nennwert des Wi-

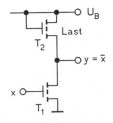

Bild 5.28: MOSFET-Inverter (Anreicherungstyp)

derstands wird durch die Kanallänge l und die Kanalbreite b (s. Bild 5.27a) bei der Herstellung eingestellt.

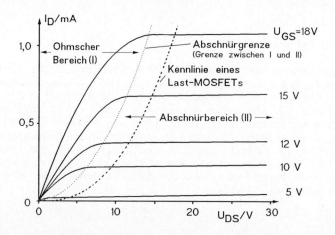

Bild 5.29: Ausgangskennlinienfeld zu Bild 5.28

Eine andere Schaltungsvariante mit dem zugehörigen Layout in N-Kanal-MOS-Technik zeigt Bild 5.30. Hier besteht der *Lasttransistor (pull-up)* aus einem Verarmungstyp. Das Gate ist nicht an U_B, sondern an den Ausgang y geführt. Man beachte außerdem die unterschiedlichen Kanallängen l_{pd} und l_{pu} für den *pull-up-* bzw. den *pull-down*-Transistor T_2 bzw. T_1.

5.14.1.2 MOS-NAND und MOS-NOR

Die Bilder 5.31 und 5.32 zeigen das MOS-NAND bzw. -NOR. Sie werden jeweils durch 4 MOSFET realisiert. Die Schaltfunktionen lauten

$$\bar{y} = x_2 \cdot x_1 \cdot x_0 \tag{5.15}$$

bzw.

$$y = \overline{x_2 + x_1 + x_0} . \tag{5.16}$$

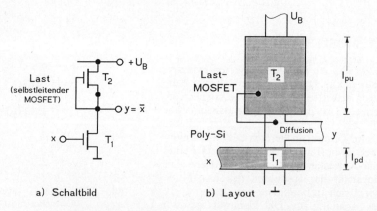

a) Schaltbild   b) Layout

Bild 5.30: MOSFET-Inverter mit Verarmungstyp

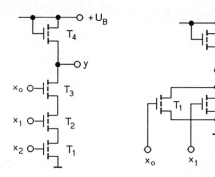

Bild 5.31: MOS-NAND　　　　**Bild 5.32:** MOS-NOR

5.14.1.3 MOS-XOR und MOS-XNOR

In Bild 5.33 ist ein XOR und in Bild 5.34 ein XNOR in MOS-Technik dargestellt. Sie haben die Schaltfunktionen

$$y = x_1 \cdot \overline{x}_0 + \overline{x}_1 \cdot x_0 \qquad (5.17)$$

bzw.
$$y = x_1 \cdot x_0 + \overline{x}_1 \cdot \overline{x}_0 . \qquad (5.18)$$

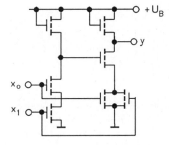
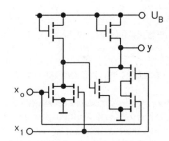

Bild 5.33: MOS-XOR (Antivalenz)　　**Bild 5.34:** MOS-XNOR (Äquivalenz)

5.14.2 CMOS-Schaltungstechnik

Die *CMOS*-(Complementary-Metal-Oxide-Semiconductor)-*Technik* ist eine Weiterentwicklung der MOS-Technik, bei der P- und N-Kanal-MOSFETs auf einem Chip kombiniert sind. Als Vorteile sind zu nennen:

- sehr kleine Leistungsaufnahme,
- verbesserte Schaltzeiten,
- hohe Störsicherheit,
- hohes Ausgangssignal,
- weiter Betriebsspannungsbereich.

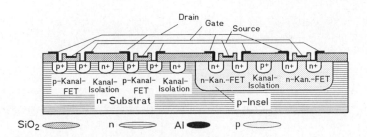

Bild 5.35: CMOS-Technologie

Bild 5.35 zeigt den Schnitt durch ein Substrat mit je 2 P- und 2 N-Kanal-FETs.

5.14.2.1 CMOS-Inverter

Bild 5.36 gibt einen CMOS-Inverter wieder, bestehend aus einem P-Kanal-Transistor T_1
und einem N-Kanal-Transistor T_2, die als Gegentaktstufe geschaltet sind. Der gemeinsame Gateanschluß x ist mit einer Schutzdiode D versehen.
Für $u_x = 0$ ist T_1 leitend, und T_2 sperrt, also $u_y \approx U_B$, und
für $u_x = U_B$ sind die Verhältnisse genau umgekehrt.

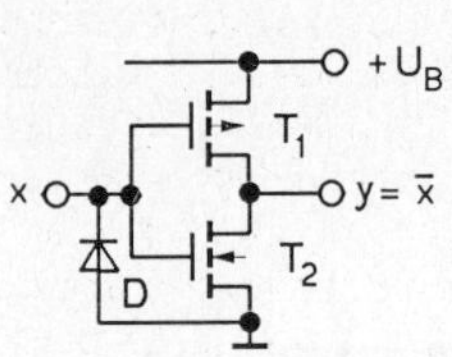

Bild 5.36: CMOS-Inverter

5.14.2.2 CMOS-NAND/NOR

Bild 5.37 zeigt die Grundschaltung eines Zweifach-CMOS-NAND. T_1 und T_4 bilden einen Inverter. Ihre Gates bilden den gemeinsamen Eingang x_0. T_3 ist als Serienwiderstand in diesem Inverter wirksam; er ist entweder sehr hoch- oder sehr niederohmig. Umgekehrt ist T_4 Serienwiderstand im Inverter T_2 und T_3, deren Gates den Eingang x_1 bilden. Der Ausgang y liegt dann und nur dann auf LOW, wenn T_3 und T_4 leitend sind. Das ist der Fall, wenn x_0 und x_1 High sind.

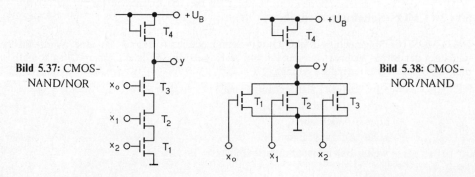

Bild 5.37: CMOS-
NAND/NOR

Bild 5.38: CMOS-
NOR/NAND

5.14.2.3 CMOS-NOR/NAND

Vom NAND kommt man zum NOR, indem man P- und N-Kanal-FET miteinander vertauscht und die so entstandene Schaltung mit umgekehrter Polarität betreibt. Bild 5.38 zeigt die Schaltung.

5.15 Vergleich der Leistungsfähikeit logischer Schaltungsfamilien

Bei der Wahl einer geeigneten Logikfamilie für bestimmte Anwendungen stehen vor allen Dingen folgende Parameter im Vordergrund:

- *Verarbeitungsgeschwindigkeit,*
- *Verlustleistung bzw. Leistungsaufnahme und*
- *Integrationsgrad.*

Bei *Taschenrechnern, Hörgeräten* und *Uhren* besteht beispielsweise die Forderung nach hohem Integrationsgrad und kleinem Leistungsverbrauch. Hier ist die Wahl der Logik eindeutig - CMOS.

Komplexere Systeme wie *Prozeßrechner* etc. beinhalten häufig mehrere Logikfamilien, die den unterschiedlichen Anforderungen an die einzelnen Untersysteme gerecht werden. Charakteristisch für die *Verarbeitungsgeschwindigkeit* eines Logiksystems ist vor allem die *typische Gatterlaufzeit oder Stufenverzögerungszeit* t_{pd} (propagation delay time, s. a. Elektronik Band II). Zusätzlich spielen aber auch der Integrationsgrad und der Schaltungsaufbau, also die Frage, wieviel externe, laufzeitbehaftete Verbindungen vorhanden sind, eine große Rolle. Je kleiner z.B. der Integrationsgrad bei ECL, desto mehr gehen deren Vorteile verloren.

Je höher der Integrationsgrad, desto gravierender werden andererseits die Probleme der Wärmeabfuhr. Die Wahl der geeigneten Logikfamilie ist daher im Normalfall sehr sorgfältig zu treffen.

Eine wichtige Größe für den Vergleich von Logikfamilien ist das *Verzögerungszeit-Verlustleistungs-Produkt* (delay-power product). Bild 5.39 zeigt links den Vergleich der gängigen Technologien (Stand ca. 1988). Im Bild 5.39 ist rechts der Leistungsbedarf pro Gatter als Funktion der Frequenz dargestellt. Typisch für CMOS ist die starke Frequenzabhängigkeit.

Aus Bild 5.40 ist die Tendenz der Entwicklung für die wichtigsten Technologien bezüglich Frequenz und Integrationsgrad ersichtlich. Die Tabellen 5.1 und 5.2 geben einen vergleichenden Überblick über die wichtigsten Eigenschaften der gängigen Logikfamilien. In Tabelle 5.1 sind allgemeine Eigenschaften zusammengestellt, während Tabelle 5.2 einen quantitativen Vergleich der zur Zeit wichtigsten CMOS- und TTL-Familien HCT und FACT bzw. TTL ALS und TTL AS enthält. HCT steht für High Speed Complementary FET, und FACT ist die entsprechende Familie von Fairchild.

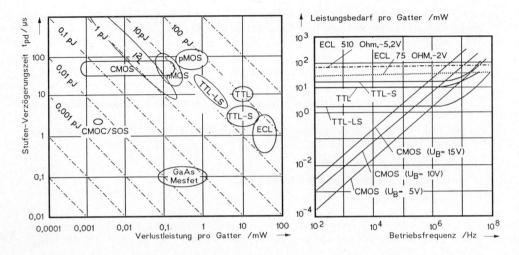

Bild 5.39: Leistungsdaten von Logikfamilien im Vergleich

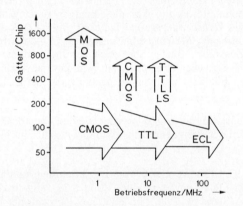

Bild 5.40: Entwicklungstendenzen (schematisch)

5.16 Pegelumsetzer (Interfaces) zwischen Logikfamilien

Da die einzelnen Logikfamilien unterschiedliche Pegel und Polaritäten für dieselben logischen Zustände haben, ist beim Übergang von einer Familie auf eine andere ein *Pegelumsetzer* erforderlich. Für die beiden weitverbreiteten TTL- und p-MOS-Technologien sei dies an einem Beispiel gezeigt (Bild 6.41). Der TTL-MOS-Converter setzt den positiven Pegel über den PNP-Transistor T_I auf den negativen Pegel des p-MOS-Gatters um. Im Falle des Übergangs p-MOS/TTL geschieht die Umsetzung direkt, wobei ein Widerstand R_I zwischen TTL-Eingang und dem Substrat liegt und für die richtige Spannungsteilung sorgt.

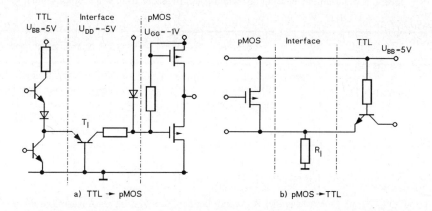

a) TTL → pMOS   b) pMOS → TTL

Bild 5.41: Beispiele für Pegelumsetzer (TTL/p-MOS und p-MOS/TTL)

Tabelle 5.1: Zusammenfassung der wichtigsten Eigenschaften von Logikfamilien

Logikfamilie	Vorteile	Nachteile
Standard–TTL	große Vielfalt von SSI- und MSI-Funktionen, niedrige Preise	hoher Leistungsbedarf, aufwendige Stromversorgung, Temperaturprobleme bei MSI, nicht voll MOS- und CMOS-kompatibel
Low-Power-Schottky–TTL	kleinere Verlustleistung (25 % von TTL), weniger Aufwand bei der Stromversorgung, weniger Temperatur-probleme, MOS- und CMOS-kompatibel, weniger Störspannung als TTL	geringere Auswahl an Gatter-funktionen, höherer Preis als bei TTL
Schottky-TTL	großer Signalhub, hohe Störfestigkeit, geringe Signalverzögerung, kompatibel mit TTL	hoher Leistungsbedarf, sorgfältige Auslegung der externen Verbindungen bezüglich Anpassung und Übersprechen
ECL	sehr kurze Signallaufzeiten, niedriger Ausgangswider-stand, komplementäre Ausgänge, geringe Temperaturdrift, hoher Eingangswiderstand (kleines Fan-in)	nicht kompatibel zu TTL und CMOS, externe Pull-Down-Widerstände erforderlich, hoher Leistungsbedarf, kleiner Störabstand
CMOS	niedrigster Leistungsbedarf, großer Versorgungsspannungsbereich, hohe Störfestigkeit	niedrige Geschwindigkeit, empfindlich gegen kapazitiv einwirkende Störungen, große Parametertoleranzen

Tabelle 5.2: Vergleich der wichtigsten CMOS-und TTL-Varianten

Kennwert		HCT	FACT	ALS	AS	Einheit
Betriebsspannungsbereich	min.	2,0	2,0	4,5	4,5	V
	max.	6,0	6,0	5,5	5,5	
Temperaturbereich	min.	-40	-40	0	0	°C
	max.	+85	+85	+70	+70	°C
Störspannungsabstand	Low	0,7	1,25	0,3	0,3	V
(worst case, statisch)	High	2,9	1,25	0,7	0,7	V
Treiberstrom	I_{low}	4,0	24,0	0,4	2,0	mA
	I_{high}	4,0	24,0	8,0	20,0	mA
Fan-out, jeweils worst case		10	60	20	50	LS-Last
Leistungsaufnahme statisch		kleiner 10 mW		1,0	8,5	mW/Gatter
bei f= 1 MHz		0,17	0,8	1,2	8,5	mW/Gatter
Geschwindgkeits-Leistungs-Produkt (bei f = 100 kHz, C_L = 15pF)		1,4	0,4	4,0	13	pJ
typische Verzögerungszeit (bei C_L = 50 pF)		20	8,0	13,0	5,8	ns
Mindestwert der maximalen Taktfrequenz eines D-Flipflops		24	100	35	125	MHz

Anmerkung: Die Werte dieser Tabelle stammen aus unterschiedlichen Datenbüchern, die keiner Norm genügen ; sie geben deshalb nur größenordnungsmäßige Richtwerte

6 Boolesche Algebra I, Grundzüge und Rechenregeln

6.1 Einleitung

Eine geschlossene Darstellung logischer Probleme in algebraischer Form erfolgte erstmals von *George Boole* (1815 - 1864). Die Arbeiten wurden fortgesetzt von *W. Hamilton* (1788 - 1856) und *Augustus de Morgan* (1806 - 1871). Die Boolesche Algebra gliedert sich heute in 4 Teile (Bild 6.1).

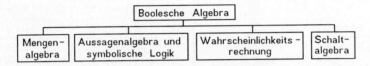

Bild 6.1: Gebiete der Booleschen Algebra

Im Zusammenhang mit der *Digitalelektronik* sind von Interesse

       - die *Schaltalgebra*,

       - die *Aussagenalgebra* und

       - die *zweielementige Boolesche Algebra*.

Schaltalgebra

Die Schaltalgebra (Kontaktalgebra) ist ein von *Claude Shannon* etwa 1938 entwickeltes Spezialgebiet der Booleschen Algebra. Die Grundidee war, ein mathematisches System zu definieren, das es gestattet, Relaisschaltungen zu analysieren, zu entwerfen und zu minimieren. Heute dient sie allgemein dazu, Schaltnetze formal zu beschreiben und umzuformen (Schaltnetz: vgl. Kap. 1). Sie bedient sich dabei der Grundlagen der Aussagenalgebra.

Aussagenalgebra (Aussagenkalkül der mathematischen Logik)

Die Aussagenalgebra behandelt Sätze und Verknüpfungen von Sätzen, die nur von zwei Aspekten aus betrachtet werden können: Sie sind entweder *richtig* oder *falsch*. Bezogen auf die Schaltalgebra sind z. B. die Zustände möglich:

"Strom - kein Strom"	*"Schalter geschlossen - Schalter offen"*
"Transistor leitet - Transistior sperrt"	*"Lampe leuchtet - Lampe erloschen"*

Zweielementige Boolesche Algebra

Allgemein gilt: Bei der Verknüpfung von n Eingangsvariablen $x_0 \dots x_{n-1}$, von denen jede *genau 2* Zustände annehmen kann (z. B. 0 oder 1), gibt es 2^n Kombinationsmöglichkeiten für die Eingangsgrößen.

Hat die Ausgangsgröße y ebenfalls 2 mögliche Zustände (0 und 1), so lassen sich *jeder* der 2^n Eingangskombinationen wieder *2 Werte* zuordnen. Die Zahl der *möglichen Ausgangsfunktionen* beträgt dann

$$y\,(x_0\,,x_1\,,x_2\,\dots x_{n-1}) = 2^{\left(2^n\right)}. \tag{6.1}$$

Bei nur zwei Eingangsvariablen x_0, x_1 ergeben sich nach (6.1) somit $2^4 = 16$ Ausgangs-kombinationen $y_0 - y_{15}$. Sie sind in der Tabelle 6.3 zusammengestellt.

6.2   Die zweielementige Boolesche Algebra

6.2.1   Definitionen

Die zweielementige Boolesche Algebra ist die Menge M mit den beiden Elementen 0 und 1, in der die folgenden Verknüpfungen definiert sind:

$$0 \cdot 0 = 0 \qquad\qquad 1 + 1 = 1 \qquad\qquad (6.2), \quad (6.3)$$
$$0 + 0 = 0 \qquad\qquad 1 \cdot 1 = 1 \qquad\qquad (6.4), \quad (6.5)$$
$$0 \cdot 1 = 0 \qquad\qquad 1 + 0 = 1 \qquad\qquad (6.6), \quad (6.7)$$
$$1 \cdot 0 = 0 \qquad\qquad 0 + 1 = 1 \qquad\qquad (6.8), \quad (6.9)$$
$$0 = \bar{1} \qquad\qquad 1 = \bar{0} \qquad\qquad (6.10), \quad (6.11)$$

(andere Schreibweisen der Operatoren siehe auch Tabelle 6.3).

6.2.2   Theoreme der Booleschen Algebra

Die Boolesche Algebra basiert auf einer Reihe von Theoremen, von denen die wichtig-sten aus Tabelle 6.1 ersichtlich sind.

Tabelle 6.1: Die wichtigsten Theoreme der Booleschen Algebra

	Theoreme für die Konjunktion	Theoreme für die Disjunktion	
Kommutativgesetz (Vertauschungsgesetz)	$x_0 \cdot x_1 = x_1 \cdot x_0$	$x_0 + x_1 = x_1 + x_0$	(6.12), (6.13)
Assoziativgesetz	$x_0 \cdot (x_1 \cdot x_2) =$ $(x_0 \cdot x_1) \cdot x_2$	$x_0 + (x_1 + x_2) =$ $(x_0 + x_1) + x_2$	(6.14), (6.15)
Distributivgesetz (Verteilungsgesetz)	$x_0 \cdot (x_1 + x_2) =$ $(x_0 \cdot x_1) + (x_0 \cdot x_2)$	$x_0 + (x_1 \cdot x_2) =$ $(x_0 + x_1) \cdot (x_0 + x_2)$	(6.16), (6.17)
Idempotenzgesetz	$x_0 \cdot x_0 = x_0$	$x_0 + x_0 = x_0$	(6.18), (6.19)
Absorptionsgesetz	$x_0 \cdot (x_0 + x_1) = x_0$	$x_0 + (x_0 \cdot x_1) = x_0$	(6.20), (6.21)
Gesetz d. Komplements	$x_0 \cdot \bar{x}_0 = 0$	$x_0 + \bar{x}_0 = 1$	(6.22), (6.23)
de Morgan'sches Gesetz	$\overline{x_0 \cdot x_1} = \bar{x}_0 + \bar{x}_1$	$\overline{x_0 + x_1} = \bar{x}_0 \cdot \bar{x}_1$	(6.24), (6.25)
Doppelte Negation	$\overline{\overline{x_0}} = x_0$		(6.26)
Neutrales Element	$x_0 \cdot 1 = x_0$ $x_0 \cdot 0 = 0$	$x_0 + 0 = x_0$ $x_0 + 1 = 1 .$	(6.27), (6.28) (6.29), (6.30)

6.3 Übersicht über die Funktionen der ein- und der zweielementigen Booleschen Algebra

Bei nur einer unabhängigen Eingangsvariablen x ergeben sich nach Gleichung (6.1) mit n = 1 insgesamt 4 Ausgangsfunktionen y_0 ... y_3. Sie sind in Tabelle 6.2 zusammengestellt.

Tabelle 6.2 : Die Ausgangsfunktionen der einwertigen Booleschen Algebra

Eingangs-variable x_0 | 0 1 Funktion	Gleichung	Bezeichnung	Schaltsymbol	praktische Bedeutung
y_0 0 0	$y_0 = 0$	Nullfunktion	0 ——— y	keine
y_1 0 1	$y_1 = x_0$	Identität	x_0 ——— y	keine
y_2 1 0	$y_2 = \bar{x}_0$	Negation	x_0 —[1]o— y	Elementarfunktion
y_3 1 1	$y_3 = 1$	Einsfunktion	1 ——— y	keine

y_0 und y_3 sind mathematisch triviale Lösungen, und lediglich die Negation y_2 ist für technische Anwendungen interessant.

Bei mehr als einwertigen Funktionen steigt die Vielzahl der Möglichkeiten rasch an. Tabelle 6.3 zeigt die möglichen Funktionen y_0 ... y_{15} für die *zweielementige* Boolesche Algebra mit den Eingangsgrößen x_0 und x_1. Auch hier sind nur einige von praktischer Bedeutung:

y_0 und y_{15}	sind trivial,
y_{10} und y_{12}	sind Reproduktionen der Eingangsvariablen,
$y_0, y_2, y_4, y_6, y_8, y_{10}, y_{12}$ und y_{14}	sind die Negierungen von
	$y_{15}, y_{13}, y_{11}, y_9, y_7, y_5, y_3$ und y_1.

Es gibt *nur 5 wichtige Verknüpfungen und deren Negationen*:

y_8	U N D	und	y_7	N A N D,
y_{14}	O D E R	und	y_1	N O R,
y_4	} Inhibition	und	y_{11} } Implikation	
y_2			y_{13} .	

Allgemein gilt: Aus n Variablen lassen sich *nichttriviale Verknüpfungen* herleiten (Tabelle 6.4).

$$m_{max} = 2^{(2^n-1)} - n - 1 \qquad (6.31)$$

Tabelle 6.4: Anzahl nichttrivialer Verknüpfungen

n	m_{max}
2	5
3	124
4	32763

Die Boolesche Algebra zeigt uns, daß die 3 Elementarfunktionen

N I C H T ,   U N D ,   O D E R

genügen, um beliebig viele Aussagen zu einem logischen Schluß zu verbinden. Außerdem existiert das *Theorem von Sheffer und Pierce*:

A l l e logischen Verknüpfungen lassen sich mit nur einer Grundfunktion, nämlich entweder dem N A N D oder dem N O R aufbauen.

Ausgangsfunktionen	y_0	y_1	y_2	y_3	y_4	y_5	y_6	y_7	y_8	y_9	y_{10}	y_{11}	y_{12}	y_{13}	y_{14}	y_{15}
Bedeutung	Konstante	NOR	Inhibition	Negation $\bar{x}_1$	Inhibition	Negation $\bar{x}_0$	XOR Antivalenz	NAND	AND	XNOR Äquivalenz	Identität x_0	Implikation	Identität x_1	Implikation	OR	Konstante
Funktionsgleichung	$y=0$	$y=\bar{x}_0\cdot\bar{x}_1$ $=\overline{x_0\vee x_1}$	$y=x_0\cdot\bar{x}_1$	$y=\bar{x}_1$	$y=\bar{x}_0\cdot x_1$	$y=\bar{x}_0$	$y=(x_0\cdot\bar{x}_1)$ $\cdot(\bar{x}_0+\bar{x}_1)$	$y=\bar{x}_0+\bar{x}_1$ $=\overline{x_0\cdot x_1}$	$y=x_0\cdot x_1$	$y=(x_0\cdot x_1)$ $+(\bar{x}_0\cdot\bar{x}_1)$	$y=x_0$	$y=x_0+\bar{x}_1$ $=\overline{(x_0\supset x_1)}$	$y=x_1$	$y=\bar{x}_0+x_1$ $=\overline{(x_0\subset x_1)}$	$y=x_0+x_1$	$y=1$
Art der Normalform (NF) KNF-konjunktive NF / DNF-Disjunktive NF	DNF	DNF	DNF	–	DNF	–	KNF, DNF	KNF	DNF	KNF, DNF	–	KNF	–	KNF	KNF	KNF
praktische Bedeutung	keine	sehr wichtig	keine	keine	keine	keine	wichtig	sehr wichtig	Elementar-Funktion	wichtig	keine	gering	keine	gering	Elementar-Funktion	keine
sonstige gebräuchliche Bezeichnungen	keine	Peirce-scher Pfeil	keine	Inver-tierung	keine	keine	Disvalenz, Exklusiv-Oder	Sheffer-scher Strich	Konjunk-tion, log. Multiplikat.	keine	keine	keine	keine	keine	Disjunk-tion, log. Addition	keine

(Funktionswerte für die Eingangsvariablen $x_0,\,x_1$; logische Symbole, Schaltnetze, Venn-Diagramme und KV-Tafeln je Funktion im Original.)

Tabelle 6.3: Die 16 Funktionen der zweielementigen Booleschen Algebra

6.4 Dualität

Die *Definition der Dualität* lautet:

Eine Schaltungsvariable ist zu ihrem Komplement dual.

Das heißt, y ist dual zu $\bar{y}$. Die duale Form zu einem Schaltwerk S ist das *komplementäre* Schaltwerk $\bar{S}$, das immer dann 1 ist, wenn S = 0 ist.

Kann eine Aussage mit den Theoremen der Booleschen Algebra bewiesen werden, so ist nach dem Dualitätsprinzip auch die dazu duale Aussage bewiesen.

Duale Funktion und Originalfunktion

Die *duale Funktion* $y_D = f_D(X)$ zur Funktion $y = f(X)$ erhalten wir durch Vertauschen der logischen Operatoren "+" und "·" sowie der Funktionswerte "1" und "0".

Die beiden Beispiele im Bild 6.2 sollen uns das verdeutlichen.

a) UND ← dual → ODER

x_1	x_0	y
0	0	0
0	1	0
1	0	0
1	1	1

signifikant

x_1	x_0	y_D
0	0	0
0	1	1
1	0	1
1	1	1

b) $y = x_0 + (\bar{x}_1 \cdot x_2) + 1$

$y_D = x_0 \cdot (\bar{x}_1 + x_2) \cdot 0$

Bild 6.2: Beispiele für duale Funktionen

Aus den beiden de Morgan'schen Gesetzen folgt unmittelbar der *Zusammenhang zwischen einer Funktion und ihrer dualen*:

$$y(X) = \overline{y_D(\overline{X})} \qquad (6.34)$$

oder

$$y(\overline{X}) = \overline{y_D(X)} \quad . \qquad (6.35)$$

Auch hierzu ein Beispiel:

$$y(X) = \bar{x}_0 + x_3 \cdot (x_1 \cdot \bar{x}_2 + x_1 \cdot x_3) \qquad (6.36)$$

ist dual zu

$$y_D(X) = \bar{x}_0 \cdot x_3 + (x_1 + \bar{x}_2) \cdot (x_1 + x_3). \qquad (6.37)$$

Der Beweis erfolgt durch die Substutution $x \rightarrow \bar{x}$

$$y_D(\overline{X}) = x_0 \cdot \bar{x}_3 + (\bar{x}_1 + x_2) \cdot (\bar{x}_1 + \bar{x}_3) \qquad (6.38)$$

$$= \overline{\bar{x}_0 + x_3 \cdot (x_1 \cdot \bar{x}_2 + x_1 \cdot x_3)} \quad . \qquad (6.39)$$

Der Vergleich (6.36) mit (6.39) liefert $\qquad Y_D(\overline{X}) = \overline{y(X)}$. $\qquad (6.34)$

Anhand des Beispiels wird eine wichtige Anwendung deutlich:

> *Die Negation der Originalfunktion y = f(X) erhält man, indem man zur dualen Funktion $y_D = f_D(X)$ übergeht und anschließend jede Variable x_i invertiert.*

6.5 Konjunktive und disjunktive Normalform

Für ein und denselben Wert einer Funktion gibt es eine große Vielfalt von Darstellungsformen. Eine besondere Rolle spielen dabei die *Normalformen* (NF). Für sie gilt der

Satz: *Jeder Boolesche Ausdruck läßt sich auf 2 Normalformen bringen:*
Die konjunktive (KNF) und die disjunktive Normalform (DNF).

Die Normalformen haben spezielle Eigenschaften:

1) *Negationen "-"* kommen *nur* bei den unabhängigen Variablen *selbst* und nicht bei Teilfunktionen vor, bei denen sich die Negation auf mehrere Variablen bezieht.

$$\text{Beispiele:} \quad \overline{x}_0, \quad x_2 \cdot \overline{x}_3, \text{ nicht aber } \overline{(x_0 + x_1)}.$$

2) Bei der KNF sind alle zu einem *Klammerbereich* gehörenden Variablen durch *"+"* *(disjunktiv)* miteinander verknüpft, während die *Klammern selbst* durch *"·" (konjunktiv)* verbunden sind.

$$\text{Beispiel:} \quad (x_0 + x_1) \cdot (\overline{x}_0 + \overline{x}_2) \cdot (x_0 + x_3).$$

3) Bei der DNF sind alle zu einem Klammerausdruck gehörenden   Variablen durch *"."* *(konjunktiv)* miteinander verknüpft, während die Klammern selbst durch *"+" (disjunktiv)* verbunden sind.

$$\text{Beispiel:} \quad (x_0 \cdot x_1) + (x_0 \cdot x_2) + (x_1 \cdot x_3) = x_0 \, x_1 + x_0 \, x_2 + x_1 \, x_3 .$$

6.6 Ausgezeichnete Normalformen, Minterme und Maxterme

Allgemein lassen sich für einen Ausdruck zahlreiche Normalformen angeben. Unter den möglichen äquivalenten NF treten besondere auf: *Die ausgezeichneten NF* .

Definition: Eine *ausgezeichnete KNF* (AKNF) liegt vor, wenn *jede Disjunktion* einer DNF alle unabhängigen Variablen *genau einmal* enthält.

Definition: Eine Disjunktion, die alle unabhängigen Variablen genau einmal (normal oder negiert) enthält, heißt *Maxterm* oder *Volldisjunktion.*

$$\text{Beispiele:} \quad \underbrace{(x_0 + x_1)}_{\text{Maxterm}} \cdot \underbrace{(\overline{x}_0 + x_1)}_{\text{Maxterm}} \quad \text{und} \quad \underbrace{x_0 + \overline{x}_1 + x_2}_{\text{Maxterm}} .$$

Definition: Eine *ausgezeichnete DNF* (ADNF) liegt vor, wenn *jede Konjunktion* einer DNF alle unabhängigen Variablen genau einmal enthält.

Definition: Eine Konjunktion, die alle unabhängigen Variablen genau einmal (normal oder negiert) enthält, heißt *Minterm* oder Vollkonjunktion.

$$\text{Beispiele:} \quad \underbrace{x_0 \cdot x_1 \cdot x_2}_{\text{Minterm}} \quad \text{und} \quad \underbrace{x_0 \cdot x_1}_{} + \underbrace{x_0 \cdot \overline{x}_1}_{} + \underbrace{\overline{x}_0 \cdot x_1}_{\text{Minterme}} .$$

Satz: Jede AKNF (ausgezeichnete KNF) besteht nur aus konjunktiv verknüpften Maxtermen, und jede ADNF (ausgezeichnete DNF) besteht nur aus disjunktiv verknüpften Mintermen.

6.7 Eigenschaften von Mintermen und Maxtermen

Da in jedem Minterm bzw. Maxterm jede unabhängige Variable genau einmal (normal oder negiert) vorkommt, gilt:

Für n Variable gibt es je 2^n Min- und Maxterme.

Beispiel: Für 3 Variable x_0, x_1 und x_2 existieren 8 Minterme und 8 Maxterme. Sie sind in Bild 6.3 zusammengestellt.

Allgemein kann man schreiben $\boxed{K_i = \overline{D_i}}$ und $\boxed{D_i = \overline{K_i}}$ (6.40), (6.41)

Die Bilder 6.4 und 6.5 zeigen als Beispiel K_4 und D_4 in der KV-Diagrammform. *Der Minterm gibt die kleinste, der Maxterm die größte unterscheidbare Fläche an.* Sie sind jeweils schraffiert gezeichnet und stellen dadurch besonders sinnfällig das Zustandekommen dieser Nomenklatur dar.

x_2 x_1 x_0	Minterme	Maxterme
0 0 0	$K_0 = \bar{x}_2\bar{x}_1\bar{x}_0$	$D_0 = x_2+x_1+x_0$
0 0 1	$K_1 = \bar{x}_2\bar{x}_1 x_0$	$D_1 = x_2+x_1+\bar{x}_0$
0 1 0	$K_2 = \bar{x}_2 x_1\bar{x}_0$	$D_2 = x_2+\bar{x}_1+x_0$
0 1 1	$K_3 = \bar{x}_2 x_1 x_0$	$D_3 = x_2+\bar{x}_1+\bar{x}_0$
1 0 0	$K_4 = x_2\bar{x}_1\bar{x}_0$	$D_4 = \bar{x}_2+x_1+x_0$
1 0 1	$K_5 = x_2\bar{x}_1 x_0$	$D_5 = \bar{x}_2+x_1+\bar{x}_0$
1 1 0	$K_6 = x_2 x_1\bar{x}_0$	$D_6 = \bar{x}_2+\bar{x}_1+x_0$
1 1 1	$K_7 = x_2 x_1 x_0$	$D_7 = \bar{x}_2+\bar{x}_1+\bar{x}_0$

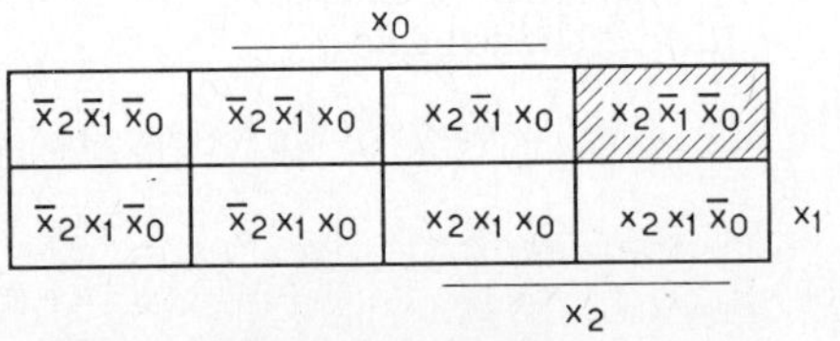

Bild 6.4: Minterm K_4

Bild 6.3: Min- und Maxterme bei 3 Variablen

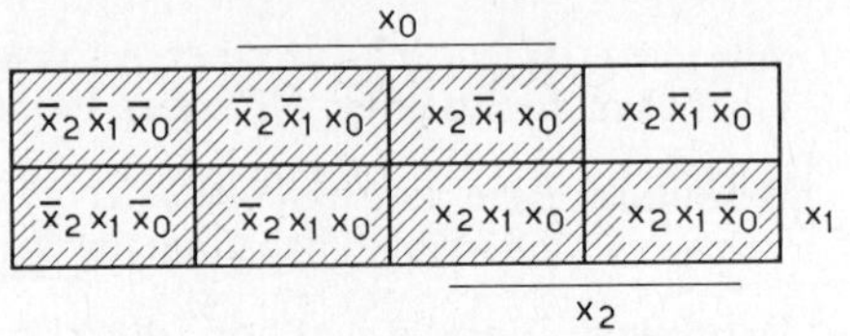

Bild 6.5: Maxterm D_4

Der Vorteil der Darstellung einer Funktion als ADNF gegenüber der AKNF ergibt sich daraus, daß jeder minimal unterscheidbaren Fläche oder jedem Feld genau ein Minterm zugeordnet ist. Aus der Flächenbetrachtung der Tabelle 6.5 entnimmt man unmittelbar:

Satz: Die "Boolesche Summe" aller Minterme K_i ist gleich 1.

$$\boxed{\Sigma K_i = 1}$$ für i = 0, 1, 2 ... $(2^n - 1)$. (6.42)

Satz: Das "Boolesche Produkt" aller Maxterme D_i ist gleich 0.

$$\boxed{\Sigma D_i = 0}$$ für i = 0, 1, 2 ... $(2^n - 1)$. (6.43)

Verknüpft man *Minterme konjunktiv* und *Maxterme disjunktiv*, so gilt:

Satz: Das Boolesche Produkt zweier ungleicher Minterme ist stets 0.

$$\boxed{K_i \cdot K_j = 0}$$. (6.44)

Satz: Die Boolesche Summe zweier ungleicher Maxterme ist stets 1

$$\boxed{D_i + D_j = 1}$$. (6.45)

Beweis: Es tritt immer eine Boolesche Variable in der Form $x \cdot \bar{x} = 0$ oder $x + \bar{x} = 1$ auf .

7 Boolesche Algebra II, Behandlung von Schaltnetzen

7.1 Allgemeines

Die Schaltalgebra läßt sich sehr vorteilhaft zur *systematischen Behandlung* von *Schaltnetzen* verwenden, wobei man in 3 große Teilkomplexe unterscheiden kann (Bild 7.1):

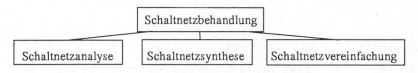

Bild 7.1: Teilgebiete der Booleschen Algebra

Das Schwergewicht liegt normalerweise bei der Schaltnetzsynthese und der Schaltnetzvereinfachung, wobei die Vereinfachung der Synthese vorgeschaltet ist.

7.2 Schaltnetzanalyse

Mit Hilfe der *Schaltnetzanalyse* wird aus einem gegebenen Schaltnetz die logische Verknüpfungsfunktion $y = f (x_0, x_1, x_2 \ldots x_{n-1})$ ermittelt. Das kann z.B. sinnvoll sein, wenn wir eine gegebene Schaltung auf Vereinfachungsmöglichkeiten hin untersuchen wollen. Es können auch Wahrheitstabelle und KV- Diagramm gefordert sein. Ausgehend von den Eingängen $x_0, x_1, x_2 \ldots x_{n-1}$ eines Schaltnetzes wendet man auf die einzelnen Verknüpfungsglieder die Regeln der Booleschen Algebra an und ermittelt die Teilfunktionen an deren Ausgängen, die wiederum mit den Eingängen der nachfolgenden Glieder identisch sind. Im Prinzip ist auch der umgekehrte Weg möglich, indem man den Ausgang y an den Anfang der Untersuchung stellt. Das Beispiel in Bild 7.2 möge dies verdeutlichen.

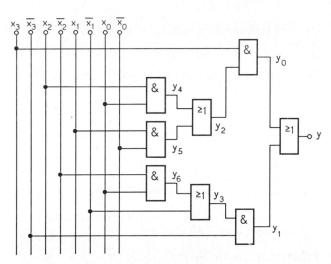

Bild 7.2: Beispiel zur Schaltnetzanalyse

7.2.1 Ermittlung der Schaltfunktion

Nach Bild 7.2 gilt

$$y = y_0 + y_1 \tag{7.1}$$

$$y_0 = x_3 \cdot y_2 \tag{7.2}$$

$$y_1 = \bar{x}_3 \cdot y_3. \tag{7.3}$$

(7.2) und (7.3) in (7.1):
$$y = x_3 \cdot y_2 + \bar{x}_3 \cdot y_3 \tag{7.4}$$

$$y_2 = y_4 + y_5 \tag{7.5}$$

$$y_4 = x_0 \cdot x_2 \tag{7.6}$$

$$y_5 = \bar{x}_0 \cdot x_1. \tag{7.7}$$

(7.6) und (7.7) in (7.5):
$$y_2 = x_0 \cdot x_2 + \bar{x}_0 \cdot x_1 \tag{7.8}$$

$$y_3 = y_6 + x_1 = x_0 \cdot \bar{x}_2 + \bar{x}_1. \tag{7.9}$$

(7.8) und (7.9) in (7.4) liefert schließlich

$$y = x_3 \cdot (x_0 \cdot x_2 + \bar{x}_0 \cdot x_1) + \bar{x}_3 \cdot (x_0 \cdot \bar{x}_2 + \bar{x}_1). \tag{7.10}$$

7.2.2 Ermittlung der Wahrheitstabelle

Die Wahrheitstabelle läßt sich entweder aus der KV-Tafel oder aus der disjunktiven Normalform (DNF) aufstellen. Im zweiten Falle formt man Gleichung (7.10) entsprechend um. Durch Boolesches Ausmultiplizieren ergibt sich

$$y = x_0 \cdot x_2 \cdot x_3 + \bar{x}_0 \cdot x_1 \cdot x_3 + x_0 \cdot \bar{x}_2 \cdot \bar{x}_3 + \bar{x}_1 \cdot \bar{x}_3. \tag{7.11}$$

Die einzelnen Glieder in (7.11) stellen noch keine Minterme dar. Man bezeichnet sie als *primäre Implikanten*. Durch Erweitern erhält man

$$y = x_0 \cdot (x_1 + \bar{x}_1) \cdot x_2 \cdot x_3 + \bar{x}_0 \cdot x_1 \cdot (x_2 + \bar{x}_2) \cdot x_3 + x_0 \cdot (x_1 + \bar{x}_1) \cdot \bar{x}_2 \cdot \bar{x}_3 +$$
$$+ (x_0 + \bar{x}_0) \cdot \bar{x}_1 \cdot (x_2 + \bar{x}_2) \cdot \bar{x}_3$$

$$y = x_0 x_1 x_2 x_3 + x_0 \bar{x}_1 x_2 x_3 + \bar{x}_0 x_1 x_2 x_3 + \bar{x}_0 x_1 \bar{x}_2 x_3 + x_0 x_1 \bar{x}_2 \bar{x}_3 +$$
$$+ x_0 \bar{x}_1 \bar{x}_2 \bar{x}_3 + x_0 \bar{x}_1 x_2 \bar{x}_3 + \bar{x}_0 \bar{x}_1 x_2 \bar{x}_3 + \cancel{x_0 \bar{x}_1 \bar{x}_2 \bar{x}_3} + \bar{x}_0 \bar{x}_1 \bar{x}_2 \bar{x}_3. \tag{7.12}$$

Streicht man in (7.12) einen der doppelt vorhandenen Ausdrücke $x_0 \bar{x}_1 \bar{x}_2 \bar{x}_3$, so bleiben noch 9 Minterme übrig, die zu der Wahrheitstabelle nach Bild 7.3a führen.

7.2.3 Ermittlung des KV-Diagramms

Bei der Ermittlung des KV-Diagramms braucht man nicht unbedingt Minterme, es genügt, wenn primäre Implikanten wie beispielsweise in Gleichung (7.11) vorliegen. Die Bedingung $x_0 \cdot x_2 \cdot x_3$ wird von 2 Feldern des KV-Diagramms nach Bild 7.3b erfüllt.

Für $\bar{x}_0 \cdot x_1 \cdot x_3$ und $x_0 \cdot \bar{x}_2 \cdot \bar{x}_3$ findet man ebenfalls je 2 Felder. Entsprechend ergeben sich 4 Felder für die Teilfunktion $\bar{x}_1 \cdot \bar{x}_3$.

Möchte man sowohl Wahrheitstabelle als auch KV-Tafel eines Schaltnetzes ermitteln, so ist es zweckmäßig, zunächst die KV-Tafel und aus ihr die Wahrheitstabelle aufzustellen.

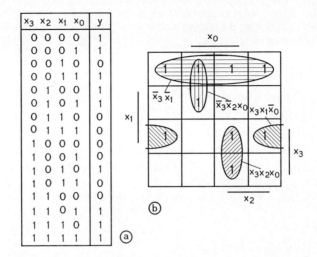

x_3	x_2	x_1	x_0	y
0	0	0	0	1
0	0	0	1	1
0	0	1	0	0
0	0	1	1	1
0	1	0	0	1
0	1	0	1	1
0	1	1	0	0
0	1	1	1	0
1	0	0	0	0
1	0	0	1	0
1	0	1	0	1
1	0	1	1	0
1	1	0	0	0
1	1	0	1	1
1	1	1	0	1
1	1	1	1	1

Bild 7.3:
Wahrheitstabelle und
KV-Diagramm zum
Beispiel aus Bild 7.2.

7.3 Schaltnetzsynthese

Aufgabe der *Schaltnetzsynthese* ist der Entwurf eines Schaltnetzes aus einer vorgegebenen Schaltfunktion. Normalerweise geht der Synthese eine Schaltnetzvereinfachung voraus. Sie ist damit Teilaufgabe eines größeren Komplexes.

Zwischen Vereinfachung und Synthese bestehen gewisse Wechselbeziehungen. So muß beispielsweise bei der Vereinfachung bekannt sein, welche Art von logischen Grundfunktionen bei der Synthese verwendet werden, weil das mit Hilfe der Schaltalgebra ermittelte theoretische Minimum nicht unbedingt auch die elektrisch und wirtschaftlich günstigste Lösung darstellen muß.

Folgende Gesichtspunkte spielen bei der Synthese eine Rolle:

- Art der *verfügbaren logischen Grundfunktionen* (z.B. AND, NAND, OR, NOR, NOT oder nur NAND oder nur NOR),

- *Fan-In* und *Fan-Out* der verwendeten Glieder.

Am einfachsten wird die Synthese, wenn dem Anwender neben den Elementarfunktionen AND, OR und NOT auch die Grundfunktionen NAND und NOR (und evtl. auch XOR und XNOR) bei beliebigem Fan-In und Fan-Out zur Verfügung stehen. Dieser Fall ist jedoch nur von akademischem Interesse.

7.3.1 Synthese von Schaltnetzen aus AND-, OR- und NOT-Gliedern

Am Beispiel der Schaltfunktion

$$y = (x_0 + \bar{x}_1 + \bar{x}_0 \cdot x_1 \cdot x_2 \cdot x_3) \cdot (x_0 \cdot x_1 \cdot \bar{x}_2 \cdot \bar{x}_3 + \bar{x}_4) \qquad (7.13)$$

sollen einige Regeln für die Synthese erläutert werden. Verfügbar seien nur die Variablen selbst. Wir wollen zum einen beliebiges Fan-In zulassen und in einem zweiten Beispiel die Einschränkung machen, daß uns nur Gatter mit 2 Eingängen zur Verfügung stehen mögen.

7.3.1.1 Beliebiges Fan-In

Die Synthese geschieht anhand von Gleichung (7.13) von innen nach außen. Sie führt zu Bild 7.4. Die einzelnen Schritte der Synthese lassen sich, wie folgt, charakterisieren

1. Schritt: Erzeugung der negierten Variablen; hierzu benötigen wir fünf Inverter.

2. Schritt: Erzeugung der Konjunktionen $\bar{x}_0 \cdot x_1 \cdot x_2 \cdot x_3$ und $x_0 \cdot x_1 \cdot \bar{x}_2 \cdot \bar{x}_3$ mittels 2 UND.

3. Schritt: Erzeugung der Disjunktionen in den Klammern (ein Zweifach- und ein 3-fach- ODER),

4. Schritt: Konjunktive Verknüpfung der Klammern (ein 2-fach-UND).

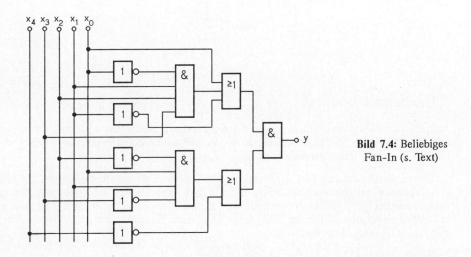

Bild 7.4: Beliebiges Fan-In (s. Text)

7.3.1.2 Begrenztes Fan-In

Für den Fall, daß die *Zahl der Eingänge begrenzt* ist, muß die Schaltfunktion durch Einfügen von zusätzlichen Klammern umgeformt werden.

Satz: Die in einer Klammer stehende Anzahl von Variablen darf nicht größer als das Fan-In sein.

Ausgehend von Gleichung (7.13) erhält man für ein Fan-In = 2

$$y = [(x_0 + \bar{x}_1) + (\bar{x}_0 \cdot x_1) \cdot (x_2 \cdot x_3)] \cdot [(x_0 \cdot x_1) \cdot (\bar{x}_2 \cdot \bar{x}_3) + \bar{x}_4] . \qquad (7.14)$$

Analog zu dem unter 7.3.1.1 beschriebenen Verfahren können wir nun das Schaltnetz entwerfen (Bild 7.5).

7.3.2 Synthese von Schaltnetzen mit NOR-Gliedern

Satz: Jedes Schaltnetz läßt sich ausschließlich mit NOR-Gliedern realisieren.

Beweis: Realisierung von NOT, OR und AND in Bild 7.6 aus NOR nach de Morgan:

$$y = \overline{x_0 + x_1} = \overline{x}_0 \cdot \overline{x}_1 \qquad\qquad (3.9),(7.15)$$

Am Beispiel der Schaltfunktion nach Gleichung (7.13) wird die Synthese mit NOR-Gliedern gezeigt, und zwar zunächst für beliebiges Fan-In und dann für Fan-In = 2.

Regel: Die Synthese der Schaltung geschieht vom Ausgang y her.

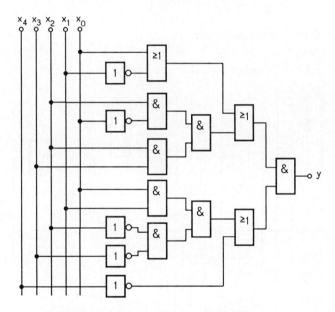

Bild 7.5: Synthese mit Fan-In = 2 (vgl. Text)

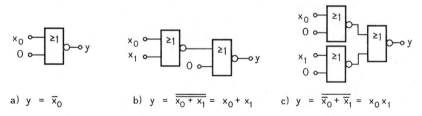

a) $y = \overline{x}_0$ \qquad b) $y = \overline{\overline{x_0 + x_1}} = x_0 + x_1$ \qquad c) $y = \overline{\overline{x}_0 + \overline{x}_1} = x_0 x_1$

Bild 7.6: Synthese der Elementarfunktionen aus NOR-Gliedern

7.3.2.1 Beliebiges Fan-In

Gleichung (7.13) besteht aus der Konjunktion der beiden Klammerausdrücke

$$(x_0 + \overline{x}_1 + \overline{x}_0 \cdot x_1 \cdot x_2 \cdot x_3) \quad \text{und} \quad (x_0 \cdot x_1 \cdot \overline{x}_2 \cdot \overline{x}_3 + \overline{x}_4) . \qquad (7.16),(7.17)$$

Mit Gleichung (7.15) läßt sich deshalb schreiben

$$y = (x_0 + \overline{x}_1 + \overline{\overline{x_0 \cdot x_1 \cdot x_2 \cdot x_3}}) + (\overline{\overline{x_0 \cdot x_1 \cdot \overline{x}_2 \cdot \overline{x}_3}} + \overline{x}_4) \,. \tag{7.18}$$

Die konjunktiven Ausdrücke in (7.16) und (7.17) werden weiter umgeformt

$$\overline{x}_0 \cdot x_1 \cdot x_2 \cdot x_3 = \overline{x_0 + \overline{x}_1 + \overline{x}_2 + \overline{x}_3} \tag{7.19}$$

und $$x_0 \cdot x_1 \cdot \overline{x}_2 \cdot \overline{x}_3 = \overline{\overline{x}_0 + \overline{x}_1 + x_2 + x_3} \,. \tag{7.20}$$

(7.19) und (7.20) in (7.18) liefert

$$y = (x_0 + \overline{x}_1 + \overline{\overline{x_0 + \overline{x}_1 + \overline{x}_2 + \overline{x}_3}}) + (\overline{\overline{\overline{x}_0 + \overline{x}_1 + x_2 + x_3}} + \overline{x}_4) \,. \tag{7.21}$$

Die zugehörige Schaltung zeigt Bild 7.7.

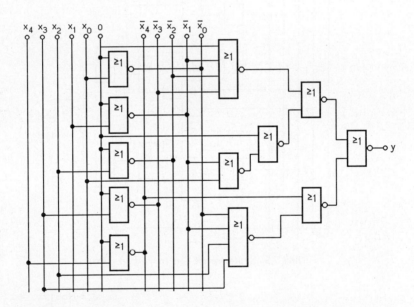

Bild 7.7: Synthese mit NOR-Gliedern, beliebiges Fan-In (vgl. Text)

7.3.2.2 Begrenztes Fan-In

Ist die Zahl der verfügbaren Eingänge begrenzt, so wird wie unter 7.3.1.2 die Schaltfunktion durch Einfügen von Klammern umgeformt und analog 7.3.2.1 weiterbehandelt.

Für das Beispiel nach (7.13) und Fan-In = 2 erhalten wir

$$y = \left[(x_0 + \overline{x}_1) + (\overline{x}_0 \cdot x_1) \cdot (x_2 \cdot x_3) \right] \cdot \left[(x_0 \cdot x_1) \cdot (\overline{x}_2 \cdot \overline{x}_3) + \overline{x}_4 \right] \tag{7.22}$$

$$y = \left[(x_0 + \overline{x}_1) + \overline{\overline{(\overline{x}_0 \cdot x_1)} + \overline{(x_2 \cdot x_3)}} \right] + \overline{\overline{\left[\overline{(x \cdot x_1)} + \overline{(\overline{x}_2 \cdot \overline{x}_3)} \right] + \overline{x}_4}} \,,$$

$$y = \left[(x_0 + \overline{x}_1) + \overline{(x_0 + \overline{x}_1) + (\overline{x}_2 + \overline{x}_3)}\right] + \overline{\left[\overline{(\overline{x}_0 + \overline{x}_1)} + (x_2 + x_3) + \overline{x}_4\right]} \; . \qquad (7.23)$$

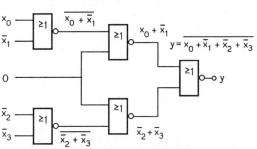

Die Schaltung unterscheidet sich von Bild 7.7 nur an den Stellen, wo die beiden 4-fach-NOR-Glieder durch Kombinationen aus 2-fach-NOR-Gliedern ersetzt werden. Bild 7.8 zeigt das für ein 4-fach-NOR im Detail.

Bild 7.8: Erläuterung im Text

7.3.3 Synthese von Schaltnetzen mit NAND-Gliedern

Satz: Jedes Schaltnetz läßt sich ausschließlich mit NAND-Gliedern realisieren.

Beweis: Realisierung von NOT, OR und AND in Bild 7.9 aus NAND nach de Morgan:

$$y = \overline{x_0 \cdot x_1} = \overline{x}_0 + \overline{x}_1 \; . \qquad (3.10)$$

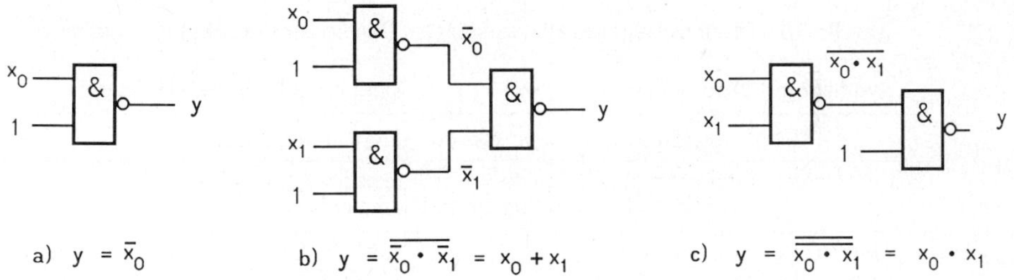

a) $y = \overline{x}_0$ b) $y = \overline{\overline{x}_0 \cdot \overline{x}_1} = x_0 + x_1$ c) $y = \overline{\overline{x_0 \cdot x_1}} = x_0 \cdot x_1$

Bild 7.9: Synthese der Elementarfunktionen aus NAND

Ferner gilt die Dualität zwischen NAND- und NOR-Gliedern nach Bild 7.10.

Bild 7.10: Dualität zwischen NAND und NOR

7.3.3.1 Beliebiges Fan-In

Mit dem Beispiel nach (7.13) ergibt sich

$$y = (x_0 + \overline{x}_1 + \overline{x}_0 \cdot x_1 \cdot x_2 \cdot x_3) \cdot (x_0 \cdot x_1 \cdot \overline{x}_2 \cdot \overline{x}_3 + \overline{x}_4) , \qquad (7.24)$$

also
$$y = (\overline{x}_0 \cdot x_1 + \overline{x}_0 \cdot x_1 \cdot x_2 \cdot x_3) \cdot (x_0 \cdot x_1 \cdot \overline{x}_2 \cdot \overline{x}_3 \cdot x_4)$$

oder
$$y = \overline{x}_0 \cdot x_1 \cdot \overline{x}_0 \cdot x_1 \cdot x_2 \cdot x_3 \quad \cdot \quad x_0 \cdot x_1 \cdot \overline{x}_2 \cdot \overline{x}_3 \cdot x_4 . \qquad (7.25)$$

Gleichung (7.25) wird nun analog zu 3.2.1 realisiert, indem man vom Ausgang her das Schaltnetz aufbaut.

7.3.3.2 Begrenztes Fan-In

Für diesen Fall müssen wir analog zu 7.3.1.2 und 7.3.2.2 die Schaltfunktion mit entsprechenden Klammern versehen und dann so umformen, daß sie nur noch Konjunktionen enthält.

7.3.4 Zusammenfassung der Regeln

In Tabelle 7.1 sind die Regeln für die Schaltnetzbehandlung noch einmal zusammengefaßt. Ein weiterer wichtiger Punkt ist noch zu berücksichtigen.

Die sog. *Schachtelungstiefe* - d. h. die Anzahl der hintereinandergeschalteten Gatter innerhalb eines Schaltnetzes - bestimmt die einzelnen Laufzeiten der Signale durch das Netzwerk und damit dessen Verhalten gegenüber den sog. *Races* und *Hazards*, auf die wir im nächsten Abschnitt noch zurückkommen werden.

Tabelle 7.1: Zusammenfassung der wichtigsten Regeln für die Schaltnetzsynthese

Synthese mit NOR-Gliedern	Synthese mit NAND-Gliedern
Das Schaltnetz wird vom Ausgang her aufgebaut	
Bei begrenztem Fan-In = n faßt man jeweils n Glieder der Schaltfunktion durch Klammern zusammen	
Für die Konjunktion werden dem NOR-Glied die negierten Variablen zugeführt.	Für die Disjunktion werden dem NAND-Glied die negierten Variablen zugeführt.
Die Disjunktion wird über ein NOT-Glied nach Bild 7.6b in eine NOR-Funktion überführt.	Die Konjunktion wird über ein NOT-Glied nach Bild 7.9 in eine NAND-Funktion überführt.
Die NOR-Funktion wird über ein NOT-Glied nach Bild 7.9c in eine Disjunktion umgewandelt	Die NAND-Funktion wird über ein NOT-Glied nach Bild 7.6b in eine Konjunktion umgewandelt.

7.4 Vereinfachung von Booleschen Funktionen

7.4.1 Problemstellung, Übersicht über verschiedene Verfahren

Die Wahrheitstabelle ist in vielen Fällen Ausgangspunkt für die Gewinnung einer Booleschen Schaltfunktion, die wiederum zur technischen Realisierung eines Schaltnetzes herangezogen wird.

Das *Aufstellen der Schaltfunktion* geschieht nach eindeutigen Regeln, indem man die disjunktive oder die konjunktive Normalform ermittelt. Hinsichtlich des technischen Aufwandes und des günstigsten elektrischen Verhaltens stellen jedoch beide fast nie ein Optimum dar und müssen deshalb vereinfacht werden.

Für den Begriff "Vereinfachung" können sehr verschiedene Gesichtspunkte maßgebend sein, je nachdem, welche Forderungen an die Schaltung im Vordergrund stehen. Allgemein läßt sich nur sagen, daß der technische Aufwand in erster Näherung proportional der Anzahl der logischen Operatoren "+" und " · " in der Schaltfunktion ist. Deshalb läuft die Vereinfachung meistens darauf hinaus, entweder ein *minimales Produkt aus Summen* oder eine *minimale Summe aus Produkten* zu erhalten. Die Begriffe Summe und Produkt sind hier in der Booleschen Terminologie gebraucht.

Wichtig für das *dynamische Verhalten* bezüglich der Race- und Hazard-Probleme ist auch die *Schachtelungstiefe* (vgl. Kap. 15, Races und Hazards). Hierunter versteht man die Anzahl von Stufen, die ein Signal vom Eingang bis zum Ausgang durchlaufen muß.

Es gibt eine Reihe von Vereinfachungsverfahren, die jeweils Vor- und Nachteile besitzen. Die wichtigsten sind in Tabelle 7.2 zusammengestellt. Von ihnen wollen wir nur das grafische KV-Verfahren näher behandeln; die übrigen sind in der Literatur ausführlicher dargestellt.

Tabelle 7.2: Überblick über Vereinfachungsverfahren der Booleschen Algebra

Vereinfachungsverfahren			
rechnerisch		grafisch	
Direkte Anwendung der Booleschen Algebra	Methode nach Quine und Mc Cluskey	KV-Diagramm	Kreisgrafen nach Händler
Vorteile: Wenig Aufwand, für kleine Schaltnetze gut geeignet.	*Vorteile:* Sehr gut geeignet bei vielen Eingangsgrößen und bei Verwendung von Digitalrechnern.	*Vorteile:* Sehr anschaulich,Vereinfachung erfolgt in einem einzigen Schritt	*Vor- und Nachteile* ähnlich wie beim KV-Diagramm
Nachteil: Lösung stark von der Intuition und Erfahrung des Benutzers abhängig und stellt nicht immer das Optimum dar.	*Nachteil:* Wenig anschaulich, sehr viel Schreibaufwand, Vereinfachung erfolgt schrittweise.	*Nachteil:* Für mehr als 6 Variablen unhandlich	

7.4.2 Rechenregeln für die algebraische Vereinfachung

In Ergänzung zu den Axiomen der Schaltalgebra (s. a. Abschnitt 7.2.1) existieren noch einige nützliche Reduktionsformeln, die im folgenden zusammengestellt sind.

$$\left. \begin{array}{l} x_0 + x_0 \cdot x_1 = x_0 \\ x_0 \cdot (x_0 + x_1) = x_0 \end{array} \right\} \text{Absorption}$$

$$\begin{array}{lll} & & (7.26) \\ & & (7.27) \end{array}$$

$$x_0 \cdot (\bar{x}_0 + x_1) = x_0 \cdot x_1 \qquad (7.28)$$

$$x_0 + \bar{x}_0 \cdot x_1 = x_0 + x_1 \qquad (7.29)$$

$$x_0 + x_0 \cdot \bar{x}_1 = x_0 + \bar{x}_1 \qquad (7.30)$$

$$\bar{x}_0 + x_0 \cdot x_1 = \bar{x}_0 + x_1 \qquad (7.31)$$

$$\bar{x}_0 + x_0 \cdot \bar{x}_1 = \bar{x}_0 + \bar{x}_1. \qquad (7.32)$$

7.4.3 Karnaugh-Veitch-Diagramme

E. W. Veitch hat 1952 eine *topologische Methode* zur Vereinfachung von Booleschen Schaltfunktionen angegeben, die 1953 von *M. Karnaugh* weiterentwickelt worden ist. Nach diesem Verfahren werden die Variablen und deren Verknüpfungen *in Form von Feldern,* den sog. Karnaugh-Veitch-Tafeln (kurz KV-Tafeln bzw. KV-Diagrammen) dargestellt. Die KV-Tafel ist die *grafische Veranschaulichung der Wahrheitstabelle* einer Schaltfunktion. Wie wir in Abschnitt 6.7 bereits gesehen haben, lassen sich aus einer Wahrheitstabelle mit n Eingangsvariablen je 2^n Minterme und Maxterme konstruieren. Entsprechend existieren bei der KV-Tafel für n Variable 2^n Felder, von denen jedes einzelne entweder einen Minterm oder einen Maxterm repräsentiert.

7.4.3.1 Minterm-Methode

KV-Tafel für eine Variable
Bei n = 1 Eingangsvariablen sind $2^n = 2^1 = 2$ Ausgangskombinationen y_0 und y_1 möglich. Somit enthält die KV-Tafel 2 Felder. Für $x_0 = 0$ ist $y = y_0$, und für $x_0 = 1$ ist $y = y_1 = \bar{y}_0$. Die KV-Tafel nach Bild 7.11 stellt also im rechten Feld die Variable selbst und im linken Feld ihr Komplement dar.

   Satz: Bei der Minterm-Methode wird dasjenige Feld mit einer 1 gekennzeichnet, das
   mit einem Minterm korrespondiert.

Bild 7.12 zeigt die beiden Möglichkeiten für einelementige Funktionen. (Da für n = 1 Min- und Maxterme identisch sind, wird hier das Wesentliche noch nicht so deutlich).

KV-Tafel für zwei Variablen
Für n = 2 sind $2^2 = 4$ Ausgangskombinationen möglich. In Bild 7.13a sind die möglichen Minterme zusammengestellt. Sie lassen sich in die KV-Tafel entsprechend Bild 7.13b (links) eintragen, indem man die Zeilen $\bar{x}_0$ und x_0 und die Spalten $\bar{x}_1$ und x_1 definiert und entsprechend bezeichnet (Bild 13b Mitte).

In der Regel läßt man wegen der besseren Übersichtlichkeit die Bezeichnung der Spalten und Zeilen für die negierten Variablen weg (Bild 13b rechts). Selbstverständlich ist auch eine Vertauschung der Zeilen- und Spaltenelemente möglich; sie empfiehlt sich aber nicht aus Gründen, die wir später noch einsehen werden.

x_0	y
0	y_0
1	y_1

$\bar{x}_0$	x_0
y_0	y_1

$\bar{x}_0$	x_0
1	0

$y_0 = \bar{x}_0$

$\bar{x}_0$	x_0
0	1

$y_1 = x_0$

Bild 7.11: KV-Tafel für 1 Variable   **Bild 7.12:** 2 mögliche KV-Tafeln (für y_0 und y_1)

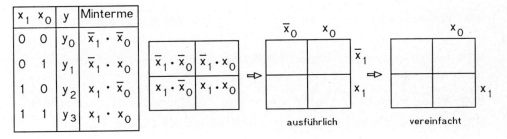

x_1	x_0	y	Minterme
0	0	y_0	$\bar{x}_1 \cdot \bar{x}_0$
0	1	y_1	$\bar{x}_1 \cdot x_0$
1	0	y_2	$x_1 \cdot \bar{x}_0$
1	1	y_3	$x_1 \cdot x_0$

a) Wahrheitstabelle   b) Anordnung der Minterme und Kennzeichnung der Zeilen und Spalten

Bild 7.13: KV-Tafel für 2 Variable

Vereinfachungsmöglichkeiten:

Bild 7.14 zeigt die Wahrheitstabelle und das KV-Diagramm für die Äquivalenz XNOR. Die Schaltfunktion lautet

$$y = x_0 \cdot x_1 + \bar{x}_0 \cdot \bar{x}_1 . \tag{7.33}$$

Sie läßt sich nicht weiter vereinfachen.

x_1	x_0	y
0	0	1
0	1	0
1	0	0
1	1	1

Bild 7.14: KV-Tafel des XNOR (Äquivalenz)

Die Wahrheitstabelle in Bild 15a führt zum KV-Diagramm Bild 7.15b. Hier liegen zwei Felder mit 1 benachbart. Das bedeutet die Möglichkeit der Vereinfachung, und zwar faßt man sie zu sog. *Elementarblöcken* zusammen.

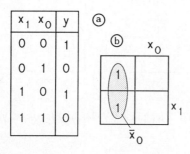

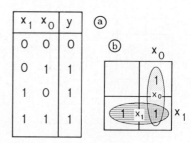

Bild 7.15: Benachbarte Felder (s. Text)

Bild 7.16: Bildung von 2 Elementarblöcken

In diesem Falle entsteht der Elementarblock $\overline{x}_0$. Aus der ursprünglichen Schaltfunktion

$$y = \overline{x}_0 \cdot \overline{x}_1 + \overline{x}_0 \cdot x_1 \tag{7.34}$$

wird also

$$y = \overline{x}_0 \cdot (x_1 + \overline{x}_1) = \overline{x}_0 . \tag{7.35}$$

Diese rechnerische Vereinfachung liest man sofort aus dem KV-Diagramm ab.

Im Beispiel nach Bild 7.16 lassen sich zwei Elementarblöcke bilden, wobei die 1 im Feld $x_0 \cdot x_1$ beiden Blöcken gemeinsam angehört, was durchaus erlaubt ist. Somit lautet hier die vereinfachte Schaltfunktion

$$y = x_0 + x_1 = \overline{\overline{x}_0 \cdot \overline{x}_1} . \tag{7.36}$$

Das läßt sich rechnerisch leicht nachvollziehen:

$$y = x_0 \cdot x_1 + x_0 \cdot \overline{x}_1 + \overline{x}_0 \cdot x_1 = x_0 \cdot (x_1 + \overline{x}_1) + \overline{x}_0 \cdot x_1$$

$$y = x_0 + \overline{x}_0 \cdot x_1 , \qquad \text{das ist aber (7.29), also}$$

$$y = x_0 + x_1 . \tag{7.37}$$

KV-Tafel für drei Variablen

Für n = 3 Variable existieren bereits $2^3 = 8$ Ausgangskombinationen. Die KV-Tafel erhält allgemein die Form nach Bild 7.17. Man kann sie als Abwicklung eines Toroiden auffassen.

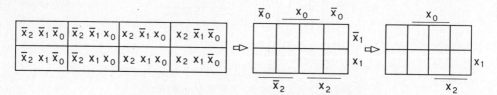

Bild 7.17: Entwicklung der KV-Tafel für 3 Variablen

Satz: Als benachbart gelten auch die Felder, die an gegenüberliegenden Enden derselben Zeile und Spalte liegen.

Satz: Die Anzahl der jeweils in einem Elementarblock zusammengefaßten Felder ist immer eine Potenz von 2.

Die Sätze gelten auch bei mehr als 3 Variablen.

Vereinfachungsbeispiele:

Für Bild 7.18 lautet die disjunktive Normalform (DNF) - hier gleichzeitig ADNF -

$$y = x_0 \cdot x_1 \cdot \overline{x}_2 + \overline{x}_0 \cdot x_1 \cdot x_2 + \overline{x}_0 \cdot x_1 \cdot \overline{x}_2 + \overline{x}_0 \cdot \overline{x}_1 \cdot x_2 \; . \tag{7.38}$$

Aus dem KV-Diagramm entnimmt man sofort die vereinfachte Schaltfunktion

$$y = \overline{x}_0 \cdot x_2 + x_1 \cdot \overline{x}_2 \; . \tag{7.39}$$

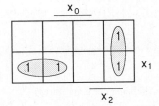 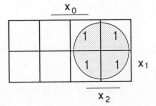

Bild 7.18: Beispiel für Zweierblöcke (s. Text)   **Bild 7.19:** Beispiel für Viererblock (s. Text)

Bild 7.19 zeigt, daß sich auch *Viererblöcke* bilden lassen. Die DNF

$$y = x_0 \cdot x_1 \cdot x_2 + \overline{x}_0 \cdot x_1 \cdot x_2 + x_0 \cdot \overline{x}_1 \cdot x_2 + \overline{x}_0 \cdot \overline{x}_1 \cdot x_2 \tag{7.40}$$

vereinfacht sich zu

$$y = x_2 \; . \tag{7.41}$$

KV-Tafel für 4 und mehr Variable

Satz: Die Variablen müssen im KV-Diagramm so in Zeilen Spalten verteilt werden, daß alle 2^n möglichen Kombinationen genau einmal entstehen.

Bild 7.20 veranschaulicht die Entstehung eines KV-Diagramms für 4 Variablen. Hier existiert auch die Möglichkeit der Bildung von *Achterblöcken.*

Bei mehr als 4 Variablen sind ebene und räumliche Darstellungen möglich. Bild 7.21 zeigt die ebene und Bild 7.22 die räumliche Darstellung der KV-Tafel für n = 6 Variablen. Die Zahl der Minterme beträgt hier bereits 2^6 = 64. Die ebene Darstellung läßt sich zwar einfacher zeichnen, dafür lassen sich in der räumlichen Anordnung besser ben nachbarte Felder zwischen Untertafeln erkennen, die als senkrechte Gruppen von "1" oder "0" erscheinen.

Vereinfachungsbeispiele für vier Variable:

Im Beispiel nach Bild 7.23 lassen sich zwei Viererblöcke bilden. Der innere erfüllt die Bedingung $x_0 \cdot x_1$, und für den äußeren läßt sich schreiben $\overline{x}_0 \cdot \overline{x}_1$. Also lautet die vere einfachte Schaltfunktion

$$y = x_0 \cdot x_1 + \overline{x}_0 \cdot \overline{x}_1 \qquad \text{(XNOR)} . \tag{7.42}$$

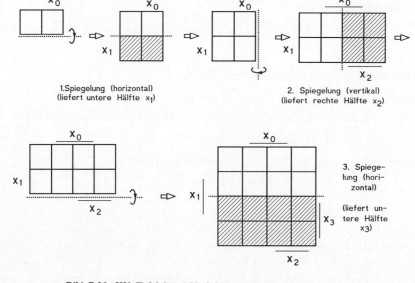

1.Spiegelung (horizontal)
(liefert untere Hälfte x_1)

2. Spiegelung (vertikal)
(liefert rechte Hälfte x_2)

3. Spiegelung (horizontal)

(liefert untere Hälfte x_3)

Bild 7.20: KV-Tafel für 4 Variablen (Schema der Entstehung)

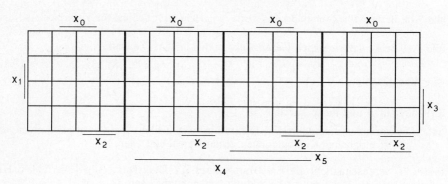

Bild 7.21: KV-Tafel für 6 Variablen, ebene Darstellung

Das Beispiel in Bild 7.24 liefert drei Blöcke. Somit hat die Schaltfunktion drei Boolesche Summanden; sie lautet

$$y = \overline{x}_0 \cdot x_2 \cdot \overline{x}_3 + \overline{x}_1 \cdot x_3 + \overline{x}_2 \cdot x_3 . \qquad (7.43)$$

Bei etwas ungeschickterer Zusammenfassung (eckig dargestellt) ergibt sich nur

$$y = \overline{x}_0 \cdot x_1 \cdot x_2 \cdot \overline{x}_3 + \overline{x}_0 \cdot \overline{x}_1 \cdot x_2 + \overline{x}_1 \cdot x_3 + \overline{x}_2 \cdot x_3 . \qquad (7.44)$$

Übertragung der Schaltfunktion in die KV-Tafel

Das KV-Diagramm besitzt den wesentlichen Vorteil, daß man bei gegebener Schaltfunktion diese nicht erst in die DNF umrechnen muß. Sie läßt sich nämlich unmittelbar übertragen. Dabei ergibt sich die DNF nebenbei von selbst. Das soll am Beispiel

$$y = x_0 \cdot x_2 + x_1 \cdot x_3 + \overline{x}_0 \cdot \overline{x}_1 \cdot \overline{x}_2 \cdot \overline{x}_3 \qquad (7.45)$$

gezeigt werden. Es handelt sich um eine Funktion mit vier Variablen. Die Bedingung

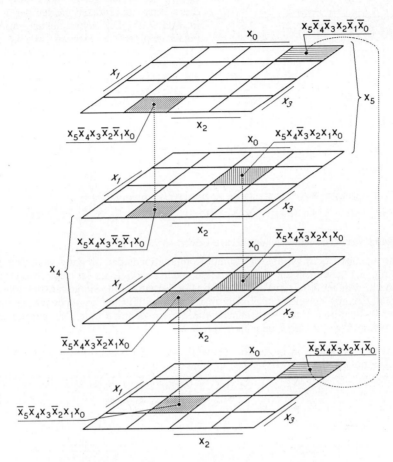

Bild 7.22: Räumliches KV-Diagramm für 6 Variablen

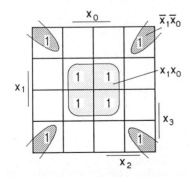

Bild 7.23: Arten von Viererblöcken

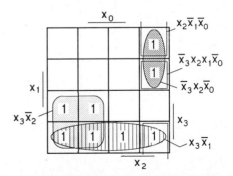

Bild 7.24: Möglichkeiten der Blockbildung

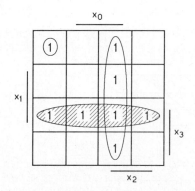

$x_0 \cdot x_2$ des ersten Terms aus (7.45) erfüllen die einfach umrandeten Felder der KV-Tafel in Bild 7.25. Die schraffierten, umkreisten Felder genügen dem zweiten Term $x_1 \cdot x_3$. Für den Ausdruck $\overline{x}_0 \cdot \overline{x}_1 \cdot \overline{x}_2 \cdot \overline{x}_3$ bleibt das linke obere Feld. Aus der KV-Tafel schreibt man die ADNF unmittelbar auf, die die Wahrheitstabelle widerspiegelt:

Bild 7.25: Übertragung der Schaltfunktion in die KV-Tafel (s. Text)

$$y = x_0 \cdot x_1 \cdot x_2 \cdot \overline{x}_3 + x_0 \cdot x_1 \cdot \overline{x}_2 \cdot x_3 + x_0 \cdot x_1 \cdot x_2 \cdot x_3 + \overline{x}_0 \cdot x_1 \cdot x_2 \cdot x_3 +$$
$$+ \ \overline{x}_0 \cdot x_1 \cdot \overline{x}_2 \cdot x_3 + x_0 \cdot \overline{x}_1 \cdot x_2 \cdot x_3 + x_0 \cdot \overline{x}_1 \cdot x_2 \cdot \overline{x}_3 + \overline{x}_0 \cdot \overline{x}_1 \cdot \overline{x}_2 \cdot \overline{x}_3 \ . \qquad (7.46)$$

Benutzung von Redundanzen (don't-care-Felder)

Bei *redundanten Codes* werden bestimmte Kombinationen der Eingangsvariablen zur Realisierung der gewünschten Schaltfunktion *nicht benötigt*. Es ist dem Nutzer deshalb freigestellt, welchen binären Wert (0 oder 1) er für sie wählt. Sie lassen sich zur Schaltnetzvereinfachung heranziehen, indem man ihnen willkürlich passende Werte zuordnet. In der KV-Tafel und in der Wahrheitstabelle werden sie mit * (oder X) gekennzeichnet. Sie heißen *don't-care-Felder* oder *freie Terme*.

Das Beispiel in Bild 7.26 möge dies verdeutlichen. Die Schaltfunktion der KV-Tafel in Bild 7.26a besteht nur aus Mintermen und hat die Form

$$y = x_0 \cdot x_1 \cdot \overline{x}_2 \cdot \overline{x}_3 + x_0 \cdot \overline{x}_1 \cdot x_2 \cdot \overline{x}_3 + \overline{x}_0 \cdot x_1 \cdot x_2 \cdot \overline{x}_3 + x_0 \cdot \overline{x}_1 \cdot \overline{x}_2 \cdot x_3 +$$
$$+ \ \overline{x}_0 \cdot x_1 \cdot \overline{x}_2 \cdot x_3 + \overline{x}_0 \cdot \overline{x}_1 \cdot x_2 \cdot x_3 \ . \qquad (7.47)$$

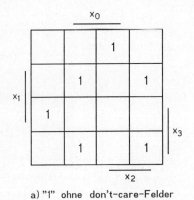

a) "1" ohne don't-care-Felder

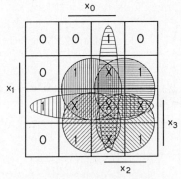

b) mit don't-care-Feldern

Bild 7.26: Ausnutzung von Redundanzen

Nach Einführung der don't-care-Felder (die gedanklich mit logisch 1 besetzt sind) ergibt sich mit Bild 7.26b die wesentlich einfachere Funktion

$$y = x_0 \cdot x_1 + x_0 \cdot x_2 + x_0 \cdot x_3 + x_1 \cdot x_2 + x_1 \cdot x_3 + x_2 \cdot x_3 \ . \tag{7.48}$$

Hinweis: Es können selbstverständlich nur die Felder als don't-care-Felder aufgefaßt werden, die redundant sind. Zur Verdeutlichung dessen sind die für den Code des gewählten Beispiels außerdem relevanten Minterme gekennzeichnet, *die mit 0 besetzt sind.*

Es empfiehlt sich deshalb immer, in die KV-Tafeln auch *zusätzlich die* Nullen *einzutragen,* es sei denn, man hat einen Code *ohne Redundanz.*

7.4.3.2 Maxterm-Methode

Bei der Maxterm-Methode werden analog zur Minterm-Methode die 2^n maximal möglichen Maxterme in die KV-Tafel eingetragen, indem man das mit einem Maxterm korrespondierende Feld mit einer Null kennzeichnet. Bei der Bildung der Elementar-Vierer- oder Achterblocks werden die mit logisch 0 versehenen Felder genauso zusammengefaßt wie die 1-Felder bei der Minterm-Methode. Die Einführung der don't-care-Felder ist ebenso möglich, nur daß man ihnen hier 0 zuordnet.

7.4.3.3 Wichtige Regeln bei der Anwendung der KV-Tafeln

Bei der Aufstellung von KV-Tafeln müssen wir einige *wichtige Regeln* zu beachten:

1) Bei n Variablen müssen 2^n Einzelfelder vorhanden sein.

2) Tafeln mit mehr als 16 Feldern (entspricht n > 4) sollten in Untertafeln aufgeteilt werden.

3) Zeilen und Spalten müssen so angeordnet sein, daß jeder mögliche Minterm (Maxterm) darstellbar ist.

4) Das Schema der Feldanordnung ist optimal, wenn es dem oben hergeleiteten entspricht, weil sich dann die Minterme aus der Wahrheitstabelle sehr bequem in die Tafeln übertragen lassen.

5) Belegte Minterme (Maxterme) werden mit 1 (bzw. 0) gekennzeichnet.

6) Benachbarte Terme sind solche Felder, die sich voneinander in genau einer Variablen unterscheiden.

7) Als benachbart gelten auch Felder, die an gegenüberliegenden Enden einer Zeile (Spalte) liegen.

8) Zwei benachbarte Felder lassen sich zu einem Elementarblock, vier zu einem Viererblock und i zu einem 2^i-Block zusammenfassen.

9) Die Blocks sollten beim Minimierungsprozeß so groß und ihre Anzahl so klein wie möglich gemacht werden. Bei Elementarblocks wird eine Variable, bei Viererblocks werden 2 Variable und bei 2i-Blocks i Variable eliminiert. Die Zahl der Blocks ist identisch mit der Zahl *primären Implikanten.* So bezeichnet man die einen Block beschreibenden Booleschen Ausdrücke.

10) Durch Einführen von dont't-care-Feldern * (oder X) bei nicht vorkommenden Eingangskombinationen (Mintermen) lassen sich Vereinfachungen erzielen. Die Felder * oder X erhalten dabei den (fiktiven) logischen Wert 1 (bzw. 0).

8 Kippschaltungen

8.1 Allgemeines

Bei *kombinatorischen* Schaltungen *(Schaltnetzen)* wird das Ausgangssignal ausschließlich und zu jedem Zeitpunkt nur durch den Zustand der Eingangssignale *zu diesem Zeitpunkt* bestimmt.

Schaltungen, bei denen eine *Rückkopplung* des Ausgangssignals in irgendeiner Form auf den Eingang erfolgt, haben jedoch die Eigenschaft, daß der Signalzustand am Ausgang nicht nur vom derzeitigen Signalzustand an den Eingängen, sondern auch von der *Vorgeschichte* der Eingangssignale abhängt.

In der Digitaltechnik sind dabei Schaltungen von Interesse, bei denen sich das Ausgangssignal in möglichst kurzer Zeit von einem diskreten Wert auf einen anderen einstellt. Man bezeichnet solche Schaltungen als *Kippstufen*.

> *Eine Kippstufe ist eine elektronische Schaltung, deren Ausgangssignal sich entweder sprunghaft oder nach einer vorgegebenen Zeitfunktion zwischen zwei Werten ändert, wobei der jeweilige Zustand der Schaltung entweder von dieser selbst oder von einem von außen zugeführten Steuersignal bestimmt wird.*

Für die Digitaltechnik spielen 4 Grundschaltungen eine wichtige Rolle

- **Bistabile Kippschaltung (Flipflop)**
  Das *Flipflop* ist eine Kippstufe mit *zwei stabilen* Zuständen (Speicher für binäre Information). Das Umschalten erfolgt durch ein von außen angelegtes Signal (Gleichspannung oder Impuls). Das bedeutet gleichzeitig, daß nach jedem zweiten Umschalten wieder derselbe Zustand erreicht wird.

- **Monostabile Kippschaltung (Monoflop)**
  Das *Monoflop* ist eine Kippschaltung mit *einem stabilen* und *einem metastabilen Zustand*. Durch ein äußeres Signal kann sie aus dem stabilen in den metastabilen Zustand geschaltet werden. Nach Ablauf einer bestimmten Zeitdauer, deren Länge nur von den Eigenschaften der Schaltung bestimmt wird, kippt sie *selbständig* wieder in ihre stabile Lage zurück.

- **Astabile Kippstufe oder freischwingender Multivibrator**
  Die *astabile Kippstufe (Multivibrator)* hat keinen stabilen Zustand. Sie kippt zwischen zwei metastabilen Zuständen, deren Dauer lediglich von den Eigenschaften der Schaltung bestimmt wird, ohne äußere Einwirkungen hin und her. Sie erzeugt somit *periodische Schwingungen* (vorwiegend Rechteckschwingungen).

- **Schmitt-Trigger**
  Der Schmitt-Trigger ist eine Kippschaltung mit *2 stabilen* Zuständen. Überschreitet das (ständig erforderliche) Eingangssignal einen bestimmten Schwellwert, so kippt die Schaltung von dem einen stabilen Zustand in den anderen und verharrt dort solange,

bis die Eingangsspannung einen anderen (etwas kleineren) Schwellwert wieder unterschreitet. Der Schmitt-Trigger wird deshalb auch als *Schwellwert-Diskriminator* bezeichnet.

Kippschaltungen lassen sich in sehr vielfältiger Weise realisieren, z. B.

- in *diskreter* Technik mit Transistoren (bipolare oder unipolare Typen),
- in *integrierter* Technik,
- mit *Operationsverstärkern*,
- mit *digitalen NAND- oder NOR*-Gliedern.

Für die digitale Nachrichtenverarbeitung interessieren die Kippschaltungen in diskreter Technik kaum noch, hingegen sind die in integrierter Technik und mit integrierten NAND- und NOR-Gliedern weit verbreitet.

8.2 Bistabile Kippstufen (Flipflops)

8.2.1 Arten von Flipflops

Zur Groborientierung sollen hier zunächst einmal die gebräuchlichen Arten von Flipflops aufgezählt werden. Man unterscheidet verschiedene Klassen (vgl. a.Bild 8.1):

- *Speicherflipflop ohne Takteingang* (der Takt wird meistens *Clock* genannt),
- *Auffangflipflop* (*Latch*, Speicherflipflop mit Takteingang),
- *Zähl- oder Zweispeicherflipflops* mit Takteingang.

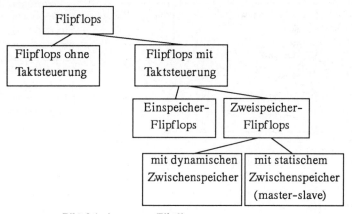

Bild 8.1: Arten von Flipflops

8.2.2 Grundschaltung

Ein *zweistufiger Verstärker* kann zu einem Flipflop geschaltet werden, indem man entsprechend Bild 8.2a beide Stufen *galvanisch* so miteinander koppelt, daß der Ausgang von Stufe 2 auf den Eingang von Stufe 1 zurückgeführt wird. Bild 8.2b zeigt eine Darstellung, deren Funktion mit der in Bild 8.1 identisch ist, die aber etwas mehr Ähnlichkeit mit dem Grundschaltungsbeispiel nach Bild 8.3 hat, in der 2 Bipolar-Transistoren im Schalterbetrieb arbeiten.

Da es sich bei den Kippschaltungen generell um *rückgekoppelte Systeme* handelt, bei denen die Rückkopplung eine *Mitkopplung* darstellt, gelten für die Dimensionierung derartiger Schaltungen ähnliche Regeln wie bei der Realisierung von RC-oder LC-Sinusgeneratoren (Oszillatoren). Damit die gewünschte Kippwirkung - also der schnelle Übergang von dem einen in den anderen Zustand - auftritt, müssen zwei Bedingungen erfüllt sein:

- *Amplitudenbedingung:* Die Schleifenverstärkung v_s muß zumindest während des Kippens größer als 1 sein: $(\underline{v_s} = \underline{k} \cdot \underline{v} \geqslant 1$, vgl. Elektronik Band II).

- *Phasenbedingung:* Das rückgekoppelte Signal muß in Phase mit dem steuernden Signal sein.

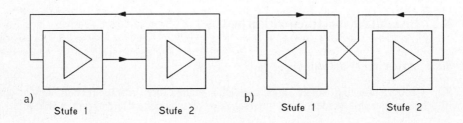

a)   Stufe 1   Stufe 2   b)   Stufe 1   Stufe 2

Bild 8.2: Flipflop als Ringschaltung zweier Verstärker

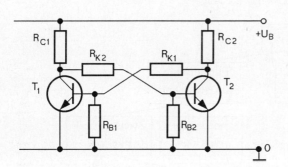

Bild 8.3: RS-Flipflop mit NPN-Bipolartansistoren

Das Flipflop hat aufgrund der galvanischen Kopplung der Stufen zwei stabile Zustände. Für den Fall, daß T_1 leitet, liegt dessen Kollektor auf LOW-Potential. Dadurch haben der Kopfpunkt des Basisspannungsteilers R_{K2}, R_{B2} und die Basis von T_2 ebenfalls LOW-Potential; Transistor T_2 ist gesperrt. Der Kollektor von T_2 liegt deshalb auf HIGH, und die Basis von T_1 erhält über R_{K1}, R_{B1} eine Vorspannung, die T_1 leitend hält. Dieser stabile Zustand ändert sich erst dann, wenn von

außen entweder auf die Basis von T_1 (oder den Kollektor von T_2) ein negativer bzw. auf die Basis von T_2 (oder den Kollektor von T_1) ein positiver Impuls gegeben wird. Wegen der großen Schleifenverstärkung infolge der Rückkopplung kippt die Schaltung dabei in sehr kurzer Zeit in den zweiten stabilen Zustand. (Die Phasenbedingung ist deshalb erfüllt, weil jede Transistorstufe eine Phasendrehung von 180° erzeugt, woraus insgesamt $360^{\circ} \cong 0^{\circ}$ resultieren).

Die Flipflop-Grundschaltungen lassen sich auch mit logischen Grundfunktionen darstellen. Bild 8.4 zeigt, daß ein Flipflop aus 2 rückgekoppelten Invertern besteht. In Bild 8.5 ist das Schaltzeichen nach DIN 40700 angegeben.

Bild 8.4: Flipflop aus Invertern   **Bild 8.5:** Symbol

Die dynamischen Vorgänge bei den Flipflops (metastabile Zustände während des Kippens) werden wir in Kap. 15 noch näher untersuchen.

8.2.3 RS-Flipflop (Speicherflipflop)

Die Grundschaltung nach Bild 8.3 hat keine Steuereingänge. Ergänzt man sie entsprechend Bild 8.6, so entsteht das *RS-(NOR)-Flipflop*. Hierbei bezeichnet man den Eingang S als *Setzeingang* und R als *Rücksetzeingang*. Entsprechend lassen sich die Ausgänge Q, auch Q_S *(Setzausgang)* genannt und $\overline{Q}$, auch Q_R *(Rücksetzausgang)* definieren. In Bild 8.7 ist das Schaltzeichen dargestellt.

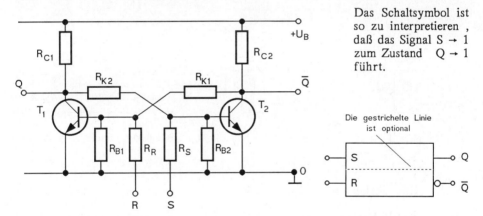

Das Schaltsymbol ist so zu interpretieren, daß das Signal S → 1 zum Zustand Q → 1 führt.

Die gestrichelte Linie ist optional

Bild 8.6: RS-Flipflop mit Bipolartransistoren   **Bild 8.7:** Schaltsymbol

RS-Flipflops werden für die Speicherung von kurzzeitig an den Eingängen anstehenden Informationen verwendet. Wird die Schaltung nach Bild 8.6 an den Eingängen R und S mit zwei diskreten Spannungspegeln (LOW $\cong$ 0 und HIGH $\cong$ 1) betrieben, so ergibt sich die Wahrheitstabelle nach Tabelle 8.1. Für R = S = 0 verharrt das Flipflop in der Stellung, in der es sich vorher befand. Es ist im Speicherzustand. Für S = 1 wird Q = 1 gesetzt, und für R = 1 wird Q = 0 zurückgesetzt. Der Zustand S = R = 1 ist nicht erlaubt, da nicht sicher ist, in welchen Zustand das Flipflop dabei gerät und weil außerdem die beiden Ausgänge nicht, wie in den drei anderen Fällen, *zueinander negiert* sind. Die Übertragungsfunktion für das RS-Flipflop lautet

$$Q\,|^m = [\overline{R} \cdot Q + S]\,|^{m-1} \qquad . \tag{8.1}$$

Da es sich um zeitabhängige Größen handelt, müssen die Schaltzustände in den
Zeiträumen m und m-1 berücksichtigt werden, was in Gl. (8.1) zum Ausdruck kommt.

S	R	Q_m	$\overline{Q}_m$	Funktion
0	0	Q_{m-1}	$\overline{Q}_{m-1}$	speichern
1	0	1	0	setzen
0	1	0	1	rücksetzen
1	1	—	—	logisch verboten

Tabelle 8.1: Wahrheitstabelle RS-
Flipflop der Schaltung nach Bild 8.6

8.2.3.1 RS-Flipflop mit NOR-Gliedern

Das RS-Flipflop läßt sich auch mit zwei *kreuzgekoppelten NOR-Gliedern* realisieren.
Schaltsymbol und Wahrheitstabelle sind dabei identisch mit denen der Grundschaltung
(Bild 8.7 und Tabelle 8.1). Für den Speicherzustand gilt R = S = 0. Die Übertragungs-
funktion für das NOR-RS-Flipflop nach Bild 8.8 lautet

$$Q\,|^m = \left[S + \overline{R} \cdot Q\right]\big|^{m-1} = \overline{\overline{\left[S + Q + R\right]}}\big|^{m-1} \quad . \tag{8.2}$$

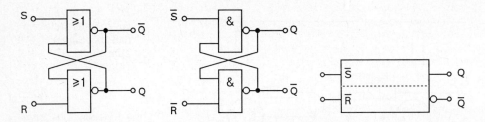

Bild 8.8: NOR-Flipflop   **Bild 8.9**: NAND-Flipflop   **Bild 8.10**: Symbol NAND-Flipflop

8.2.3.2 RS-Flipflop mit NAND-Gliedern

Das *RS-NAND-Flipflop* aus zwei NANDS zeigt Bild 8.9, und in Bild 8.10 ist das
Schaltsymbol dargestellt. Der Unterschied zum RS-NOR-Flipflop besteht darin, daß der
logisch verbotene Zustand bei R = S = 0 liegt. Für den Speicherzustand gilt R = S = 1.
Die Übertragungsfunktion des NAND-RS-Flipflop nach Bild 8.9 lautet

$$Q\,|^m = \overline{\left[\overline{S} \cdot \overline{R} \cdot Q\right]}\big|^{m-1} = \left[S + \overline{R} \cdot Q\right]\big|^{m-1} \quad . \tag{8.3}$$

Tabelle 8.2 zeigt in einer Gegenüberstellung die Wahrheitstabellen für die RS-Flipflops
nach Bild 8.8 und Bild 8.9.

Tabelle 8.2: Gegenüberstellung der Unterschiede zwischen NOR- und NAND-Flipflop

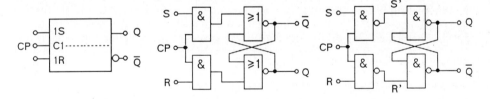

R	S	$Q\vert^m$	$\overline{Q}\vert^m$				$\overline{R}$	$\overline{S}$	$Q\vert^m$	$\overline{Q}\vert^m$
0	①	1	0	$S \rightarrow 1$	setzen	$\overline{R} \rightarrow 1$	①	0	1	0
①	0	0	1	$R \rightarrow 1$	rücksetzen	$\overline{S} \rightarrow 1$	0	①	0	1
0	0	$Q\vert^{m-1}$	$\overline{Q}\vert^{m-1}$		speichern		1	1	$Q\vert^{m-1}$	$\overline{Q}\vert^{m-1}$
////	////	////	////	←	logisch verboten	→	////	////	////	////

kreuzgekoppeltes NOR — signifikant — kreuzgekoppeltes NAND

8.2.4 Getaktetes RS-Flipflop (Auffangflipflop, Latch)

Im Gegensatz zum RS-Flipflop, das *zu jeder Zeit* auf Eingangssignale an R und S reagiert und deshalb auch als *transparentes* Flipflop bezeichnet wird, fragt das *getaktete* RS-Flipflop die Eingangsinformationen *nur in bestimmten Zeiträumen* ab, die durch einen Taktimpuls (**c**lock **p**ulse CP) gegeben sind (vgl. Bild 8.11).

Nach den Bildern 8.12 und 8.13 läßt sich das getaktete RS-Flipflop durch Vorschalten zweier UND- oder NAND-Glieder leicht aus dem ungetakteten realisieren. Die Eingangssignale an R und S beeinflussen das Flipflop wegen der statischen Konjunktion mit CP *nur für die Dauer* τ des Taktpulses. τ ist also als Hilfsgröße zur Quantisierung der Zeit aufzufassen und erscheint in den Tabellen und Funktionen nur indirekt. Man spricht von *Taktzustandssteuerung* (im Gegensatz zur *Taktflankensteuerung*). Die Übertragungsfunktion lautet

$$Q\vert^{n+1} = \left[\overline{R} \cdot Q + S\right]\vert^n \qquad (8.4)$$

Bild 8.11: Taktzustandsteuerung   **Bild 8.12:** mit NOR-FF   **Bild 8.13:** mit NAND-FF

Der Unterschied zu Gleichung (8.1) liegt darin, daß der Zeitraum m-1 der unmittelbar an m angrenzende ist, während t_{n+1} um ein diskretes Zeitintervall von t_n entfernt liegt (Bild 8.14).

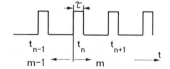

Bild 8.14: Zeitquantelung (s. Text)

8.2.5 D-Flipflop (Delay-Flipflop)

Beim *D-Flipflop* nach Bild 8.15 wird eine Information auf den einzig vorhandenen *sog.*

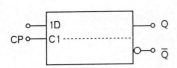

Bild 8.15: D-FF, Symbol

Vorbereitungseingang D gegeben und durch den Takt CP_n übernommen. Sie bleibt bis zum nächsten Takt CP_{n+1} gespeichert. Bild 8.16a zeigt die Schaltung und Bild 8.16b die Wahrheitstabelle des D-Flip-Flops. Die eigentlich wichtigen Werte für D und Q sind umrandet hervorgehoben. Die Übertragungsfunktion lautet

$$Q|^{n+1} = D|^{n} \quad . \tag{8.5}$$

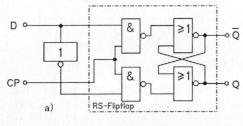

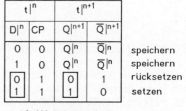

$t|^n$		$t|^{n+1}$		
$D|^n$	CP	$Q|^{n+1}$	$\overline{Q}|^{n+1}$	
0	0	$Q|^n$	$\overline{Q}|^n$	speichern
1	0	$Q|^n$	$\overline{Q}|^n$	speichern
0	1	0	1	rücksetzen
1	1	1	0	setzen

a) Schaltbild   b) Wahrheitstabelle

Bild 8.16: D-Flipflop, Schaltung und Wahrheitstabelle

Das D-Flipflop erhält man aus dem taktgesteuerten RS-Flipflop, indem man durch einen zusätzlichen Inverter im Eingang stets die Bedingung $S = \overline{R}$ bzw. $R = \overline{S}$ erzwingt (Bild 8.16). Das D-Flipflop kann taktzustands- oder taktflankengesteuert sein.

8.2.6 R-Flipflop (0-Flipflop , Reset-Flipflop)

Der beim NOR-RS-Flipflop verbotene Zustand $R = S = 1$ (Tabelle 8.2) wird beim *R-oder 0-Flipflop* vermieden, indem der S-Eingang mit den invertierten R-Eingang konjunktiv verknüpft wird (Bild 8.17a). S wird nur dann wirksam, wenn $R = 0$ ist. Für den sonst verbotenen Fall $R = S = 1$ wird jetzt R'= 1 und S'= 0, und das bewirkt nach Bild 8.8 ein Rücksetzen. Bild 8.17b zeigt die Wahrheitstabelle. Die Funktionsgleichung lautet

$$Q|^{m} = [S \cdot \overline{R} + \overline{R} \cdot Q]|^{m-1} \quad . \tag{8.6}$$

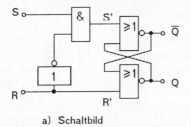

R	S	$Q|^m$	$\overline{Q}|^m$	Wirkung
0	0	$Q|^{m-1}$	$\overline{Q}|^{m-1}$	speichern
0	1	1	0	setzen
1	0	0	1	rücksetzen
1	1	0	1	rücksetzen

a) Schaltbild   b) Wahrheitstabelle

Bild 8.17: R- oder Reset-Flipflop

Das NAND-R-Flipflop ist gleichermaßen realisierbar.

8.2.7 S-Flipflop (1-Flipflop, Set-Flipflop)

Das *NOR-S-Flipflop* unterscheidet sich vom R-Flipflop nur dadurch, daß der R-Eingang mit dem invertierten S-Eingang konjunktiv verknüpft wird. Das hat zur Folge, daß die Kombination R = S = 1 ein *Setzen* des Flipflops bewirkt. Das Schaltbild und die Wahrheitstabelle zeigt Bild 8.18. Die Funktionsgleichung lautet

$$Q\,|^m = [S + \overline{R} \cdot Q]\,|^{m-1} \; . \tag{8.7}$$

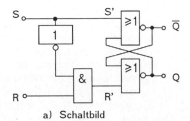

R	S	$Q|^m$	$\overline{Q}|^m$	Wirkung
0	0	$Q|^{m-1}$	$\overline{Q}|^{m-1}$	speichern
0	1	1	0	setzen
1	0	0	1	rücksetzen
1	1	1	0	setzen

a) Schaltbild   b) Wahrheitstabelle

Bild 8.18: S- oder Set-Flipflop

8.2.8 E-Flipflop

Das *E-Flipflop* ist eine Kombination aus R- und S-Flipflop. Es bewirkt ein Setzen (Rücksetzen) nur dann, wenn gleichzeitig kein Rücksetzimpuls (Setzimpuls) vorhanden ist. Die Schaltung zeigt Bild 8.19a, und die Wahrheitstabelle ist in Bild 8.19b dargestellt. Die Funktionsgleichung lautet

$$Q\,|^m = [\overline{R} \cdot S + Q \cdot \overline{R} + R \cdot S \cdot Q]\,|^{m-1} \; . \tag{8.8}$$

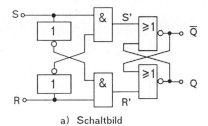

R	S	$Q|^m$	$\overline{Q}|^m$	Wirkung
0	0	$Q|^{m-1}$	$\overline{Q}|^{m-1}$	speichern
0	1	1	0	setzen
1	0	0	1	rücksetzen
1	1	$Q|^{m-1}$	$\overline{Q}|^{m-1}$	speichern

a) Schaltbild   b) Wahrheitstabelle

Bild 8.19: E-Flipflop

R-, S- und E-Flipflops sind auch mit Takteingang (taktzustands- oder taktflankenge-steuert) realisierbar.

8.2.9 T-Flipflop (Trigger Flipflop, Toggle Flipflop)

Das *T-Flipflop* besitzt ebenfalls nur einen Eingang. Liegt an diesem Eingang T das Signal 0, so bleibt der Zustand beim Eintreffen des nächsten Taktes erhalten (R'= $\overline{S}$' = 0, speichern). Ist dagegen T = 1, so kippt das Flipflop bei jedem weiteren Taktimpuls in die entgegengesetzte Lage (man bezeichnet das als *toggeln*). Bild 8.20 zeigt das Schaltsymbol nach DIN und DIN/IEC. Die konjunktive Verknüpfung der Ausgangsgrößen mit dem *Vorbereitungssignal* T wird durch eine UND-Verknüpfung im Eingang dargestellt. Bild 8.21a stellt die Realisierung dar, und Bild 8.21b enthält die Wahrheitstabelle. Die beiden sog. retardieren Ausgänge im Bild 8.20 rechts (DIN/IEC) symbolisieren die Eigenschaft, daß die Schaltung ihren Zustand am Ausgang erst ändert, wenn CP wieder im Ursprungszustand ist (vgl. a. Bild 8.26).

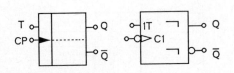

Bild 8.20: T-Flipflop, Symbol

Das T-Flipflop gehört zu den *taktflankengesteuerten* Flipflops, es wird also dynamisch gesteuert. Im Schaltsymbol 8.20 wird das durch eine Pfeilspitze angedeutet. Erfolgt die Wirkung am Ausgang des Flipflops bei der negativen Schaltflanke von CP (Übergang von 1→0) ist der Pfeil in der alten DIN-Norm ausgefüllt, bei

der positiven Schaltflanke (0→1) ist er leer. Den Bezug zur neuen Norm verdeutlicht Bild 8.22.

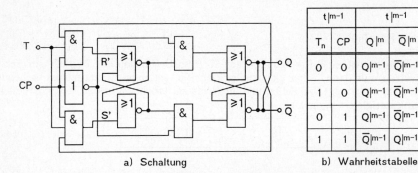

$t|m-1$		$t|m-1$	
T_n	CP	$Q|m$	$\overline{Q}|m$
0	0	$Q|m-1$	$\overline{Q}|m-1$
1	0	$Q|m-1$	$\overline{Q}|m-1$
0	1	$Q|m-1$	$\overline{Q}|m-1$
1	1	$\overline{Q}|m-1$	$Q|m-1$

a) Schaltung   b) Wahrheitstabelle

Bild 8.21: T-Flipflop

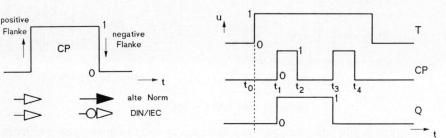

Bild 8.22: Kennzeichnung der Taktflankensteuerung

Bild 8.23: Zur Signalverarbeitung im T-Flipflop (vgl. Text)

Das T-Flipflop kann nur einwandfrei arbeiten, wenn das Signal eine gewisse *Mindestlaufzeit* durch das Flipflop hat. Es muß somit eine *Zwischenspeicherwirkung* vorhanden sein (s. a. Zweispeicher-Flipflop, nächster Abschnitt). Ein Beispiel mit der Impulsfolge T nach Bild 8.23 möge das erläutern. Zur Zeit t_0 seien Q = 0, CP = 0 und T = 1. Dann ist auch R'= S'= 0, und das Flipflop (vgl. Bild 8.21) ist im Speicherzustand. Beim Übergang 0 → 1 von CP zur Zeit t_1 wird R'= 1, und S' bleibt 0. Bei verzugslosem Flipflop würde zur selben Zeit das Kippen erfolgen, und über die Rückkopplung an den Eingängen S' und R' ein undefinierter Zustand eintreten.

Beim Flipflop mit Speicherwirkung lassen sich die Zeitpunkte t_1 und t_3 in die Zeitabschnitte (t_1^-, t_1, t_1^+) und (t_3^-, t_3, t_3^+) zerlegen. Tabelle 8.3 zeigt hierfür detailliert das

Tabelle 8.3: Zur Signalverarbeitung im T-Flipflop (vgl. Text)

	T	CP	S'	R'	Q	$\overline{Q}$	Wirkung
t_0	1	0	0	0	0	1	speichern
t_1^-	1	1	1	0	0	1	R' und S' vorbereiten
t_1	1	1	1	0	1	0	Setzen (kippen)
t_1^+	1	1	1→0	0→1	1	0	R' und S' neu einstellen
t_2	1	0	0	0	1	0	
t_3^-	1	1	0	1	1	0	Eingänge vorbereiten
t_3	1	1	0	1	0	1	Rücksetzen (kippen)
t_3^+	1	1	0→1	1→0	0	1	R' und S' neu einstellen

Kippen, aufgeteilt in die Phasen *Vorbereiten, Setzen* und *Vorbereitung neu einstellen*. Die Zwischenspeicherwirkung wird im Schaltsymbol in der alten DIN-Norm durch einen senkrechten Strich im Eingang und in der gültigen DIN-IEC-Norm durch das Master-Slave- oder retardierende Symbol dargestellt (Bild 8.20 und nächster Abschnitt).

8.2.10 Zweispeicher-Flipflop (Flipflop mit Zwischenspeicher)

8.2.10.1 Prinzip des Zweispeicherflipflops

Bei allen bisher behandelten Flipfloparten ist die *Zuführung einer neuen Information bei gleichzeitigem Abfragen der vorher gespeicherten* nicht möglich. Logiksysteme mit solchen Speicherelementen müßten mit verschiedenen Taktarten arbeiten (Einschreiben, Abfragen usw.). Das wäre aufwendig. In Systemen mit *nur einem* Takt werden *Zweispeicher- Flipflops* benötigt, in denen die zugeführte Information in einem Zwischenspeicher so lange aufgehoben wird, bis die alte Information mit demselben Takt sicher weiterverarbeitet worden ist. Man nennt derartige Flip-

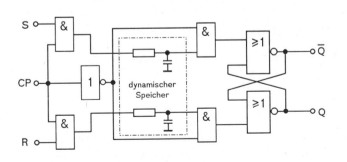

Bild 8.24: RS-Flipflop mit dynamischen Zwischenspeicher

flops *Master-Slave-Flipflops*, wobei das erste als Master und das zweite als Slave be-

zeichnet wird. Die
Zwischenspeicherung
kann entweder *dyna-*
misch (z.B. mit Kon-
densatoren) oder *sta-*
tisch mit einem zwei-
ten Flipflop erfolgen.
Die erste Lösung bie-
tet sich bei der Ver-
wendung   diskreter
Technik an, während
die zweite bei inte-
grierten   Systemen
Standard ist. Zweispei-
cherflipflops   lassen

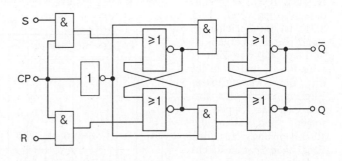

Bild 8.25: RS-Flipflop mit statischem Zwischenspeicher

sich bereits mit RS-Flipflops realisieren. Bild 8.24 zeigt die Schaltung eines RS-
Flipflops mit dynamischem Zwischenspeicher. Beim Eintreffen des Taktes CP wird die
Slave-Übernahmelogik beim 0→1 - Übergang von CP über den Inverter gesperrt. Die
Kondensatoren nehmen die Information über die Eingangslogik auf. Beim Abklingen
1→0 des Taktimpulses sperrt die Eingangslogik, die Übernahmelogik schaltet durch, und
die Information geht in den Hauptspeicher. Bild 8.25 veranschaulicht ein RS-Master-
Slave-Flipflop mit statischem Zwischenspeicher.

8.2.10.2 Arten der Taktsteuerung

Wesentlich für die Funktion des Master-Slave-Flipflops ist ein *zeitlich definierter Ablauf*
der Steuerung (Bild 8.26). Bei der hier dargestellten Steuerungsart sind sowohl die positive als auch die negative Taktflanke beteiligt, und man spricht von *Zweiflankensteuerung.*

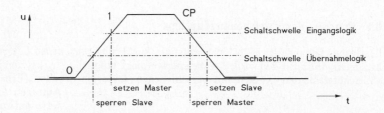

Bild 8.26: Zweiflankensteuerung, Schaltschwellen

Bild 8.27 enthält eine Übersicht über die möglichen Arten der Taktsteuerung. Wir erkennen, daß sich bei ein und demselben Flipflop-Typ je nach Bedarf unterschiedliche
Arten von Taktsteuerung realisieren lassen.

8.2.10.3 JK-Flipflop

Die beim RS-Flipflop verbotene Kombination R=S=1 (für NOR-RS-FF) bzw. R=S=0
(für NAND-RS-FF) wird beim *JK-Flipflop* unter Einfügen einer geeigneten Eingangslogik dafür verwendet, mit *jedem neuen Taktimpuls die Negation der gerade gespeicher-*
ten Variablen zu erzielen. Man bezeichnet dies als *toggeln.* Hierzu sind die oben besprochene Taktflankensteuerung und die Zwischenspeicherung notwendig. Nach Bild 8.28
erhält man das JK-Flipflop aus dem RS-Flipflop durch gekreuzte Rückführung der

Ausgangssignale und konjunktive Verknüpfung mit den Eingangssignalen. Das Bild zeigt gleichzeitig stufenweise das Zustandekommen des Schaltsymbols.

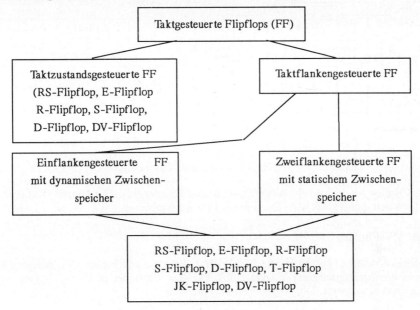

Bild 8.27: Übersicht über die Möglichkeiten der Taktsteuerung bei Flipflops

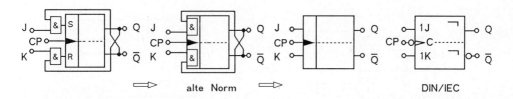

Bild 8.28: Entstehung des JK-Flipflops aus einem RS-Flipflop (alte und neue Norm)

In Bild 8.29a ist das Schaltbild für die Realisierung aus einem RS-NOR-Flipflop und in Bild 8.29b die zugehörige vereinfachte Wahrheitstabelle dargestellt. Das JK-Flipflop wird zum T-Flipflop, indem man die beiden Eingänge J und K zusammenlegt (vgl. a. vorherigen Abschnitt). Die Übertragungsfunktion lautet

$$Q\,|^{n+1} = [J \cdot \overline{Q} + \overline{K} \cdot Q]\,|^{n}\,.$$ (8.9)

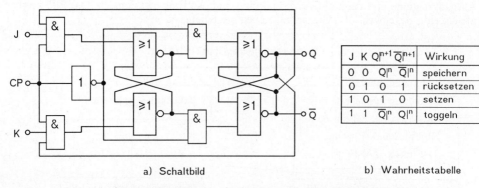

J	K	$Q\|^{n+1}$	$\overline{Q}\|^{n+1}$	Wirkung
0	0	$Q\|^n$	$\overline{Q}\|^n$	speichern
0	1	0	1	rücksetzen
1	0	1	0	setzen
1	1	$\overline{Q}\|^n$	$Q\|^n$	toggeln

a) Schaltbild   b) Wahrheitstabelle

Bild 8.29: JK-Flipflop, Schaltbild und Wahrheitstabelle

Das JK-Flipflop ist universell verwendbar. Bei nicht intern durchgeführter Rückführung lassen sich damit auch RS-, D- und T-Flipflops realisieren.

8.2.10.4 DV-Flipflop

Ein weiteres Universalflipflop ist das *DV-Flipflop*. Es hat einen *Vorbereitungseingang* D und einen *Verriegelungseingang* V (Bild 8.30). Für V = 1 arbeitet es als D-Flipflop, im Falle V = 0 ist es gesperrt. Die Übergangsfunktion lautet

$$Q\|^{n+1} = [D \cdot V + \overline{V} \cdot Q]\|^n \;. \qquad\qquad (8.10)$$

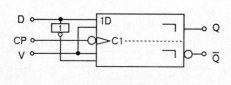

$V\|^n$	$D\|^n$	$Q\|^{n+1}$	$\overline{Q}\|^{n+1}$	Wirkung
0	0	$Q\|^n$	$\overline{Q}\|^n$	speichern
0	1	$Q\|^n$	$\overline{Q}\|^n$	speichern
1	0	0	1	wie D-
1	1	1	0	Flipflop

a) Schaltbild   b) Wahrheitstabelle

Bild 8.30: DV-Flipflop,

8.3 Monostabile Kippstufen (Monoflops)

8.3.1 Grundschaltung

Die *monostabile Kippstufe* (Monoflop, Univibrator, singleshot) ergibt sich durch die Ringschaltung zweier Verstärker nach Bild 8.31, indem man den Ausgang der Stufe 2 *kapazitiv* auf den Eingang der Stufe 1 zurückführt. Die Realisierung mit 2 NPN-Transistoren zeigt Bild 8.32 (vgl. damit auch Bild 8.3 Flipflop und Bild 8.40 astabiler Multivibrator).

Im *stabilen* Zustand ist der Transistor T_1 leitend. Erhält T_1 über den Basiswiderstand R_{B1} einen negativen Impuls, so sperrt er, und T_2 wird wegen der Rückkopplung schlagartig durchgeschaltet. Die infolge der Aufladung an C_K stehende negative Spannung ($\approx -U_B$) hält T_1 auch nach dem Fehlen des Eingangsimpulses weiter gesperrt. Erst wenn C_K sich über R_{K1} wieder soweit umgeladen hat, daß die Schwellspannung von T_1 erreicht ist, kippt die Stufe selbsttätig aus der *meta-* oder *quasistabilen* Lage in den Anfangszustand zurück.

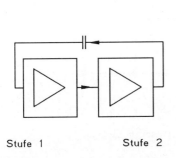

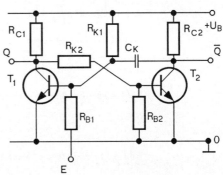

Stufe 1   Stufe 2   E

Bild 8.31: Blockschaltung Monoflop   **Bild 8.32:** Monoflop mit NPN-Bipolartransistoren

Maßgebend für die *Verweilzeit* oder *Impulszeit* t_D des Monoflops - das ist die Zeit, in der T_1 gesperrt bleibt - ist in erster Linie die Zeitkonstante aus R_{K1} und C_K (s.a. Dimensionierungshinweise).

$$t_D = R_{K1} \cdot C_K \quad . \tag{8.11}$$

Bild 8.33 zeigt das Schaltsymbol des Monoflops. Der Pfeil bei der alten Norm weist in das Feld, dessen Ausgang in der stabilen Lage den Zustand 1 hat. Die Grundstellung einer Kippstufe wird nach DIN/IEC allgemein dadurch gekennzeichnet, daß man den Ausgang, der die 1 führt, durch einen breiten Balken hervorhebt (das ist bei Flipflops ebenfalls üblich, s.o.). Die Verweilzeit kann auch im Schaltbild angegeben werden.

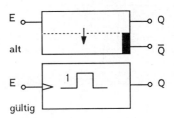

Bild 8.33: Schaltsymbol Monoflop

8.3.2 Monoflop mit statischem Eingang

Wie beim Flipflop ist auch beim Monoflop Taktzustands- und Taktflankensteuerung möglich. Ist der Taktimpuls an E länger als die sog. *Erholzeit*, so bleibt das Monoflop solange in der quasistabilen Lage, wie das HIGH-Signal ansteht (vgl. hierzu auch Bild 8.35). Bild 8.34 zeigt ein gegenüber Bild 8.32 verbessertes Schaltbeispiel für ein Monoflop mit statischem Eingang. In Bild 8.35 ist der zeitliche Verlauf einiger charakteristischer Spannungen dargestellt, die sich ergeben, wenn die Schaltung mit einer Eingangsspannung u_E nach Bild 8.35a angesteuert wird. Zwei Fälle sind dargestellt: Im ersten ist u_e zeitlich kürzer als die metastabile Verweildauer t_D und im zweiten Fall länger (*Retriggerbarkeit,* s a. Abschn. 8,3,4). Es ist angenommen, daß u_E zu Beginn jeweils genügend lange auf LOW-Potential war, so daß sich C_K vollständig aufgeladen hat. Die Spannung an C_K beträgt dann $u_{CK2} = U_B - u_{BE2} - u_D = U_B - u_1$. Der Kippvorgang beginnt dann beim Sprung von u_E auf HIGH mit der Entladung von C_K über T_1 und R_{K2}.

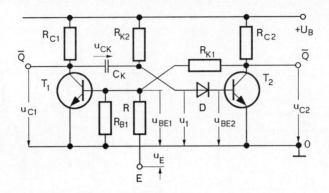

Bild 8.34: Verbessertes Monoflop mit statischem Eingang

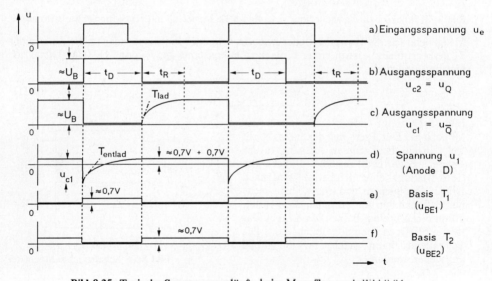

Bild 8.35: Typische Spannungsverläufe beim Monoflop nach Bild 8.34

Die Entladung von C_K geschieht (bei idealisiertem Transistor) mit der Zeitkonstanten

$$T_{entlad} = C_K \cdot R_{K2}$$.   (8.12)

Nach Beendigung des Eingangsimpulses u_e sperrt T_1, und die Ausgangsspannung $U_{\bar{Q}}$ steigt an mit der Ladezeitkonstanten

$$T_{lad} = C_K \cdot R_{C1}$$.   (8.13)

Zur Berechnung von t_D geht man von der Diodenspannung u_1 aus. Im leitenden Zustand von T_2 (stabile Lage) ist $u_{CK} \approx U_B$. Im Augenblick des Durchschaltens von T_1 wird der negative Spannungssprung über C_K an D weitergegeben, und D sperrt. Für den Verlauf von u_1 gilt von diesem Zeitpunkt an

$$u_1 = U_B \cdot [1-2 \exp(-t/T_{entlad})] \, . \tag{8.14}$$

Für $t = t_D$ ist etwa $u_1 \approx 0$. Daraus berechnet sich die Verweilzeit zu

$$\boxed{t_D = T_{entlad} \cdot \ln 2 \approx 0{,}7 \cdot C_K \cdot R_{K2}} \, . \tag{8.15}$$

Eine weitere Kenngröße des Monoflops ist die *Erholzeit* t_R. Das ist die Zeit, die das Monoflop nach dem Sperren von T_1 braucht, um für einen neuen Taktimpuls bereit zu sein. Da ein Ausgleichvorgang an einem RC-Glied allgemein nach 5·T praktisch beendet ist (vgl. auch Elektronik Bd. II), gilt

$$\boxed{t_R = 5 \cdot T_{lad} = 5 \cdot C_K \cdot R_{C1}} \, . \tag{8.16}$$

8.3.3   Monoflop mit dynamischem Eingang

Durch Vorschalten eines *Impulsgatters* im Eingang E des Monoflops nach Bild 8.34 erhält man ein *taktflankengesteuertes* Flipflop. Prinzipiell ist Taktflankensteuerung für die *positive* Flanke (Übergang 0→1) oder für die *negative* Flanke (1→0) möglich.

Bild 8.36 zeigt beide Möglichkeiten. Bei positiver Taktflankensteuerung ist das Impulsgatter links (ausgezogen gezeichnet) und bei negativer Taktflankensteuerung das rechts gestrichelt dargestellte erforderlich. Im ersten Fall macht die Impulsflanke T_1 leitend, während im zweiten Fall T_2 gesperrt wird.

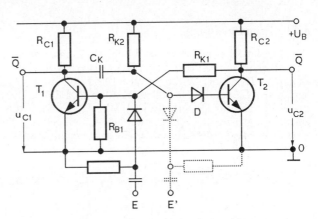

Bild 8.36: Monoflop mit dynamischen Eingang

8.3.4   Monoflop mit logischen Grundfunktionen

Monoflops lassen sich auch mit *logischen Grundfunktionen* aufbauen. Bild 8.37 zeigt ein Beispiel für ein Monoflop mit einem NOR-Glied und einem Inverter. Durch das Impulsgatter IG läßt sich zusätzlich Taktflankensteuerung realisieren. In Bild 8.38 ist das Schaltsymbol für flankengesteuerte Monoflops dargestellt, von denen das auf die Flanke 0→1 (oberes Bild) bzw. das andere auf die Flanke 1→0 (unteres Bild) anspricht. Das untere hat eine Trigger-Verzögerung von 0,5 s und eine Verweilzeit von 2 s.

Integrierte Monoflops bestehen meistens aus einem Flipflop mit vorgeschaltetem Schmitt-Trigger. Üblich sind mehrere verschiedenartige Eingänge, die universelle Steuerung ermöglichen. Bei sog. *retriggerbaren* Monoflops verlängert eine erneute aktive Flanke innerhalb der Verweilzeit oder bei Zustandssteuerung ein Eingangssignal $u_E > t_D$ den Ausgangsimpuls entsprechend, indem t_D neu gesetzt wird.

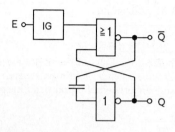

Bild 8.37: Monoflop mit logischen Gattern

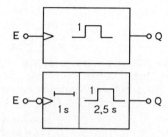

Bild 8.38: Schaltsymbole für verschiedene Taktflankensteuerungen (s. Text)

8.4 Astabile Kippschaltungen (Multivibratoren)

8.4.1 Grundschaltung

Die astabile Kippstufe entsteht durch die *Ringschaltung zweier kapazitiv gekoppelter* Verstärkerstufen nach Bild 8.39. Die Realisierung mit NPN-Transistoren zeigt Bild 8.40. Zum Verständnis der Wirkungsweise soll davon ausgegangen werden, daß T_1 gerade leitend und T_2 gesperrt sein sollen (t = 0 in Bild 8.41). Die Spannung über C_{K2} ist dann $u_{C2} \approx -U_B$, und für C_{K1} gilt etwa $u_{C1} \approx 0$. An der Basis von T_1 wird C_{K1} auf u_{BE1ein} festgehalten und über R_{C2} rasch etwa auf $+U_B$ aufgeladen. Der Ladevorgang bewirkt eine Abrundung der vorderen Ecke des Ausgangsimpulses an T_2.

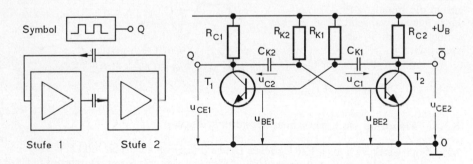

Bild 8.39: Blockschaltung Multivibrator

Bild 8.40: Grundschaltung Multivibrator

Am Kollektor von T_1 wird C_{K2} auf $u_{CErest1}$ festgehalten. Über R_{K2} entlädt sich C_{K2}, so daß die Spannung u_{BE2} ansteigt. Hat u_{BE2} den Wert u_{BEein2} erreicht, so wird T_2 leitend. Gleichzeitig überträgt sich der damit verbundene Spannungssprung $\Delta u_{C2} \approx -U_B$ auf die Basis von T_1, der dadurch sperrt (Zeitpunkt t=T/2) . Der dazu analoge Vorgang spielt sich nun noch einmal in entgegengesetzter Richtung ab (symmetrische Dimensionierung vorausgesetzt), bis der Anfangszustand wieder erreicht ist (t=T) . Das Aufladen der Kondensatoren geschieht mit der Zeitkonstanten

$$T_{lad} = R_C \cdot C_K \quad , \qquad\qquad (8.17)$$

und das Entladen erfolgt mit

$$T_{entlad} = R_K \cdot C_K \quad . \qquad\qquad (8.18)$$

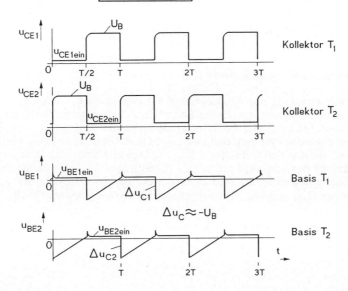

Bild 8.41: Typische Spannungsverläufe im Multivibrator nach Bild 8.40

8.4.2 Verbesserung der dynamischen Eigenschaften

Die Abrundung der Impulsvorderflanken in Bild 8.41 läßt sich vermeiden, wenn man die Kollektoren während der Ladevorgänge von den Kapazitäten entkoppelt. Bild 8.42 zeigt ein Schaltbeispiel. Sperrt T_2, so wird D_2 in Sperrrichtung gepolt, weil dann $u_{CK2} \approx U_B$ ist. Die Aufladung von C_1 geschieht über den zusätzlichen Widerstand R_2. In der zweiten Halbschwingung wiederholt sich der gleiche Vorgang mit D_1, C_{K2} und R_1. Als Di-

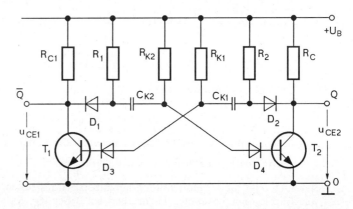

Bild 8.42: Multivibrator mit verbesserten dynamischen Eigenschaften

mensionierungsregel für R_2 und R_{C2} gilt allgemein:

$$R_2 \parallel R_{C2} = R_{C2} * . \tag{8.19}$$

Hierbei ist $R_{C2}{}^*$ der Wert von R_{C2} nach Bild 8.42 (ohne D_2 und R_2). Für die linke Seite der Schaltung geht man entsprechend vor.

8.5 Schwellwertschaltungen (Schmitt-Trigger)

8.5.1 Prinzip und Grundschaltung

Der *Schmitt-Trigger* ist eine Kippschaltung mit zwei stabilen Zuständen. Der Schaltzustand ist hierbei abhängig von der am Eingang zum betrachteten Zeitpunkt *gerade anliegenden* Steuerspannung. Hat das Eingangssignal u_e den Zeitverlauf nach Bild 8.43, so beträgt der Ausgangswert zunächst $u_a = U_{a0}$. Dieser Zustand stellt die eine stabile Lage dar. Überschreitet u_e den *Schwellwert* U_{eein}, so kippt die Schaltung in den anderen stabilen Zustand mit der Ausgangsspannung U_{a1} (Zeitpunkt $t=t_{ein}$). Sie verharrt dort solange, bis die Eingangsspannung den (niedrigeren) Wert U_{eaus} unterschreitet ($t=t_{aus}$). Die Differenz zwischen U_{eein} und U_{eaus} bezeichnet man als *Hysterese(spannung)* U_H.

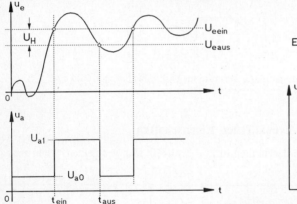 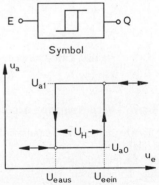

Bild 8.43: Zum Prinzip des Schmitt-Triggers (s. Text)   **Bild 8.44:** Steuerkennlinie und Symbol

Bild 8.44 gibt die Steuerkennlinie $u_a = f(u_e)$ und das Symbol wieder. Der Schmitt-Trigger ist eine vielseitig einsetzbare Schaltung. Als Beispiele seien genannt:

- *Gleichspannungs-Schwellwertdiskriminator,*

  - *Umformer* für *analoge* Signale beliebiger Kurvenform in *Rechteckimpulse,*

  - *Regenerator* für verschliffene Impulsformen.

Bild 8.45 zeigt die Grundschaltung mit Bipolar-Transistoren. T_2 ist in der uns bereits vom Flipflop her bekannten Form über den Teiler R_K, R_B mit T_1 gekoppelt, und die Rückkopplung erfolgt über den beiden Transistoren gemeinsamen Emitterwiderstand R_E. Die Wirkungsweise des Schmitt-Triggers soll anhand des Bildes 8.46 diskutiert

werden. Der letzte Zah-
lenindex bezieht sich
dabei jeweils auf das
Ausgangssignal. Index 0
kennzeichnet den Zu-
stand $u_a = U_{a0}$ (T_2 leitend) und der Index 1
$u_a = U_{a1}$ (T_2 gesperrt).

Die Eingangsspannung
habe den in Bild 8.46a
dargestellten, dreieck-
förmigen Verlauf. Dann
lassen sich für einen
vollen Zyklus der Ein-
gangsspannung *8 cha-
rakteristische Bereiche*
unterscheiden:

1.) $0 \leqslant u_e < U_{e0}$:
   T_1 ist gesperrt, T_2
   gesättigt, ($i_{c10} = 0$, i_{c20}
   $= const$, $u_a = U_{a0}$);

2.) $U_{e0} \leqslant u_e < U_{e1}$:
   T_1 ist aktiv, T_2 weiterhin gesättigt ($i_{c10} \sim$
   u_e, $i_{c2} = i_{c20} = const$,
   $u_a = U_{a0}$);

3.) $u_e = u_{e1}$:
   Sowohl T_1 als auch
   T_2 sind im aktiven
   Bereich, die Schlei-
   fenverstärkung ist
   größer als 1, die
   Schaltung instabil,
   der Kippvorgang fin-
   det statt, ($i_{c10} \rightarrow I_{c11}$,
   $i_{c20} \rightarrow 0$, $u_{a0} \rightarrow U_{a1}$).
   Dieser Bereich ist in
   Bild 8.46b nur als
   senkrechter   Strich
   vorhanden.

4.) $U_{e1} < u_e < U_{eü}$:
   T_1 ist weiterhin aktiv, T_2 gesperrt ($i_{c11} \sim$
   u_e, $i_{c21} = 0$, $u_a = U_{a1}$);

5.) $U_{eü} \leqslant u_e$:
   T_1 ist gesättigt, T_2
   gesperrt ($i_{c11} \approx const$
   $= I_{c1Ü}$, $i_{c2a} = 0$, $u_a =$
   U_{a1});

6.) $U_{eü} > u_e > U_{eaus}$:
   T_1 ist aktiv, T_2 gesperrt ($i_{c11} \sim u_e$, $i_{c21} =$
   0, $u_a = U_{a1}$);

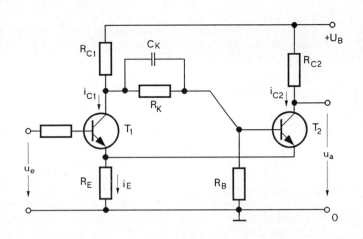

Bild 8.45: Grundschaltung Schmitt-Trigger mit Bipolartransistoren

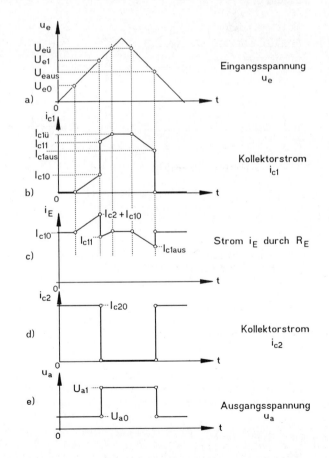

Bild 8.46: Typische Spannungsverläufe im Schmitt-Trigger (s.Text)

7.) $u_{eaus} = U_{e1}$:

T$_1$ ist aktiv, T$_2$ beginnt zu leiten. Infolge der Rückkopplung steigt der Strom in T$_2$ schneller an, als er in T$_1$ abfällt $|di_{c1}| < |di_{c2}|$, die Schaltung ist instabil, und der Kippvorgang erfolgt ($i_{c11} \rightarrow 0$, $i_{c21} \rightarrow I_{c20}$, $u_{a1} \rightarrow U_{a0}$).

8.) $U_{eaus} > u_e$:

T$_1$ ist gesperrt, T$_2$ ist aktiv ($i_{c10} \rightarrow 0$, $I_{c20} \sim u_e$, U_{a0} = const).

8.5.2. Integrierter Schmitt-Trigger

Integrierte Schmitt-Trigger sind häufig mit anderen logischen Grundfunktionen kombiniert. Bild 8.47 zeigt als Beispiel den Zweifach-Schmitt-Trigger 7413/5413 mit je 4 Schmitt-Trigger-NAND-Eingängen in der Sockelschaltung, dem Einzelschaltbild und der Funktionstabelle. Die Schmitt-Trigger haben eine Hysterese von 0,8 V, die durch eine interne Kompensation sehr stabil ist. Sie werden verwendet zur Erhöhung der Flankensteilheit langsamer Impulse, als Leitungsempfänger (hohe Störunterdrückung) als Impulsformer (Sinus bzw. Dreieck → Rechteck) und in astabilen Multivibratoren (Takterzeugung).

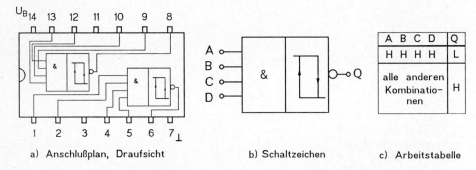

a) Anschlußplan, Draufsicht   b) Schaltzeichen   c) Arbeitstabelle

Bild 8.47: Beispiel für einen integrierten Schmitt-Trigger

8.6 Zusammenfassender Überblick über die verschiedenen Typen von Kippschaltungen

Mit 2 Bipolartransistoren in Kreuz- oder (und) Emitterkopplung können bi-, mono-, astabile oder impulsformende Kippstufen realisiert werden. Die Einstellung der geforderten Betriebsart ergibt sich aus der Dimensionierung der Basisspannungsteiler (Einstellung der Schwellspannung) und der Größe der Kollektorwiderstände $R_{c1,2}$ als Lastwiderstände.

Bild 8.48 zeigt in einer Gegenüberstellung symbolisch die wesentlichen schaltungstechnischen Unterschiede der Betriebsarten. Sinngemäße Verhältnisse ergeben sich bei Verwendung von Unipolartransistoren (FET) oder anderen aktiven Bauelementen.

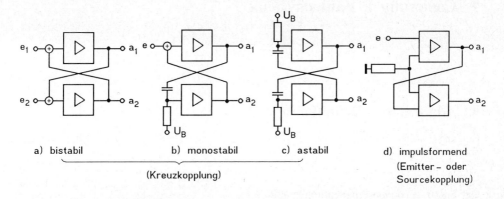

a) bistabil   b) monostabil   c) astabil   d) impulsformend
(Emitter – oder
(Kreuzkopplung)   Sourcekopplung)

Bild 8.48: Vergleich der Grundstrukturen von Kippschaltungen

9 Codierung I, Zahlensysteme

9.1 Allgemeines, Definitionen

Eingangs wollen wir einige wichtige Definitionen zur Codierung (nach DIN 44300) erörtern.

Code:

Der Begriff *Code* hat 2 Bedeutungen (Bild 9.1):

1) Vorschrift für die eindeutige Zuordnung (Codierung) der Zeichen eines Zeichenvorrates *(Objektmenge)* zu denjenigen eines anderen Zeichenvorrats *(Bildmenge)* (meist auch umkehrbar eindeutig, aber nicht notwendig).

2) Der bei der Bildmenge auftretende *Zeichenvorrat.*

Nachrichtenelement:

Eine Nachricht läßt sich norma-lerweise in eine Reihe von Elementen zerlegen. Beispiel: Ein Satz besteht aus m *Worten* der *Nachrichtenmenge* M (Sprache), wobei jedes Wort n_i ein *Nachrichtenelement* darstellt ($1 \leqslant i \leqslant M$).

Wort:

Folge von Zeichen, die in einem bestimmten Zusammenhang als eine Einheit betrachtet wird.

Codierung (im Sinne der Digital-technik):

Darstellung eines Nachrichtenelementes n_i aus der Nachrichtenmenge M durch eine Kombination von k Zeichen z_j aus dem Zeichenvorrat Z ($1 \leqslant j \leqslant Z$).

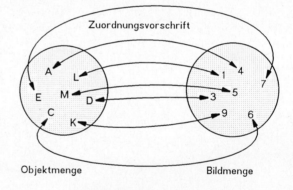

Zuordnungsvorschrift

Objektmenge

Bildmenge

Bild 9.1: Prinzip der Codierung

Mögliche Extremfälle:

1) *Jedes* Nachrichtenelement erhält *ein eigenes Zeichen* (k = 1, Z = M). Beispiel: Chinesische oder altägyptische Bilder- und Symbolschrift.

2) Die Nachrichtenelemente bestehen aus nur 2 verschiedenen Zeichen (Binärzeichen). Hier ist Z = 2.

Vor- und Nachteile:

zu 1) Der Zeichenvorrat ist sehr groß ($\approx$ 8500 Zeichen für die chinesische Schrift). Die Codierung ist einfach, die maschinelle Darstellung aber dafür sehr schwierig. Die Worte sind extrem kurz.

zu 2) Kleinstmöglicher Zeichenvorrat - wir sprechen von *binärer Codierung* - , aber komplizierte Codierungsvorschriften. Für das Beispiel der chinesischen Sprache errechnen wir mit 8500 Worten der Objektmenge die *Wortlänge k* eines binären Wortes der Bildmenge zu

$$k = \text{ld } 8500 \approx 13 \qquad\qquad (9.1)$$

Sie ist also maximal lang, aber für Automaten gut geeignet.

Binärcode:

Der für die Digitaltechnik weitaus wichtigste Code ist der *Binärcode*, bei dem jedes Zeichen der Bildmenge ein Wort aus Binärzeichen darstellt (Beispiel in Bild 9. 2).

Alphabet:

Identische Bezeichnung für Zeichenvorrat. In der Digitaltechnik haben wir einige wichtige Arten von Alphabeten (Tabelle 9.1)

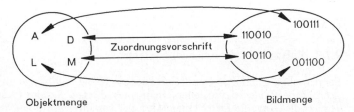

Objektmenge   Bildmenge

Bild 9.2: Beispiel für einen Binärcode

Tabelle 9.1: Technisch wichtige Alphabete

Bezeichnung	Zeichenvorrat
binär	0,1 (oder 0,L)
denär (zehnwertig)	0,1,2 ⋯ 8,9
alphaisch	A,B,C ⋯ Y,Z, a,b,c ⋯ y,z
alphanumerisch	A,B,C ⋯ Y,Z, 0,1,⋯ 9, a ⋯ z und Sonderzeichen

9.2 Zahlendarstellungen (Zahlensysteme)

Ein *Zahlensystem* ist ein System von Zeichen zur *Kennzeichnung von Mengen.* Im Laufe der geschichtlichen Entwicklung ist eine Fülle solcher Zahlensysteme entstanden, von denen wir nur zwei betrachten wollen, die frühere Bedeutung besaßen. Danach befassen wir uns mit den technisch relevanten.

9.2.1 Strichdarstellung

Bei diesem Zahlensystem wird die Menge der abgezählten Einheiten durch eine gleichgroße Anzahl von Strichen gekennzeichnet.

Beispiel: 10 ≙ | | | | | | | | | | ;   Bündelung zu Fünfergruppen: 10 ≙ 卌 卌
                                   (biquinäres System)

9.2.2 Römisches Zahlensystem

Das römische Zahlensystem besteht aus einer sog. geschachtelten 5-er und 2-er-Bündelung. Sie liefert einen *biquinären* Aufbau.

IIIII	→	V	=	5				
VV	→	X	=	10	aber:	IV	= V - I	= 4
XXXXX	→	L	=	50		IX	= X - I	= 9
LL	→	C	=	100		XL	= L - X	= 40 etc.
CCCCC	→	D	=	500				
DD	→	M	=	1000				

9.2.3 Polyadische (B-adische) Systeme

Bei den oben genannten Systemen fehlt sowohl die *Nullmenge* als auch die Möglichkeit, *gebrochene Zahlen* darzustellen. Beim *polyadischen System* (Stellenwertsystem) repräsentiert die einzelne Ziffer einen Wert, der von ihrer Position *(Stelle)* innerhalb der Zahl abhängt.

Anmerkung: Der Operator "+" bedeutet hier konventionell *Addition*, nicht ODER! Entsprechendes gilt für "·".

Grundlage des polyadischen Systems bildet folgender

Satz: Jede natürliche Zahl Z läßt sich eindeutig in eine Potenzreihe zur Basis B zerlegen:

$$Z = a_n \cdot B^n + a_{n-1} \cdot B^{n-1} + \cdots + a_1 \cdot B^1 + a_0 \cdot B^0 + a_{-1} \cdot B^{-1} + \cdots \qquad (9.2)$$

Hierbei bedeuten B : *Basis* des Zahlensystems $1 < B < \infty$,

a_i : *Ziffern* des Zahlensystems $0 \leqslant a_i \leqslant B-1$.

Die Anzahl der benötigten Ziffern a_i ist gleich der Basis B, ferner sind B und a_i natürliche Zahlen. Auf diesem polyadischen Gesetz bauen einige wichtige Zahlensysteme der Digitaltechnik auf.

Wir wollen folgende Nomenklatur vereinbaren:

Um die Zahlen in den verschiedenen Systemen eindeutig zu kennzeichnen, wird die *Basis B* anschaulich jeweils *in Klammern als Index* angehängt (vgl. folgende Abschnitte).

Wenn wir später im Assemblercode arbeiten (vgl. Kapitel 25, Mikroprozessoren), werden wir in Anlehnung an die dort gebräuchliche Kennzeichnungsweise die Ziffern und Zahlen anstelle des Index mit einem sog. *Prefix* versehen. Dann steht

- **$** für Hexadezimal-,
- **Q** für Oktal-,
- **%** für Dual- und
- **D** für Dezimalzahlen, jeweils gefolgt von der Zahl.

Beispiel: %10110 ≅ $(10110)_{(2)}$.

9.2.3.1 Dezimalsystem

Beim *Dezimalsystem*, das uns aus dem täglichen Leben bestens vertraut ist, gilt für die Basis $B = 10$, und die 10 Ziffern sind $a_i \in \{ 0,1 \cdots 9 \}$.

Beispiel: $348,71_{(10)} = (3 \cdot 10^2 + 4 \cdot 10^1 + 8 \cdot 10^0 + 7 \cdot 10^{-1} + 1 \cdot 10^{-2})_{(10)}$.   (9.3).

Da das Dezimalsystem das gängige System ist , vereinbaren wir weiter für die Fälle, wo keine Unklarheiten auftreten können:

Ist keine Basis als Index angefügt, so ist die Zahl eine Dezimalzahl.

9.2.3.2 Dualsystem

Beim *Dualsystem* ist $B = 2$ und $a_i \in \{ 0, 1 \}$. Es bildet die Grundlage praktisch aller Digitalrechenanlagen.

Beispiel: $1011,101_{(2)} = (1 \cdot 2^3 + 0 \cdot 2^2 + 1 \cdot 2^1 + 1 \cdot 2^0 + 1 \cdot 2^{-1} + 0 \cdot 2^{-2} + 1 \cdot 2^{-3})_{(10)}$.   (9.4)

$\qquad\qquad = (8 + 0 + 2 + 1 + 0,5 + 0 + 0,125)_{(10)} = 11,625_{(10)}$.

Tabelle 9.2 enthält die wichtigsten Zweierpotenzen in dezimaler Darstellung

Tabelle 9.2: Zweierpotenzen

$2^0 =$	1	$2^{12} =$	4 096
$2^1 =$	2	$2^{13} =$	8 192
$2^2 =$	4	$2^{14} =$	16 384
$2^3 =$	8	$2^{15} =$	32 768
$2^4 =$	16	$2^{16} =$	65 536
$2^5 =$	32	$2^{17} =$	131 072
$2^6 =$	64	$2^{18} =$	262 144
$2^7 =$	128	$2^{19} =$	524 288
$2^8 =$	256	$2^{20} =$	1 048 576
$2^9 =$	512	$2^{21} =$	2 097 152
$2^{10} =$	1 024	$2^{22} =$	4 194 304
$2^{11} =$	2 048	$2^{23} =$	8 388 608

Tabelle 9.3: Potenzen zur Oktal-Basis $B = 8$

$8^0 =$	$2^0 =$	1
$8^1 =$	$2^3 =$	8
$8^2 =$	$2^6 =$	64
$8^3 =$	$2^9 =$	512
$8^4 =$	$2^{12} =$	4 096
$8^5 =$	$2^{15} =$	32 768
$8^6 =$	$2^{18} =$	262 144
$8^7 =$	$2^{21} =$	2 097 152
$8^8 =$	$2^{24} =$	16 777 216

9.2.3.3 Das Oktalsystem

Für elektronische Datenverarbeitungssysteme hat das Dualsystem nicht zu überbietende Vorteile; für den Menschen ist jedoch der Umgang mit Dualzahlen unbequem (häufige Überträge bei der Addition, wenig Anschaulichkeit etc.). Um ohne Rechenarbeit bei der Umwandlung zu handlicheren Systemen zu kommen, faßt man mehrere Stellen einer Dualzahl zu neuen Ziffern zusammen. Solche Systeme lassen sich als abgekürzte Schreibweisen des Dualsystems auffassen. Zu den gebräuchlichsten gehören das *Oktalsystem* (Basis $B = 2^3 = 8$) und das *Hexadezimal-* oder *Sedezimalsystem* (Basis $B = 2^4 = 16$). *Sie sind in dieser Form nicht in Digitalrechnern zu finden!* Hier wird zunächst das Oktalsystem behandelt.

Unter Zugrundelegung von Gleichung (9.2) erhalten wir für B = 8

$$Z_{(8)} = \cdots a_n \cdot 8^n + a_{n-1} \cdot 8^{n-1} + \cdots + a_0 \cdot 8^0 + a_{-1} \cdot 8^{-1} + \cdots \qquad (9.5)$$

Für die Ziffern a_i gilt: $a_i \in \{ 0,1,2,3, \cdots 7 \}$.

In Tabelle 9.3 sind einige Potenzen von 8 dargestellt.

9.2.3.4   Das Hexadezimal- oder Sedezimalsystem

Bei den meisten Digitalrechnern wird mit Stellenzahlen (Wortlängen) gerechnet, die ein *Vielfaches von 4* sind (z. B. 8, 12, 16, 32 bit).

Für eine handlichere Schreibweise wählt man deshalb gern ein Zahlensystem, bei dem 4 Dualziffern zu einer Ziffer zusammengefaßt werden. Ein solches Zahlensystem heißt *Hexa-* oder *Sedezimalsystem*; es hat folgende Eigenschaften:
- Basis ist B = 16.
- Es hat folglich 16 verschiedene Ziffern. Die größte Ziffer entspricht $15_{(10)}$.
- Die Stellenwerte einer Sedezimalzahl sind Potenzen von 16.

Die Ziffern mit den Wertigkeiten 10 ··· 15 lassen sich mit den üblichen Dezimalziffern nicht mehr darstellen. Wir verwenden statt dessen die *Buchstaben A ··· F.* Tabelle 9.5 zeigt dies in einer Gegenüberstellung mit den gebräuchlichen Zahlensystemen, und in Tabelle 9.4 sind einige Potenzen von B=16 aufgeführt.

Tabelle 9.5: Vergleich wichtiger Zahlensysteme

Dezimal	Sedezimal	Oktal	Dual
0	0	0	0000
1	1	1	0001
2	2	2	0010
3	3	3	0011
4	4	4	0100
5	5	5	0101
6	6	6	0110
7	7	7	0111
8	8	10	1000
9	9	11	1001
10	A	12	1010
11	B	13	1011
12	C	14	1100
13	D	15	1101
14	E	16	1110
15	F	17	1111
16	10	20	1 0000

Tabelle 9.4: Potenzen von B=16

$$
\begin{aligned}
16^0 &= 2^0 &&= & 1 \\
16^1 &= 2^4 &&= & 16 \\
16^2 &= 2^8 &&= & 256 \\
16^3 &= 2^{12} &&= & 4\,096 \\
16^4 &= 2^{16} &&= & 65\,536 \\
16^5 &= 2^{20} &&= & 1\,048\,576 \\
16^6 &= 2^{24} &&= & 16\,777\,216 \\
16^7 &= 2^{28} &&= & 268\,435\,456
\end{aligned}
$$

Gleichung (9.2) liefert mit B = 16 für eine Sedezimalzahl

$$Z_{(16)} = \cdots a_n \cdot 16^n + a_{n-1} \cdot 16^{n-1} + \cdots + a_1 \cdot 16^1 + a_0 \cdot 16^0 + a_{-1} \cdot 16^{-1} + \cdots \qquad (9.6)$$

Die Ziffern a_i sind $a_i \in \{ 0, 1, 2, \cdots 9, A, B, C, D, E, F \}$.

9.2.4 Rechenoperationen in polyadischen Systemen

9.2.4.1 Addition ganzer, positiver Zahlen

Dezimalzahlen

Das Addieren im Dezimalsystem ist so geläufig, daß wir hierzu keine weiteren Erläuterungen benötigen.

Dualzahlen

Die Grundregeln lauten: $0 + 0 = 0$; $1 + 0 = 0 + 1 = 1$; $1 + 1 = 10$.   (9.7) ··· (9.9)

Beispiel: (ausführlich in 5 Schritten dargestellt, mit Übertragsverarbeitung):

$$1001_{(2)} + 1111_{(2)} = 11000_{(2)} .$$

Schritt No.	I (1.Stelle)	II	III	IV(4.St.)	V (Übertrag)
1. Summand	1001	1001	1001	1001	1001
2. Summand	1111	1111	1111	1111	1111
Überträge	1	11	111	1111	1111
(Teil-)Ergebnis	0	00	000	1000	11000

Probe: $9_{(10)} + 15_{(10)} = 24_{(10)}$

Addition von Oktalzahlen

Da in jedem Zahlensystem ein Übertrag auftritt, wenn die Summe zweier Ziffern größer ist als die größte Ziffer, tritt der Übertrag hier beim Überschreiten der 7 auf.

Beispiele:

$$
\begin{array}{ccccc}
4_{(8)} & 4_{(8)} & 4_{(8)} & 5_{(8)} & 7_{(8)} \\
+2_{(8)} & +3_{(8)} & +4_{(8)} & +6_{(8)} & +3_{(8)} \\
\hline
6_{(8)} & 7_{(8)} & 10_{(8)} & 13_{(8)} & 12_{(8)}
\end{array}
$$

Tabelle 9.6 enthält eine *Additionstabelle für Oktalzahlen.* Bei allen Ergebnissen unterhalb der Treppenlinie entsteht ein Übertrag.

Beispiel für eine mehrstellige Addition:

1. Summand	717342(8)
2. Summand	+671347(8)
Übertrag	111011(8)
Ergebnis	1610711(8)

Tabelle 9.6: Additionstabelle für Oktalzahlen

0	1	2	3	4	5	6	7
1	2	3	4	5	6	7	10
2	3	4	5	6	7	10	11
3	4	5	6	7	10	11	12
4	5	6	7	10	11	12	13
5	6	7	10	11	12	13	14
6	7	10	11	12	13	14	15
7	10	11	12	13	14	15	16

Addition von Sedezimalzahlen

Beim Sedezimalsystem tritt der Additionsübertrag auf, wenn die Summe zweier Ziffern den Wert F überschreitet. Unter Zuhilfenahme der Additionstabelle nach Tabelle 9.7 erhalten wir für einige *Beispiele:*

1. Summand	$4_{(16)}$	$4_{(16)}$	$A_{(16)}$	$F_{(16)}$	$1A4_{(16)}$
2. Summand	$+5_{(16)}$	$+6_{(16)}$	$+F_{(16)}$	$+F_{(16)}$	$+FD1_{(16)}$
Übertrag					$11_{(16)}$
Ergebnis	$9_{(16)}$	$A_{(16)}$	$19_{(16)}$	$1E_{(16)}$	$1175_{(16)}$

Tabelle 9.7: Additionstabelle für Hexadezimalzahlen

0	1	2	3	4	5	6	7	8	9	A	B	C	D	E	F
1	2	3	4	5	6	7	8	9	A	B	C	D	E	F	10
2	3	4	5	6	7	8	9	A	B	C	D	E	F	10	11
3	4	5	6	7	8	9	A	B	C	D	E	F	10	11	12
4	5	6	7	8	9	A	B	C	D	E	F	10	11	12	13
5	6	7	8	9	A	B	C	D	E	F	10	11	12	13	14
6	7	8	9	A	B	C	D	E	F	10	11	12	13	14	15
7	8	9	A	B	C	D	E	F	10	11	12	13	14	15	16
8	9	A	B	C	D	E	F	10	11	12	13	14	15	16	17
9	A	B	C	D	E	F	10	11	12	13	14	15	16	17	18
A	B	C	D	E	F	10	11	12	13	14	15	16	17	18	19
B	C	D	E	F	10	11	12	13	14	15	16	17	18	19	1A
C	D	E	F	10	11	12	13	14	15	16	17	18	19	1A	1B
D	E	F	10	11	12	13	14	15	16	17	18	19	1A	1B	1C
E	F	10	11	12	13	14	15	16	17	18	19	1A	1B	1C	1D
F	10	11	12	13	14	15	16	17	18	19	1A	1B	1C	1D	1E

9.2.4.2 Subtraktion ganzer Zahlen

Im vorherigen Abschnitt haben wir mit Zahlen gearbeitet, die - stillschweigend vorausgesetzt - positives Vorzeichen haben, das der Einfachheit halber nicht mit dargestellt
wird. Bei der Zahlenverarbeitung in Digitalrechnern ist es sinnvoll, Rechenwerke zu
verwenden, die *nur addieren* können. Das erfordert aber, daß man Subtraktionen auf Additionen zurückführt, anders gesagt, auf die Addition negativer, also vorzeichenbehafteter Zahlen.

Ein Beispiel möge das verdeutlichen: a - b = a + (-b).

Bevor wir auf diese Technik eingehen, wollen wir die konventionelle Methode des *Borgens* bei der Subtraktion kurz streifen, danach die *Subtraktion mittels Komplementaddition* für die wichtigsten Zahlensysteme allgemein und abschließend detailliert die Additi-
on/Subtraktion vorzeichenbehafteter Dualzahlen behandeln.

Subtraktion mittels Borgen

Die Methode des *Borgens* ist uns aus dem Dezimalsystem bestens bekannt; wir fassen uns deshalb kurz und vergleichen einmal das Vorgehen bei vorzeichenloser Addition und Subtraktion.

Bezüglich des Entstehens eines Übertrags bei der Addition gilt bekanntlich: Ergibt die *Summe* aus der Ziffer, die addiert werden soll *(Addend)* und der Ziffer, zu der addiert wird *(Augend)*, einen Wert, der größer ist als die höchste Ziffer des betreffenden Systems, so tritt ein *Übertrag* (Carry) in die nächsthöhere Stelle (Basispotenz) auf.

Bei der Subtraktion gilt: Ist die Ziffer aus der Stelle, die subtrahiert werden soll *(Subrahend)*, größer als die Ziffer, von der subtrahiert wird *(Minuend)*, so entsteht eine negative *Differenz*, und es findet das *Borgen* (Borrow) einer Einheit aus der nächsthöheren Stelle statt. Eine geborgte "1" hat jeweils die Wertigkeit der Basis B.

Einige Beispiele für Oktal- und Hexadezimalzahlen mögen das verdeutlichen:

Minuend	$234_{(8)}$	$15_{(16)}$	$138_{(16)}$	$5AF2_{(16)}$
Subtrahend	$-156_{(8)}$	$-7_{(16)}$	$-3C_{(16)}$	$-4B06_{(16)}$
Übertrag durch Borgen	$11_{(8)}$		$1_{\ (16)}$	$1\ 1_{\ (16)}$
Ergebnis (Differenz)	$56_{(8)}$	$E_{(16)}$	$FC_{(16)}$	$FEC_{(16)}$.

Subtraktion mittels Komplementaddition

Die Subtraktion läßt sich auch mit Hilfe der *Komplementaddition* durchführen. Das ist zwar in jedem Zahlensystem möglich, bietet aber besonders im Dualsystem große Vorteile. In den anderen Systemen kommt sie nicht so zum Tragen. Wir wollen jedoch das Prinzip zunächst einmal am Dezimalsystem demonstrieren, bevor wir dann ins Dualsystem gehen.

Was ist das Komplement einer Zahl?   2 Arten von Komplement sind üblich, nämlich

- *B-Komplement*
- *(B-1)-Komplement.*

Satz: Das B-Komplement ist die Ergänzung einer Zahl zur nächsthöheren Basispotenz.

Satz: Das (B-1)-Komplement ist um 1 kleiner als das B-Komplement. Es ergibt sich, wenn man jede Ziffer der Zahl zur höchsten Ziffer (Basis - 1) des benutzten Zahlensystems ergänzt.

Beispiele für Dezimalzahlen:

Zahl	5	798	8111
B-Komplement *(Zehner-K.)*	5	202	1889
(B-1)-Komplement *(Neuner-K.)*	4	201	1888

Beispiele für Dualzahlen:
Hier ist es zweckmäßig, erst das (B-1)-Komplement (Einerkomplement) und dann das B-Komplement (Zweierkomplement) zu bilden.

Zahl	10	1111	1010101	00110
(B-1)-Komplement *(Einer-K.)*	01	0000	0101010	11001
B-Komplement *(Zweier-K.)*	10	0001	0101011	11010

An den letzten Beispielen erkennen wir zwei wichtige Sätze:

Satz: Das Einerkomplement einer Dualzahl ergibt sich durch *Invertierung der Ziffern* von 0 → 1 und umgekehrt.

Das ist besonders bequem in elektronischen Schaltungen, da hier meistens die zueinander dualen Ausgänge Q und $\overline{Q}$ zur Verfügung stehen.

Satz: Das Zweierkomplement einer Dualzahl ergibt sich, indem man zum Einerkomplement 1 zuaddiert.

Als nächstes kommen wir zum *Algorithmus der Komplementaddition*

Die Differenz

$$c = a - b \tag{9.10}$$

läßt sich auch schreiben

$$c = a + (B^n - b) - B^n \tag{9.11}$$

oder

$$c = a + b_k - B^n \; . \tag{9.12}$$

Hierin sind

$b_k = B^n - b$: das B-Komplement,

B : Basis des Zahlensystems

und

n : Stellenzahl des Minuenden vor dem Komma.

3 mögliche Fälle sind zu unterscheiden:

1) Für *a > b* ist $\qquad a_k < b_k$, $\quad (c > 0)$, $(a_k$: B-Komplement von a). $\quad$ (9.13)

Die Rechnung liefert $\qquad a + b_k > B_n$. $\tag{9.14}$

Nochmalige Komplementierung *(Rekomplementierung)* ist hier identisch mit der *Streichung des Übertrags in der höchsten Stelle*. Der verbleibende Rest ist das Ergebnis c.

2) Für *a = b* ist $\qquad a_k = b_k$, $\quad (c = 0)$. $\tag{9.15}$

Die Rechnung liefert $\qquad a + b = B_n$. $\tag{9.16}$

Das Ergebnis besteht aus einem *Übertrag in der höchsten Stelle und lauter Nullen* in den folgenden Stellen. Das Endergebnis erhält man analog zum Fall 1 (a > b).

3) Für *a < b* ist $\qquad a_k > b_k$, $\quad (c < 0)$. $\tag{9.17}$

Die Rechnung liefert $\qquad a + b_k < B_n$. $\tag{9.18}$

Hier entsteht *kein Übertrag* in die höchste Stelle, die *Rekomplementierung* mit anschließender *Vorzeichenumkehr* liefert das Ergebnis.

Es folgen nun einige Beispiele, die die 3 Fälle veranschaulichen. Die einzelnen Schritte werden detailliert dargestellt.

Beispiele für Dezimalzahlen:

Aufgaben :   A (a > b)   B (a < b)

$\qquad$ 157 - 25 = 132 $\qquad\qquad$ 25 - 157 = -132

1) Auffullen der Stellenzahl des Subtrahenden auf die Stellenzahl des Minuenden durch Vorsetzen von Nullen:

	157		157		25		25
-	25	-	025	-	157	-	157

2) Bilden des B-Komplements (Zehnerkomplement)

	157		157		25		25
-	025		975	-	157		843

3) Addition von Minuend und B-Komplement

	157		157		25		25
	975	+	975		843	+	843
			1132				868

4) a) Tritt in der höchstwertigen (am weitesten links liegenden) Stelle ein Übertrag auf, so wird dieser gestrichen. Die verbleibende Zahl bildet die gesuchte Differenz; sie ist *positiv* (Beispiel A).

b) Tritt in der höchstwertigen Stelle kein Übertrag auf, muß vom Ergebnis das B-Komplement gebildet werden (rekomplementieren). Das Rekomplement ist die gesuchte Differenz; sie ist *negativ* (Beispiel B).

$$
\begin{array}{r}
157 \\
+\ \ 975 \\
\hline
1132
\end{array}
\rightarrow\ \ +\ 132
\qquad\qquad
\begin{array}{r}
25 \\
+\ 843 \\
\hline
868
\end{array}
\rightarrow\qquad -\ 132
$$

Beispiele für Dualzahlen

Aufgaben: A (a > b)   B (a < b)

1) Auffüllen des Subtrahenden

$$
\begin{array}{ll}
11010 & \qquad 11010 \\
\ \ 111 \rightarrow & -\ 00111
\end{array}
\qquad
\begin{array}{ll}
111 & \qquad\ \ 111 \\
-\ 11010 \rightarrow & -\ 11010
\end{array}
$$

2) Bilden des Einerkomplements

$$
\begin{array}{ll}
11010 & \qquad 11010 \\
00111 \rightarrow & \qquad 11000
\end{array}
\qquad
\begin{array}{ll}
\ \ 111 & \qquad\ \ 111 \\
11010 \rightarrow & \qquad 00101
\end{array}
$$

3) Bilden des Zweierkomplements und Addition

$$
\begin{array}{ll}
11010 & \qquad\ \ 11010 \\
11000 \rightarrow & +\ 11000 \\
\ \ \ \ \ \ 1 & +\ \ \ \ \ \ 1 \\
& \overline{\ 110011}
\end{array}
\qquad
\begin{array}{ll}
\ \ 111 & \qquad\ \ 111 \\
00101 \rightarrow & +\ 00101 \\
& +\ \ \ \ \ 1 \\
& \overline{\ 01101}
\end{array}
$$

4) a) Streichen des Übertrags   b) Rekomplementieren zum
   liefert Ergebnis   Zweierkomplement liefert Ergebnis

$$
\begin{array}{r}
11010 \\
+\ \ 11000 \\
+\ \ \ \ \ \ \ 1 \\
\hline
110011
\end{array}
\rightarrow\ \ +\ 10011
\qquad\qquad
\begin{array}{r}
01101 \rightarrow \\
\ \\
\rightarrow
\end{array}
\qquad
\begin{array}{r}
10010 \\
+\ \ \ \ \ 1 \\
\hline
-\ 10011\ .
\end{array}
$$

Beispiele für Oktalzahlen (ohne Erläuterung):

A) $234_{(8)}$ $234_{(8)}$ $234_{(8)}$
     $-\ 156_{(8)}$ → $622_{(8)}$ → $+\ 622_{(8)}$
                                                   $\overline{1056_{(8)}}$ → $56_{(8)}.$

B) $156_{(8)}$ $156_{(8)}$ $156_{(8)}$
     $-\ 234_{(8)}$ → $544_{(8)}$ → $+\ 544_{(8)}$ Vorzeichen umkehren und
                                                   $\overline{\ \ \ \ \ \ \ \ \ \ }$ rekomplementieren
                                                   $722_{(8)}$ → $-\ 56_{(8)}.$

Im Kapitel über Rechenwerke im Zusammenhang mit Mikroprozessorsystemen werden wir auf die Komplementaddition binärer Zahlen noch einmal zurückkommen und die vorzeichenbehaftete Arithmetik behandeln.

9.2.5 Zahlenkonvertierung zwischen einzelnen Systemen

Wie bereits mehrfach erwähnt, findet das Rechnen mit digitalen Automaten im Binärsystem statt. Die Welt der Technik und der Wirtschaft basiert jedoch im wesentlichen auf dem Dezimalsystem, das dem Menschen viel geläufiger ist. Es besteht also das Bedürfnis, Zahlen von jedem System in ein beliebiges anderes konvertieren zu können. Wir wollen in den folgenden Abschnitten die wichtigsten Methoden kennenlernen.

9.2.5.1 Konvertierung von Zahlen aus anderen Systemen ins Dezimalsystem

Grundlage für die Konvertierung von Zahlen aus beliebigen Systemen ins Dezimalsystem bildet Gleichung (9.2), die wir hier noch einmal in etwas modifizierter Form hinschreiben wollen:

$$Z_{(10)} = \cdots a_n \cdot B^n + a_{n-1} \cdot B^{n-1} + \cdots + a_1 \cdot B^1 + a_0 \cdot B^0 + a_{-1} \cdot B^{-1} + \cdots + \qquad . \quad (9.19)$$

Unter Zuhilfenahme von Tabellen für die Basispotenzen der einzelnen Zahlensysteme kann man sich den jeweiligen Dezimalwert berechnen, und zwar auch für gebrochene Zahlen. Dabei gilt die Regel:

Tabelle 9.8: Potenzen zu B = 16

$16^0 =$	$2^0 =$	1
$16^1 =$	$2^4 =$	16
$16^2 =$	$2^8 =$	256
$16^3 =$	$2^{12} =$	4 096
$16^4 =$	$2^{16} =$	65 536
$16^5 =$	$2^{20} =$	1 048 576
$16^6 =$	$2^{24} =$	16 777 216
$16^7 =$	$2^{28} =$	268 435 456

Die unmittelbar links vom eventuell vorhanden Komma stehende Stelle hat den Index (und damit auch die Basispotenz 0), also die Wertigkeit der Basis $B^0 = 1$. Nach links folgen die Stellen ständig steigender Wertigkeit und rechts davon der fraktionelle Teil mit ständig fallenden Wertigkeiten.

Einige Beispiele sollen das für Dual-, Oktal- und Hexadezimalzahlen belegen. Wir nehmen uns hierfür die Tabellen 9.2, 9.3 und 9.8 zu Hilfe.

Umwandlung von Dualzahlen in Dezimalzahlen

Der Algorithmus für die Konvertierung von Dual- in Dezimalzahlen ergibt sich aus Gleichung (9.19) mit der Basis B = 2:

$$Z_{(10)} = \cdots + a_n \cdot 2^n + a_{n-1} \cdot 2^{n-1} + \cdots + a_1 \cdot 2^1 + a_0 \cdot 2^0 + a_{-1} \cdot 2^{-1} + \cdots . \quad (9.20)$$

Beispiel: $101101{,}1001_{(2)} = X_{(10)}$

Die höchste Basispotenz ist 5 und die niedrigste -4, also

$$X_{(10)} = 1 \cdot 2^5 + 0 \cdot 2^4 + 1 \cdot 2^3 + 1 \cdot 2^2 + 0 \cdot 2^1 + 1 \cdot 2^0 + 1 \cdot 2^{-1} + 0 \cdot 2^{-2} + 0 \cdot 2^{-3} + 1 \cdot 2^{-4}$$

$$= 1 \cdot 32 + 0 \cdot 16 + 1 \cdot 8 + 1 \cdot 4 + 0 \cdot 2 + 1 \cdot 1 + 1 \cdot 0{,}5 + 0 \cdot 0{,}25 + 0 \cdot 0{,}125 + 1 \cdot 0{,}0625$$

$$= 32 + 8 + 4 + 1 + 0{,}5 + 0{,}0625 \qquad = 45{,}5625_{(10)}$$

Ergebnis: $101101{,}1001_{(2)} = 45{,}5625_{(10)}$.

Umwandlung von Oktalzahlen in Dezimalzahlen

Der Algorithmus für die Konvertierung von Oktal- in Dezimalzahlen ergibt sich aus Gleichung (9.19) mit der Basis B = 8:

$$Z_{(10)} = \cdots + a_n \cdot 8^n + a_{n-1} \cdot 8^{n-1} + \cdots + a_1 \cdot 8^1 + a_0 \cdot 8^0 + a_{-1} \cdot 8^{-1} + \cdots . \qquad (9.21)$$

Beispiel: $\qquad 3754{,}15_{(8)} = X_{(10)}$

Die höchste Basispotenz ist 3 und die niedrigste -2, also

$$X_{(10)} = 3 \cdot 8^3 + 7 \cdot 8^2 + 5 \cdot 8^1 + 4 \cdot 8^0 + 1 \cdot 8^{-1} + 5 \cdot 8^{-2}$$

$$= 1536 + 448 + 40 + 4 + 0{,}125 + 0{,}078125 = 2028{,}203125_{(10)}$$

Ergebnis: $\qquad \underline{3754{,}15_{(8)} = 2028{,}203125_{(10)}}$.

Umwandlung von Hexadezimalzahlen in Dezimalzahlen

Der Algorithmus für die Konvertierung von Hexadezimal- in Dezimalzahlen ergibt sich aus Gleichung (9.19) mit der Basis B = 16:

$$Z_{(10)} = \cdots + a_n \cdot 16^n + a_{n-1} \cdot 16^{n-1} + \cdots + a_1 \cdot 16^1 + a_0 \cdot 16^0 + a_{-1} \cdot 16^{-1} + \cdots . \qquad (9.22)$$

Beispiel: $\qquad 1A47B{,}1A7_{(16)} = X_{(10)}$

$$X_{(10)} = 1 \cdot 16^4 + 10 \cdot 16^3 + 4 \cdot 16^2 + 7 \cdot 16^1 + 11 \cdot 16^0 + 1 \cdot 16^{-1} + 10 \cdot 16^{-2} + 7 \cdot 16^{-3}$$

$$= 65536 + 40960 + 1024 + 112 + 11 + 0{,}0625 + 0{,}0390625 + 0{,}001708984$$

Ergebnis: $\qquad \underline{1A47B{,}1A7_{(16)} = 107\,643{,}103271484_{10)}}$.

9.2.5.2 Konvertierung von Dezimalzahlen in andere Zahlensysteme

Zur Konvertierung von Dezimalzahlen in Dual-, Oktal- oder Hexadezimalzahlen sind verschiedene Algorithmen denkbar.

Verwendung von Potenztafeln

Eine Methode arbeitet mit der Verwendung von Potenztafeln (Tabellen 9.6 ... 9.8). Man ermittelt, welche Potenzen von B (Stellenwerte) in der Dezimalzahl enthalten sind. Die entsprechenden Stellen der Dual-, Oktal- oder Hexadezimalzahl erhalten eine 1, fehlende Potenzen erhalten eine Null.

Bei den Beispielen wollen wir uns auf Dualzahlen beschränken.

Dezimalzahl → Dualzahl: $\qquad 1247_{(10)} = X_{(2)}$

Die höchste in $1247_{(10)}$ enthaltene Zweierpotenz ist $2^{10} = 1024$. Die Dualzahl wird also 11-stellig, die höchste Stelle, das sog. MSB (**M**ost **S**ignificant **B**it) ist 1.

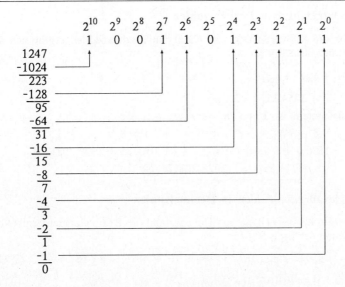

Ergebnis: $1247_{(10)} = 10011011111_{(2)}$.

Probe: $1247_{(10)} = 1024 + 128 + 64 + 16 + 8 + 4 + 2 + 1$

Fraktionale Anteile, also Stellen hinter dem Komma, lassen sich sinngemäß umwandeln; das Verfahren ist jedoch umständlich.

Konvertierung durch fortgesetzte Division und Multiplikation

Bei einem anderen Verfahren wird der *ganzzahlige* Teil einer gegebenen Dezimalzahl solange durch die Basis B *dividiert*, bis der verbleibende Dividend 0 geworden ist. Die dabei anfallenden *Reste* sind, *von hinten gelesen*, die Ziffern der umgewandelten Zahl.

Beispiele:

Dezimalzahl → **Dualzahl:** $1247_{(10)} = X_{(2)}$

1 247 : 2 =	623	Rest 1
623 : 2 =	311	Rest 1
311 : 2 =	155	Rest 1
155 : 2 =	77	Resl 1
77 : 2 =	38	Rest 1
38 : 2 =	19	Rest 0
19 : 2 =	9	Rest 1
9 : 2 =	4	Rest 1
4 : 2 =	2	Rest 0
2 : 2 =	1	Rest 0
1 : 2 =	0	Rest 1

Ergebnis: $X_{(2)} = 1\ 0\ 0\ 1\ 1\ 0\ 1\ 1\ 1\ 1$

Das Ergebnis kennen wir schon von oben.

Dezimalzahl → Oktalzahl: $5372_{(10)} = X_{(8)}$

$$5372 : 8 = 671 \quad \text{Rest} \quad 4$$
$$671 : 8 = 83 \quad \text{Rest} \quad 7$$
$$83 : 8 = 10 \quad \text{Rest} \quad 3$$
$$10 : 8 = 1 \quad \text{Rest} \quad 2$$
$$1 : 8 = 0 \quad \text{Rest} \quad 1$$

Ergebnis: $X_{(8)} = 1\ 2\ 3\ 7\ 4_{(8)}$.

Probe: $12374_{(8)} = 1 \cdot 8^4 + 2 \cdot 8^3 + 3 \cdot 8^2 + 7 \cdot 8^1 + 4 \cdot 8^0$
$$= 4096 + 1024 + 192 + 56 + 4 = 5372_{(10)} .$$

Dezimalzahl → Hexadezimalzahl: $2311_{(10)} = X_{(16)}$.

$$2311 : 16 = 144 \quad \text{Rest} \quad 7$$
$$144 : 16 = 9 \quad \text{Rest} \quad 0$$
$$9 : 16 = 0 \quad \text{Rest} \quad 9$$

Ergebnis: $X_{(16)} = 9\ 0\ 7\ _{(16)}$.

Probe: $907_{(16)} = 9 \cdot 16^2 + 7 \cdot 16^0 = 2304 + 7 = 2311_{(10)}.$

Bei *gebrochenen Zahlen* wird der Bruch fortwährend *mit B multipliziert*. Der im Produkt links vom Komma stehende Anteil stellt jeweils die neue Ziffer dar und wird bei der nächsten Multiplikation weggelassen.

Beispiele:

Dezimalbruch → Dualbruch: $0{,}35_{(10)} = 0{,}X_{(2)}$

$0{,}35 \cdot 2 = 0{,}70$	→ 1. Stelle →	0
$0{,}70 \cdot 2 = 1{,}40$	→ 2. Stelle →	1
$0{,}40 \cdot 2 = 0{,}80$	→ 3. Stelle →	0
$0{,}80 \cdot 2 = 1{,}60$ Perio-	→ 4. Stelle →	1
$0{,}60 \cdot 2 = 1{,}20$ de	→ 5. Stelle →	1
$0{,}20 \cdot 2 = 0{,}40$	→ 6. Stelle →	0
$0{,}40 \cdot 2 = 0{,}80$	→ 7. Stelle →	0
usw.		

Ergebnis: $0{,}35_{(10)} = 0{,}0101100110\cdots_{(2)}.$

Probe: $0{,}35_{(10)} = 0{,}25 + 0{,}0625 + 0{,}03125 + 0{,}00390625 + \cdots$
$$= 0{,}34765625_{(10)} \approx 0{,}35_{(10)}.$$

Dezimalbruch → Oktalbruch: $0,174_{(10)} = 0,X_{(8)}$

$$0,174 \cdot 8 = \boxed{1},392 \quad \rightarrow \quad \boxed{1}$$
$$0,392 \cdot 8 = 3,136 \quad \rightarrow \quad \boxed{3}$$
$$0,136 \cdot 8 = 1,088 \quad \rightarrow \quad \boxed{1}$$
$$0,088 \cdot 8 = \boxed{0},704 \quad \rightarrow \quad \boxed{0}$$
$$0,704 \cdot 8 = \boxed{5},632 \quad \rightarrow \quad \boxed{5}$$

Ergebnis: $0,174_{(10)} \;=\; 0,13105 \cdots_{(8)}$.

Probe: $0,13105_{(8)}$ $=$ $1 \cdot 8^{-1} + 3 \cdot 8^{-2} + 1 \cdot 8^{-3} + 5 \cdot 8^{-5}$

$=\; 0,125 + 0,046875 + 0,001953125 + 0,00015259$

$=\; 0,173980715_{(10)} \approx 0,174_{(10)}.$

Dezimalbruch → Hexadezimalbruch: $0,478_{(10)} = 0,X_{(16)}$.

$$0,478 \cdot 16 = \boxed{7},648 \quad \rightarrow \quad \boxed{7}$$
$$0,648 \cdot 16 = \boxed{10},368 \quad \rightarrow \quad \boxed{A}$$
$$0,368 \cdot 16 = \boxed{5},888 \quad \rightarrow \quad \boxed{5}$$
$$0,888 \cdot 16 = \boxed{14},208 \quad \rightarrow \quad \boxed{E}$$
$$0,208 \cdot 16 = \boxed{3},328 \quad \rightarrow \quad \boxed{3}$$

Ergebnis: $0,478_{(10)} \;=\; 0,7A5E3 \cdots_{(16)}$.

9.2.5.3 Konvertierung zwischen Dual-, Oktal- und Hexaxadezimalzahlen

Bei der Konvertierung von Dual-, Oktal- und Hexadezimalzahlen untereinander gehen wir von der Gegebenheit aus, daß je 3 zusammenhängende Ziffern einer Dualzahl eine Oktalziffer und je vier Dualziffern eine Hexadezimalziffer ergeben (vgl. Abs schnitt 9.2.3).

Bei der Konvertierung muß man stets von der *Einerstelle* (LSB) bzw. - sofern es sich um Brüche handelt - *vom Komma aus* arbeiten.

Dual → Oktal

Beispiel:

Jeweils 3 Dualziffern werden zu einer Oktalziffer zusammengefaßt.

$$\underbrace{101}_{5}\ \underbrace{001}_{1}\ \underbrace{100}_{4}\ \underbrace{111}_{7},\underbrace{100}_{4}\ \underbrace{010}_{2}\ \underbrace{101}_{5}{}_{(2)} = 5147,425_{(8)}$$

Oktal → Dual

Bei der Umwandlung von Oktalzahlen in Dualzahlen verfährt man genau umgekehrt. Jede Ziffer der Oktalzahl erzeugt 3 Ziffern der äquivalenten Dualzahl.

Beispiel:

$$6 \quad 7 \quad 1 \quad 3 \quad 5 \quad 4 \quad 0 \quad 1_{(8)} =$$

$$\overbrace{110}\ \overbrace{111}\ \overbrace{001}\ \overbrace{011}\ \overbrace{101}\ \overbrace{100}\ \overbrace{000}\ \overbrace{001}_{(2)}$$

Dual → Hexadezimal

Jeweils 4 Dualziffern werden zu einer Hexadezimalziffer zusammengefaßt.

Beispiel:

1101 1110 1001 0001 1100 , 1010 1101 0100 $_{(2)}$ = $\underline{D\,E\,9\,1\,C, A\,D\,4_{(16)}}$.

    D   E   9   1   C , A   D   4

Hexadezimal → Dual

Jede Ziffer der Hexadezimalzahl erzeugt 4 Dualziffern.

Beispiel:

  A   1   4   F   1   0 , A   1   1$_{(16)}$ =

1010 0001 0100 1111 0001 0000 , 1010 0001 0001$_{(2)}$.

Hexadezimalzahlen ↔ Oktalzahlen

Die Umwandlung von Sedezimalzahlen in Oktalzahlen und umgekehrt geschieht sinnvollerweise auf dem Umweg über die Dualzahl.

Beispiel:

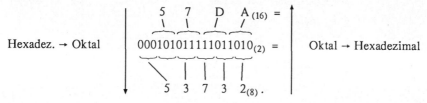

Hexadez. → Oktal   Oktal → Hexadezimal

Jede Sedezimalziffer ergibt 4 Dualziffern. Die Dualzahl wird in Gruppen von 3 Ziffern unterteilt, von denen jede eine Oktalziffer darstellt (und umgekehrt).

9.2.6 Dualzahlenverabeitung mit standardisierter Stellenzahl

9.2.6.1 Ganze, positive Zahlen

In den vorangegangenen Abschnitten haben wir mit Zahlen gearbeitet, bei denen die Stellenzahl keinen Beschränkungen unterzogen wurden. Gehen wir jedoch zur *Zahlenv verarbeitung in Rechnersystemen* über, so werden zusätzlich folgende Gesichtspunkte wichtig:

- Wegen der einheitlichen *Registersbreiten* - hierunter versteht man die *Anzahl der parallel verarbeiteten Stellen (Bit) im Datenpfad* - sind ganze Vielfache von 4 bit übl lich (praktisch wichtig sind vor allem 8, 16 und 32 bit).

- Die arithmetischen Operationen im sog. *Rechenwerk* (Addition, Subtraktion, Multip plikation und Division) werden in der Regel alle auf die Addition zurückgeführt. Die Subtraktion erfolgt mittels (Zweier-)Komplementaddition (vgl. Abs schnitt 9.2.4.2), die Multiplikation durch wiederholte Addition und die Division durch wiederholte Subtraktion. Sie lassen sich binär durch einfaches Links- oder Rechtsverschieben realisieren.

- Damit die Arithmetik einwandfrei arbeitet, muß - sofern es sich nicht nur ausn nahmslos um positive Zahlen handelt (nicht ganz korrekt auch als "vorzeichenlose" Zahlen oder *unsigned Numbers* bezeichnet), das *Vorzeichen* mit dargestellt und verarbeitet werden.

- Der jeweilig durch die Registerbreite vorgegebene Zahlenbereich darf nicht übers schritten werden, sofern man die Zahlen als Ganzes ungeteilt verarbeiten will.

- Von der dargestellten (positiven) Zahl nicht benötigte Stellen müssen mit führenden Nullen aufgefüllt werden.

Bild 9.3 zeigt die *standardisierten Zahlendarstellungen in Bussystemen* und deren Bez zeichnungen. Die am weitesten *rechts* stehende Stelle heißt LSB *(Least Significant Bit,* Wertigkeit 1), die am weitesten *links* stehende MSB *(Most Significant Bit)*. Die kleinste Einheit ist ein *Halbbyte* oder *Nibble* mit 4 Bit. 8 Bit bilden 1 *Byte*. 2 Byte sind in der Regel 1 *Wort*, die Standard-Verarbeitungsbreite in den gängigen Mikroprozesorsystemen. 2 Worte sind 1 *Langwort*. Die meisten Rechner erlauben eine byteweise Verarbeitung von Daten bei arithmetischen Operationen. Abweichend von Bild 9.3 kann die Wortlänge allgemein jedoch beliebig sein.

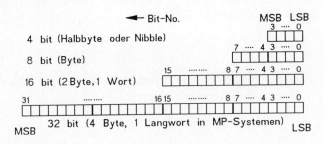

Bild 9.3: Praktisch wichtige Datenbusbreiten in Mikrorechnersystemen

Zahlen mit diesen Eigenschaften nennt man *Integerzahlen*. Die Bezeichnung Festkomm mazahl weist darauf hin, daß es sich um *ganze Zahlen* handelt, die keinen fraktionellen Anteil rechts vom Komma haben. Das Komma kann man sich rechts vom LSB vorstell len, es ist physikalisch jedoch nicht vorhanden.

9.2.6.2 Berücksichtigung des Vorzeichens

Bei *Zahlen mit Vorzeichen* (signed Numbers) muß das Vorzeichen innerhalb der vereinb barten Wortlänge untergebracht werden. Man erklärt in diesem Fall das *MSB* zum *Vorz zeichenbit* und definiert:

Vorzeichenbit = 0 → positive Zahl,   Vorzeichenbit = 1 → negative Zahl.

Der Zahlenbereich schränkt sich dadurch um den Betrag der höchsten Basispotenz ein. Denkbar wäre nun die Darstellung der Zahl mittels *Vorzeichen* und *Betrag*.

Beispiel: Bei einer Zahl Z mit 8 bit entfallen 7 bit auf den Betrag und 1 Bit auf das Vorz zeichen $(01111111)_{(2)} \geqslant Z \geqslant (11111111)_{(2)}$. Dem entspricht $+ 127_{(10)} \geqslant Z \geqslant - 128_{(10)}$. Erforderlich bei der Artihmetik ist hier eine *getrennte* Behandlung von Betrag und Vorzeichen.

Um nun jedoch die oben erläuterte Komplementaddition bei der einheitlichen Verarbeit tung negativer Zahlen realisieren zu können, stellt man die *negativen* Zahlen im Zweierk komplement dar (vgl. Abschnitt 9.2.4.2). Bei der Diskussion der Rec chenwerke im Kapitel Mikroprozess soren werden wir auf die entspec chenden Algorithmen zurückkomm men. Bild 9.4 enthält für eine Busb breite von 4 bit die Gegenüberstell lung des Bereichs von Integerzahlen mit und ohne Vorzeichen anhand eines Zahlenkreises. Tabelle 9.9 zeigt den entsprechenden Vergleich für 8, 16 und 32 bit.

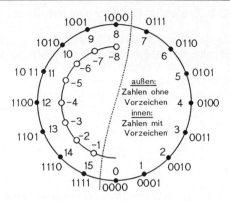

Bild 9.4: Zahlen im Zahlenkreis (vgl. Text)

Tabelle 9.9: Dezimaler Wertebereich von Dualzahlen bei verschiedenen Datenformaten

Busbreite [bit]	Zahlenbereich ohne Vorzeichen		Zahlenbereich mit Vorzeichen		
4	0 ...	15	-	8 ... +	7
8	0 ...	255	-	128 ... +	127
16	0 ...	65.535	-	32.768 ... +	32.767
32	0 ...	4.294.967.295	-2.147.483.648	...	+2.147.483.647

9.2.7 Zahlen in Festkommadarstellung

Integerzahlen besitzen, wie im vorigen Abschnitt erläutert, keinen fraktionellen Teil. Man kann jedoch innerhalb einer gegebenen Wortlänge k einen ganzzahligen und einen fraktionellen Teil darstellen, wenn man das (gedachte) Komma nicht rechts vom LSB, sondern irgendwo innerhalb des Wortes definiert. Damit ergibt sich für eine vorzeichenb behaftete Zahl mit einer Vorzeichenstelle (v = 1), dem Integeranteil i bit und den fraktion nellen Anteil f bit die Beziehung

$$\boxed{k = v + i + f \ [\text{bit}]} \ . \tag{9.23}$$

Bei vorzeichenlosen Zahlen ist v = 0. Zahlen mit derartiger Darstellungen heißen *Festk kommazahlen (Fixed Point Numbers)*. Tabelle 9.10 gibt als Beispiele für 8-Bit- und 16-Bit-Zahlen mit Vorzeichen den möglichen Darstellungsraum für die beiden Extrema von i und f (vgl. a. Tabelle 9.9).

Tabelle 9.10: Beispiele für die Zahlenraum von 8- und 16-Bit-Festkommazahlen mit Vorzeichen

k [bit]	i [bit]	f [bit]	Zahlenbereich		
8	7	0	-	128 ··· +	127
8	0	7	-	1,0 ··· +	0,9921875
16	15	0	-	32798 ··· +	32767
16	0	15	-	1,0 ··· +	0,99993896484375

9.2.8 Zahlen in Gleitkommadarstellung

Die Tabellen 9.9 und 9.10 zeigen uns, daß der nutzbare Zahlenraum bei kleineren
Wortlängen insbesondere für technisch-wissenschaftliche Anwendungen in vielen Fäll
len schnell an Grenzen stößt. Der Wert einer Zahl wird, vom Vorzeichen abgesehen, vor
allen Dingen durch die Stellung des Kommas bestimmt, das wir in computergerechter
Schreibweise als Dezimalpunkt darstellen. Eine maschineninterne Verarbeitung des Dez
zimalpunkts würde aber zu sehr umständlichen und zeitraubenden Rechenoperationen
führen bzw. auch zulässige Arbeitsbereiche im Speicher überschreiten. Aus diesem
Grund verwendet man für wissenschafliche Zwecke oft eine *normalisierte, halblogarithm
mische* Notation, die man als *Fließ- oder Gleitkommadarstellung* bezeichnet und die der
Gleichung gehorcht

$$ Z = \pm\ g.f \cdot 10^{\pm c} \qquad . \tag{9.24}$$

Hierin bedeuten: g - Gleitkommastelle vor dem Komma $\in \{ 0 \cdots 9 \}$

f - fraktioneller Teil (inklusive g als Mantisse verarbeitet)

c - Charakteristik (Exponent der Zehnerpotenz, ganze Zahl).

Die Normierung einer polyadisch gegebenen Zahl Z geschieht, indem man - ausgehend
von einer beliebigen Position des Kommas - dieses solange nach links oder rechts vers
schiebt, bis genau *eine* - von *Null verschiedene* - Stelle rechts vom Komma verbleibt. Die
Anzahl der Kommaverschiebungen - nach links positiv und nach rechts negativ gez
zählt - ergibt die Charakteristik.

Definiert man nun für Mantisse und Charakteristik je eine bestimmte Stellenzahl, so
präsentiert sich die normierte Zahl Z wie folgt

$$ Z = \{ \pm\ (m_n, m_{n-1} \cdots m_1, m_0);\ \pm (c_i,\ c_{i-1} \cdots c_1, c_0) \} \qquad . \tag{9.25}$$

Die Reihenfolge von Mantisse und Charakteristik können auch umgekehrt sein. Auf die
Vorzeichen kann man wieder die Komplementdarstellung anwenden. Die Mantissenläng
ge bestimmt im erster Linie die Genauigkeit, während die Stellenzahl der Charakteristik
den überstreichbaren Zahlenbereich festlegt. Durch entsprechende *Gleitkommaarithmet
tik*, die hard- oder softwaremäßig realisiert werden kann, hat der Anwender ein sehr eff
fektives Mittel für die Lösung aller numerischen Probleme, die hohe Genauigkeiten erf
fordern, in der Hand. Wir können auf Details im Rahmern dieses Buchens nicht eingeh
hen. Weitere Einzelheiten sind in der *IEEE-Spezifikation P 754* festgelegt.

10 Codierung II, binäre Codierung von Ziffern und Zahlen

10.1 Allgemeines, Übersicht

In der Digitaltechnik haben *Codes* die Aufgabe, *digitale Zeichen* (Zahlen, Buchstaben, Sonderzeichen) durch *physikalische Zustandsgrößen* (Spannungen, Ströme, Frequenzen, Schalterstellungen, Magnetisierungszustände, Lichtsignale etc.) darzustellen. Aus Gründen der Sicherheit und der Einfachheit werden fast ausschließlich *binäre* Zustände verwendet. Die binäre Codierung dient somit der Übertragung und Verarbeitung von Daten in Form von binären Worten.

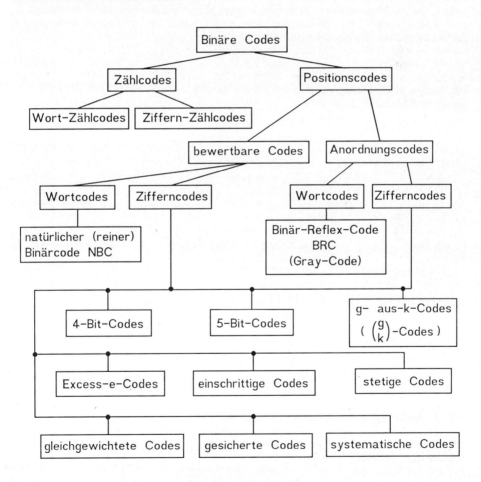

Bild 10.1: Allgemeine Übersicht über binäre Codes

Es gibt keinen optimalen Allzweckcode. Die Wahl eines geeigneten binären Codes wird wesentlich durch die Forderungen bestimmt, die sich aus den Eigenschaften des Datenverarbeitungssystems ergeben. Ein Code für arithmetische Operationen hat beispielsweise anders auszusehen als einer für Übertragungsoperationen auf Leitungen oder ein Code zur digitalen Meßwerterfassung von mechanischen Größen. Bild 10. 1 zeigt eine schematische Übersicht über die wichtigsten Codes. Die Schematisierung ist insofern unvollständig, als eine Reihe von Codes gemeinsame Eigenschaften besitzen, die dieses Schema nicht zum Ausdruck bringt.

10.2 Begriffe und Definitionen zur Binärcodierung

10.2.1 Stellenzahl k binäre Nachrichtenmenge N

Die *binäre Einheit* ist *1 bit* (binary digit). Hiermit lassen sich maximal 2 Zustände darstellen. Zur Abbildung einer *Nachrichtenmenge M* auf die *binäre Nachrichtenmenge N* muß jedes Codewort eine bestimmte *Stellenzahl k* haben. Bei gegebener Stellenzahl k [bit] ist darstellbar die Nachrichtenmenge

$$M = 2^k \qquad . \qquad\qquad\qquad (10.1)$$

Die binäre Nachrichtenmenge N ist im einfachsten Fall (Verzicht auf Prüfbits etc.) gleich der Stellenzahl k, also

$$k = N = \mathrm{ld}\, M\, [\mathrm{bit}] \qquad . \qquad\qquad (10.2)$$

Ist jedoch ein Alphabet mit M Zuständen gegeben, bei dem M *keine ganze Potenz von 2* ist, so werden mindestens

$$k = [\mathrm{ld}\, M] = [N] \qquad\qquad\qquad (10.3)$$

Binärstellen benötigt. Hierbei bedeutet "[ ]" die nächstgrößere ganze Zahl, da technisch nur ganze Werte von k möglich sind.

Es gilt also
$$[N] = k = \mathrm{int}\,(N) + 1 \qquad , \qquad\qquad (10.4)$$

solange N nicht schon eine ganze Zahl ist.

Beispiele: Denäres Alphabet (M = 10 Ziffern)

$$k_d = [\mathrm{ld}\, 10] = [3{,}3] = 4\, \mathrm{bit}\,, \qquad N_d = 3{,}3\ \mathrm{bit}\,. \qquad (10.5)$$

Lateinisches alphaisches Alphabet (M = 26 Buchstaben)

$$k_a = [\mathrm{ld}\, 26] = [4{,}7] = 5\, \mathrm{bit}\,, \qquad N_a = 4{,}7\ \mathrm{bit}\,. \qquad (10.6)$$

10.2.2 Redundanz R, Redundanzwirkungsgrad η_R

Ist $2^k > M$, so ist von den 2^k möglichen Bitkombinationen eine bestimmte Anzahl M_R *überflüssig*; wir berechnen :

$$M_R = 2^k - M \qquad . \qquad\qquad (10.7)$$

Man bezeichnet diesen Überschuß als *Redundanz* R und gibt ihn in bit an

$$R = k - N = k - ld \ M$$ (10.8)

Abgesehen von der *unvermeidlichen* Redundanz wird fast immer eine *zusätzliche Redundanz* eingeführt. Die unvermeidliche Redundanz bei der Codierung des *denären* Alphabets beträgt, wie in den Gleichungen (10.5) und (10.6) berechnet

$$R_d = 4 - N_d = 0,7 \ bit \quad ,$$ (10.9)

und im Fall des *alphaischen* Alphabets gilt

$$R_a = 5 - N_a = 0,3 \ bit \ .$$ (10.10)

Als *Redundanzwirkungsgrad* η_R bezeichnet man das Verhältnis N / k

$$\eta_R = N / k$$ (10.11)

10.2.3 Wortcode, Zifferncode

Bei der binären Codierung von Dezimalziffern gibt es zwei Möglichkeiten

- Konvertierung der Dezimalzahl *als Ganzes* in die entsprechende Dualzahl (s. a. Kapitel 9). Man nennt diese Art *Wortcode* oder wortweise Codierung.

  Vorteil: Die unvermeidliche Redundanz ist ein Minimum,

  Nachteil: Aufwendige und zeitraubende Codierung und Decodierung.

- Konvertierung der einzelnen Ziffern der Dezimalzahl in Dualzahlen. Jede Denärziffer benötigt dabei mindestens 4 bit (s. a. BCD-Code). Dieser Code heißt *Zifferncode.*

  Vorteil: Einfache Codierung und Decodierung,

  Nachteil: Größere Redundanz als beim Wortcode.

  Tabelle 10.1 enthält eine Gegenüberstellung der erforderlichen Stellenzahl beim Wort- und beim Zifferncode in Abhängigkeit vom darzustellenden Dezimalzahlenbereich.

Anzahl der Dekaden	minimale Stellenzahl Wortcode	Stellenzahl Zifferncode
1	4	4
2	7	8
3	10	12
4	14	16
5	17	20
6	20	24

Tabelle 10.1: Stellenzahl bei Wort-und Zifferncode

10.2.4 Gewicht eines Wortes

Die in einem Wort von der Länge k enthaltene *Anzahl der mit "1" belegten Stellen* bezeichnet man als *Gewicht g* des Wortes. Für den Wertebereich von g kann man schreiben

$$0 \leqslant g \leqslant k$$ (10.12)

Die beiden Extremfälle g = 0 und g = k bezeichnet man als *0-Wort* bzw. *1-Wort*. Da sie in elektronischen Schaltungen leicht durch Fehler entstehen können (Ausfall von Betriebsspannungen, Leitungsbruch etc.), sollte man sie bei der Codierung vermeiden.

Beispiele für Wortlänge und Gewicht:

Wort	0100	01011	000000	1111
Wortlänge k	4	5	6	4
Gewicht g	1	3	0	4 .

Satz: Das Gewicht eines Wortes ist gleich der (dezimalen) Quersumme der 1-Bits.

10.2.5 Gleichmäßigkeit

Ein *gleichmäßiger* Code liegt vor, wenn alle Codeworte die *gleiche Länge* k haben.

10.2.6 Vollständiger Code

Werden *alle* 2^k Codeworte der Nachrichtenmenge M verwendet, so ist die unvermeidliche Redundanz R = 0, und der Code wird als *vollständig* bezeichnet.

10.2.7 Hamming-Distanz D, Minimaldistanz d

Zwei nicht identische Worte eines gleichmäßigen Codes unterscheiden sich in mindestens einer Binärstelle voneinander. Als *Hamming-Distanz* D bezeichnet man die *Anzahl* der in beiden Worten *verschiedenen Binärstellen*.

Beispiele:	1. Wort	001	01101	000000	10101
	2. Wort	011	10001	111111	10101
	D	1	3	6	0

Satz: Die Hamming-Distanz eines Wortes W_a von sich selbst ist gleich Null

$$D(W_a, W_a) = 0 \quad . \tag{10.13}$$

Satz: Die Hamming-Distanz eines Wortes W_a vom 0-Wort W_0 ist gleich dem Gewicht g_a des Wortes

$$D(W_a, W_0) = g_a \quad . \tag{10.14}$$

Satz: Die Hamming-Distanz eines Wortes W_a vom 1-Wort W_1 ist gleich der Differenz aus Stellenzahl (Wortlänge) k und Gewicht g_a

$$D(W_a, W_1) = k - g_a \quad . \tag{10.15}$$

Satz: Die Hamming-Distanz eines Wortes W_a vom Wort W_b ist gleich der Hamming-Distanz des Wortes W_b vom Wort W_a

$$D(W_a, W_b) = D(W_b, W_a) \quad . \tag{10.16}$$

Satz: Die Hamming-Distanz zweier Worte W_a und W_b ist gleich dem Gewicht der modulo 2 addierten (exklusiv-oder verknüpften) Worte W_a und W_b

$$D(W_a, W_b) = g(W_a \oplus W_b) . \tag{10.17}$$

Für $\oplus$ (XOR) gilt: $0 \oplus 0 = 0$, $0 \oplus 1 = 1$, $1 \oplus 0 = 1$, $1 \oplus 1 = 0$ (vgl. Kap. 3).

Beispiele: W_a	00101	01000	01010
W_b	01010	10111	01010
$W_a \oplus W_b$	01111	11111	00000
$g(W_a \oplus W_b) = D$	4	5	0

Satz: Die *Minimaldistanz d* eines Codes ist die kleinste Hamming-Distanz zwischen zwei Codeworten.

Bei vollständigen Codes ist d = 1. Bei redundanten Codes ist d ⩾ 1 .

10.2.8 Stetigkeit

Ist die Hamming-Distanz zwischen benachbarten Codeworten konstant, so liegt ein *stetiger* Code vor. Bild 10. 2 zeigt ein Beispiel für einen stetigen Code. Gegeben sind k=3 und die Nachrichtenmenge M = $\{000, 011, 101, 110\}$.

Die binäre Nachrichtenmenge hat den Wert N = ld(M) = ld 4 = 2 . Somit beträgt die Redundanz R = k-N = 1 bit .

Die Hamming-Distanz zwischen 2 Worten ist D = 2 = const. Sie ist hier identisch mit der Anzahl der Würfelkanten zwischen 2 Codeworten, wenn man die Nachrichtenmenge, wie hier geschehen, modellhaft im Raum anordnet.

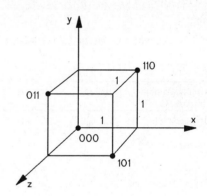

Bild 10.2: Beispiel für einen stetigen Code

10.2.9 BCD-Codes

Unter BCD-Codes verstehen wir im weitesten Sinne: Binäre Codierung von Dezimalzahlen bzw. -ziffern (binary coded decimals). Die Vielzahl der BCD-Codes ist groß; wir kommen am Ende dieses Kapitels darauf zurück.

10.3 Übertragung, Speicherung und Verarbeitung von zifferncodierten Zahlen

Bei zifferncodierten Zahlen entspricht jeder Ziffer im Objektbereich eine Bit-Kombination im Bildbereich. Bei *Dezimalzahlen* sind unter Verwendung eines BCD-Codes für jede Ziffer mindestens k = 4 bit erforderlich. Ist die Dezimalzahl von der Form

$$Z_{(10)} = a_n, a_{n-1}, \ldots a_1, a_0 , \tag{10.18}$$

so besteht die zifferncodierte Dualzahl

$$Z_{BCD} = b_n, b_{n-1}, \ldots b_1, b_0 \tag{10.19}$$

aus n + 1 Worten (Ziffern) b_i mit je k $\geqslant$ 4 bit.

Für die Speicherung, Verarbeitung und Übertragung sind dann insgesamt

$$\boxed{N = (n + 1) \cdot k} \tag{10.20}$$

Bits erforderlich.

Dabei sind 4 Techniken denkbar

- zifffernparallel / bitparallel
- ziffernseriell / bitparallel
- zifffernparallel / bitseriell
- ziffernseriell / bitseriell .

Gleichung (10.20) macht Aussagen über den jeweils erforderlichen *Aufwand an Daten-kanälen* (bestehend aus Sender, Leitung und Empfänger) und Takten. Daraus lassen sich einige Vor- und Nachteile der jeweiligen Technik herleiten. Tabelle 10.2 gibt eine Über-sicht.

Tabelle 10.2: Vergleich von Übertragungstechniken

Technik	Zahl d.Kanäle	Zahl d.Takte	Vorteile	Nachteile	Anwendung
ziffernparallel bitparallel	$(n+1) \cdot k$	1	schnellste Technik	größter Aufwand	praktisch kaum
ziffernseriell- bitparallel	k	n + 1	günstiger Kompromiß zwischen Aufwand und Zeit	Arbeits-speicher (Kernspeich., Halbleit.-speicher) Lochstreif., Lochkarte Magnetband
ziffernparallel bitseriell	n + 1	k	relativ schnell	viele Kanäle	praktisch nie
ziffernseriell- bitseriell	1	$(n + 1) \cdot k$	wenig Aufwand	langsame Technik	Massensp. (Magnetpl. Magnet-trommel) Fernschr.

10.4 Zählcodes

Die *Zählcodes* sind die einfachsten Binärcodes (vgl. auch Kap. 9). Sie sind sowohl als Zifferncodes als auch als Wortcodes denkbar.

Wortcode: Die Wortlänge richtet sich nach der höchsten darzustellenden Dezimalzahl. Das Gewicht eines Wortes ist gleich dem dezimalen Wert.

Beispiel: Wortlänge k = 100 bit

Darstellbarer Zahlenbereich 0 ····· 100		Gewicht g
Dezimalzahl	Binärwort	
0	00·····000	0
1	00·····001	1
2	00·····011	2
3	00·····111	3
.	.	.
99	01·····111	99
100	11·····111	100
	100 bit	

Zifferncode: Jede einzelne Ziffer wird binär codiert durch die entsprechede Anzahl von "1"-Bits. Eine (n+1)-stellige Dezimalzahl

$$Z_{10} = a_n \, a_{n-1} \, \cdots \, a_1 \, a_0$$

wird dargestellt durch ein Wort mit der Länge

$$(n + 1) \cdot 9 \ \text{bit}.$$

Dargestellter Ziffernbereich (k = 9)	
Dezimalziffer	Binärcodierte Ziffer
0	000000000
1	000000001
2	000000011
.	.
8	011111111
9	111111111

Der Ziffernzählcode findet in modifizierter Form Anwendung in der *Fernsprech-Vermittlungstechnik*. Allerdings ist hier die Wortlänge variabel, sie richtet sich nach der zu übertragenden Ziffer (k = 1 für die Ziffer 1 und k = 10 für die Ziffer 0). Die Zahl der insgesamt erzeugten Impulse der Nummernscheibe ist gleich der Quersumme der Teilnehmernummer plus 10 · (Anzahl der Nullen).

Beispiel: Die Teilnehmernummer *3204* liefert gemäß Bild 10.3 die Wählimpulsfolge:

Bild 10.3: Beispiel für einen Ziffernzählcode (Fernsprechvermittlung)

10.5 Positionscodes

Bei den *Positionscodes* ist im Gegensatz zu den Zählcodes nicht so sehr die *Anzahl* der 1-Bits eines Wortes, sondern vor allem die *Position innerhalb des Wortes* entscheidend. Die Positionscodes haben eine wesentlich größere Vielfalt als die Zählcodes und sind auch technisch weiter verbreitet. Man unterscheidet 2 große Gruppen von Positionscodes:

- *bewertbare (wägbare)* Codes und

- *Anordnungscodes.*

10.5.1 Bewertbare Codes

Bei *bewertbaren Codes* hat jede Binärstelle i ähnlich dem polyadischen Zahlensystem (vgl. Gleichung 9.2) eine bestimmte *Wertigkeit* w_i ; allerdings muß sie nicht zwangsläufig mit höherwertiger (weiter links stehender) Stellenzahl steigen. Ist a_i der Stellenwert der i-ten Ziffer ($a_i \in \{0, 1\}$), so läßt sich die Codierungsvorschrift für eine Dezimalzahl (Wortcode) bzw. Dezimalziffer (Zifferncode) in einem Codewort mit der binären Stellenzahl k angeben zu

$$Z_{(10)} = w_k \cdot a_k + w_{k-1} \cdot a_{k-1} + ... + w_1 \cdot a_1 = \sum_{i=1}^{k} w_i \cdot a_i \qquad . \qquad (10.21)$$

Regeln für die Wahl der Wertigkeiten:

Satz: Die Wertigkeit w_i an einer beliebigen Stelle eines k-stelligen Wortes darf höchstens um 1 größer sein als die Summe aller Wertigkeiten der rechts davon liegenden Stellen, weil sonst Lücken entstehen.

$$w_i \leqslant 1 + \sum_{\nu=1}^{i-1} w_\nu \qquad . \qquad (10.22)$$

Satz: Bei umkehrbar eindeutigen Codes darf eine bestimmte Wertigkeit nur einmal innerhalb des Codewortes auftreten.

Satz: Bei BCD-Codes muß die Quersumme aller k Wertigkeiten im Codewort mindestens 9 sein.

$$\sum_{i=1}^{k} w_i \geqslant 9 \qquad . \qquad (10.23)$$

10.5.2 Anordnungscodes

Anordnungscodes haben Bildungsgesetze, die sich allgemein nur mit einer *Codetabelle* einfach beschreiben lassen, da die mathematischen Beziehungen oft sehr kompliziert sind. Zu den Anordnungscodes gehören u. a. *Gray-, Glixon-, O'Brien-, Tompkins-, Walking-, ZS3-, Diamond-, Nuding, 1-2-1, Libaw/Craig-* und *Exzeß-e-Code.*

10.5.3 Spezielle Positionscodes

10.5.3.1 Natürlicher (reiner) Binärcode (NBC)

Der *natürliche Binärcode* ist identisch mit der dualen Zahlendarstellung (s. a. Kap. 9). Das Bildungsgesetz für ein k-stelliges Wort lautet

$$Z_{(2)} = a_k \cdot 2^{k-1} + a_{k-1} \cdot 2^{k-2} + \cdots + a_2 \cdot 2^1 + a_1 \cdot 2^0 = \sum_{i=1}^{k} a_i \cdot 2^{i-1} \qquad (10.24)$$

Vorteile: Einfachste Zähl- und Rechenschaltungen, hohe Rechengeschwindigkeiten.

Nachteile: Aufwendige Umcodierung für Ein- und Ausgabe von Daten (NBC ↔ BCD).

Anwendung: In Rechnern, in denen wenige Daten aufwendigen Rechenoperationen unterzogen werden (z. B. bei speziellen Prozeßrechnern). Bild 10.4 zeigt die Codetabelle und das Codelineal für den NBC-Code für k = 4 bit.

Dezimalzahl	Wertigkeit 8 4 2 1	Codelineal
0	0 0 0 0	
1	0 0 0 1	
2	0 0 1 0	
3	0 0 1 1	
4	0 1 0 0	
5	0 1 0 1	
6	0 1 1 0	
7	0 1 1 1	
8	1 0 0 0	
9	1 0 0 1	
10	1 0 1 0	
11	1 0 1 1	
12	1 1 0 0	
13	1 1 0 1	
14	1 1 1 0	
15	1 1 1 1	

Bild 10.4: NBC-Code, Wahrheitstabelle und Codelineal

Bild 10.5: Mehrdeutigkeit bei der Abtastung

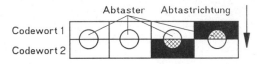

Der reine Binärcode ist für eine Reihe technischer Anwendungen nicht geeignet. Beim parallelen Abtasten der Wertigkeiten können leicht Fehlinformationen entstehen. Beim Übergang von $1_{(10)} \cong 0001_{(2)}$ auf $2_{(10)} \cong 0010_{(2)}$ ändern 2 Bits gleichzeitig ihren Inhalt. Bei (technisch immer gegebener) flächenhaften Abtastung (Fotozellen, Kontaktbürsten etc.) entsteht in der in Bild 10.5 dargestellten Abtastphase für kurze Zeit die Information $3_{(10)} \cong 0011_{(2)}$. Dieses Problem ergibt sich überall dort, wo mehr als eine Stelle gleichzeitig ihren Wert ändern. Die im nächsten Abschnitt erörterten einschrittigen Codes vermeiden diesen Nachteil.

10.5.3.2 Einschrittige Codes

Einschrittige Codes haben die Eigenschaft, daß sich beim Übergang von einem Wert zum nächstfolgenden immer *nur ein* Bit ändert. Damit ist die Fehlermöglichkeit 1 bit. Einschrittige Codes vermeiden den o. a. Nachteil des NBC-Codes. Sie werden deshalb für digitale Weg- oder Winkelmessungen verwendet. Bild 6 gibt eine Übersicht über die wichtigsten einschrittigen Codes

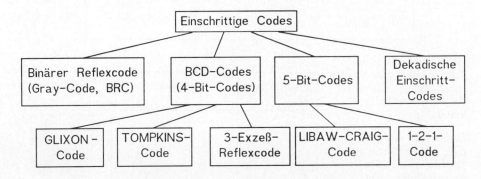

Bild 10.6: Übersicht über einschrittige Codes

Binärer Reflexcode (BRC), Gray-Code

Der *Gray-Code* ist aus dem NBC-Code abgeleitet und ist wie dieser ein Wortcode. Das Bildungsgesetz läßt sich am einfachsten grafisch darstellen, indem man die jeweils vorhandenen Worte spiegelt (reflektiert) und ein neues Bit hinzufügt (Bild 10.7). Bild 10.8 zeigt Codetabelle und Codelineal für den 4 Bit-Gray-Code.

In der KV-Tafel nach Bild 10.9 stellt sich der Gray-Code als geschlossener Kurvenzug dar, wenn man die ebene Fläche als Abwicklung eines Toroiden interpretiert. Die Hamming-Distanz ist stets D = 1.

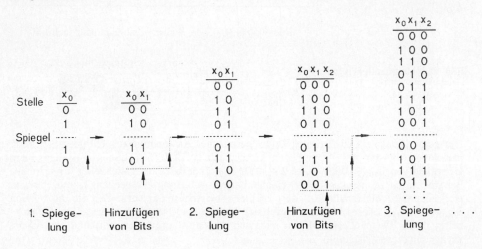

Bild 10.7: Zur Entstehung eines Reflex-Codes durch Spiegelung

Dezimalzahl	Bit $x_3\ x_2\ x_1\ x_0$	Codelineal
0	0 0 0 0	
1	0 0 0 1	
2	0 0 1 1	
3	0 0 1 0	
4	0 1 1 0	
5	0 1 1 1	
6	0 1 0 1	
7	0 1 0 0	
8	1 1 0 0	
9	1 1 0 1	
10	1 1 1 1	
11	1 1 1 0	
12	1 0 1 0	
13	1 0 1 1	
14	1 0 0 1	
15	1 0 0 0	

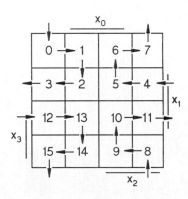

Bild 10.8: 4-Bit-Gray-Code

Bild 10.9: Gray-Code in der KV-Tafel

Einschrittige 4-Bit-(BCD)-Codes

4-Bit-Codes werden allgemein auch als *tetradische Codes* bezeichnet. Die Anzahl der nicht genutzten Kombinationen (redundante Pseudotetraden) beträgt 6. Eine Untergruppe der 4-Bit-Codes sind die einschrittigen BCD-Codes. Zu den wichtigsten gehören: Glixon-, Petherick-, O'Brien-, Tompkins- und Reflex-Exzeß-3-Code. Vom O'Brien- und vom Tompkins-Code existieren jeweils 2 Versionen. Bild 10.10 zeigt eine zusammenfassende Codetabelle mit den entsprechenden Codelineals für die genannten Codes.

Jeder Code hat bestimmte Vorteile bei Addition, Subtraktion, Komplementbildung oder Fehlererkennung. Im Bild 10.11 sind die Codes aus Bild 10.10 in KV-Tafeln enthalten.

Einschrittige dekadische Codes

Für manche Anwendungszwecke (z.B. Längen-, Winkel-, Höhenmessungen) wird eine *dekadische, einschrittige* Verschlüsselung benötigt. Hier besteht die Forderung nach einem einschrittigen Dekadenübertrag . Die in Bild 10.10 zusammengestellten Codes eignen sich in dieser Form nicht unmittelbar.

Mit der vom Binärreflexcode (s.o.) bereits bekannten Methode der Spiegelung lassen sich auch einschrittige dekadische Codes konstruieren. Bild 10.12 zeigt das Prinzip.

Code		GLIXON	PETHE-RICK	O'BRIEN I	O'BRIEN II	TOMP-KINS I	TOMP-KINS II	Reflex-Exzeß-3
Stelle		$x_3\,x_2\,x_1\,x_0$	$x_3\,x_2\,x_1\,x_0$	$x_3\,x_2\,x_1\,x_0$	$x_3\,x_2\,x_1\,x_0$	$x_3\,x_2\,x_1\,x_0$	$x_3\,x_2\,x_1\,x_0$	$x_3\,x_2\,x_1\,x_0$
Denärziffer	0	0 0 0 0	0 1 0 1	0 0 0 0	0 0 0 1	0 0 0 0	0 0 1 0	0 0 1 0
	1	0 0 0 1	0 0 0 1	0 0 0 1	0 0 1 1	0 0 0 1	0 0 1 1	0 1 1 0
	2	0 0 1 1	0 0 1 1	0 0 1 1	0 0 1 0	0 0 1 1	0 1 1 1	0 1 1 1
	3	0 0 1 0	0 0 1 0	0 0 1 0	0 1 1 0	0 0 1 0	0 1 0 1	0 1 0 1
	4	0 1 1 0	0 1 1 0	0 1 1 0	0 1 0 0	0 1 1 0	0 1 0 0	0 1 0 0
	5	0 1 1 1	1 1 1 0	1 1 1 0	1 1 0 0	1 1 1 0	1 1 0 0	1 1 0 0
	6	0 1 0 1	1 0 1 0	1 0 1 0	1 1 1 0	1 1 1 1	1 1 0 1	1 1 0 1
	7	0 1 0 0	1 0 1 1	1 0 1 1	1 0 1 0	1 1 0 1	1 0 0 1	1 1 1 1
	8	1 1 0 0	1 0 0 1	1 0 0 1	1 0 1 1	1 1 0 0	1 0 1 1	1 1 1 0
	9	1 0 0 0	1 1 0 1	1 0 0 0	1 0 0 1	1 0 0 0	1 0 1 0	1 0 1 0

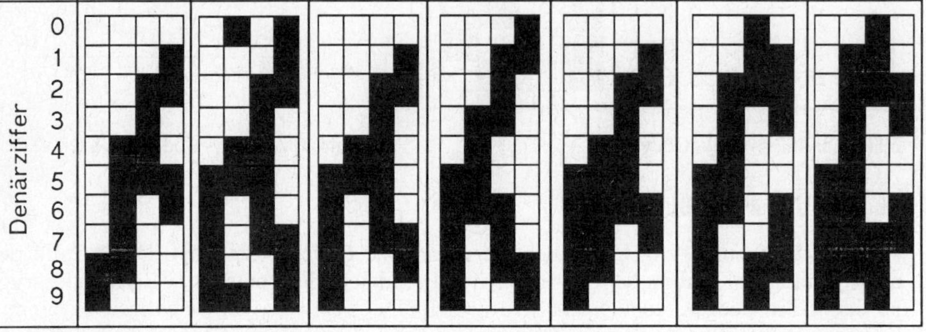

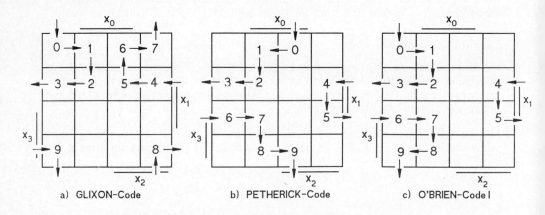

Bild 10.10: Einschrittige 4-Bit-BCD-Codes

a) GLIXON-Code   b) PETHERICK-Code   c) O'BRIEN-Code I

Bild 10.11a ... c: Codes aus Bild 10.10, in KV-Tafeln übertragen

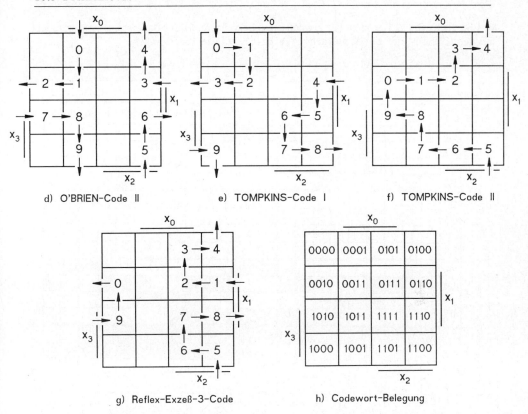

d) O'BRIEN-Code II   e) TOMPKINS-Code I   f) TOMPKINS-Code II

g) Reflex-Exzeß-3-Code   h) Codewort-Belegung

Bild 10.11d d ... h: Codes aus Bild 10.10, in KV-Tafeln übertragen

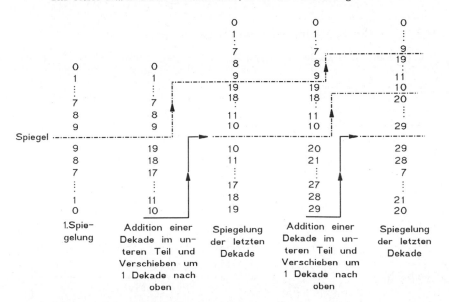

Bild 10.12: Entstehung von einschrittigen dekadischen Codes

In Bild 10.13 sind 2 Beispiele für einschrittige dekadische Codes dargestellt. Der erste ist aus dem Glixon-, der zweite aus dem O'Brien-Code II hervorgegangen.

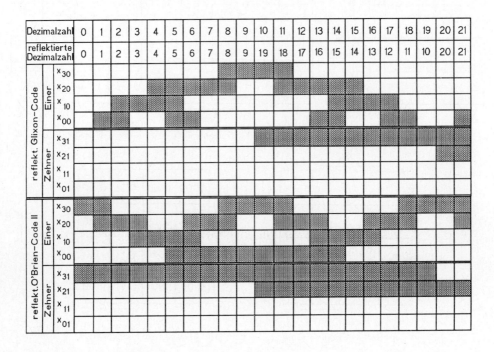

Bild 10.13: Beispiele für einschrittige dekadische Codes

10.5.3.3 4-Bit-BCD-Codes (Tetradencodes)

Bei den 4-Bit-BCD-Codes, zu denen zum Teil auch die unter 10.5.3.2. behandelten einschrittigen Codes mit gehören, bilden jeweils Worte von 4 bit *(Tetraden)* verschlüsselte Dezimalziffern. Da nur 10 Tetraden benötigt werden, sind 6 Tetraden überflüssig, sie werden als *Pseudotetraden* (ältere Bezeichnung) oder *Pseudodezimalen* bezeichnet.

Die Zahl der mit 4 Bits konstruierbaren Codes ist sehr groß. Bezeichnet man allgemein die *Bildmenge* (Menge der zu bildenden Codeworte) als M_B und die *Objektmenge* (Menge der darzustellenden Zeichen) als M_O, so ergibt sich für die Anzahl V der möglichen Variationen nach den Gesetzen der Variationsrechnung

$$V = \binom{M_B}{M_O} \cdot M_O! = \frac{M_B!}{(M_B - M_O)!} \quad . \tag{10.25}$$

Hierbei ist

$$\binom{M_B}{M_O} = \frac{M_B \cdot (M_B-1) \cdot (M_B-2) \cdots (M_B-M_O+1)}{M_O!} \tag{10.26}$$

Für Codes *ohne Redundanz (vollständige Codes)* ist $M_B = M_0$, und die Zahl der möglichen Variationen ist nur noch

$$\boxed{V(R=0) = M_B\,! = M_0\,!} \quad . \tag{10.27}$$

Für *4-Bit-BCD-Codes* ist $M_B = 2^4 = 16$ und $M_O = \{\,0,1\,...\,9\,\} = 10$. Damit ergibt sich für die Anzahl der möglichen 4 Bit-BCD-Codes

$$V_{BCD\,4} = 16!/6! = 2,0922789888 \cdot 10^{13} = 2,91 \cdot 10^{10} \,. \tag{10.28}$$

Von dieser sehr großen Anzahl sind jedoch nur einige von technischem Interesse. Bild 10.14 gibt eine Übersicht über die gebräuchlichsten Codes. In der ersten Hälfte sind die *lexikografischen BCD-Codes* aufgeführt, die Thema dieses Abschnitts sind. Man erhält sie aus dem natürlichen Binärcode (NBC), indem man an bestimmten Stellen Pseudodezimalen einschiebt. Die rechte Hälfte enthält die oben behandelten einschrittigen BCD-Codes. Bei diesen *Anordnungscodes* werden ebenfalls Pseudodezimalen eingeschoben, zusätzlich ist aber die natürliche Reihenfolge der Ziffern gestört (keine lexikografische Anordnung).

8-4-2-1-Code

Der *8-4-2-1-Code* geht aus dem NBC-Code durch Kürzung auf eine Dekade hervor. Er ist ein bewertbarer Code.

Vorteile: - Leichte Erkennbarkeit gerader und ungerader Zahlen

(1 in der letzten Stelle → ungerade Zahl),

- leichte Umsetzbarkeit von Hand, leichte Speichermöglichkeit,

- einfache Addition, solange kein Übertrag in die nächste Dezimalstelle auftritt.

Nachteile: - 0-Wort ist vorhanden,

- der Code ist unsymmetrisch (ungünstig für Komplementbildung), deshalb für Rechenschaltungen nicht gut geeignet.

Exzeß-3-Code (Stibitz-Code)

Der *Exzeß-3-Code* gehört zur Gruppe der Exzeß-e-Codes. Sie wird in 10.5.3.5 ausführlicher behandelt. Der Exzeß-3-Code ist symmetrisch. Die Pseudodezimalen sind in zwei Dreiergruppen angeordnet (s. Bild 10.14). Die 4 Tetradenstellen haben keine Bewertung, es handelt sich um einen Anordnungscode mit der Vorschrift

$$Z_{(10)} = a_3 \cdot 2^3 + a_2 \cdot 2^2 + a_1 \cdot 2^1 + a_0 \cdot 2^0 - 3 \,, \tag{10.29}$$

$$Z_{(10)} = a_3 \cdot 8 + a_2 \cdot 4 + a_1 \cdot 2 + a_0 \cdot 1 - 3 \,. \tag{10.30}$$

Beispiel: $\qquad 4_{(10)} = 0111_{(3\text{-Exzeß})} = 0 \cdot 2^3 + 1 \cdot 2^2 + 1 \cdot 2^1 + 1 \cdot 2^0 - 3$

$$= 4 + 2 + 1 - 3 = 4_{(10)}.$$

Vorteile: - Gerade und ungerade Stellen lassen sich leicht unterscheiden (1 in letzter Stelle → gerade),

- einfaches Kriterium, ob Zahl $\geqslant 5$ oder < 5 (1 in höchster Stelle → $\geqslant 5$), günstig für Rundungen,

- 0- und 1-Wort fehlen,

- einfache Komplementbildung durch Vertauschen von 0 und 1.

Nachteile: - keine direkten.

Binär-Verschlüsselung (NBC) Wertigkeit 8 4 2 1				Dezimalzahl	Lexikografisch angeordnete BCD-Codes										Einschrittige BCD-Codes						
					8-4-2-1-Code	Exzeß-3-Code	2-4-2-1-Codes: AIKEN-Code	Jump-at-2-Code	Jump-at-8-Code	4-2-2-1-Code	5-4-2-1-Code	5-2-2-1-Code	5-3-1-1-Code	WHITE-Code	GLIXON-Code	PETHERICK-Code	O'BRIEN-Code I	O'BRIEN-Code II	TOMPKINS-Code I	TOMPKINS-Code II	Reflex-Exzeß-3-Code
0 0 0 0				0	0		0	0	0	0	0	0	0	0	0		0		0		
0 0 0 1				1	1		1	1	1	1	1	1	1	1	1	1	1	0	1		
0 0 1 0				2	2		2		2	2	2	2			3	3	3	2	3	0	0
0 0 1 1				3	3	0	3		3	3	3	3	2	2	2	2	2	1	2	1	
0 1 0 0				4	4	1	4		4		4		3	7				4		4	4
0 1 0 1				5	5	2			5				4	3		6	0			3	3
0 1 1 0				6	6	3			6			4			4	4	4	3	4		1
0 1 1 1				7	7	4			7	5				4	5					2	2
1 0 0 0				8	8	5		2		4	5	5	5	5	9		9		9		
1 0 0 1				9	9	6		3			6	6	6	6	8	8	9		7		
1 0 1 0				10		7		4			7	7			6	6	7			9	9
1 0 1 1				11		8	5	5			8	8	7		7	7	7		8	8	
1 1 0 0				12		9	6	6		6	9		8			8		5	8	5	5
1 1 0 1				13			7	7		7			9			9	8		7	6	6
1 1 1 0				14			8	8	8	8		9			5	5	6	5			8
1 1 1 1				15			9	9	9	9				9				6			7

Bild 10.14: Zusammenstellung wichtiger 4-Bit-BCD-Codes

Aiken-Code (2-4-2-1-Code)

Der *Aiken-Code* ist ein *symmetrischer Code*. Man erhält ihn aus dem NBC-Code, indem man die 6 Pseudodezimalen hinter der Ziffer 4 einschiebt. Die 4 Tetradenstellen haben die Wertigkeit 2-4-2-1. Der Code ist *nicht eindeutig umkehrbar* (die Wertigkeit 2 kommt zweimal vor).

Vorteile: - Gerade und ungerade Ziffern sind leicht erkennbar,
        - Einfache Neuner-Komplementbildung: Vertauschen von 0 → 1.

Nachteile: - Korrekturen bei Rechenoperationen sind nötig,
        - 0-Wort und 1-Wort sind vorhanden.

Anwendung: Elektronische Dezimalzähler

Codierung im reinen Binär-Code NBC — Wertigkeit 16 8 4 2 1	Dezimalwert im NBC	LIBAW-CRAIG-Code	1-2-1-Code	NUDING-Code	WALKING-Code	LORENZ-Code	7-4-2-1-0-Code	8-4-2-1-0-Code	Ziffernsicherungs-Code 3
0 0 0 0 0	0	0							
0 0 0 0 1	1	1	1						
0 0 0 1 0	2		3	0					
0 0 0 1 1	3	2	2		0		1	1	
0 0 1 0 0	4		5						
0 0 1 0 1	5			1	1		2	2	
0 0 1 1 0	6		4		2		3	3	
0 0 1 1 1	7	3				3			7
0 1 0 0 0	8		7	2					
0 1 0 0 1	9				7		4	4	
0 1 0 1 0	10				3		5	5	
0 1 0 1 1	11			3		4			0
0 1 1 0 0	12		6		4		6	6	
0 1 1 0 1	13					5			9
0 1 1 1 0	14			4		6			8
0 1 1 1 1	15	4							
1 0 0 0 0	16	9	9						
1 0 0 0 1	17		0	5	8		7	8	
1 0 0 1 0	18				9		8	9	
1 0 0 1 1	19					0			6
1 0 1 0 0	20			6	5		9	0	
1 0 1 0 1	21					1			5
1 0 1 1 0	22					7			4
1 0 1 1 1	23			7					
1 1 0 0 0	24	8	8		6		0	7	
1 1 0 0 1	25					2			3
1 1 0 1 0	26			8		8			2
1 1 0 1 1	27								
1 1 1 0 0	28	7				9			1
1 1 1 0 1	29			9					
1 1 1 1 0	30	6							
1 1 1 1 1	31	5							

einschrittig — Minimaldistanz d=2 — $\binom{5}{2}$-Codes — g=3=const. — $\binom{5}{3}$-Code — für Lochstreifen o.ä. geeignet

Bild 10.15: Auswahl wichtiger 5-Bit-BCD-Codes

10.5.3.4   5-Bit-BCD-Codes (Pentadische Codes)

Verschlüsselt man die Dezimalziffern mit 5-stelligen Binärworten (Pentaden), so ergeben sich wegen der insgesamt möglichen Anzahl von $M_B = 2^5 = 32$ und der benötigten Menge $M_C = 10$ Codeworten 22 Pseudopentaden bzw. Pseudodezimalen. Dem entspricht eine *Redundanz* von

$$R = \text{ld } M_B - \text{ld } M_C = \text{ld } 32 - \text{ld } 10 = 1{,}7 \text{ bit} . \qquad (10.31)$$

Gleichung (10.25) liefert für die Anzahl der möglichen Variationen beim 5-Bit-Code

$$V_{BCD\,5} = (32\ !)/(22\ !) = 2{,}6313 \cdot 10^{35}/(1{,}1240 \cdot 10^{21}) = 2{,}34 \cdot 10^{14} . \qquad (10.32)$$

Von dieser großen Anzahl werden nur sehr wenige 5-Bit-BCD-Codes technisch verwendet. Der 5-Bit-Code spielt außerdem noch eine Rolle in der *Fernschreibtechnik*. Bild 10.15 enthält eine Zusammenstellung der wichtigsten 5-Bit-BCD-Codes. Hierbei sind der *Libaw-Craig-* und der *1-2-1-Code* einschrittig.

Die restlichen gehören zu den *gleichgewichteten Codes* (s. a. 10.5.3.6). Der Nuding-Code fällt dadurch auf, daß die kleinste Hamming-Distanz $D = 2$ (Minimaldistanz d) ist. Er eignet sich als *fehlerkorrigierender Code* Vgl. Abschnit 12.2).

Libaw-Craig-Code

Der Libaw-Craig-Code ist mit $D = \text{const} = 1$ einschrittig und stetig. Er hat keine Stellenbewertung.

Vorteil: Einfache Zehnerkomplementbildung durch Lesen des Wortes von hinten.

Nachteil: 0-und 1-Wort sind enthalten.

Anwendung: Elektronische Vor-Rückwärtszähler.

1-2-1-Code

Das *Gewicht* dieses Codes *wechselt ständig* zwischen $g = 1$ für ungerade Dezimalziffern und $g = 2$ für gerade. Daher rührt der Name. Er hat keine Stellenbewertung, ist ebenfalls einschrittig und hat ähnliche Eigenschaften wie der Libaw-Craig-Code. Als weiterer Vorteil ist das Fehlen von 0- und 1-Wort anzuführen.

10.5.3.5 Exzeß-e-Code

Bei den *Exzeß-e-Codes* bildet ein definierter Code (im einfachsten Fall der NBC-Code) mit k Binärstellen und lexikografischer Anordnung die Grundlage. Der zu einem Wort des Exzeß-e-Codes gehörende (Dezimal-)Ziffernwert z ergibt sich im einfachsten Fall aus dem Ziffernwert z' des Ursprungscodes, indem man z' um den Wert des Exzesses e verkleinert.

$$\boxed{z = z' - e} . \qquad (10.33)$$

Genügt der Ursprungscode der Vorschrift nach Gleichung (10.21), so läßt sich (10.33) auch schreiben

$$\boxed{z = (\sum_{i=1}^{k} w_i \cdot a_i) - e} \quad ; \qquad (10.34)$$

w_i : Wertigkeit der i-ten Stelle, $a_i \in \{0{,}1\}$.

Im allgemeineren Fall wird noch ein *Maßstabsfaktor q* eingeführt; somit lautet die vollständige Codierungsvorschrift

$$z = [(\sum_{i=1}^{k} w_i \cdot a_i) - e] / q \quad .$$
(10.35)

Zu den Exzeß-e-Codes gehören der Stibitz- oder Exzeß-3-Code (s. Bild 10.14) aus der Klasse der 4-Bit-BCD-Codes, der Nuding-Code (s. Bild 10.15) aus der Klasse der 5-Bit-BCD-Codes und der Diamond-Code, ein 8-Bit-Code (Bild 10.16).

Tabelle 10.3: Vergleich von Stibitz-, Nuding- und Diamond-Code

Code	q	e	k
STIBITZ–Code	1	3	4
NUDING–Code	3	2	5
DIAMOND–Code	27	6	8

Spaltenüberschriften: x_7 x_6 x_5 x_4 x_3 x_2 x_1 x_0; Zeilen (Denärziffer): 0–9

Bild 10.16: Diamond-Code

Tabelle 10.3 enthält die für Gleichung (10.35) wichtigen Parameter q, e und k.

Nuding- und Diamond-Code haben den Vorteil der einfachen Neunerkomplementbildung durch Invertieren der Stellen (0 ↔ 1).

10.5.3.6 Gleichgewichtete Codes (g-aus k-Codes)

Die *gleichgewichteten Codes* haben für alle Codeworte *konstantes Gewicht*. Das erzielt man, indem von den jeweils k Stellen immer g Stellen mit 1 belegt werden. Daher rührt auch der Name. Eine andere Bezeichnung ist auch $\binom{k}{g}$-Code, da die Zahl der möglichen Codeworte M_B bei gegebenem k und g nach der Beziehung

$$M_B = \binom{k}{g} = (k!)/[(g!) \cdot (k-g)!]$$
(10.36)

berechnet werden kann. Gleichung (10.36) liefert die Binominalkoeffizienten, deren grafische Darstellung als *Pascal'sches Dreieck* bekannt ist (Bild 10.18).

Die Zahl der möglichen Codeworte hat ein Maximum für g = k/2 (k gerade) bzw. g = (k±1)/2 (k ungerade). Diese Werte liegen in Bild 10.18 auf der Höhenlinie des Dreiecks oder unmittelbar rechts oder links neben ihr.

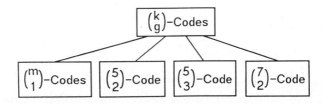

Bild 10.17. Übersicht über wichtige $\binom{k}{g}$-Codes

Bild 10.17 zeigt die wichtigsten technisch genutzten g-aus k-Codes.

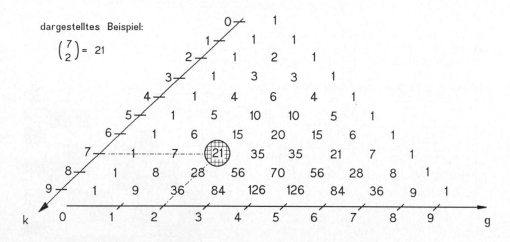

Bild 10.18: Pascal'sches Dreieck (Beispiel $\binom{7}{2}$-Code)

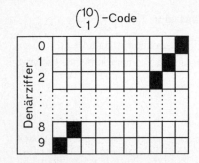

Bild 10.19: 1-aus 10-Code

1-aus m-Codes

1-aus-m-Codes werden häufig für Dateinein- oder -ausgabe verwendet. Hier ist die Wortlänge gleich der Zahl m der zu verschlüsselnden Zeichen.

Für *Denärziffernverschlüsselung* wird der 1-aus-10-Code verwendet. Bild 10.19 zeigt den 1-aus-10-Code.

2-aus-5-Codes

2-aus-5-Codes sind für Lochstreifen mit 5 Kanälen wichtig. Zu dieser Codeart gehören die in Bild 10.15 bereits dargestellten:

Walking-Code, 7-4-2-1-0-Code und 8-4-2-1-0-Code.

3-aus-5-Code

Auch die 3-aus-5-Codes werden für Lochstreifenverschlüsselung und für Fernschreiber verwendet. Aus dieser Klasse enthält Bild 10.15 den Lorenz-Code und den Ziffernsicherungscode 3 (ZS3).

2-aus-7-Codes (Biquinärcodes)

Bild 10.20 enthält die wichtigsten 2-aus-7-Codes. Hier ist die maximal erzielbare Anzahl von Codeworten nach Bild 10.18 $M_B = 21$. Für denäre Verschlüsselung sind jedoch nur 10 Worte erforderlich. Deshalb spaltet man das Wort in 2 Silben auf.

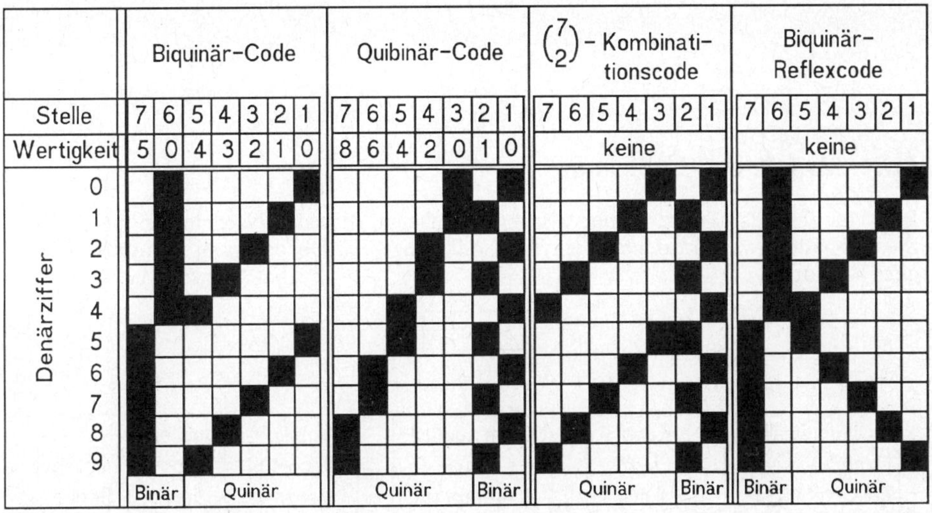

Bild 10.20: 2-aus-7-Codes

Der Binärteil stellt einen 1-aus-2-Code und der Quinärteil einen 1-aus-5-Code dar. Aus Bild 10.18 erhält man

$$M_{B\,biquinär} = M_{B\,quinär} \cdot M_{B\,binär} = 5 \cdot 2 = 10 \, . \tag{10.37}$$

10.5.3.7 Der ASCII-Code

Der ASCII-Code ist ein 7- oder 8-stelliger Binärcode aus der Gruppe der Anordnungscodes. Er dient der externen Datenübertragung, der Ein- und Ausgabe von Zahlen, Texten etc. in elektronischen Datenverarbeitungssystemen. Da er dort seine wesentliche Rolle spielt, werden wir im Kapitel 25 ausführlicher darauf zurückkommen.

11 Codierung III, Codierung und Datenkanal

11.1 Zweck der Codierung

Bild 11.1 zeigt das Prinzip einer störungsbehafteten, digitalen Nachrichtenübertragung. Sie beinhaltet 2 verschiedene Arten von Codierung bzw. Decodierung mit unterschiedlicher Wirkung.

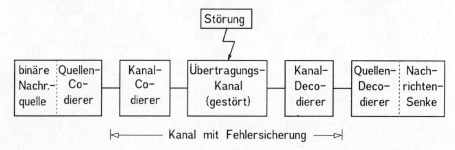

Bild 11.1: Schema einer störungsbehafteten, digitalen Nachrichtenübertragung

- *Quellencodierung:*

Die Quellencodierung hat die Aufgabe, eine gegebene Objektmenge in eine geeignete binäre Bildmenge zu überführen. Der Begriff "geeignet" kann dabei sehr vielfältige Bedeutung haben; er hängt von der Problemstellung ab (s.a. Kapitel 10).

- *Kanalcodierung:*

Im Kanalcodierer werden die vom Quellencodierer gelieferten Codeworte für die *Übertragung* aufbereitet, und zwar so, daß einerseits die auf den Kanal wirkenden Störungen möglichst wenig Fehler verursachen und andererseits bei trotzdem gestörten Worten empfängerseitig eine *Rekonstruktion* erfolgen kann. Ein weiterer Zweck der Kanalcodierung kann darin bestehen, die Nachricht zu *verschlüsseln* und damit für Unbefugte unzugänglich zu machen.

Die Decodierer auf der Empfängerseite arbeiten im allgemeinen reziprok zu den entsprechenden Codierern.

11.2 Eigenschaften des Übertragungskanals, das Augendiagramm

Ein ideales Rechtecksignal, wie es für die grundsätzliche Betrachtung von binären Signalen häufig angesetzt wird, erleidet aufgrund der endlichen Übertragungsbandbreite und evtl. vorhandener Blindanteile des Kanals Verformungen z. B. in Art von
- Flankenverzerrungen und
- Überschwingen.

Ist das Überschwingen bis zum Eintreffen des nachfolgenden Impulses nicht abgeklungen, so entstehen *impulsfolgeabhängige Intersymbol-Interferenzen*.

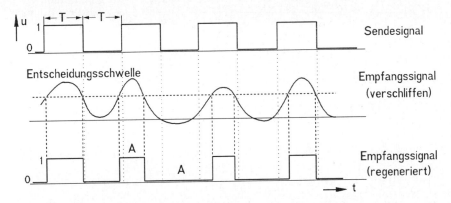

Bild 11.2: Entstehung von Schrittverzerrungen im gestörten Kanal

Bild 11.2 zeigt schematisch die Auswirkungen der Verformung einer idealen 1-0-Sendeimpulsfolge auf das regenerierte Signal im Empfänger. Man erkennt, daß infolge der Festlegung einer Entscheidungsschwelle die zeitliche Dauer der 0- und 1-Zustände verändert wird. Man bezeichnet diesen Fehler als *Schrittverzerrung*.

Eine wichtige Frage bei der Auswertung des regenerierten Signals ist die Wahl der *Abtastzeitpunkte* A (Bild 11.2). Hierfür benötigt man eine Aussage darüber, wann die Wahrscheinlichkeit für die Verfälschung eines Wertes durch die vorangegangenen am geringsten ist. Bei in T gequanteltem Binärsignal ist das *Augendiagramm* ein sehr günstiges Beurteilungskriterium.

Entsprechend Bild 11.3 entsteht es dadurch, daß das Binärsignal in zeitliche Abschnitte T oder $n \cdot T$ zerlegt und *übereinandergeschrieben* wird. Links ist die Darstellung in T und rechts in $3 \cdot T$ als Beispiel gewählt. Es entsteht ein augenförmiger Kurvenzug mit der Augenöffnung h. Die *Augenöffnung* ist ein Maß für die Summe der maximalen Abstände zur Entscheidungsschwelle der Bereiche, in denen keine Übergänge auftreten. Sie sollte möglichst groß sein. Die horizontale Öffnung des Auges ist umso größer und damit die Intersymbol-Interferenz umso kleiner, je schmaler der Bereich s der Schrittverzerrung ist.

Insgesamt gesehen, ist die Datenübertragung also umso besser, je größer die Augenfläche ist. Für die Messung des Augendiagramms gibt es eine Reihe vielseitig einsetzbarer Meßsysteme.

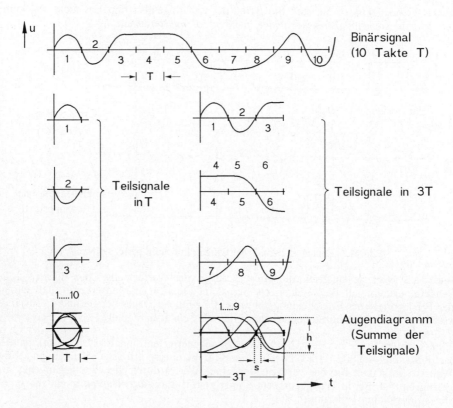

Bild 11.3: Zerlegung der Sigalfrequenz in periodische Abschnitte, das Augendiagramm.

12 Codierung IV, Datensicherung

12.1 Allgemeines Definitionen

Bei der Übertragung binär codierter Informationen über Nachrichtenkanäle treten allgemein Störungen auf, die die Nachricht verändern. Diese Veränderungen führen entweder zu Flankenverzerrungen, zu Impulseinbrüchen oder zu Fehlern bei den Codeelementen.

12.1.1 Ursachen und Arten der Störungen

Je nach Beschaffenheit des Übertragungskanals können verschiedene Ursachen vorhanden sein

- *Atmosphärische Störungen, Schwund, Rauschen* und *"men-made-noises"* bei Funkverbindungen,
- *Starkstrombeeinflussung* und *Übersprechen* bei Leitungen,
- *Wählgeräusche* bei Fernsprechvermittlungen.

Man unterscheidet eine Reihe von verschiedenartigen Fehlern. Bild 12.1 gibt eine schematische Übersicht.

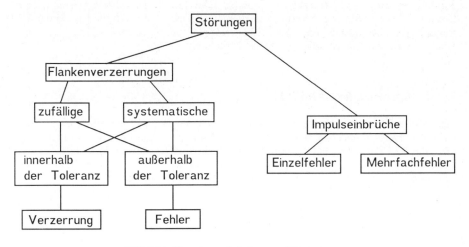

Bild 12.1: Ursache und Arten von Störungen

Zufällige Verzerrungen: Sie werden hervorgerufen durch Störungen zufälliger Art nach Wahrscheinlichkeitsgesetzen.

Systematische Verzerrungen: Zu den systematischen Verzerrungen gehören beispielsweise konstante zeitliche Flankenverschiebungen infolge von Laufzeiteffekten sowie Verzerrungen, die durch den charakteristischen Wechsel der Codeelemente in den Worten hervorgerufen werden *(Intersymbol-Interferenz)*.

Unsymmetrische Verzerrungen: Wirkt sich die Störung bevorzugt auf 0-Bits oder 1-Bits aus, so bezeichnet man sie als unsymmetrisch.

12.1.2 Flankenverzerrung Fehler

Verschieben sich Dauer und zeitlicher Einsatz der im Empfänger wiedererzeugten Impulse gegenüber den gesendeten, so entsteht eine *Verzerrung*, d. h. eine Verschiebung der Polaritätsübergänge der Codeelemente bezüglich ihrer Soll-Lage vgl. Kap. 11). Ist der Empfänger imstande, die Verschiebung rückgängig zu machen, so bezeichnet man diese Art Verzerrung als *Flankenverzerrung*.

Überschreitet die Verzerrung ein gewisses Maß, das größer als die Toleranz des Empfängers ist, so entstehen Verzerrungen, die sich durch die Registriereinrichtung nicht korrigieren lassen. Es werden Codeelemente mit falscher Polarität gebildet. Diese Art Verzerrung heißt *Fehler*. Aufgaben der Datensicherung sind

-   *Fehlererkennung*
-   *Fehlerkorrektur.*

12.1.3 Impulseinbrüche

Neben den Flankenverzerrungen unterliegen die Codeelemente auch Störungen, die durch kurzzeitige Polaritätswechsel innerhalb der Impulsdauer hervorgerufen werden. Diese Art Verzerrung bezeichnet man als *Impulseinbruch*. Sie tritt häufig bei der Übertragung auf drahtlosem Weg oder über Kanäle mit Wählvermittlung auf. Impulseinbrüche können *einzeln* oder *gebündelt* vorkommen.

12.1.4 Bitfehlerwahrscheinlichkeit

Bei serieller Datenübertragung ist die Wahrscheinlichkeit, daß ein *einzelnes* Bit gestört wird *(Bitfehlerwahrscheinlichkeit)* für alle Bits gleich groß. Bei bitparalleler Übertragung kann die Bitfehlerwahrscheinlichkeit unterschiedlich sein, weil die Bitkanäle nicht identisch sind. Die Bitfehlerwahrscheinlichkeit p_b wird definiert als das Verhältnis der gestörten Bit b_f zur Zahl b der insgesamt gesendeten Bit bei sehr großem Kollektiv

$$p_b = \lim_{b \to \infty} (b_f / b) \qquad . \tag{12.1}$$

12.1.5 Wortfehlerwahrscheinlichkeit

Hat *ein Wort* eines vollständigen Codes (keine Redundanz) die Länge k, so läßt sich die *Wortfehlerwahrscheinlichkeit* p_w nach Bernoulli wie folgt angeben:

$$p_w = \binom{k}{l} \cdot p_b^{\,l} \cdot (1 - p_b)^{k-l} \qquad , \qquad (12.2)$$

k = Anzahl der Bit pro Wort,   l = Anzahl der falschen Bit pro Wort.

Ein *Einzelfehler* liegt vor, wenn *1 Bit* innerhalb eines Wortes falsch ist (l = 1). Der Fehler hat das Gewicht g = 1. Die Wahrscheinlichkeit für das Auftreten eines Einzelfehlers (1-Bit-Fehler) ist dann

$$p_{w1} = \binom{k}{1} \cdot p_b^{\,1} \cdot (1 - p_b)^{k-1} \qquad . \qquad (12.3)$$

Mit $p_b \ll 1$ läßt sich (12.3) näherungsweise vereinfachen zu

$$p_{w1} \approx \binom{k}{1} \cdot p_b^{\,1} \cdot [\,1 - (k-1)\cdot p_b\,] \qquad , \qquad \text{oder}$$

$$p_{w1} \approx \binom{k}{1} \cdot p_b^{\,1} = k \cdot p_b \qquad . \qquad (12.4)$$

Für die Wahrscheinlichkeit eines *Doppelfehlers* (2-Bit-Fehler, l = 2), der dann das Gewicht g = 2 hat, gilt

$$p_{w2} \approx \binom{k}{2} \cdot p_b^{\,2} \qquad . \qquad (12.5)$$

Ein Sonderfall ist die *Transposition*, bei der paarweise gleich viele $0 \rightarrow 1$, $1 \rightarrow 0$-Vertauschungen auftreten.

In einem Wort der Länge k können *maximal alle k Bit* fehlerbehaftet sein, dann gilt

$$p_{wmax} \approx \sum_{i=1}^{k} \binom{k}{i} \cdot p_i \qquad . \qquad (12.6)$$

12.1.6 Restfehlerrate

Grundsätzlich ist es unmöglich, alle Fehler zu erkennen. Die *Restfehlerrate* p gibt an, wieviele Zeichen aus den insgesamt gesendeten vom Empfänger nicht registriert, erkannt bzw. korrigiert worden sind.

Die Angabe $p = 10^{-12}$ bedeutet beispielsweise, daß von 10^{12} übermittelten Binärwerten ein gestörtes Zeichen nicht erkannt wird. Gibt man eine Restfehlerrate p vor (z.B. $p = 10^{-12}$) und beträgt die Wortfehlerwahrscheinlichkeit $p_w = 10^{-4}$ (typisch für Fernschreibnetz), so muß man durch entsprechende Fehlerkorrektureinrichtungen (Codes etc.) dafür Sorge tragen, daß der Wert p errreicht wird.

12.2 Datensicherungsmethoden

Tritt ein Übertragungsfehler auf, so sind unterschiedliche Folgen damit verbunden (Bild 12.2). Nicht erkannte Fehler sind am unangenehmsten, weil man ihre Folgen nicht abschätzen kann. Sie sind identisch mit der Restfehlerrate. Fehlererkennung kann nach verschiedenen Methoden erfolgen (Bild 12.3).

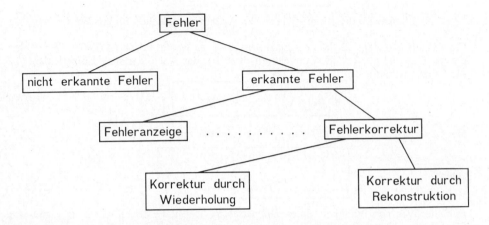

Bild 12.2: Fehler und ihre Folgen

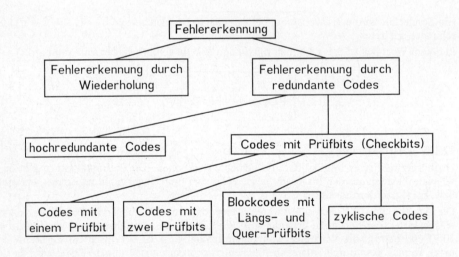

Bild 12.3: Methoden der Fehlererkennung

12.2.1 Fehlererkennung durch direkte oder invertierte Wiederholung

Bei dieser Methode werden die Daten gesendet und im Empfänger gespeichert. Nach *Wiederholung* der Sendung werden die beiden gleichartigen Informationen auf Äquivalenz untersucht. Durch *invertierte Wiederholung* bei der Zweitsendung lassen sich *unsymmetrische Störungen* besser erkennen.

12.2.2 Fehlererkennung durch hochredundante Codes

Bei *Codes ohne Redundanz* führt ein *1-Bit-Fehler* auf ein benachbartes, gültiges Wort. Der Fehler wird nicht erkannt (Bild 12.4, Codetabelle I). Fügt man zwischen zwei gültige Worte jeweils *ein redundantes*, so führt derselbe Fehler auf ein *ungültiges* Wort und wird erkannt (Codetabelle II in Bild 12.4). Soll der Code auch gegen *Doppelfehler* gesichert werden, so müssen zwischen 2 gültigen Codeworten *2 redundante* liegen (Codetabelle III, Bild 12.4).

Satz: Bei gegebener Minimaldistanz d ist ein Code in der Lage, einen Fehler vom Gewicht

$$g_f \leqslant d - 1 \qquad\qquad (12.7)$$

unfehlbar zu erkennen.

Satz: Bei gleichgewichteten Codes (g-aus-k-Codes) ist $d \geqslant 2$. Sie sind gegen alle Fehler gesichert, die das Gewicht verändern (Einzelfehler, einseitige Mehrfachfehler aber z. B. keine Transpositionsfehler).

Satz: Jeder Code mit Sicherheit ist redundant ($d \geqslant 2$).

Aber: Nicht jeder redundante Code ist notwendigerweise sicherer!

Satz: Ein Codewort der Länge k = const hat k logisch benachbarte Codeworte.

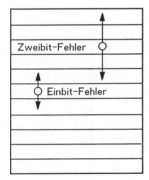

Codetabelle I
jede Zeile enthält
ein gültiges Wort
(d = 1)

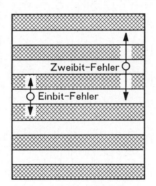

Codetabelle II
jede 2. Zeile enthält
ein gültiges Wort
(d = 2)

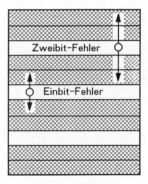

Codetabelle III
jede 3. Zeile enthält
ein gültiges Wort
(d = 3)

Bild 12.4: Auswirkung von redundanten Bits auf die Fehlererkennung und Korrektur

12.2.3 Fehlererkennung durch Paritätsprüfung (Parity Check)

Hochredundante Codes sind zwar für Übertragungszwecke gut geeignet, erfordern aber größeren Aufwand. Eine Methode zur Fehlererkennung mit relativ geringen Mitteln ist die *Paritätsprüfung* mit einem oder mehreren Kontrollbits.

12.2.3.1 Codes mit einem Prüfbit (Parity-Bit)

Man fügt dem k-stelligen Datenwort ein weiteres Bit C (*Check-Bit* oder *Parity-Bit*) zu, für das gilt:

C = 0, wenn das Gewicht g der Datenbits gerade

C = 1, wenn g ungerade.

Auch das Gegenteil ist üblich.

Bei Codes, die ein Bit für das *Vorzeichen* der Ziffer *(Flag-Bit)* enthalten, wird das Flagbit mit einbezogen.

Beispiel: Zifferndarstellung im Digitalrechner IBM 1620 aus der 2. Rechnergeneration (Bild 12.5). Bei diesem Code ist g ungerade und liegt zwischen $1 \leqslant g \leqslant 5$. Vorhandenes Flag-Bit (F = 1) bedeutet negatives Vorzeichen der Ziffer.

Die *Wortfehlerwahrscheinlichkeit* p_{WC} bei Verwendung eines C-bits verringert sich gegenüber dem einfachen Fall in Gleichung (12.6) auf

$$p_{WC} \approx \binom{k+1}{2} \cdot p_b^2 + \binom{k+1}{4} \cdot p_b^4 + \cdots + \binom{k+1}{2i} \cdot p_b^{2i} \qquad (12.8)$$

mit $2i \leqslant k + 1$.

		C–Bit	F–Bit	8	4	2	1	Gewicht g
	0	1	0	0	0	0	0	1
	1	0	0	0	0	0	1	1
	2	0	0	0	0	1	0	1
	3	1	0	0	0	1	1	3
	4	0	0	0	1	0	0	1
	5	1	0	0	1	0	1	3
	6	1	0	0	1	1	0	3
	7	0	0	0	1	1	1	3
Denärziffer	8	0	0	1	0	0	0	1
	9	1	0	1	0	0	1	3
	– 0	0	1	0	0	0	0	1
	– 1	1	1	0	0	0	1	3
	– 2	1	1	0	0	1	0	3
	– 3	0	1	0	0	1	1	3
	– 4	1	1	0	1	0	0	3
	– 5	0	1	0	1	0	1	3
	– 6	0	1	0	1	1	0	3
	– 7	1	1	0	1	1	1	5
	– 8	1	1	1	0	0	0	3
	– 9	0	1	1	0	0	1	3

Bild 12.5: Beispiel für einen Code mit Check-Bit

Beispiel: Code nach Bild 12.5 ohne C-Bit unter der Annahme $p_b = 10^{-4}$

$$p_W \approx \binom{5}{1} \cdot 10^{-4} + \binom{5}{2} \cdot 10^{-8} + \binom{5}{3} \cdot 10^{-12} + \binom{5}{4} \cdot 10^{-16} + \binom{5}{5} \cdot 10^{-20}$$

$$p_W \approx 5 \cdot 10^{-4} .$$

Code mit C-Bit:

$$p_{WC} \approx \binom{6}{2} \cdot 10^{-8} + \binom{6}{4} \cdot 10^{-16} + \binom{6}{6} \cdot 10^{-32}$$

$$p_{WC} \approx 15 \cdot 10^{-8} .$$

Die Wortfehlerwahrscheinlichkeit hat sich durch Einführung des C-Bit um den Faktor p_W / p_{WC} = 3333,3 verbessert, unter der Voraussetzung, daß die Bitfehlerwahrscheinlichkeit konstant geblieben ist.

Der für die Mikrocomputertechnik wichtige *ASCII-Code,* den wir im Kap. 25 ausführlicher behandeln, gehört zur Gruppe der Codes mit Parity-Bit.

12.2.3.2 Codes mit 2 und mehr Prüfbits

Am Beispiel der Zuverlässigkeit von Halbleiterspeichern wollen wir die Wirksamkeit der Datensicherung mittels des *Hamming-Codes* untersuchen. Halbleiterspeicher in Rechnern sind in der Regel chipweise organisiert. Jedes Chip arbeitet in der Regel sehr zuverlässig bezüglich sog. *Hardwarefehler,* das heißt, seine Funktionsfähigkeit wird durch irreparable Fehler im Schaltungsaufbau nur sehr selten beeinflußt. Dennoch können bei größeren Anordnungen mit bis zu einigen Tausend Chips Fehler (sogenannte *Softwarefehler*) bereits nach wenigen Stunden auftreten. Unter Softwarefehlern versteht man das Verfälschen des Inhalts einer Speicherzelle (1 → 0 oder 0 → 1) z.B. aufgrund von *Strahlung,* normalerweise α-*Strahlung.* Dabei bleibt die Zelle selbst funktionsfähig.

Alphateilchen - das sind He-Kerne mit 2 Elektronen und einem Neutron - entstehen beim Zerfall von radioaktiven, schweren Atomkernen, die sich in geringer Menge praktisch in jedem Material, also auch in Chips und deren Gehäusen, befinden.

Man kann von der empirisch bestätigten Annahme ausgehen, daß das Auftreten eines Softwarefehlers in einer einzelnen Zelle etwa höchstens einmal in einer Million Jahren vorkommt. Das klingt zwar sehr wenig; man muß aber folgendes berücksichtigen: Bei einem Speicher mit 1 Megabyte Kapazität ($\cong$ 8.388.608 bit) bedeutet das, daß ein 1-Bit-Softwarefehler im Mittel bereits in etwa 45 Tagen auftritt. Diese Zeit ist zu kurz, ohne daß man auf Fehlerkorrekturmaßnahmen verzichten könnte.

Der Hamming-Code arbeitet mit *mehr als einem Paritybit* (Checkbit). Ein Codewort hat allgemein die Form

(k,d) .

Hierin ist k: Wortlänge (Summe aus Daten- und Checkbits)
d: Anzahl der Datenbits.

Gängige Hamming-Codes sind: (7,4), (8,4), (15,11), (16,11), (32,26), (64,57) und (128,120).

Am Beispiel des (7,4)-Hamming-Codes werde der Algorithmus zur Korrektur eines 1-Bit-Fehlers demonstriert. Dabei wird mit einer *Even-Parity* gearbeitet, das heißt, jedes der vier Datenbits werde mit den 3 Paritybits so gesichert, daß das Gewicht jeweils *gerade* wird.

Mit Hilfe des Datenwortes *1110* sei dies im Venn-Diagramm gezeigt (Bild 12.6). Die 3 Paritybits werden durch die Kreise a, b und c symbolisiert, die insgesamt 4 Schnitte bilden. In die 4 Schnitte trägt man die Bits des Datenwortes ein (Bild 12.6a). Die nicht geschnittenen Teile der Kreise erhalten den Wert des jeweiligen Paritybits, und zwar ergibt er sich daraus, daß das Gewicht eines jeden Vollkreises gerade sein muß ($g_a = 4$, $g_b = g_c = 2$). In Bild 12.6c ist ein Datenbit gestört, und Bild 12.6d zeigt, daß es sich genau lokalisieren und damit auch berichtigen läßt.

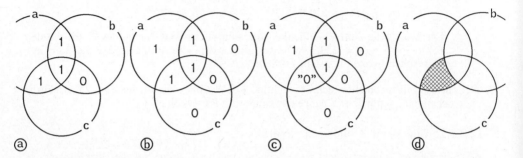

Bild 12.6: Beispiel für eine Datensicherung mit dem (7,4)-Hamming-Code

Wendet man nun beispielsweise den *(64,57)*-Hamming-Code auf die Sicherung eines 1 Megabyte-Speichers mit einer Wortlänge von 32 bit an, so erhält man für die Zeit, in der ein *unkorrigierbarer 2-bit-Softwarefehler* auftreten kann, etwa *63 Jahre*. Dieser Wert liegt weit über dem, der für Hardwarefehler relevant ist.

12.2.3.3 Blockcodes mit Längs- und Querprüfbits (Kreuzsicherungscode)

In den Fällen, in denen bitparallele-zeichenserielle Datenübertragung und -verarbeitung gegeben ist (z.B. Mehrspurmagnetband oder Lochstreifen) lassen sich die Daten wirkungsvoll mit *longitudinalen* und *transversalen Prüfbits* sichern. Die Zeichen sind hierbei in einer bestimmten Reihenfolge angeordnet; es ist nicht möglich, ein einzelnes Bit *wahlfrei* im direkten Zugriff zu adressieren.

Am Beispiel eines *9-Spur-Magnetbandes* sei die Organisation bei dieser Art Datensicherung erläutert. Viele Rechner besitzen Byte-Struktur. Hierbei werden jeweils 8 Bit zu einer Einheit, dem Byte zusammengefaßt (vgl. Kapitel 8). Beim 9-Spur-Band wird 1 Byte bitparallel als *Sprosse* oder *Zeile* dargestellt (Bild 12.7). Hierbei liegen die Wertigkeiten der einzelnen Spuren nicht in steigender Reihenfolge von einer Bandkante zur anderen, sondern zur Erhöhung der Datensicherheit sind die Spuren mit der höchsten Wertigkeit ($2^4 \cdots 2^7$) in die Mitte des Bandes gelegt. Dort ist die Wahrscheinlichkeit für einen Bitfehler am geringsten. Die vierte Spur wird für das sog. *transversale Paritybit* p benutzt, das in der bereits in 12.2.3.1 erläuterten Weise erzeugt wird. Damit ist jedes Byte einfach abgesichert.

Eine bestimmte Anzahl von Bytes sind zu einem *Block* der Länge L zusammengefaßt. Hierbei richtet sich L_{max} nach dem Fassungsvermögen des Pufferspeichers, den man zur Verarbeitung eines Blockes benötigt. Am Ende eines Blockes bildet das longitudinale Paritybyte den Abschluß.

Im einfachsten Fall werden die Bits dieses Bytes wieder nach demselben Algorithmus gewonnen, nach dem auch die transversalen erzeugt werden (Summe modulo 2). Die Wirksamkeit dieser Sicherungsmethode zeigt das Schema nach Tabelle 12.1.

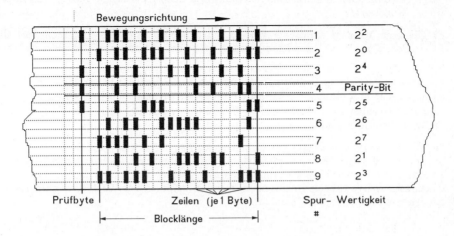

Bild 12.7: Blockweise Längs- und Quersicherung beim 9-Spur-Magnetband

Tabelle 12.1: Wirsamkeit der Blocksicherung

Art des Fehlers	Erkennbarkeit	Lokalisierbarkeit (Korrekturmöglichkeit)
Einfachfehler	sicher	sicher
Doppelfehler	sicher	bedingt
Dreifachfehler	sicher	bedingt
Vierfachfehler	bedingt	selten

Bei der Verwendung weiterer Prüfbits läßt sich die Leistungsfähigkeit des Datenschutzes weiter steigern.

12.2.3.4 Zyklische Codes

Die Anwendung von Codes mit Paritybits ist nicht in jedem Falle sinnvoll, insbesondere dann nicht, wenn im Übertragungskanal - und das kann häufig vorkommen - *Bündelstörungen* auftreten, die Fehler in benachbarten Elementen der Codezeichen zur Folge haben. Hier ist die Verwendung von *zyklischen Codes* vorteilhafter.

Sie haben zwei wichtige Eigenschaften:

- Erfolgt eine zyklische Verschiebung innerhalb eines Codewortes um ein Element, d. h. wird die letzte Stelle des Codezeichens an der ersten Stelle angeordnet und alle anderen Stellen um eine Position verschoben, so ergibt sich wieder ein erlaubtes Codewort.

  Beispiel: Wenn erlaubt ist das Wort
  $$W_1 = a_n \, a_{n-1} \cdots a_3 \, a_2 \, a_1 \, a_0, \quad \text{dann gilt auch} \quad W_2 = a_0 \, a_n \, a_{n-1} \cdots a_3 \, a_2 \, a_1 \quad \text{etc.}$$

- Die modulo-2-Summe zweier beliebiger Codeworte ergibt wieder ein erlaubtes Codewort.

Es gibt eine Vielzahl zyklischer Codes, von denen als wichtige erwähnenswert sind: *BCH-(Bose-Chaudhuri-Hocqenhem)-Codes, Fire-Code, Abramson-Code, Reed-Salomon-Code.*

Das Codesicherungsverfahren besteht allgemein darin, daß man aus einem bit-seriell-zeichenseriell übertragenen Datenblock ein Prüfwort nach einem vorgegebenen Algorithmus berechnet und mitsendet. Im Empfänger wird nach derselben Vorschrift ein Prüfwort berechnet und mit dem empfangenen verglichen.

Die Behandlung der theoretischen Grundlagen sprengt den Rahmen dieses Buches; es sei deshalb auf das Quellenverzeichnis verwiesen. Technische Realisierungen sind relativ einfach unter Verwendung von rückgekoppelten Schieberegistern möglich. Das soll an einem sehr weitverbreiteten Anwendungsbeispiel, nämlich dem *CRC-Prüfverfahren* , im nächsten Abschnitt erläutert werden.

12.2.3.5 Codesicherung mittels CRC-Prüfsummen-Verfahren

Die Verwendung von *Prüfsummen* findet hauptsächlich in der *Datenfernübertragung* und beim Datenverkehr mit *Magnetplattenspeichern* (Harddisk) bzw. *Magnetfolienspeichern* (Floppy Disk) statt. Hier werden Datenblöcke - im Fall der Fernübertragung über große Distanzen - übertragen. Für jeden dieser Blöcke wird eine Prüfsumme nach einem vorgegebenen Algorithmus berechnet, die der Sender gemeinsam mit dem Datenblock überträgt. Im Empfänger wird über die eingehenden Daten eines Blockes nach der gleichen Vorschrift wie im Sender die Prüfsumme erneut berechnet. Stimmen empfangene und berechnete Prüfsumme überein, so geht man davon aus, daß eine fehlerfreie Datenübertragung stattgefunden hat. Im anderen Fall wird der Sender aufgefordert, den gleichen Datenblock noch einmal zu übertragen. Für die Datenübertragung auf Telefonleitungen existieren verschiedene   Normen, auch *Protokolle* genannt (z.B. Xmodem, Ymodem, Zmodem etc.), die alle auf diesen rein *fehlererkennenden* Zweck ausgelegt sind. Die *Fehlerkorrektur* erfolgt hier durch *Wiederholung*. Alle anderen Methoden der Rekonstruktion wären hier zu aufwendig und würden sich im allgemeinen bei der Qualität des Datenkanals nicht lohnen.

Es ist nun Ziel der Datensicherung, ein Verfahren für die Berechnung der Prüfsummen zu entwickeln, das alle Fehler erkennt, die innerhalb eines Blockes auftreten können. Das in dieser Hinsicht bisher sicherste bekannte Verfahren basiert auf den *zyklischen Codes,* die wir oben (Abschnitt 12.2.3.4) kennengelernt haben und die man dort auch zur Fehlerkorrektur einsetzen kann. Diese Codes lassen sich durch ein *Generatorpolynom* g(x) beschreiben, das der   Codierung und der Dekodierung dient. Für die Datenübertragung gibt es nun *genormte Prüfpolynome*

$$\boxed{y = x^n + x^{n-1} + \ldots + x^2 + x^1 + x^0} \quad , \qquad (12.9)$$

die bei der Fehlererkennung eingesetzt werden und deren höchste Potenz n die Anzahl der Bits der CRC-Prüfsumme bestimmt. Die Abkürzung CRC kommt von **Cyclic Redundancy Check** *(zyklische   Redundanzprüfung)*; sie bezeichnet das Verfahren der Fehlererkennung. In Tabelle 12.2 sind drei genormte Prüfpolynome aufgeführt.

Tabelle 12.2: Normierte Prüfpolynome für die Datenübertragung

Bezeichnung	Prüfpolynom
CRC-12	$y = x^{12} + x^{11} + x^8 + x^3 + x^2 + 1$
CRC-16	$y = x^{16} + x^{15} + x^2 + 1$
CRC-CCITT	$y = x^{16} + x^{12} + x^5 + 1$

Mit einem dieser Prüfpolynome wird nun die Prüfsumme berechnet. Ein mögliches Verfahren arbeitet in vier Schritten, wobei man aus Gründen hoher Geschwindigkeit nur mit binären Polynomen arbeitet. Wir wollen es kurz erörtern:

1. Schritt: Der Block, über den eine Prüfsumme berechnet werden soll, enthalte k Bits. Sie werden als binäres Polynom z(X) geschrieben, wobei das höchste Bit (MSB) die Potenz x^{k-1} hat und das niedrigste Bit (LSB) x^0. Die einzelnen Bits stellen die *Koeffizienten der Potenzen* dar.

2. Schritt: Das so gewonnene Polynom z(X) wird mit x^n multipliziert, wobei n die *höchste Potenz des Prüfpolynoms* ist. Im allgemeinen ist n = 16, und es wird eine 16-Bit-Prüfsumme verwendet.

3. Schritt: Das *Polynomprodukt* $x^n * z(X)$ wird durch das Generatorpolynom bzw. das Prüfpolynom y(X) dividiert. Dabei entsteht ein *Quotient* q(X) und ein *Rest*, dessen maximale Potenz x^{n-1} ist, bei 16 bit also x^{15}.

4. Schritt: Der berechnete Quotient ist ohne Bedeutung und wird vernachlässigt. Der Rest r(X) hingegen ist die berechnete Prüfsumme und wird mit dem Block von Informationen übertragen. An ihm kann nun der Empfänger Übertragungsfehler feststellen.

Auf den ersten Blick scheint das Verfahren sehr aufwendig und umständlich. Das wäre auch der Fall, wenn man nicht im Binärsysten arbeiten würde. Hier kann die Prüfsumme auch sequentiell berechnet werden. Dazu ist ein Schieberegister erforderlich, dem Bit für Bit des Informationsblockes zugeführt wird. Das setzt voraus, daß die Daten in *serieller Form* vorliegen. Ist das nicht der Fall, so muß zusätzlich eine *Parallel/Serien-Wandlung* vorgenommmen werden. Außerdem hängt die technische Realisierung auch von der Wahl des Prüfpolynomes ab, da es die Anzahl der Flipflops und damit die Wortlänge k des Schieberegisters bestimmt. Je nach Prüfpolynom müssen verschiedene Rückkopplungen innerhalb des Registers vorgenommen werden. Bild 12.8 zeigt die Realisierung der Codierung und Prüfsummenberechnung mit einem Schieberegister.

Die Flipflops FF_0 ... FF_{k-1} stellen Speicherglieder dar, die mit zwei Nachbarn über Exklusiv-Oder-Glieder (XOR) verbunden sind. Die Koeffizienten $g_0 \cdots g_{16}$ geben jeweils an, ob eine Verbindung besteht oder nicht. Sie sind gleichzeitig die Koeffizienten des Prüfpolynoms. Ist ein Koeffizient 0, so entfällt die Verbindung über das XOR-Gatter, ist er 1, so existiert eine Rückkopplung über ein solches Gatter. Die Codierung erfolgt, indem man das MSB auf den Eingang der Schaltung legt und mit einem Taktimpuls abarbeitet. Mit dem nächsten Takt folgt das nächste Bit. Das wird so lange wiederholt, bis alle Bits verarbeitet sind. Im Register steht dann die Prüfsumme, die nun ausgelesen werden kann. In seriellen Systemen wird sie bitweise ausgegeben, in parallelen kann sie auch parallel abgenommen werden.

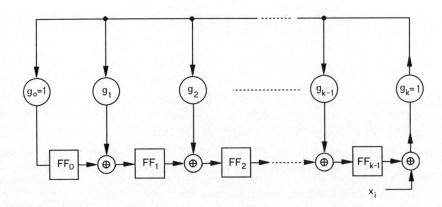

Bild 12.8: Rückgekoppeltes Schieberegister zur Prüfsummenerzeugung

Die so erzeugte Prüfsumme ist identisch mit der Zusammenfassung der Kontrollbits eines systematischen zyklischen Codes, der nach dem gleichen Verfahren erzeugt wird. In der vorliegenden Anwendung müssen jedoch an die Informationsbits, die durch das Schieberegister getaktet wurden, noch die Kontrollbits angefügt werden, so daß auch sie Bit für Bit aus dem Schieberegister hinausgeschoben werden. Dazu werden sie nach dem letzten Speicherglied abgegriffen, und während ihrer Ausgabe werden die Rückkopplungen über die Exklusiv-Oder-Verknüpfungen im Schieberegister unterbrochen. Näheres findet man in der Literatur.

In der Praxis wird das Schieberegister mittels D-Flipflops realisiert. In der überwiegenden Anzahl aller Anwendungen bilden die CRC-Register in integrierter Form den Bestandteil einer anderen, komplexeren Schaltung. So verwenden z.B. alle *Floppy*- und die meisten *Hard-Disk-Controller* CRC- Prüfsummen, um die Datenspeicherung auf Disketten und Festplatten zu überwachen.

13 Impulszähler (Zähler)

Impulszähler, kurz *Zähler* genannt, sind Schaltungen, die nach n Eingangsimpulsen an den Ausgängen binäre Informationen abgeben, deren Zuordnung zu n vom *Zählcode* abhängt. Impulszähler sind neben den kombinatorischen Schaltungen Grundbausteine der Digitaltechnik. Sie haben ein breites Anwendungsspektrum in der Meß-, Steuerungs-, Regelungs- und Rechentechnik. Zähler werden aus dynamisch ansteuerbaren Flipflops aufgebaut. Zur Ansteuerung der Flipflops wird neben der Eingangsinformation in der Regel ein *Takt* benötigt, der die Informationseingabe auslöst.

13.1 Zählerorganisationen

Prinzipiell gibt es 2 Zählerorganisationen

- *Asynchrone (seriell gesteuerte)* Zähler, bei denen meistens nur das erste Flipflop vom Takt angesteuert (getriggert) wird. Die nachgeschalteten Stufen erhalten ihren Trigger von anderen Flipflopausgängen aus der gesamten Kette, entsprechend dem *Zählcode* oder *Modulus*.
  Vorteil: Einfacher Schaltungsaufbau.
  Nachteil: Asynchrones Kippen der Flipflops, da die Flipflop-Laufzeiten eingehen (damit nicht definierte Zustände beim Kippen).

- *Synchrone Zähler (parallel gesteuerte)*, bei denen ein zentraler Takt alle Flipflops gleichzeitig steuert.
  Vorteil: Konstante, kurze Signallaufzeit.
  Nachteil: Höherer Schaltungsaufwand.

13.2 Darstellung der abzuzählenden Impulse

Die Information über die zu zählenden Ereignisse kann in verschiedener Art dargeboten werden. Entsprechend variiert der Aufbau der Zähler. Analog zur *Strichdarstellung* (s. a. Kapitel 9) kann die Information nach Bild 13.1 aus einer Anzahl von Impulsen bestehen, die direkt dem Zahlenwert entsprechen.

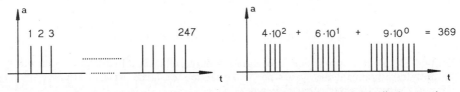

Bild 13.1: Zählerstand in Strichdarstellung   **Bild 13.2:** Zählerstand dekadisch gruppiert

Basierend auf dem polyadischen System sollen noch 2 andere Möglichkeiten der Darstellung gezeigt werden. Bild 13.2 zeigt die Verschlüsselung des Zahlenwerts in dekadische Gruppen, wobei die Zahl der Impulse innerhalb der Gruppe der Dezimalziffer entspricht.

Das Beispiel nach Bild 13.3 zeigt die Darstellung der Zahl im Binärcode. Bei dieser Art Information ist wie auch wie im Bild 13.2 das Nichtauftreten eines Impulses signifikant.

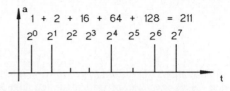

Bild 13.3: Zählerstand, binär dargestellt

Impulsfolgen nach Bild 13.1 und 13.2 lassen sich zählen mit Zählketten in verschiedenen Organisationsformen, und für das Beispiel nach Bild 13.3 eignen sich besonders Schieberegister.

13.3 Asynchrone Vorwärtszähler

Beim *asynchronen Vorwärtszähler* liegt der Zähltakt normalerweise nur auf dem Flipflop im Eingang, also der Stufe mit der höchsten Schaltfrequenz. Die nachfolgenden Flipflops erhalten ihren Takt je nach Codierung des Zählers von den Ausgängen anderer Flipflops. Hierbei ergibt sich eine einfache Schaltungstechnik. Der Vorwärtszähler hat seinen Namen daher, weil er nur in der Lage ist, mit aufsteigender Wertigkeit zu zählen.

13.3.1 Binäruntersetzer

Binäruntersetzer erfordern den geringsten Schaltungsaufwand. Wie der Name schon ausdrückt, zählen sie im reinen Binärcode NBC (vgl. Kapitel 10). Bild 13.4 zeigt einen 4-stufigen Binäruntersetzer mit JK-Flipflops. Das JK-Flipflop arbeitet für J = K = 1 als T-Flipflop, d. h. es kippt mit jedem Triggerimpuls CP in seine entgegengesetzte Lage (s. a. Kapitel 8, Toggelbetrieb).

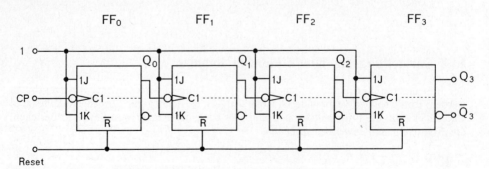

Bild 13.4: Einfacher, asynchroner Binäruntersetzer

Im Bild 13.5 ist das zugehörige Zeitdiagramm dargestellt. Es läßt erkennen, daß mit zunehmender Stufenzahl die Dauer der *undefinierten Zustände* wächst. Hierbei sind die Verzögerungszeiten stark übertrieben gezeichnet.

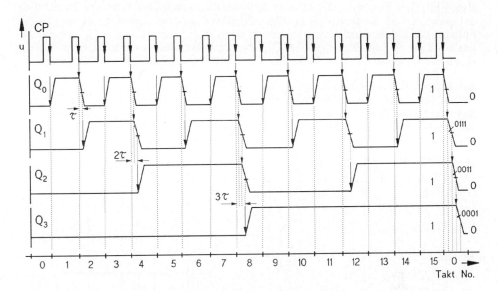

Bild 13.5: Zeitliniendiagramm des Binäruntersetzers

Hieraus resultiert für die Anwendung von asynchronen Zählern allgemein ein wichtiger Gesichtspunkt hinsichtlich der *maximalen Zählfrequenz*. 2 Betriebsfälle sind zu unterscheiden:

- Das Ergebnis der Zählung wird nur *einmal am Ende* des Zählvorgangs ausgewertet, oder der Zähler wird als reiner Frequenzteiler betrieben.

- Der Zählerstand soll während des Zählvorgangs *zu jedem Zeitpunkt* einwar.dfrei auswertbar sein.

Im ersten Fall kann der Zähler mit einer maximalen Frequenz betrieben werden, die der Grenzfrequenz eines einzelnen Flipflops sehr nahekommt. Im zweiten Fall müssen die beim Übergang von einer Anzeige zur nächsten entstehenden *falschen Zwischenstellungen* bei der Dekodierung unterdrückt werden, wodurch sich die Anzahl der Zählimpulse pro Zeiteinheit zum Teil erheblich (bis auf 10%) verringert. Das ist insbesondere bei allen nicht binären Asynchronzählern der Fall, die über zusätzliche interne Rückführungen verfügen.

Am Beispiel des Zeitliniendiagramms des Binärzählers nach Bild 13.5 erkennen wir, daß beim Übergang von der Anzeige $15_{(10)} \cong 1111_{(2)}$ auf $0_{(10)} \cong 0000_{(2)}$ die (falschen) Zwischenstellungen $0111_{(2)}$, $0011_{(2)}$ und $0001_{(2)}$ durchlaufen werden. Die hiermit verbundenen "Race"- und "Hazard"-Probleme werden wir in allgemeinerer Form in Kap. 15 behandeln.

13.3.2 Asynchrone dekadische Vorwärtszähler

Dekadische Zähler arbeiten meistens mit einem BCD-Code. Die gebräuchlichsten BCD-Codes haben wir im Kapitel 10 behandelt. Im einfachsten Fall werden pro Dekade 4 bit, also 4 Flipflops benötigt. Die beim Binäruntersetzer erwähnten Probleme hinsichtlich der undefinierten Zustände während der Signalwechsel sind auch hier gegeben. Beim Entwurf der Zähler ist also zu untersuchen, ob zu irgendeinem Zeitpunkt ungewollte Signalzustände an den Eingängen der Flipflops auftreten, die zu Fehlzählungen führen. Das ist besonders kritisch bei Verwendung von zweiflankengesteuerten Flipflops.

Am Beispiel eines *einflankengesteuerten Dekadenzählers im 8-4-2-1-Code* soll das Prinzip des Schaltungsentwurfs erläutert werden. Verwendet werden z. B. JK-Flipflops mit negativer Taktflankensteuerung. Ausgangspunkt bildet die Wahrheitstabelle (Bild 13.6), aus der die KV-Tafel mit dem Lageplan der Denärziffern hergeleitet ist (Bild 13.7).

Zähltakt	Q_3	Q_2	Q_1	Q_0
0	0_+	0_+	0_+	0
1	0	0_+	0	$1\downarrow$
2	0_+	0_+	1_+	$0\downarrow$
3	0	0	$1\downarrow$	$1\downarrow$
4	0_+	1_+	0_+	$0\downarrow$
5	0	1_+	0	$1\downarrow$
6	0_+	1_+	1_+	$0\downarrow$
7	0	$1\downarrow$	$1\downarrow$	$1\downarrow$
8	1_+	0_+	0_+	$0\downarrow$
9	$1\downarrow$	0_+	0	$1\downarrow$
0	$0\downarrow$	0_+	0_+	$0\downarrow$

KV-Tafel (Bild 13.7), Q_0 oben, Q_1 rechts, Q_3 links, Q_2 unten:

0	1	5	4
2	3	7	6
X	X	X	X
8	9	X	X

Bild 13.6: Wahrheitstabelle für den Dezimalzähler   **Bild 13.7:** Dezimalcode in der KV-Tafel

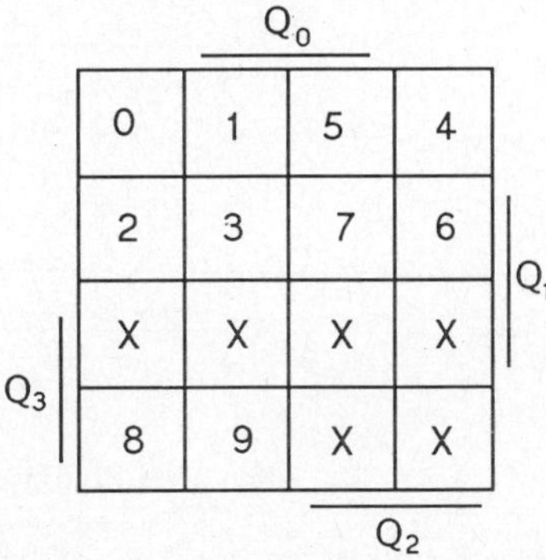

In der Wahrheitstabelle sind die für das asynchrone Triggern der einzelnen Stufen charakteristischen 1→0-Übergänge durch senkrechte Pfeile hervorgehoben. In der Literatur wird die Wahrheitstabelle häufig auch in umgekehrter Spaltenfolge $Q_0 \cdots Q_3$ angegeben, wodurch man die Analogie zum Schaltbild ausdrückt, in dem die am häufigsten getriggerte Stufe links angeordnet ist.

Der hier dargestellte 8-4-2-1-Zähler verhält sich bis zum Takt 9 einschließlich wie ein Binäruntersetzer. FF_1 wird von jeder negativen Flanke des Ausgangs Q_0 von FF_0 getriggert. Das ist bei 1→2, 3→4, 5→6, 7→8 und 9→0 der Fall. Analog gilt dasselbe für FF_2 und FF_1 bei 3→4 und 7→8 sowie für FF_3 und FF_2 bei 7→8. Beim Übergang 9→0 muß im Gegensatz zum Dualzähler FF_3 zurückgesetzt werden. Hierzu müssen wir die Ausgänge Q_0 und Q_2 heranziehen. Der Entwurf der Schaltung wird mit Hilfe der KV-Tafel durchgeführt, obwohl das bei diesem einfachen Beispiel eigentlich überflüssig ist. Es soll jedoch der prinzipielle Weg gezeigt werden, der dann auch für komplizierte Codes gangbar ist.

Für die Beschaltung der 4 Flipflops sind 4 KV-Tafeln erforderlich. Zusätzlich zu den aufgrund der Pseudodezimalen vorhandenen don't-care-Feldern treten weitere frei wählbare Terme auf, und zwar immer dann, wenn das betrachtete Flipflop *keine aktive* Flanke vom ansteuernden Flipflop erhält. Sie werden in der KV-Tafel mit "+" bezeichnet. Im Gegensatz zu den *codebedingten* dont'care-Feldern "X" handelt es sich hier um *zeitbedingte*. Bild 13.8a gibt eine Zusammenstellung. Bild 13.8b zeigt zu Erinnerung noch einmal die Wahrheitstabelle des JK-Flipflops.

Generell gilt beim Zählerentwurf noch folgende wichtige Regel: Die Setz- und Rücksetzbedingungen an J und K müssen während des vorangehenden Taktes vorbereitet werden und spätestens erfüllt sein, wenn der Takt CP wirksam wird.

(a)

Flipflop	getaktet von	"+"-Felder bei Takt
0	CP	keine
1	Q_0	0,2,4,6,8
2	Q_1	0,1,2,4,5,6,8,9
3	Q_0,Q_2	0,2,4,6,8

(b)

$J|^n$	$K|^n$	$Q|^{n+1}$	Wirkung
0	0	$Q|^n$	speichern
0	1	0	rücksetzen
1	0	1	setzen
1	1	$\overline{Q}|^n$	toggeln

Bild 13.8: Zeitbedingte don't-care-Felder und Wahrheitstabelle für den Zählerentwurf (s. Text)

1) FF$_0$

Setzbedingung: $\qquad\qquad J_0 = 0 + 2 + 4 + 6 + 8$ $\qquad\qquad$ (13.1)

Rücksetzbedingung: $\qquad K_0 = 1 + 3 + 5 + 7 + 9$ $\qquad\qquad$ (13.2)

Die zu 0 ⋯ 9 äquivalenten Minterme entnimmt man aus Bild 13.6. Bild 13.9a zeigt das zugehörige KV-Diagramm. Gleichung (13.1) erfüllt mit den entsprechenden don't-care-Feldern die beiden äußeren Spalten der Tafel (gekreuzt schraffiert) und Gleichung (13.2) die beiden inneren (schräg gestreift schraffiert). Wir finden

$$J_0 = \overline{Q}_0 \quad \text{und} \quad K_0 = Q_0 \, . \qquad (13.3), \ (13.4)$$

Im JK-Flipflop sind aber die Eingänge J_0 und K_0 *intern* mit $\overline{Q}_0$ bzw. Q_0 verbunden (vgl. Bild 8.28). Beide Ausgänge führen zu den entscheidenden Zeitpunkten das Signal 1. Deshalb gilt vereinfacht

$$J_0 = K_0 = 1 \, . \qquad\qquad (13.5)$$

Gleichung (13.5) ist auch insofern plausibel, als FF$_0$ als T-Flipflop arbeitet und das JK-Flipflop für J = K = 1 mit dem T-Flipflop identisch ist.

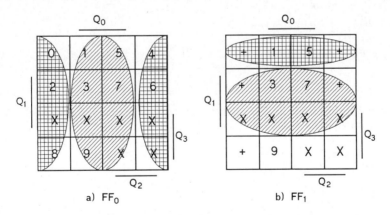

a) FF$_0$ $\qquad\qquad\qquad$ b) FF$_1$

Bild 13.9: KV-Tafeln für die Beschaltung der Flipflops FF$_0$ und FF$_1$

2) FF$_1$:

Setzbedingung: $\qquad\qquad J_1 = 1 + 5$ $\qquad\qquad\qquad$ (13.6)

Rücksetzbedingung: $\qquad K_1 = 3 + 7 \, .$ $\qquad\qquad\qquad$ (13.7)

Aus dem KV-Diagramm (Bild 13.10b) entnehmen wir

$$J_1 = \overline{Q}_3 \cdot \overline{Q}_1$$

oder $J_1 = \overline{Q}_3$ (13.8)

und $K_1 = Q_1$

                        $K_1 = 1$.   (13.9)

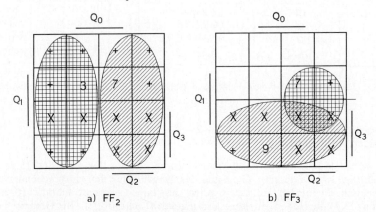

a) FF_2 b) FF_3

Bild 13.10: KV-Tafeln für die Beschaltung der Flipflops FF_3 und FF_4

3) FF_2:

Setzen : $J_2 = 3$ (13.10)

Rücksetzen: $K_2 = 7$.   (13.11)

Die KV-Tafel (Bild 13.10a) liefert

                        $J_2 = \overline{Q}_2 = 1$ (13.12)

                        $K_2 = Q_2 = 1$.   (13.13)

4) FF_3:

Setzen : $J_3 = 7$ (13.14)

Rücksetzen: $K_3 = 9$.   (13.15)

Aus Bild 13.10b entnimmt man

                        $J_3 = Q_1 \cdot Q_2$ (13.16)

                        $K_3 = Q_3 = 1$.   (13.17)

Mit den Angaben aus Bild 13.8 und den Gleichungen (13.5), (13.8)...(13.17) läßt sich nun die Schaltung der asynchronen 8-4-2-1-Zähldekade entwerfen (Bild 13.11).

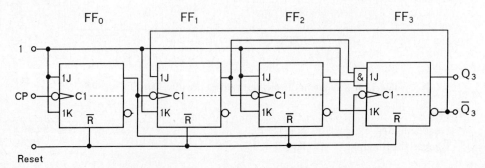

Bild 13.11: Schaltbild des asynchronen Dezimalzählers

Das zugehörige Zeitliniendiagramm finden wir in Bild 13.12.

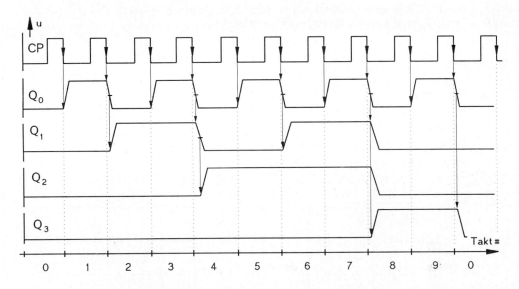

Bild 13.12: Zeitliniendiagramm des Zählers in Bild 13.11.

13.4 Synchrone Zähler

Synchrone Zähler arbeiten mit einem *zentralen* Trigger. Hierdurch entfällt die Addition der Verzögerungszeiten, und man erreicht wesentlich höhere Grenzfrequenzen. Allerdings sind die Schaltungen aufwendiger.

13.4.1 Synchrone dekadische Vorwärtszähler

Im Prinzip lassen sich *dekadische Synchronzähler* mit jedem BCD-Code realisieren. Es ergeben sich lediglich Unterschiede im Schaltungsaufwand. Am Beispiel der 8-4-2-1-Synchronzähldekade soll eine Gegenüberstellung zur Asynchrondekade aus 13.3.2 durchgeführt werden.

Ausgangspunkt bilden wieder die Wahrheitstabelle und die KV-Tafel (Bilder 13.6 und 13.7). Bei der Wahrheitstabelle ist zu bemerken, daß hier wegen des zentralen Zähltakts die negativen Flanken ($1 \rightarrow 0$-Übergänge) der Flipflopausgänge keine Triggerfunktion übernehmen. Im Gegensatz zum Asynchronzähler tritt beim Synchronzähler der Takt *in jeder Zählperiode* auf. Es ergeben sich also hier außer den codebedingten don't-care-Feldern (X) keine zusätzlichen zeitlichen (+)-Felder.

Setz- und Rücksetzbedingungen sind identisch mit denen des Asynchronzählers und durch die Gleichungen (13.1), (13.2), (13.6), (13.7), (13.10), (13.11) und (13.14), (13.15) gegeben .

1) FF$_0$:

Das KV-Diagramm ist identisch mit Bild 13.9a (keine (+)-Felder), also ist auch die Vereinfachung dieselbe. Es ergibt sich wieder

$$J_0 = K_0 = 1 .$$ (13.5)

2) FF$_1$:

Setzen:	$J_1 = 1 + 5$	(13.18)
Rücksetzen:	$K_1 = 3 + 7$.	(13.19)

Die KV-Tafel zeigt Bild 13.13a. Sie liefert: $J_1 = Q_0 \cdot \overline{Q}_1 \cdot \overline{Q}_3$ oder,

vereinfacht: $J_1 = Q_0 \cdot \overline{Q}_3$.   (13.19)

Ferner: $K_1 = Q_0 \cdot Q_1$ oder,

vereinfacht: $K_1 = Q_0$.   (13.20)

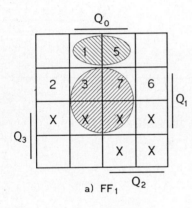

a) FF$_1$

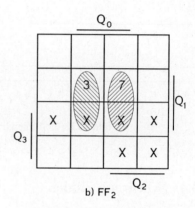

b) FF$_2$

Bild 13.13: KV-Tafeln für den Entwurf des dekadischen Synchronzählers

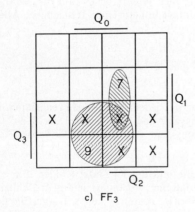

c) FF$_3$

3) FF$_2$:

Setzen:	$J_2 = 3$	(13.10)
Rücksetzen :	$K_2 = 7$.	(13.11)

Die KV-Tafel (Bild 13.13b) liefert

$$J_2 = Q_0 \cdot Q_1 \cdot \overline{Q}_2$$

oder $J_2 = Q_0 \cdot Q_1$ (13.21)

und $K_2 = Q_0 \cdot Q_1 \cdot Q_2$

$$K_2 = Q_0 \cdot Q_1 .$$ (13.22)

4) FF$_3$:

Setzen:	$J_3 = 7$	(13.14)
Rücksetzen:	$K_3 = 9$	(13.15)

KV-Tafel (Bild 13.13c):

$$J_3 = Q_0 \cdot Q_1 \cdot Q_2$$ (13.23)

$$K_3 = Q_0 \cdot Q_3 .$$ (13.24)

Das Schaltbild des Zählers (Bild 13.14) läßt sich nun entwerfen. Es ist zusätzlich ein

Zehnerübertrag Ü vorgesehen, der die Länge T des Taktimpulses hat und für den deshalb die Bedingung gilt

$$\ddot{U} = T \cdot 9 = T \cdot Q_0 \cdot Q_3 \ . \tag{13.25}$$

Bild 13.15 zeigt das zugehörige Zeitliniendiagramm.

13.4.2 Modulo-n-Zähler

Modulo-n-Zähler sind Zähler mit *n verschiedenen* Stellungen. Wenn die höchste Zähler-
stellung erreicht ist, beginnen sie wieder von vorn. Sie zeichnen sich dadurch aus, daß
die Zahl der verwendeten Flipflops *minimal* ist. Insofern sind die Dekadenzähler aus
den vorangegangenen Abschnitten in diesem Sinne als Modulo-10-Zähler aufzufassen.

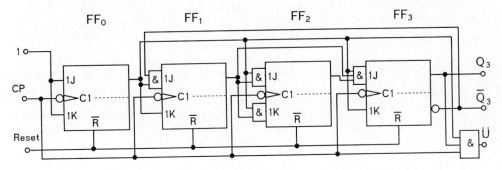

Bild 13.14: Schaltbild des dekadischen Synchronzählers

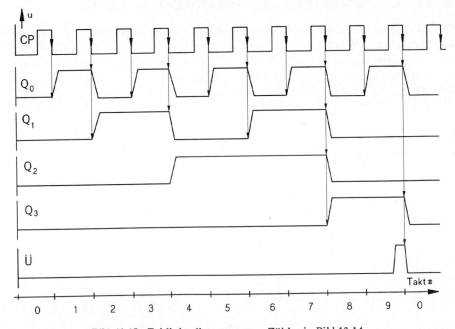

Bild 13.15: Zeitliniendiagramm zum Zähler in Bild 13.14

Während aber beim Dekadenzähler der jeweilige Stand der Flipflops der binären Codierung der Dezimalziffern entspricht und eine lexikografische Folge hat, ist die Codierung beim Modulo-n-Zähler oft von untergeordneter Bedeutung oder wird für bestimmte Zwecke ausgenutzt.

Ein einfaches Beispiel *(Programmierung eines Bohrautomaten)* möge dies erläutern. Die numerische Steuerung eines Bohrautomaten möge 3 verschiedene Arbeitsgänge erfordern, die mit einem synchron getakteten Zähler ausgelöst werden sollen, nämlich:

> 1) Bohren eines Loches in ein Werkstück,
>
> 2) Bohrer um 1 Einheit nach rechts bewegen,
>
> 3) Bohrer um 1 Einheit vorwärts bewegen.

Wird keine der Operationen aktiviert, so geht der Automat in eine Grundstellung. Durch entsprechende zeitliche Abfolge der Grundoperationen lassen sich im Werkstück die gewünschten Lochmuster erzeugen, in unseren angenommenen Fall ein Lochmuster nach Bild 13.16 mit 3 Bohrungen. Für die Verschlüsselung jeder Operation benötigt man je ein Bit, z. B. x_0, x_1 und x_2, wobei $x_0 = 1$ "bohren" bedeutet und $x_0 = 0$ "nicht bohren". Entsprechend gilt für $x_1 = 1$ "bewegen um 1 Einheit nach rechts" usw. Aus der Vorlage entnehmen wir (Bild 13.16), daß die Anzahl der erforderlichen Arbeitsgänge 5 beträgt. Sie sind in Tabelle 13.1 zusammengestellt. Für ihre Verschlüsselung benötigen wir einen *Modulo-5-Zähler.*

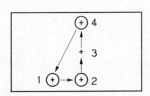

Bild 13.16: Plan des Werkstücks

Hierfür sind 3 Flipflops mit den Ausgängen $Q_0 = x_0$, $Q_1 = x_1$ und $Q_2 = x_2$ nötig. Der Zähler soll synchron arbeiten und mit JK-Flipflops realisiert werden (Triggerflanke negativ).

Zur Ermittlung der Eingangsvariablen x_i für die Vorbereitungseingänge $J_0, K_0 \cdots J_2, K_2$ benötigt man die Wahrheitstabelle des JK-Flipflop $Q|^{n+1} = f\ (J|^n, K|^n)$ (vgl. Tab. 13.2a) sowie den Zusammenhang $J|^n$, $K|^n = f\ (Q|^n, Q|^{n+1})$, weil die Vorbereitung für den nächsten Arbeitsgang während des gerade laufenden erfolgen muß. (Tabelle 13.2b).

Tabelle 13.1: Arbeitsprogramm der Steuerung   **Tabelle 13.2:** Vorbereitungsvariablen

	Arbeitsgang	x_2	x_1	x_0
0	Grundstellung	0	0	0
1	Bohren Loch 1	0	0	1
2	Positionieren rechts und Bohren Loch 2	0	1	1
3	Positionieren vorwärts	1	0	0
4	Positionieren vorwärts und Bohren Loch 3	1	0	1
0	Grundstellung	0	0	0

ⓐ

$Q|^n$	$Q|^{n+1}$	$J|^n$	$K|^n$
0	0	0	X
0	1	1	X
1	0	X	1
1	1	X	0

ⓑ

	x_2	x_1	x_0	J_2	K_2	J_1	K_1	J_0	K_0
0	0	0	0	0	X	0	X	1	X
1	0	0	1	0	X	1	X	X	0
2	0	1	1	1	X	X	1	X	1
3	1	0	0	X	0	0	X	1	X
4	1	0	1	X	1	0	X	X	1
0	0	0	0	0	X	0	X	1	X

Mit den Tabellen 13.1 und 13.2 erhalten wir für die Wortfolge 0 ⋯ 4 die Schaltfunktionen der Eingangsvariablen in nicht vereinfachter Form:

$$J_0 = \overline{Q}_0 \cdot \overline{Q}_1 \cdot \overline{Q}_2 + \overline{Q}_0 \cdot \overline{Q}_1 \cdot Q_2 \qquad J_1 = Q_0 \cdot \overline{Q}_1 \cdot \overline{Q}_2 \qquad J_2 = Q_0 \cdot Q_1 \cdot \overline{Q}_2 \qquad (13.26 \cdots 28)$$

$$K_0 = Q_0 \cdot Q_1 \cdot \overline{Q}_2 + Q_0 \cdot \overline{Q}_1 \cdot Q_2 \qquad K_1 = Q_0 \cdot Q_1 \cdot \overline{Q}_2 \qquad K_2 = Q_0 \cdot \overline{Q}_1 \cdot Q_2. \qquad (13.29 \cdots 31)$$

Die Vereinfachung geschieht mit Hilfe der KV-Tafeln in Bild 13.17 a⋯f. Sie liefert die Gleichungen (13.32) ⋯ (13.37).

$$J_0 = 1 \qquad\qquad J_1 = Q_0 \cdot \overline{Q}_2 \qquad J_2 = Q_1 . \qquad (13.32 \cdots 34)$$

$$K_0 = Q_1 + Q_2 \qquad\qquad K_1 = 1 \qquad\qquad K_2 = Q_0 . \qquad (13.35 \cdots 37)$$

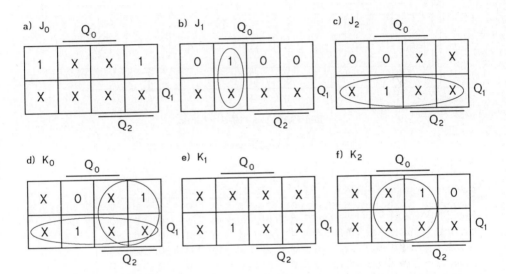

Bild 13.17: KV-Tafeln für den Modulo-5-Zählerentwurf

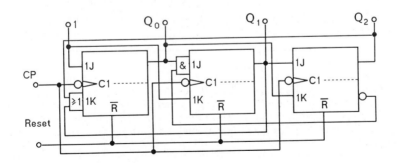

Bild 13.18. Schaltbild des Modulo-5-Zähleres

Bild 13.18 enthält das Schaltbild des gesuchten Zählers

13.4.3 Ringzähler (Zählring)

Ringzähler verwenden den *1-aus-m-Code* und bestehen aus m zu einem Ring zusammengeschalteten Flipflops. Von ihnen ist nur eines gesetzt ($Q_i = 1$), während alle anderen 0 am Ausgang haben. Mit jedem Trigger wandert die 1 um eine Stelle in Zählrichtung weiter. Nach m Zähltakten ist wieder der Anfangszustand erreicht. Am verbreitetsten sind 1-aus-10-Ringzähler, mit denen man z.B. ohne Umcodierung Ziffernanzeigeröhren ansteuern kann.

Bild 13.19 zeigt das Schaltbild eines zehnstufigen Ringzählers. Die zugehörige Codetabelle und das Zeitliniendiagramm sind in Tabelle 13.3 und im Bild 13.20 zu finden.

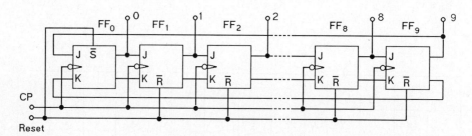

Bild 13.19: 1-aus10-Ringzähler

Tabelle 13.3: Codetabelle des Zähler in Bild 13.19

Dezi-mal	FF_0	FF_1	FF_2	FF_3	FF_4	FF_5	FF_6	FF_7	FF_8	FF_9
0	1	0	0	0	0	0	0	0	0	0
1	0	1	0	0	0	0	0	0	0	0
2	0	0	1	0	0	0	0	0	0	0
3	0	0	0	1	0	0	0	0	0	0
4	0	0	0	0	1	0	0	0	0	0
5	0	0	0	0	0	1	0	0	0	0
6	0	0	0	0	0	0	1	0	0	0
7	0	0	0	0	0	0	0	1	0	0
8	0	0	0	0	0	0	0	0	1	0
9	0	0	0	0	0	0	0	0	0	1

Vor Beginn der Zählung wird der Zähler in die Anfangsstellung gebracht, indem die Flipflops $FF_1 \cdots FF_9$ mit Reset = 1 zurückgesetzt und FF_0 gesetzt werden. Der Zählimpuls wird als Setzsignal immer nur an dem Flipflop wirksam, bei dem $J_i = 1$ und $K_i = 0$ ist. Bei allen anderen Flipflop sind $J_i = 0$ und $K_i = 1$; sie sind (oder werden) also zurückgesetzt.

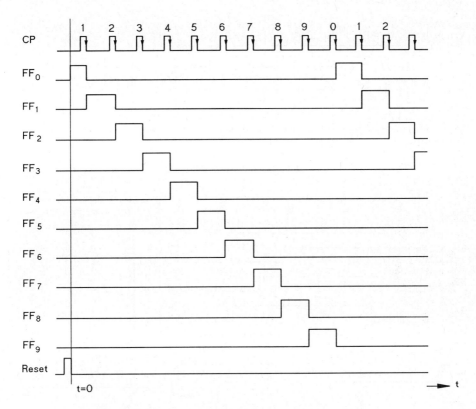

Bild 13.20: Zeitliniendiagramm zum 1-aus-10-Ringzähler

13.4.4 Johnson- oder Moebius-Zähler

Der *Johnson-* oder *Moebius-Zähler* ist vom schaltungstechnischen Aufwand und von der Codierung her ein Kompromiß zwischen dem 1-aus-m- und dem Modulo-n-Zähler. Während beim $\binom{m}{1}$-Zähler die Codierung extrem einfach, aber der Aufwand maximal ist (1 Flipflop pro Zählstellung) hat der Modulo-n-Zähler eine minimale Anzahl von Flipflops.

Der Johnson-Zähler benötigt für m Zählstellungen m/2 Flipflops. Man kann ihn als Ringzähler mit gekreuzter Rückführung auffassen. Die Schaltung für m = 10 ist in Bild 13.21 dargestellt. Im Reset-Zustand $Q_0 = Q_1 = \cdots = Q_4 = 0$ sind alle Flipflops zurückgesetzt, und FF_0 ist zum Setzen vorbereitet ($J_0 = 1$, $K_0 = 0$). Der erste Takt setzt $Q_0 = 1$. Beim zweiten Takt kann FF_0 seinen Zustand nicht ändern, weil sich im Eingang nichts geändert hat. Dafür kippt jetzt FF_1. Bis zum 5. Takt wird jeweils das nächste Flipflop gekippt. Durch die Rückkopplung wird nach dem 5. Takt jetzt aber $J_0 = 0$ und $K_0 = 1$, so daß FF_0 beim 6. Takt zurückkippen kann ($Q_0 = 0$).

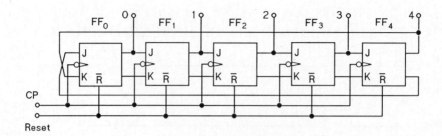

Bild 13.21: Johnson-Zähler

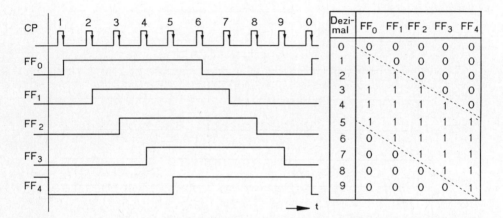

Bild 13.22: Zeitliniendiagramm zum Bild 13.21   **Tabelle 13.4:** Codetabelle zu Bild 13.21

Die nächsten Takte setzen in analoger Weise alle folgenden Flipflops wieder auf Null, bis beim 10. Trigger der Anfangszustand $Q_0 \cdots Q_4 = 0$ erreicht ist.

Bild 13.22 zeigt das Zeitliniendiagramm und Tabelle 13.4 den Code des Johnson-Zählers. Der Johnson-Zähler hat den Vorteil, daß bei der Dekodierung keine Spikes auftreten können, weil immer nur ein Flipflop pro Takt kippt. Eine Variante für den *rückwärts zählenden* Johnson-Zähler zeigt Bild 13.23.

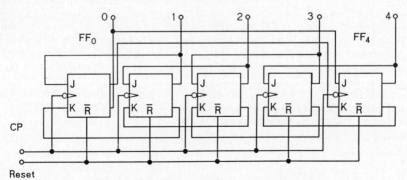

Bild 13.23: Rückwärts zählender Johnson-Zähler

13.5 Vor- Rückwärtszähler (reversible Zähler)

Vor- Rückwärtszähler sind in der Lage, sowohl vorwärts als auch rückwärts zu zählen. Sie können synchron oder asynchron ausgelegt sein. Der reversible Asynchronzähler hat jedoch hinsichtlich des Schaltungsaufwandes kaum Vorteile gegenüber dem Synchronzähler, dagegen eine Reihe von Nachteilen funktioneller Art, weshalb man meistens Synchronzähler vorzieht. Als Beispiel für einen reversiblen Zähler sei hier die Schaltung einer *synchronen Vor-Rückwärtsdekade im 8-4-2-1-Code* mit JK-Flipflops diskutiert.

Beim Schaltungsentwurf empfiehlt es sich, vom reinen Vorwärtszähler auszugehen und diesen in einer Teilschaltung so zu erweitern, daß er mit einem *Steuereingang ZV* (Zählen vorwärts) = *0* gesperrt werden kann. Danach entwickelt man in einer zweiten Teilschaltung einen reinen Rückwärtszähler, der über ein Signal *ZR = 0* (Zählen rückwärts) gesperrt wird. Beide Teilschaltungen werden dann mit 4 zusätzlichen ODER-Verknüpfungen zusammengesetzt.

Die Schaltung für die synchrone Vorwärts-Zähldekade mit Übertrag haben wir bereits im Abschnitt 13.4 entworfen und in Bild 13.14 dargestellt. Bild 13.24 zeigt diesen Vorwärtszähler mit Erweiterung um 3 UND-Glieder $U_1 \cdots U_3$ und einen Inverter I_1. Das UND-Glied U_4 für den Übertrag hat gegenüber Bild 13.14 einen Eingang mehr. Im Gegensatz zur Schaltung dort wird hier der invertierte Übertrag zum Rücksetzen von FF_2 und FF_1 beim Takt 10 verwendet.

Bild 13.25 verdeutlicht die entsprechende Erweiterung zum Rückwärtszähler mit den UND-Gliedern U_5 bis U_8 und dem Inverter I_2. Im Bild 13.26 ist schließlich die Synthese beider Schaltungen mittels der ODER-Glieder $O_1 \cdots O_5$ durchgeführt.

Beim diskreten Aufbau derartiger Schaltungen muß man darauf achten, daß durch Laufzeitunterschiede auf den einzelnen Signalwegen keine Race- und Hazard-Erscheinungen auftreten, die die dynamische Funktionssicherheit der Schaltung infragestellen kann, obwohl der logische (statische) Entwurf in Ordnung ist.

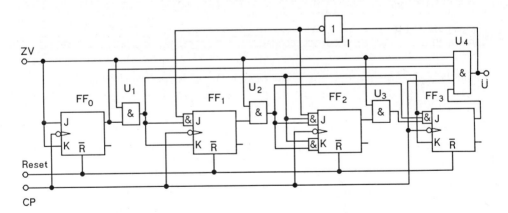

Bild 13.24: Dekadischer 8-4-2-1-Vorwärtszähler

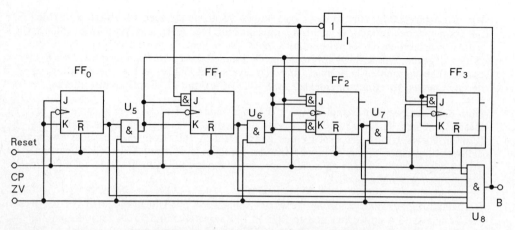

Bild 13.25: Dekadischer 8-4-2-1-Rückwärtszähler

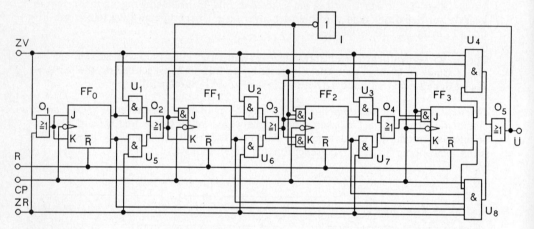

Bild 13.26: 8-4-2-1-Vor/Rückwärtszähler als Synthese aus den Bildern 13.24 und 13.25

14 Registerschaltungen

14.1 Allgemeines

Flipflops sind nicht nur in Zählschaltungen unentbehrlich, sondern sie bilden auch die Grundlage für *Registerschaltungen*. Register dienen zur kurzzeitigen Speicherung kleiner Mengen digitaler Informationen. Sie haben deshalb häufig eine Speicherkapazität, die der Länge eines Wortes entspricht. Im Gegensatz zu Strukturspeichern (Magnetspeicher, Papierspeicher, Film, Compact Disc CD u. a.) bleibt beim Register die Information in der Regel nur solange erhalten, wie die Schaltung mit Betriebsspannung versorgt wird. Register lassen sich vielseitig einsetzen. Bild 14.1 gibt eine schematische Übersicht.

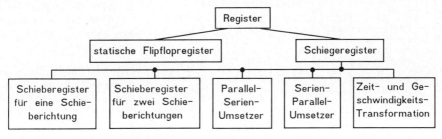

Bild 14.1: Arten von Registerschaltungen

14.2 Statische Flipflopregister

Statische Flipflopregister dienen z.B. als Pufferspeicher für die Bereitstellung von Rechenoperanden oder Adressen, für die Anzeige oder Zwischenspeicherung von Ergebnissen etc. Da ein Flipflop 1 bit Speicherkapazität hat, ist die Zahl k der Flipflops eines Registers in der Regel gleich der Wortlänge. Bild 14.2 zeigt als Beispiel ein statisches 4-bit-Register B mit der erforderlichen Übernahmelogik, die es gestattet, die Information entweder normal oder invertiert aus einem Register A zu übernehmen. Die Flipflops vom RS-Typ sind nicht seriell miteinander verbunden. Sie können parallel über Reset A und Reset B gelöscht werden.

Für $SETB_{normal} = 1$ wird von allen Flipflop des Registers A, die an ihren Ausgängen Q_i eine 1 führen, die 1 an die Flipflops des Registers B weitergegeben. Für $SETB_{invertiert} = 1$ findet der Vorgang mit den invertierten Ausgängen $\overline{Q}_i$ von A statt.

14.3 Schieberegister

Schieberegister (SR) sind *kettenförmige* Anordnungen von Flipflops. Mit Hilfe von Schiebeimpulsen läßt sich die Information von einer Speicherzelle zur nach- oder/und vorgeschalteten weitergeben (Schieberegister für eine oder zwei Schieberichtungen). Der Ausgang eines Flipflop ist gleichzeitig der Eingang des nächsten. Für den Übernahmevorgang sind die in Kapitel 8 für das Zweispeicherflipflop charakteristischen Zeitabläufe von ausschlaggebender Bedeutung (Bild 14.3). Die aus einem Speicher FF_{n-1} in den Speicher FF_n zu übernehmende Information muß durch einen Zwischenspeicher (Verzögerungsglied) V_n soweit verzögert werden, bis die korrekte Weitergabe der in FF_n gespeicherten Information über V_{n+1} an FF_{n+1} sichergestellt ist.

Hierbei kann die Zwischenspeicherung statisch oder dynamisch geschehen. Bei der statischen Zwischenspeicherung ohne Master-Slave-Flipflops wird zusätzlich ein weiterer Schiebetakt für die Zwischenspeicher V_i benötigt (in Bild 14.3 gestrichelt dargestellt).

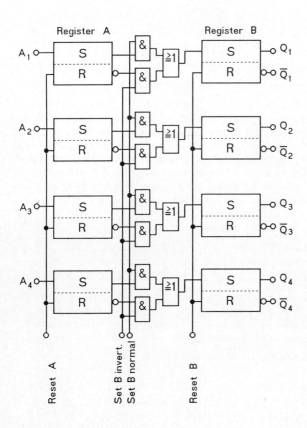

Bild 14.2: Statisches Flipflopregister

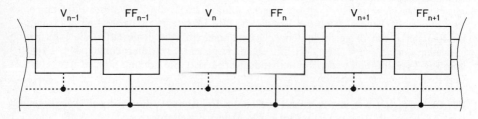

Bild 14.3: Schieberegister, Prinzip

14.3.1 Schieberegister für eine Schieberichtung

Bild 14.4 zeigt ein 4-bit-Schieberegister für eine Schieberichtung (links → rechts). Für den Aufbau solcher Schieberegister kommen insbesondere RS-, JK- oder D-Flipflops infrage. Bezeichnet man mit T die Periode des Schiebetaktes, so läßt sich das Zeitverhalten für ein n-bit-SR angeben:

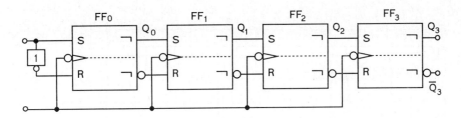

Bild 14.4: Schieberegister für eine Richtung (vorwärts)

$Q_1(t) = x(t - T)$

$Q_2(t) = Q_1(t - T) = x(t - 2 \cdot T)$

$\cdot \quad \cdot \quad \cdot$

$Q_n(t) = Q_{n-1}(t - T) = x(t - n \cdot T)$. (14.1)

Tabelle 14.1 zeigt für das 4-bit-SR nach
Bild 14.4 die Speicherzustände $Q_0 \cdots Q_3$ für
7 aufeinanderfolgende Takte, wenn die Eingangsinformation aus der Bitfolge 01100100
besteht.

Tabelle 14.1: Speicherzustände des Schieberegisters

t	x	Q_0	Q_1	Q_2	Q_3
0	0	0	0	0	0
T	1	0	0	0	0
2 T	1	1	0	0	0
3 T	0	1	1	0	0
4 T	0	0	1	1	0
5 T	1	0	0	1	1
6 T	0	1	0	0	1
7 T	0	0	1	0	0

14.3.2 Schieberegister für zwei Schieberichtungen

Schieberegister für zwei Schieberichtungen gestatten den Transport der Information in
beiden Richtungen. Bild 14.5 zeigt ein Beispiel mit 4 JK-Flipflops. Die Ausgänge der
Flipflops $FF_0 \cdots FF_3$ sind über je 2 UND-Glieder entweder mit dem Eingang der jeweils
folgenden oder der vorangehenden Stufe über ODER verknüpft. Über eine Steuerleitung
SR (Schieberichtung) werden die UND-Glieder so aktiviert, daß für SR = 1 und CP = 1
Schieben nach rechts und für SR = 0 und CP = 1 Schieben nach links erfolgt.

Allgemein gilt dann für das Flipflop FF_i :

Setzen: $\qquad\qquad\qquad J_i = CP \cdot (SR \cdot Q_i + \overline{SR} \cdot x_{i+1})$ (14.2)

Rücksetzen: $\qquad\qquad\qquad K_i = \overline{J_i}$. (14.3)

14.3.3 Serien-Parallel-Umsetzer

Der *Serien-Parallel-Umsetzer* ist eine häufig benötigte Einrichtung z. B.bei der Dateneingabe, wenn seriell angelieferte Binärworte zur bitparallelen Weiterverarbeitung bereitgestellt werden sollen. Bild 14.6 zeigt das Schaltbeispiel für einen 4 bit-Serien-Paral-
lelumsetzer. Die als Beispiel am Eingang x angenommene Bitfolge 1101 erscheint nach 4
Schiebetakten an den Ausgängen $Q_3 \cdots Q_0$ und kann von dort parallel abgerufen werden,
und zwar steht das MSB in Q_0. Voraussetzung für eine einwandfreie Funktion der Schaltung ist Synchronismus zwischen Einlesen an x und Verschieben. Bild 14.7 zeigt das zugehörige Zeitliniendiagramm.

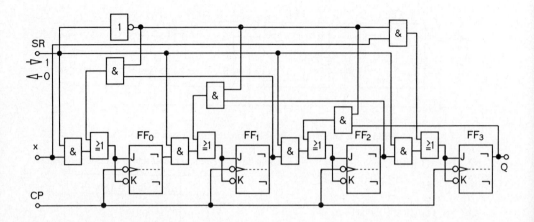

Bild 14.5: Schieberegister für zwei Schieberichtungen

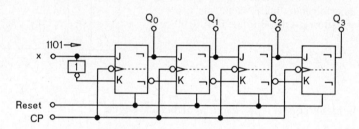

Bild 14.6: Serien-Parallelumsetzer

14.3.4 Parallel-Serien-Umsetzer

Parallel-Serien-Umsetzer wandeln bitparallele Worte in eine zeitliche Folge um (Umcodierung für serielle Datenübertragung, serielle Addition usw). Bild 14.8 zeigt ein Schaltbeispiel für einen Parallel-Serien-Umsetzer mit 4 bit, und in Bild 14.9 ist der zeitliche Verlauf der Umsetzung dargestellt.

Zu Beginn wird das Register über den Reset-Eingang gelöscht. Im nachfolgenden Takt werden die über die Eingänge $x_0 \cdots x_3$ eingehenden Parallel-Bits über AND-Glieder mit Set Enable = 1 übernommen. Die folgenden 4 Takte geben an den Ausgang Q_3 die serielle Folge der Bits $x_3 \cdots x_0$, beginnend mit x_3 (im gewählten Beispiel die Bitfolge 1011). Liegen die Vorbereitungseingänge von FF_0 fest an 0 oder 1, so ist das Register nach 4 Takten entweder wieder gelöscht oder aber gesetzt.

Schieberegister aller Art sind in vielen Varianten als integrierte Schaltungen (ICs) im Handel.

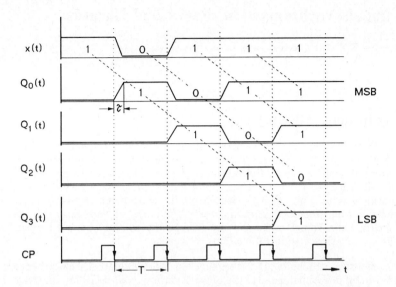

Bild 14.7: Zeitliniendiagramm zum Serien-Parallelwandler (Bitfolge 1101)

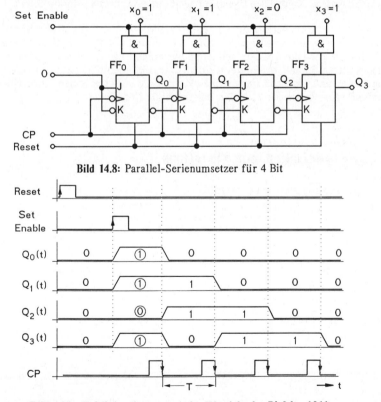

Bild 14.8: Parallel-Serienumsetzer für 4 Bit

Bild 14.9: Zeitliniendiagramm beim Wandeln der Bitfolge 1011

15 Impulssynchronisation, Races und Hazards

15.1 Einleitung, Allgemeines

Eine in der Praxis häufig zu lösende Aufgabe ist die *Kommunikation zwischen zwei digitalen Systemen ohne gemeinsame Zeitbasis,* wie z. B. zwischen einem Rechner und einer asynchron arbeitenden Daten-Ein/Ausgabe. Hierbei müssen die Daten der langsameren Einheit mit dem Systemtakt der schnelleren Einheit synchronisiert werden. Das kann auf verschiedene Arte und Weise geschehen. In einfacheren Anwendungen geht es manchmal darum, *Impulsflanken um eine definierte Zeit zu verzögern.* Die Verzögerung kann sich auf die Vorderflanke, auf die Rückflanke oder auf beide Flanken beziehen. Hierfür lassen sich vorteilhaft *Monoflops* verwenden.

Die im nächsten Abschnitt (15.2) behandelten 3 Schaltungsbeispiele arbeiten nur einwandfrei unter der Annahme, daß die *Signallaufzeiten in allen Gattern etc. Null* sind, daß also ideale Schaltflanken vorliegen. Ist dies nicht der Fall, so können *"Race"*- und *"Hazard"*-Probleme auftreten, die wir den Abschnitten 15.3 und 15.4 dieses Kapitels behandeln wollen (vgl. a. Kapitel 13, Bemerkungen zum asynchronen Binärzähler).

Bei komplexeren Aufgabenstellungen genügt die Verwendung von Monoflops nicht mehr; hier müssen aufwendigere Konzepte realisiert werden. Die Synchronisation erfolgt in der Regel mit Flipflops, die mit dem schnellen Systemtakt getriggert und mit dem asynchronen langsameren Signal vorbereitet werden. Dabei können Konflikte auftreten, die infolge von Races und Hazards *metastabiles Verhalten* zur Folge haben. Ihre Ursachen und Maßnahmen zur Vermeidung werden im Abschnitt 15.5 erörtert.

15.2 Synchronisation mit Monoflops

15.2.1 Verzögerung der Vorderflanke

Bild 15.1 zeigt ein Schaltbeispiel und das Schaltsymbol für die *Verzögerung der Vorderflanke* eines Taktimpulses CP. Der Taktimpuls habe die Dauer T und das Monoflop die Verweilzeit $t_D = \tau$ $(T > \tau)$.

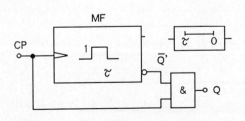 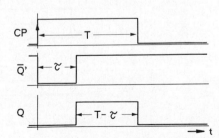

Bild 15.1: Verzögerung der Vorderflanke   **Bild 15.2:** Zeitliniendiagramm

Der stabile Ausgang $\overline{Q}'$ des Monoflops ist über ein UND-Glied mit CP verknüpft. Die positive Flanke von CP triggert das Monoflop, damit wird $\overline{Q}' = 0$, und der Ausgang Q ist ebenfalls 0. Nach der Zeit τ kippt das Monoflop wieder in seine stabile Lage $\overline{Q}' = 1$, und an Q erscheint eine 1, und zwar solange, bis CP nach der Zeit T beendet ist. Die Vorderflanke erscheint um die Zeit τ verzögert, während die Rückflanke erhalten bleibt. Bild 15.2 zeigt das Zeitliniendiagramm.

15.2.2 Verzögerung der Rückflanke

Bild 15.3 enthält ein Schaltbeispiel und das Symbol für die *Verzögerung der Rückflanke* eines Impulses um die Zeit τ. Es gelten wieder die gleichen Bezeichnungen wie in Abschnitt 15.2. Der metastabile Ausgang Q' wird über ein ODER-Glied mit CP verknüpft. Die positive Flanke von CP bewirkt $Q = 1$ für die Dauer T. Die negative Flanke von CP kippt das Monoflop, so daß für die Dauer τ wegen $Q' = 1$ auch $Q = 1$ bleibt. Bild 15.4 zeigt das Zeitliniendiagramm. Verwendet man ein Monoflop mit negativer Flankensteuerung, so läßt sich der Inverter I einsparen.

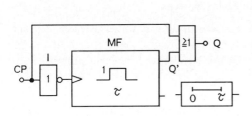

Bild 15.3: Verzögerung der Rückflanke   **Bild 15.4:** Zeitliniendiagramm zu Bild 15.3

15.2.3 Verzögerung der Vorder- und Rückflanke

Die Verzögerung der Vorderflanke um die Zeit t_1 ($\widehat{=}\tau_1$) und der Rückflanke um die Zeit t_2 läßt sich mit 2 Monoflops MF_1 und MF_2 nach Bild 15.5 (Schaltung und Symbol) realisieren. Das Zeitdiagramm zeigt Bild 15.6.

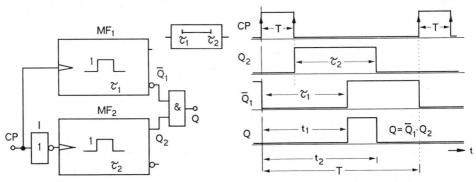

Bild 15.5: Verzögerung beider Flanken   **Bild 15.6:** Zeitliniendiagramm zu Bild 15.6

Die positive Flanke von CP triggert MF_1, damit wird $\overline{Q}_1 = 0$, und im Ausgang bleibt $Q = 0$. Die Rückflanke von CP triggert MF_2, wodurch $Q_2 = 1$ wird. Der Ausgang Q ist solange 1, wie $\overline{Q}_1 \cdot Q_2 = 1$ ist. Bild 15.6 entnimmt man die Nebenbedingung

$$\tau_1 < T + \tau_2 , \tag{15.1}$$

und für die Taktwiederholzeit T' gilt

$$T' \geqslant T + \tau_2 . \tag{15.2}$$

Außerdem ist

$$t_1 = \tau_1 > T , \tag{15.3}$$

$$t_2 = \tau_2 + T . \tag{15.4}$$

15.3 Wettlauf- oder Raceerscheinungen in asynchronen Schaltungen

In asynchronen Schaltwerken können *"Races"* (engl.: Wettläufe) zwischen binären Schaltübergängen (1 → 0 oder 0 → 1) auftreten, die sich in *ungewollten instabilen Zuständen* bemerkbar machen. (*Beispiel:* Asynchroner Binäruntersetzer aus Kapitel 13, Zeitliniendiagramm Bild 13.5). Sie kommen zustande, wenn

- Der Folgezustand Y_{n+1} sich in *mehr als einem Bit* vom vorhergehenden Zustand Y_n unterscheidet und
- die *Signallaufzeiten* auf den unterschiedlichen Wegen Differenzen aufweisen.

Man unterscheidet 2 Arten von Wettläufen
- *kritische* und
- *unkritische.*

Kritische Wettläufe liegen vor, wenn die entstehenden Zwischenzustände zu *ungewollten Endzuständen* führen, indem sie vom Schaltwerk als echtes Ereignis gewertet werden.

Ein unkritischer Wettlauf ergibt sich dann, wenn der *letztlich erreichte Endzustand nicht* davon abhängt, welches der Teilsignale zuerst am "Ziel" ist.

Racefreie Schaltungen erhalten wir, wenn sich zwei *zeitlich benachbarte* Zustände $Y(X)_{i+1}$ und $Y(X)_i$ jeweils nur in *einem* Bit unterscheiden (s. z.B. einschrittige Codes, Kapitel 10).

15.4 Hazards in asynchronen Schaltungen

Außer den Races können in asynchronen Schaltwerken auch *"Hazards "* (engl.: Wagnisse) auftreten. Im Zusammenhang mit elektronischen Digitalschaltungen versteht man darunter die Möglichkeit *ungewollter Zwischenzustände* z.B. in Form von Nadelimpulsspitzen *(spikes)*. Läßt man beim Schaltungsentwurf die Möglichkeit von Hazards außer acht, so geht man das Wagnis ein, daß die Schaltung nicht einwandfrei arbeitet. Es genügt also nicht, nur Races zu eliminieren.

Die Ursache von Hazards liegt wie bei den Races in unterschiedlichen Signallaufzeiten auf verschiedenen Wegen im Schaltnetz. Im Unterschied zu den Races *beginnen* beim Hazard die Signale jedoch alle an *demselben* Punkt der Schaltung und *enden* in einem *gemeinsamen* Ausgang. Bei den Races können sie auch an demselben Eingang beginnen (müssen aber nicht), sie *enden* aber auf *mehreren* Ausgängen (Beispiel Binärzähler Kap. 13, Bild 13). Man unterscheidet zwei Arten von Hazards:

- *kombinatorische Hazards:* Hier laufen alle Signalwege "parallel" innerhalb des Schaltnetzes (Beispiele: Bilder 15.1, 15.3 und 15.5).

- *Rückkopplungshazards:* Sie treten z.B. auf, wenn entsprechend Bild 15.7 die Ausgänge eines Schaltwerks auf die Eingänge zurückgekoppelt werden. Sie sind im Prinzip unvermeidlich und führen unter Umständen zum metastabilen Verhalten von Flipflops (s.a. nächsten Abschnitt).

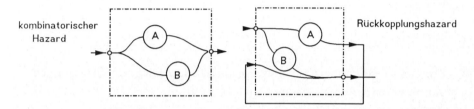

Bild 15.7: Kombinatorische und Rückkopplungshazards

Nimmt man an, daß die Signallaufzeiten in den UND-Verknüpfungen und im Flipflop Null sind, so ist leicht einzusehen, daß beim Auftreten des Taktsignals CP sich die Vorbereitungssignale des Flipflops unzulässigerweise *gleichzeitig* mit den Ausgangszuständen Q und $\overline{Q}$ ändern. Dieser Hazard ist prinzipbedingt und läßt sich nur umgehen, wenn man entsprechend Kapitel 8 auf Flipflops nach dem Master-Slave-Prinzip mit Zwischenspeicher ausweicht.

In Bild 15.8 sehen wir, wie man einen kombinatorischen Hazard eliminieren kann. Bild 15.8a ist identisch mit der Schaltung nach Bild 15.1, und es sei angenommen, daß das Monoflop die Zeit τ' benötigt, bis es in den metastabilen Zustand gekippt ist. Wenn man weiter annimmt, daß die Laufzeit im UND-Glied vernachlässigbar ist, so entsteht beim Auftreten von CP ein Spike der Dauer τ' (Bild 15.8b). Um ihn zu vermeiden, läßt sich CP am UND-Glied beispielsweise durch 2 Inverter mit der Gesamtlauf

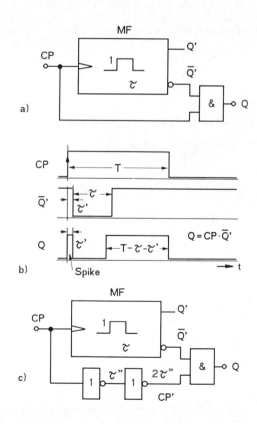

Bild 15.8: Elimination eines kombinatorischen Hazards

zeit $2 \cdot \tau''$ ($> \tau'$) verzögern, so daß die positive Flanke von CP' mit Sicherheit später auftritt als die von $\overline{Q}$' (Bild 15.8c).

15.5 Synchronisation mittels Flipflops

Wie in der Einleitung bereits erwähnt, ist bei komplexeren Aufgabenstellungen der Einsatz von Flipflops zum Speichern des zu synchronisierenden Signals (z.B. von D-Latches gemäß Bild 15.10) erforderlich. Wichtig für einwandfreies Arbeiten eines getakteten Flipflops ist jedoch allgemein, daß das *Setzen der Vorbereitungsvariablen* (Setup) zum Zeitpunkt t_{su} *(s. Bild 15.9) vor Eintreffen des Taktes CP abgeschlossen* ist und bis zum Zeitpunkt t_{hold} stabil bleiben muß (vgl. a. Kap.8). Das läßt sich jedoch bei asynchronem Betrieb nicht immer einhalten , so daß folgende Probleme auftreten können:

- *Oszillation* des Flipflops (oft nur wenige selbständig abklingende Schwingungen),
- Auftreten von *Spikes* (s.o.),
- Auftreten von *metastabilen Zuständen*.

Bild 15.9 zeigt das Verhalten eines getakteten FF unter verschiedenen Zeitbedingungen. Der Zeitraum zwischen t_{su} und t_{hold} ist der eigentlich kritische. Im Fall a sind weder Setup- noch Hold-Zeitbedingung verletzt, weil das Datum beim Autreten der Taktflanke stabil ist. Im Fall b ist das Datum beim Auftreten der Taktflanke zwar auch stabil, verletzt aber die Setup- oder Hold-Bedingung. Damit gerät das Datensignal D in einen unvorhersagbaren, aber stabilen Low- oder High-Pegel. Diese Art Fehler läßt sich mittels Korrekturlogik eliminieren.

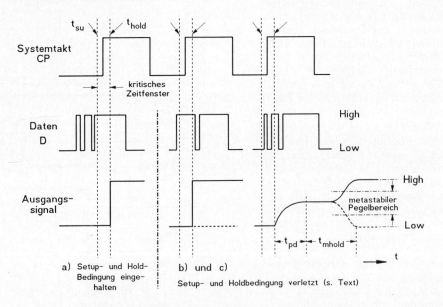

Bild 15.9: Metastabiles Verhalten von Flipflops (s. Text)

Es existiert ein Bündel von Maßnahmen, um diese Risiken zu vermindern; ausschließen lassen sie sich vom Prinzip her nur zum Teil.

Im Fall c werden nicht nur Setup- oder Hold-Bedingung verletzt, sondern das Datum ist auch während der kritischen Phase des Flipflops im Zeitfenster zwischen t_{su} und t_{hold} instabil. Hier gerät das Flipflop nach Durchlaufen der ihm eigenen Zeit t_{pd} in den metastabilen Zustand, der nach Ablauf der metastabilen Hold-Zeit t_{mhold} in einen unvorhersagbaren stabilen Zustand Low oder High übergeht.

Eine externe Möglichkeit, die Setup-Hold-Bedingung zu erfüllen, besteht entsprechend Bild 15.10 darin, zwei D-Flipflops hintereinanderzuschalten und sie mit demselben Takt CP zu triggern.

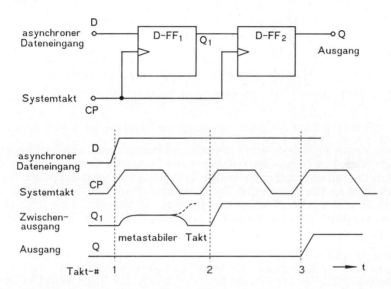

Bild 15.10: Minimierung von metastabilen Synchronisationen mittels D-Flipflop (s. Text)

Mit dem ersten Takt von CP wird das an D stehende Datum in das erste Flipflop FF_1 gerettet. Das Datum am Ausgang von FF_1 hat dann eine Taktperiode minus der Durchlaufverzögerungszeit t_{pd1} von FF_1 minus der Set-Up-Zeit t_{su2} des zweiten FFs Zeit, um sich von einem metastabilem Zustand zu erholen, bis das Signal an Q_1 in das zweite Flipflop (FF_2) getaktet wird. Die Wahrscheinlichkeit eines metastabilen Zustandes am Ausgang Q der Synchronisierschaltung ist dann sehr gering.

Nachteilig bei dieser Methode ist ein Zeitverlust von mindestens zwei Taktperioden und ein Hardwareaufwand von zwei FFs, um ein Datensignal zu synchronisieren.

Der Zeitlinienverlauf in Bild 15.10 zeigt auch, daß in besonders kritischen Fällen drei Perioden CP nötig sein können, um das richtige Datum am Ausgang zu erhalten. Nach Beendigung der metastabilen Phase möge sich der Ausgang Q_1 von FF_1 für den falschen logischen Zustand entscheiden. Dann hat das Datum am Ausgang erst bei der dritten Taktperiode den gewünschten logischen Zustand.

Die Industrie hat Serien von FFs entwickelt, deren Ausgänge garantiert metastabilfrei sind. In der internen Schaltung kann zwar ein metastabiler Zustand auftreten, falls die Setup- oder Hold-Bedingungen verletzt sind. Ein solches Ereignis macht sich nach außen lediglich durch ein Ansteigen der Durchlaufverzögerungszeit t_{pd} des Gesamt-FFs bemerkbar. Ihre Erhöhung läßt sich durch die Angabe entsprechender Parameter im Datenblatt abschätzen und beim Systementwurf berücksichtigen. Die Prinzipschaltung eines metastabilfreien TTL-FFs (nach Valvo/Signetics) ist im Bild 15.11 dargestellt.

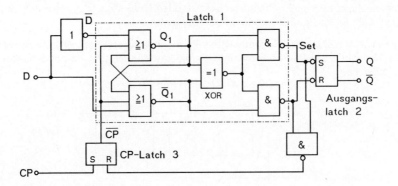

Bild 15.11: Blockschaltung eines metastabilfreien Flipflops nach Valvo/Signetics

Die Gesamtschaltung besteht intern aus mehreren Blöcken; nach außen führen lediglich D- und CP-Eingang sowie die komplementären Ausgänge Q und $\overline{Q}$. Kernstück ist Latch$_1$, das an seinem Ausgang metastabile Zustände erkennt und nur stabile Signale an das Ausgangslatch (Latch$_2$) freigibt. Das Datensignal D wird im Eingangsblock zusätzlich invertiert. Die positve Flanke des Taktsignals CP setzt ein Clock-Latch (Latch$_3$), das dann ein invertiertes CP-Signal auf das kreuzgekoppelte NOR-Flipflop in Latch$_1$ liefert.

An den Ausgängen der NOR-Gatter stellt sich dann und nur dann ein High-Pegel ein, wenn jeweils alle Eingänge auf Low liegen. Das gesetzte Clock-Latch dient somit der Freigabe des NOR-Flipflops. Vor der Freigabe sind Q_1 und $\overline{Q}_1$ auf Low. Das Daten-Signal und sein Komplement bewirken bei gesetztem Clock-Latch, daß sich je nach Zustand von D (log. 1 oder 0) Q_1 oder $\overline{Q}_1$ auf High-Pegel einstellt.

Werden nun Setup-und/oder Holdbedingungen verletzt, dann versucht FF$_1$, sich darauf einzustellen, und es können metastabile Zustände auftreten. Damit sie nicht an den Ausgang von Latch$_2$ gelangen, sorgen ein XOR- und 2 NAND-Gatter für eine Sperrung. Das XOR ist so dimensioniert, daß es solange im Low-Zustand verharrt, bis eine Spannungsdifferenz in der Größenordnung der Basis-Emitterspannung (ca. 0,6 V) zwischen den Eingängen erreicht ist. Dies ergibt einen Störspannungsabstand von ungefähr 0,3V. Damit wird sichergestellt, daß die Ausgangssignale Q_1 und $\overline{Q}_1$ des NOR-FFs erst von den NANDs auf Latch$_2$ durchgeschaltet werden, wenn stabile Signale anliegen.

Treten metastabile Zustände auf, so resultiert das in einer gegenüber dem ungestörten Fall verlängerten Durchlauf-Verzögerungszeit t_{pd} des FFs.

Die Ausgangssignale von Latch$_1$ setzen das Ausgangslatch und setzen gleichzeitig das Clock-Latch zurück. Das Clock-Latch wird durch CP gesetzt und hält das Clock-Signal für Latch$_1$ solange, bis eventuell vorkommende metastabile Zustände abgeklungen sind. Dies gewährleistet, daß an Q und $\overline{Q}$ trotz asynchronen Auftretens von D- und CP-Signalen absolut metastabilfreie TTL-Pegel anstehen.

15.6 Darstellung des dynamischen Verhaltens von Flipflops im Zustandsdiagramm

Flipflops gehören zur Gruppe der Schaltwerke oder *Zustandsmaschinen*, die in Kapitel 23 ausführlicher behandelt werden. Gemäß Bild 23.2 lassen sie sich allgemein zerlegen in einen *ausschließlich kombinatorischen* Teil K und einen *ausschließlich speichernden* Teil Sp. Anhand eines einfachen Schaltungsbeispiels nach Bild 15.12 wollen wir das Übergangsverhalten eines Flipflops näher untersuchen, das Auftreten von instabilen Zuständen erkennen und einen *Zustandsübergangsgraphen* entwickeln.

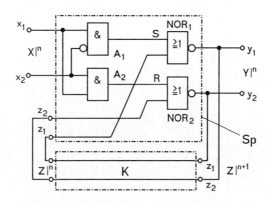

Bild 15.12: Einfaches Flipflop-Schaltwerk (s. Text)

Der Speicherteil Sp besteht aus einem NOR-RS-Flipflop NOR_1, NOR_2 mit vorgeschaltetem Setup-Netzwerk aus den AND-Gliedern A_1, A_2, die die unabhängigen Eingangvariablen $X = \{x_1, x_2\}$ umsetzen gemäß den Beziehungen

$$S = x_1 \cdot \bar{x}_2 \qquad \text{und} \qquad R = x_1 \cdot x_2 . \qquad (15.5), \ (15.6)$$

Am Zustandseingang des Speicherteils liegt der Zustandsvektor $Z|^n = \{z1|^n, z2|^n\}$, und der kombinatorische Teil des Schaltwerks erzwingt aufgrund seines extrem einfachen Aufbaus den Folgezustandsvektor

$$Z|^{n+1} = Z|^n \qquad \text{oder} \qquad z_1|^{n+1} = z_1|^n \qquad (15.7), \ (15.8)$$

$$\text{bzw.} \qquad z_2|^{n+1} = z_2|^n . \qquad (15.8)$$

Wir fassen X und Z als frei wählbare Variablen auf und gelangen so zu der Wahrheitstafel gemäß Tabelle 15.1.

Das Flipflop ist dann stabil, wenn gemäß Gleichung (15.7) die Kombination aus dem Eingangsvektor $Xi|^n$ und $Zj|^n$ am Eingang des Speicherteils Sp den Ausgangsvektor

$$Y_j|^n = Z_k|^{n+1} = Z_k|^n \qquad \text{erzeugt.} \qquad (15.10)$$

Das ist der Fall bei den Zuständen Nr. 1,2,6,9,10 und 13. Alle anderen Zustände sind instabil derart, daß das System schwingt oder unkontrolliert über einen metastabilen Zustand in einen stabilen Zustand gerät.

Tabelle 15.1: Wahrheitstafel für das Schaltwerk gemäß Bild 15.12

Nr.	Eingabe $x_2\|^n$ $x_1\|^n$		Zustand $z_2\|^n$ $z_1\|^n$		Zwischengrößen R und S R	S	Folgezustand $y_2\|^{n+1}$	$y_1\|^{n+1}$	Bemerkungen
0	0	0	0	0	0	0	1	1	instabil
1	0	0	0	1	0	0	0	1	stabil
2	0	0	1	0	0	0	1	0	stabil
3	0	0	1	1	0	0	0	0	instabil
4	0	1	0	0	0	1	1	0	instabil
5	0	1	0	1	0	1	0	0	instabil
6	0	1	1	0	0	1	1	0	stabil
7	0	1	1	1	0	1	0	0	instabil
8	1	0	0	0	0	0	1	1	instabil
9	1	0	0	1	0	0	0	1	stabil
10	1	0	1	0	0	0	1	0	stabil
11	1	0	1	1	0	0	0	0	instabil
12	1	1	0	0	1	0	0	1	instabil
13	1	1	0	1	1	0	0	1	stabil
14	1	1	1	0	1	0	0	0	instabil
15	1	1	1	1	1	0	0	0	instabil

Die Wahrheitstafel Tabelle 15.1 läßt sich so umformen, daß man aus der dabei entstehenden *Automatentafel* (Tabelle 15.2) bequem das *Zustandsübergangsdiagramm* entwickeln kann.

Zustands- vektor $(z_2,z_1)\|^n$	Eingabevektor $(x_2,x_1)\|^n$							
	1	1	1	0	0	1	0	0
	Zustandsfolgevektor $(z_2,z_1)\|^{n+1} = (y_2,y_1)\|^n$							
0 0	0	1	1	1	1	0	1	1
0 1	0	1	0	1	0	0	0	1
1 0	0	0	1	0	1	0	1	0
T1 1	0	0	0	0	0	0	0	0

Tabelle 15.2: Automatentafel zu Tabelle 15.1

Die Spalten in Tabelle 15.2 enthalten die (4 möglichen) Eingangsvektoren $X_i\|^n$ und die Zeilen die 4 Zustandsvektoren $Z_k\|^n$ vor Reaktion der Schaltung. In den Kreuzungspunkten der Matrix sind die Folgezustände eingetragen. Die stabilen Zustände sind umrandet hervorgehoben. Wir erkennen:

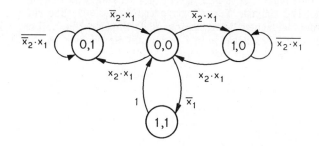

Bild 15.13: Zustands-Übergangsdiagramm für das Schaltwerk nach Bild 15.12 und Tabelle 15.2.

- Es existieren 2 stabile Zustände $(0,1)$ und $(1,0)$. Die Zustände $(0,0)$ und $(1,1)$ sind instabil.

- Ein direkter Übergang aus einen stabilen Zustand $(0,1)$ in den anderen stabilen Zustand $(1,0)$ ist nicht möglich, denn alle 3 stabilen Zustände $(0,1)$ liegen in Zeile 2, aus der man nur mit $\bar{x}_2 \cdot x_1$ herauskommt, und zwar nach $(0,0)$, das aber sofort wieder verlassen wird zugunsten von $(1,0)$. Entsprechendes gilt bezüglich Zeile 3 und des Übergangs $(1,0) \rightarrow (0,0) \rightarrow (0,1)$ mit $x_2 \cdot x_1$.

- Der Zustand $(1,1)$ ist im praktischen Betrieb nicht erreichbar. Man müßte nämlich von einem der stabilen Zustände ausgehen und käme zunächst in den instabilen Zustand $(0,0)$. Dort angekommen, müßte im richtigen Zeitpunkt $x_2 = 0$ gesetzt werden. Selbst wenn dann $(1,1)$ zustandekäme, würde er wegen des Rückkopplungshazards sofort wieder verlassen. Eventuell träte eine Oszillation zwischen $(1,1)$ und $(0,0)$ auf, die undeterminiert in einen der stabilen Zustände münden würde. Die Übergangsbedingung $(1,1) \rightarrow (0,0)$ kann, da der Übergang zwangsläufig ist, mit ”1” beschrieben werden.

15.7 Beispiele für Impulssynchronisierungsschaltungen

15.7.1 Allgemeines

Taktsynchrongesteuerte Schaltungen arbeiten - wie oben erläutert - nur dann einwandfrei, wenn sich alle Signale innerhalb der Schaltung synchron mit dem Takt ändern und zu der Zeit, wo der Takt anliegt (z. B. CP = 1 ist), einen konstanten Wert haben. Weichen Frequenz, Dauer und/oder Amplitude eines von außen kommenden Signals vom Takt ab, so ist es notwendig, das Eingangssignal zu *normieren* und zu *synchronisieren*.

15.7.2 Erzeugung eines taktsynchronen Impulses

Wir wollen eine Schaltung untersuchen, die immer dann einen taktsynchronen Impuls von der Periodendauer T der Taktzeit abgibt, wenn ein externes Steuersignal S auftritt. Das Steuersignal möge zunächst regeneriert werden.

Bild 15.14 zeigt ein Schaltungsbeispiel, bei dem die negative Flanke von S den Ausgangsimpuls auslöst. Ein Schmitt-Trigger ST formt zuerst S. Das als T-Flipflop arbeitende FF1 wird von der negativen Flanke von A getriggert ($Q_1 = 1$). Damit ist FF_2 zum Kippen vorbereitet (J = K = 1). Der nächste Takt CP triggert FF_2 ($Q_2 = 1$) und setzt gleichzeitig über $\overline{Q}_2 = 0$ und den statischen Rücksetzeingang $\overline{R}$ Flipflop FF_1 zurück. Hierdurch ist FF_2 zum Rücksetzen vorbereitet (J = 0, K = 1), und die nächste negative Flanke von CP setzt FF_2 zurück ($Q_2 = 0$). Den Zeitablauf zeigt Bild 15.15.

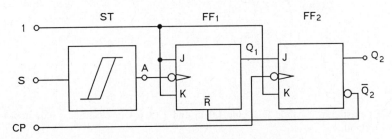

Bild 15.14: Schaltung zur Impulssynchronisation

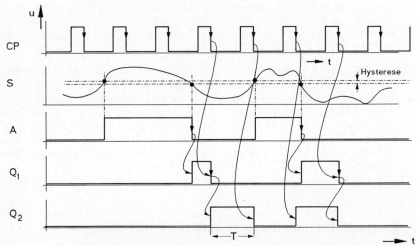

Bild 15.15: Zeitliniendiagramm zur Schaltung nach Bild 15.14

15.7.3 Erzeugung einer unverstümmelten Impulsfolge

In manchen Anwendungsfällen besteht die Forderung, eine Impulsfolge mit Hilfe eines externen Signals (z.B. Knopfdruck) zu starten und/oder zu stoppen. Dabei sollen auch der Anfangs- und der Endimpuls unverstümmelt bleiben. Das Schaltbeispiel in Bild 15.16 enthält ein JK-Flipflop, in dessen Eingang zwei kreuzgekoppelte NAND-Glieder liegen. Bild 15.17 zeigt das Zeitdiagramm.

Mit START = 0 werden J = 1 und K = 0. Das so vorbereitete Flipflop FF kippt mit der nächsten positiven Flanke von CP in die Lage Q' = 1. Damit gelangen die folgenden Taktimpulse über das UND-Glied U an den Ausgang Q. Mit STOP = 0 werden K = 1 und J = 0. Die nächstfolgende positive Flanke von CP triggert FF . Jetzt ist Q' = 0, und U hält die folgenden Taktimpulse vom Ausgang fern. Die im Zeitfenster T_0 liegemden Impulse CP werden unverstümmelt weitergegeben.

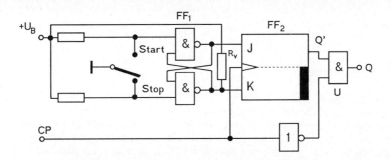

Bild 15.16: Erzeugung einer unverstümmelten Impulsfolge

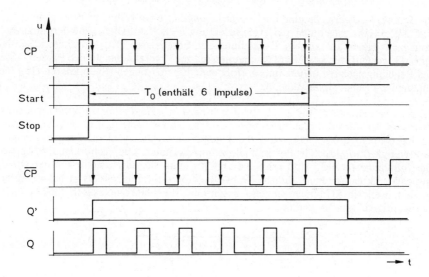

Bild 15.17: Zeitlininiendiagramm zu Bild 15.16

16 Digital-Analog-Umsetzer (D/A-U)

16.1 Allgemeines

Obwohl die *Digital-Analog-Umsetzer (D/A-U)* innerhalb eines digitalen Prozeßverarbeitungssystems am Ende der Signalkette zu finden sind (vgl. Kapitel 17), wollen wir sie bei unseren Betrachtungen an den Anfang stellen, weil wir bei der Behandlung des Gegenstücks, der *Analog-Digital-Wandler (A/D-U)* auf die Kenntnis von D/A-U zurückgreifen müssen. Viele A/D-U beinhalten nämlich D/A-U in Form von Rückkopplungsgliedern. Wir werden auch die *Kenngrößen* von D/A-U erst im Kapitel 17 zusammen mit denen der A/D-U erörtern, weil sie weitgehend identisch sind.

Die *digitale Meßwerterfassung und -verarbeitung* hat eine Reihe von Vorzügen (s. a. Kapitel 17), die ihr zu immer größerer Bedeutung verholfen haben. Auf der anderen Seite kann man jedoch auf *analoge* Darstellung von Ergebnissen (Kurvenscharen, Schirmbilder etc.) wegen ihrer besseren Anschaulichkeit nicht verzichten. In der Prozeß-, Steuer- und Regelungstechnik bieten analog arbeitende Einrichtungen (Stellmotoren etc.) technische und wirtschaftliche Vorteile.

Bei der Echtzeitverarbeitung sind darüber hinaus *hybride Rechnersysteme* unentbehrlich. Hier wird der Vorteil digital arbeitender Systeme (hohe Genauigkeit) mit dem Vorteil der Analogrechner (hohe Geschwindigkeit) kombiniert. Die wenigen Beispiele zeigen die Notwendigkeit, digitale Größen in analoge umzuwandeln. Die Techniken der *Digital/Analog-Umsetzung (D/A-U)* sind sehr mannigfaltig, und sie lassen sich nach verschiedenen Gesichtspunkten einteilen. Bild 16.1 gibt eine Übersicht, die sich als zweckmäßig erwiesen hat, weil sie Prinzipien einzeln beschreibt, die bei komplexeren D/A-U zum Teil gleichzeitig verwendet werden.

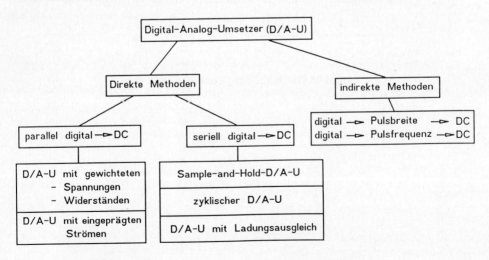

Bild 16.1: Arten von Digital-Analog-Wandlern (D/A-U)

Übertragungsfunktion des D/A-U

Das Prinzip der D/A-Wandlung besteht allgemein darin, eine (analoge) Referenzspannung U_{ref} so mit einem Teilungsfaktor $k < 1$ zu multiplizieren, daß die daraus resultierende Analogspannung U_{analog} folgender Beziehung gehorcht:

$$U_{analog} = k \cdot U_{ref} = U_{ref} \cdot (a_1 \cdot 2^{-1} + a_2 \cdot 2^{-2} + \cdots + a_n \cdot 2^{-n}) \qquad (16.1)$$

mit n: Länge des Digitalwortes und $a_\nu \in \{0,1\}$.

Liegt die zu wandelnde Digitalzahl nicht in einem bewertbaren Code vor, so muß vor der D/A-Wandlung erst eine Umcodierung (normalerweise in den NBC-Code) stattfinden.

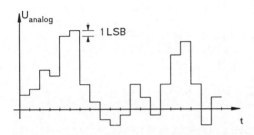

Gleichung (16.1) beschreibt ein *wertdiskretes, zeitkontinuierliches Signal* gemäß Bild 16.2, da die einzelnen Beiträge Quantisierungssprünge aufweisen, deren kleinster Wert dem LSB entspricht. Die Länge n des Digitalwortes gibt die Auflösung an (vgl. Kap. 17). Anstelle der Referenzspannung U_{ref} in (16.1) kann auch ein Referenzstrom I_{ref} verwendet werden.

Bild 16.2: Zeitverlauf der Ausganggspannung eines D/A-U

16.2 Schalten von Strömen, der Glitch-Effekt

Bevor wir auf einzelne Varianten der D/A-U-Schaltungstechnik eingehen, wollen wir einen Effekt besprechen, der überall dort eine Rolle spielen kann, wo *mehrere Ströme* oder *Spannungen gleichzeitig* umgeschaltet werden, also mehrere Schalter quasi gleichzeitig aktiv sind. Hierbei können, wie wir es von Zählern oder auch von kombinatorischen Schaltungen her schon kennen (vgl. Races und Hazard, Kap. 15), ungewollte Zwischenzustände auftreten. Man bezeichnet sie in diesem Zusammenhang als *Glitches*.

Bild 16.3 möge dies verdeutlichen. Der Ausgang eines D/A-U liefere im Idealfall eine treppenförmige Analogspannung (strichpunktiert dargestellt) als Resultat einer aufsteigenden 4-Bit-NBC-Digitalziffernfolge. Der tatsächliche Spannungsverlauf weist Glitches auf. Am kritischsten ist der Übergang, am dem das MSB beteiligt ist, also beim Übergang von 0111 auf 1000 (oder umgekehrt). Hier schalten gleichzeitig 4 Schalter, und der Glitch kann im ungünstigsten Fall U_{analog} kurzzeitig von $U_{ref}/2$ auf Null oder den vollen Ausgangsspannungswert springen lassen (das sind 50 % von U_{ref} !).

Die einfachste Methode, den Glitch mittels einer Tiefpaßschaltung zu glätten, führt unter Umständen wegen der im Glitch enthaltenen Energie zu einer nicht tolerierbaren Nichtlinearität (> 1/2 LSB). Durch spezielle *Deglitcherschaltungen* oder auch durch Verwendung von einschrittigen Codes (vgl. Kap. 10) läßt sich dieser Effekt vermeiden. Das Prinzip einer Deglitcherschaltung zeigt Bild 16.4a. Es beruht darin, die Analog-Ausgangsspannung nicht unmittelbar durchzuschalten, sondern über ein *Track-and-Hold-(T/H-)Glied* solange auf dem vorherigen Wert festzuhalten, bis die Übergangsvorgänge abgeklungen sind und der neue Wert stabil ist (Bild 16.4b). Das T/H-Glied kann beispielsweise von einem Monoflop gesteuert sein, das vom Wandlungstakt CP getriggert wird. In hochwertigen integrierten D/A-U sind Deglitcher implementiert.

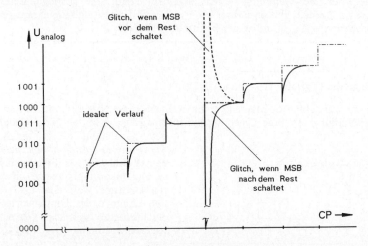

Bild 16.3: Der Glitch-Effekt, schematisch (s. Text)

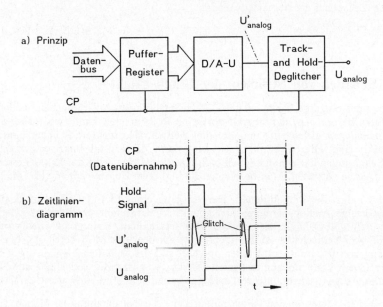

Bild 16.4: Deglitcher, Prinzip und Zeitliniendiagramm

16.3 Direkte D/A-Umsetzer

Direkte Digital/Analog-Umsetzer zeichnen sich dadurch aus, daß sie die *digitale* Größe *direkt in eine analoge Gleichspannung* (seltener in eine Wechselspannung) umsetzen. Je nachdem, ob das Digitalsignal bitparallel oder bitseriell angeliefert wird, sind unterschiedliche Schaltungstechniken erforderlich. Die schnellsten D/A-U ergeben sich bei bitparallelen Worten. Sie sollen als erste abgehandelt werden.

16.3.1 Parallel-Digital/Analog-Umsetzer

16.3.1.1 D/A-U mit gewichteten Referenzspannungsquellen

Bild 16.5 zeigt eine einfache Prinzipschaltung für einen D/A-U mit *gewichteten Referenzspannungsquellen*. Der Wertigkeit eines jeden Bit entspricht dabei eine Referenzspannung. Sie werden über Serienschalter S_ν summiert. Für $a_\nu = 0$ nimmt der Schalter S die untere Stellung, für $a_\nu = 1$ die obere ein.

> *Vorteil:*   Hohe Geschwindigkeit,
>
> *Nachteil:* Ungenau, daher kaum praktisch verwendet.

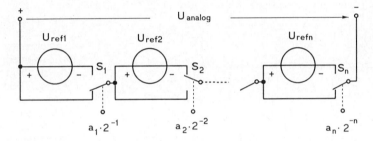

Bild 16.5: Digital-Analog-Umsetzer mit gewichteten Referenzspannungsquellen

16.3.1.2 D/A-U mit gewichteten Widerständen als Spannungsteiler

Im Schaltbeispiel nach Bild 16.5 geht die Genauigkeit jeder Referenzquelle in das Ergebnis voll ein. Die Kosten lassen sich reduzieren und die Genauigkeit erhöhen, wenn man nur mit *einer* Referenzspannung arbeitet und die gewichteten Spannungen mit *Widerstandsteilern* erzeugt. Der Aufwand für hochstabile Widerstandsnetzwerke ist wesentlich geringer, und die Genauigkeit der Referenzspannung wirkt sich auf alle Stufen prozentual gleich aus.

Serielle Netzwerke mit variablem Ausgangswiderstand

In Fällen, wo an den Innenwiderstand des Analogspannungsausgangs keine besonderen Forderungen gestellt werden, lassen sich *Reihenschaltungen* von Widerständen verwenden. Bild 16.6 zeigt ein Beispiel für die dekadische Stufung der Ausgangsspannung. Der

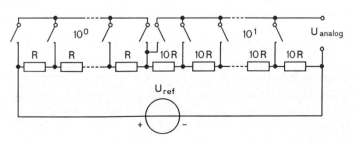

Bild 16.6:
Dekadischer
D/A-U mit
Serienteiler

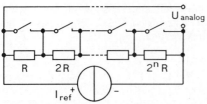

Bild 16.7: Binärer serieller D/A-U

Teiler liegt hierbei an einer Konstantspannungsquelle. In Bild 16.7 wird ein binär gestufter Teiler von einem Konstantstrom I_{ref} durchflossen, und die Analogspannung ergibt sich als Spannungsabfall an den nicht kurzgeschlossenen Widerständen. Beide Schaltungen finden selten Anwendung und sind nur der Vollständigkeit halber erwähnt.

Parallel-Netzwerke mit binär gewichteten Widerständen und konstantem Ausgangswiderstand

Bild 16.8 zeigt eine Schaltung, die den Nachteil des veränderlichen Innenwiderstandes von U_{analog} vermeidet. Der Parallelspannungsteiler liegt mit seinem Summenpunkt auf dem invertierenden Eingang eines als Addierer wirkenden Operationsverstärkers.

Für $a_\nu = 1$ wird der betreffende Widerstand $R_\nu = 2^{\nu-1} \cdot R$ über S_ν an U_{ref} gelegt und liefert am Operationsverstärker den entsprechenden Gewichtsanteil. Ist $a_\nu = 0$, so liegt R_ν an Masse. Dadurch ändert sich der vom Summenpunkt aus gesehene Innenwiderstand des Netzwerkes $R_i = R\|2\cdot R\| \cdots \|2^{n-1}\cdot R$ nicht, wenn der Innenwiderstand vernachlässigbar ist.

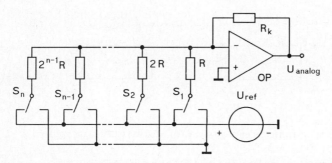

Bild 16.8: D/A-U mit konstantem Innenwiderstand von U_{ref}

Für größere Wortlängen hat die Schaltung nach Bild 16.8 einen Nachteil. Die Widerstände für die *Bits mit der höchsten Wertigkeit* (Most Significant Bit, MSB) werden immer niederohmiger. Damit der Anteil der Widerstände mit den *niedrigsten Wertigkeiten* (Least Significant Bit, LSB) zum Tragen kommt, steigen die Anforderungen an Genauigkeit und Temperaturkonstanz insbesondere bei den MSB-Widerständen. Allgemein gilt für den MSB-Widerstand R eines n-Bit D/A-U

$$\Delta R/R \leqslant 1/2^{n-1}$$.   (16.2)

Beispiel: Für einen 12-Bit-D/A-U hat der höchste Widerstand eine Toleranz von $\leqslant 50\%$, und der niedrigste von $\leqslant 1/2^{11} \approx 0,5 \cdot 10^{-3} = 500$ ppm.

Für die *Ausgangsspannung* der Schaltung nach Bild 16.8 gilt:

$$U_{analog} = -U_{ref} \cdot (R_k/R) \cdot \sum_{i=1}^{n} (a_i/2^{i-1})$$ mit $a_i \in \{0,1\}$.   (16.3)

Für den *Innenwiderstand* R_i des Netzwerkes können wir schreiben:

$$R_i = R \| 2R \| \cdots \| 2^{n-1}\cdot R = R \cdot 2^{n-1}/(2^n - 1) = const$$.   (16.4)

Vorteil: Niedriger Schaltungsaufwand.

Nachteile: Hohe Genauigkeit der Widerstände bei größerer Wortlänge, alle Widerstände haben verschiedene Werte.

Technische Daten: Genauigkeit ca ± 1 ‰, wenn Drift und Offset des Operationsverstärkers vernachlässigbar sind. Erforderliche Stabilität der Speisespannung ca. 0,1 ‰, Genauigkeit der Analogschalter 0,5 ‰. Die Umwandlungszeit wird durch die *Slew Rate* (s. Kapitel 17) des Operationsverstärkers bestimmt.

D/A-U mit Kettenleiter als Parallelspannungsteiler

Anstelle des Serienspannungsteilers kann man auch *Parallelspannungsteiler* einsetzen. Obwohl dieser Typ etwa doppelt soviele Widerstände benötigt wie der D/A-U mit binär gewichteten Widerständen, wird er doch in der Anwendung bevorzugt. Es existiert eine Vielzahl von Kettenleitertypen, von denen der *R/2R-Kettenleiter* in der D/A-U-Technik der gebräuchlichste ist.

Das in Bild 16.9 dargestellte Netzwerk zeigt das Prinzip; es hat folgende Eigenschaften:

1) Der *Eingangswiderstand* R_e an jedem beliebigen Knoten ν ist bei unendlich langem Kettenleiter $R_e = R$.

2) Ein am Knoten ν eingespeister Strom I_ν erzeugt eine *Knotenspannung* $U_\nu = I_\nu \cdot R$.

3) Der *Strom verzweigt sich je zur Hälfte* zum Knoten $\nu - 1$ und $\nu + 1$.

4) Die Spannungen an den Knoten $\nu - 1$ und $\nu + 1$ sind je $0,5 \cdot U_\nu$.

5) Für *jedes fortlaufende Knotenpaar* $\nu \pm 2$, $\nu \pm 3 \cdots$ *halbieren* sich die Ströme und Spannungen wieder gegenüber dem vorherigen Wert.

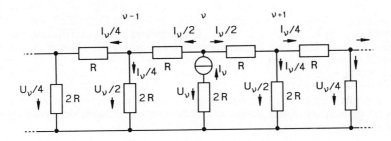

Bild 16.9: R/2R-Kettenleiter-Netzwerk

Bild 16.10 zeigt einen D/A-U mit Kettenleiter, bei dem die Querzweige in Abhängigkeit der Ziffern der Binärwortes zwischen U_{ref} und Masse umgeschaltet werden. Für den Fall, daß der Schalter S_ν auf U_{ref} liegt, wird von diesem Zweig ein Strom geliefert, der mit dem Anteil $2^{-\nu}$ am invertierenden Eingang des Operationsverstärkers wirksam wird. Für die Ausgangsspannung des D/A-U läßt sich schreiben

$$U_{analog} = -R_k/(3R) \cdot U_{ref} \cdot \sum_{i=1}^{n} (a_i \cdot 2^{-i}) \qquad (16.5)$$

mit $a_i \in \{0,1\}$.

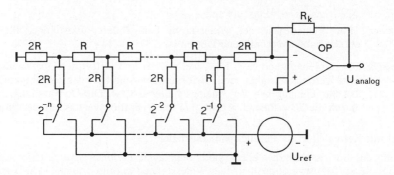

Bild 16.10: D/A-U mit R/2R-Kettenleiter

Vorteile: Nur zwei verschiedene Widerstandswerte (R und 2·R) sind erforderlich. Größere Toleranzen der Widerstände sind zulässig, die Wahl der Widerstandswerte kann den übrigen Bauelementen angepaßt werden.

Nachteile: Höherer Aufwand an Bauelementen, niedrigere Grenzfrequenz wegen der parasitären Kapazitäten.

Technische Daten: Genauigkeit ca. ± 0,5 ‰, sonst siehe vorheriges Konzept.

16.3.1.3 D/A-U mit eingeprägten Strömen

Die im vorangegangenen Abschnitt 16.3.1.2 beschriebenen D/A-U arbeiten alle nach dem Prinzip *geschalteter Spannungsquellen*, das in Bild 16.11 noch einmal schematisch dargestellt ist. Diese Anordnung hat als Hauptmerkmal, daß das *Widerstandsnetzwerk zwischen Analogschalter und Operationsverstärker* liegt. Daraus ergeben sich eine Reihe von grundsätzlichen Nachteilen:

1) Das Schalten relativ hoher Spannungen setzt die Schaltgeschwindigkeit herab.

2) Die Ströme durch das Netzwerk ändern ihre Werte in Abhängigkeit vom Digitalwert im Eingang. Die parasitären Blindkomponenten der Widerstände vermindern die Schaltgeschwindigkeit.

3) Die Forderung nach hoher Geschwindigkeit bedingt niedrige Widerstandswerte, die Forderung nach Genauigkeit hohe, um die Einflüsse der nichtidealen Halbleiterschalter klein zu halten. Hier ist ein Kompromiß zu schließen.

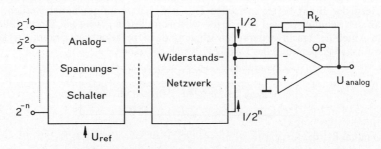

Bild 16.11: D/A-U mit geschalteten Spannungsquellen

Diese Probleme lassen sich umgehen, wenn man statt der Spannungsschalter *Stromschalter* einsetzt. Bild 16.12 zeigt das Prinzip. Es unterscheidet sich von dem in Bild 16.11 lediglich dadurch, daß *Widerstandsnetzwerk und Schalter vertauscht* sind.

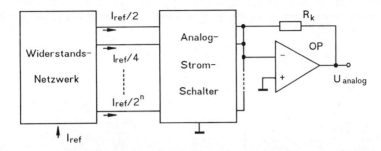

Bild 16.12: D/A-U nach dem Stromschalterprinzip

Die Schalter ändern hier nicht die *Stromflußrichtung durch das Netzwerk*, sondern sie steuern den Strom um *zwischen zwei Punkten gleichen Potentials* (Masse und virtuelle Masse des Operationsverstärkers). Prinzipiell können wir alle in 16.3.1.2 behandelten Widerstandsnetzwerke verwenden. Bild 16.13 zeigt ein Beispiel mit R/2R-Kettenleiter.

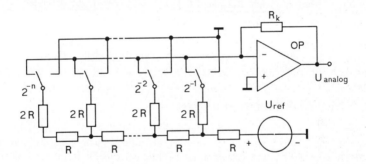

Bild 16.13: D/A-U mit 2/2R-Kettenleiter und dem Stromschalterprinzip

16.3.2 Parallel-Seriell-Digital-Analog-Umsetzer

Die im letzten Abschnitt erörterten D/A-U arbeiten alle mit *bitparalleler Wortverarbeitung* und sind daher schnell. Sie erfordern hohen Schaltungsaufwand. In Fällen, wo einfacherer Aufbau und geringere Geschwindigkeit ausreichen oder wo größere Wortlängen vorliegen, lassen sich auch sog. *segmentierte* D/A-U einsetzen, die einen Übergang zu den rein seriell arbeitenden darstellen, die Thema des nächsten Abschnitts sind. Das Beispiel gemäß Bild 16.14 möge den segmentierten D/A-U anhand eines 4-Bit-Wandlers erläutern, der in der Lage sei, eine bipolare Analogspannung $-U_{ref} \leqslant U_{analog} \leqslant +U_{ref}$ zu erzeugen. Das Digitalwort $a_3 \cdots a_0$ wird in zwei Silben a_3, a_2 und a_1, a_0 aufgeteilt. Die höherwertige Silbe MS steuert den Decoder D_{MS} und die niederwertigere Silbe LS den Decoder D_{LS}. MS steuert die Schalter $S_1 \cdots S_7$ so, daß die Referenzspannung im ersten Span-

nungsteiler geviertelt wird und in der erforderlichen Polarität an den Eingängen der
nachfolgenden Eins-Verstärker OP_1 und OP_2 zur Verfügung steht. Der 1-aus-4-Decoder
D_{LS} wählt für den Feinabgleich der abgegriffenen Spannung über die Schalter $S_8 \cdots S_{11}$
einen der Anzapfe des zweiten Spannungsteilers aus. Dieses Prinzip ist beispielsweise in
erweiterter Form für einen 16-Bit-D/A-U realisiert, der bei einer Wandlungszeit von ca.
3 µs und einer Genauigkeit von 0,01 ‰ eine Ausgangsspannung $U_{analog\ max} = \pm\ 5$ V liefert.

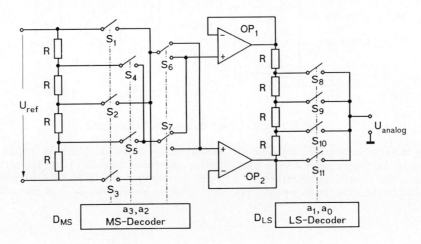

Bild 16.14: Segmentierter (Parallel-Seriell-) D/A-U

16.3.3 Seriell-Digital/Analog-Umsetzer

Die in den vorangegangenen Abschnitten behandelten D/A-U arbeiten voll oder teilweise
mit *bitparallelen Worten,* sind daher schnell, erfordern dafür auch einigen Aufwand. Es
gibt jedoch eine Reihe von Anwendungsfällen, wo die Digitalwerte *bitseriell* geliefert
werden und bei denen außerdem im analogen Kreis große Zeitkonstanten vorhanden
sind, so daß es auf Geschwindigkeit weniger ankommt. Hier läßt sich vorteilhaft ein
serielles Prinzip verwenden, das im folgenden beschrieben werden soll und das auch als
Shannon-Rack-Decoder bezeichnet wird. Wir wollen mit Hilfe der Bilder 16.15 und 16.16
die Wirkungsweise am Beispiel einer seriellen 6-Bit-D/A-Wandlung diskutieren; Bild
16.15 zeigt die Schaltung und 16.16 das Zeitdiagramm. Das zu wandelnde Wort habe die

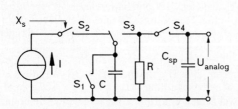

Bild 16.15: Serieller D/A-U mit geschaltetem C

Form $X_s = 001011$. Allgemein
gilt: *Für ein n-Bit-Wort werden n+1 Takte CP benötigt.* Jeder Takt t_ν gliedert sich in
zwei gleichlange Zeitab-
schnitte $t_\nu/2$. Zu Beginn der
Wandlung (Takt t_0) wird der
Analogspeicher C über S_1 entladen. Eine Konstantstromquelle I lädt C während der
ersten Hälfte eines Taktes t_ν
immer dann, wenn $a_\nu = 1$ ist

(Schalter S_2 geschlossen). Für $a_v = 0$ bleibt S_2 offen, und C wird nicht nachgeladen. Die Verarbeitung erfolgt *mit LSB beginnend.* Im vorliegenden Beispiel ist $a = 1$. Der Kondensator wird über S_2 und S_3 während $t_1/2$ auf die Spannung $U_{C0} = 0{,}5 \cdot t_1 \cdot I/C$ aufgeladen. Während der zweiten Hälfte von t_1 ist S_2 offen, und S_3 befindet sich in der entgegengesetzten Stellung, so daß C sich über R entladen kann. R wird so bemessen, daß U_C sich am Ende der Entladung gerade *halbiert* hat. Hierfür gilt die Dimensionierungsvorschrift

$$\boxed{R = t_v /(2 \cdot C \cdot \ln 2)} \quad . \qquad\qquad (16.6)$$

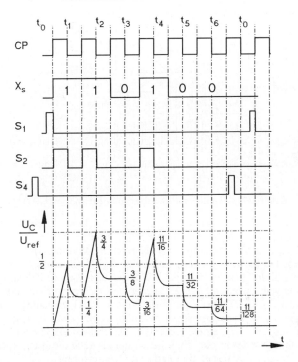

Bild 16.16: Zeitdiagramm für eine 6-Bit-Wandlung

Während des nächsten Taktes ist $a_2 = 1$. Beginnend mit $U_C(t_1) = U_{C0}/2$, erhöht der Ladestrom die Kondensatorspannung jetzt auf den Wert $3 \cdot U_{C0}/2 = 0{,}75 \cdot t_2 \cdot I/C$. Nach der zweiten Hälfte von t_2 ist U_C auf den Wert $U_C(T_2) = 0{,}375 \cdot t_2 \cdot I/C$ abgefallen. Während des dritten Taktes bleibt S_3 wegen $a_3 = 0$ offen; somit ist $U_C (t_2 + 0{,}5 \cdot t_3) = U_C (t_2)$. Die nachfolgende Entladung liefert $U_C(t_3) = 0{,}5 \cdot U_C (t_2) = 0{,}1875\, t_2 \cdot I/C$.

Das Gewicht einer jeden Taktperiode wird durch die nachfolgende halbiert. Das entspricht aber genau dem reinen Binärcode (NBC). Am Ende des letzten Taktes (im Beispiel t_6) ist die Spannung an C proportional dem Analogwert des Binärwortes. Über den Schalter S_4 wird sie in einen Speicher Sp übernommen (z.B. Sample- oder Track-and-Hold-Kreis, s. Kapitel 18). Anschließend muß C über S_1 entladen werden, bevor die nächste Umwandlung beginnen kann. Dieses Prinzip läßt sich in verschiedenen Versionen realisieren (s. a. Übersicht in Bild 16.1).

Technische Daten: Je nach Schaltungskonzept lassen sich Taktfrequenzen zwischen 10 ⋯ 250 kHz bei Genauigkeiten von 1 ⋯ 0,2 ‰ erzielen.

16.4 Indirekte D/A-Umsetzer

Die in 16.3. beschriebenen D/A-U wollen wir als *direkte* Umsetzer bezeichnen, weil sie das Digitalsignal direkt in eine Analogspannung umsetzen. Bei den *indirekt* arbeitenden Wandlern wird zunächst ein *Zwischensignal* erzeugt, das sowohl *digital als auch analog* sein kann und das man dann weiter verarbeitet. Verfahren dieser Art erfordern weniger Aufwand und bieten Vorteile bei langsamen Prozessen (mit Umwandlungsrate von max. $200\ s^{-1}$).

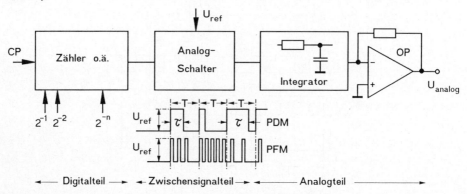

Bild 16.17: Allgemeine Blockschaltung für indirekte A/D-U.

Bild 16.17 zeigt das Prinzipschaltbild eines indirekten D/A-U. Hierbei kann das *pulsco-demodulierte (PCM)-Zwischensignal* entweder puls*breiten-(PDM)-* oder puls*frequenz*modu-liert *(PFM)* sein. Bei Verwendung der Pulsbreitenmodulation (Dauer τ des Impulses ist proportional dem Digitalwert) benötigt man im Digitalteil einen einfachen Binärzähler, für den Fall der Pulsfrequenzmodulation (Zahl der Impulse pro Zeiteinheit T ist proportional dem Digitalwert) werden *digitale Frequenzteiler (Binary Rate Multiplier BRM)* eingesetzt. Der Ausgang des Digitalteils steuert einen Analogschalter, der eine Referenzspannung U_{ref} mit dem Zwischensignal moduliert. Das Zwischensignal wird in einem Tiefpaß integriert und über einen Operationsverstärker ausgegeben. Sowohl die Umwandlung des Digitalwertes in das Zwischensignal als auch die Integration des Zwischensignals im Tiefpaß sind Prozesse, die relativ viel Zeit erfordern.

Ein 12-Bit-Zähler benötigt bei einer Taktfrequenz von 5 MHz für einen Zählvorgang etwa 1 ms. Für eine ausreichende Integrationswirkung muß die Zeitkonstante des Tiefpasses groß gegen die Umwandlungsrate sein; sie liegt bei diesem Beispiel etwa bei 100 ms. Das entspricht bei der PDM einer Eingangssignalfolgefrequenz von 10 Hz. Mit PFM erreicht man nur etwa 10 ··· 20% der Geschwindigkeit von PDM bei gleicher Taktfrequenz.

16.4.1 Pulsbreiten-D/A-Umsetzer

Bild 16.18 zeigt den Digitalteil des *Pulsbreiten-D/A-Umsetzers* für n bit. Er besteht aus einem n-stelligen Binärzähler, dessen Ausgänge über ein n-fach NAND zusammengeführt sind. Zu Beginn der Wandlung werden die einzelnen Stufen über eine Eingangslogik mit SET = 1 entsprechend dem Digitalwort gesetzt. Während der Zeit, die vergeht, bis beim anschließend gestarteten Zähler alle Ausgänge $Q_i = 0$ sind, liegt der Ausgang Q des n-fach NAND auf 1. Erst wenn alle Ausgänge $\overline{Q}_i$ eine 1 führen, geht Q auf 0, und die Taktimpulse CP werden gesperrt. SET = 1 löst eine neue Pulsbreitenumwandlung aus. Der Analogteil ist im Prinzip in Bild 16.17 bereits zu finden.

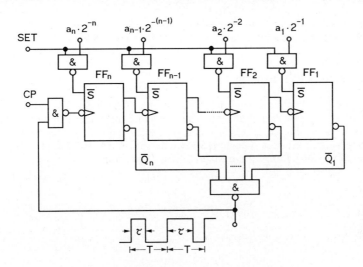

Bild 16.18: Pulsbreiten-D/A-U (Digitalteil)

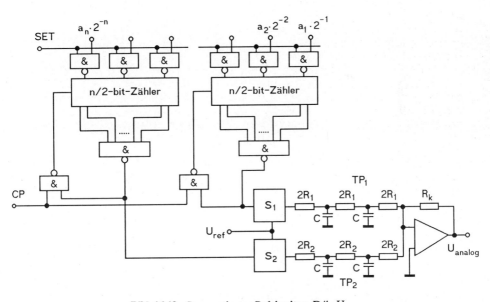

Bild 16.19: Segmentierter Pulsbreiten-D/A-U

Bild 16.19 zeigt eine Schaltung, bei der die *Umwandlungszeit* im Digitalteil bei nur geringem Mehraufwand im Analogteil *halbiert* wird. Das Digitalwort besteht hier aus zwei *Silben* gleicher Länge, die wie in der Schaltung nach Bild 16.14 getrennt, aber gleichzeitig verarbeitet werden. Wir sprechen auch von *Segmentierung*. Die Tiefpässe TP_1 und TP_2 sind so ausgelegt, daß das Gewicht des Summenanteils von TP_2 am Eingang des Summierers S_2 um den Faktor $1/2^{n/2}$ kleiner als der des Summierers S_1 ist. Es gilt also

$$\boxed{R_2/R_1 = 2^{n/2}} \ . \tag{16.7}$$

Beispiel: Für $n = 12$ bit und $R_1 = 18\ k\Omega$ ist $R_2 = 64 \cdot 18\ k\Omega = 1152\ k\Omega$.

16.4.2 Pulsfrequenz-D/A-Umsetzer

Bei Pulsfrequenz-D/A-Umsetzern wird mittels des zu wandelnden Digitalwortes ebenfalls ein Zähler voreingestellt und anschließend auf Null zurückgezählt. Während jedes Zähltaktes wird je ein Signal in Form eines gleichbleibenden Rechteckimpulses (oder auch eines Sägezahns) erzeugt. Die Impulse werden in einem RC-Glied aufintegriert, und ihre Anzahl pro Wandlung ist ein Maß für den Digitalwert.

17 Analog/Digital-Umsetzer A/D-U

17.1 Allgemeines

Für die Erfassung, Darstellung und Verarbeitung physikalischer Größen sind *analoge* und *digitale* Methoden möglich. In der *Natur* kommen praktisch *nur analoge* Meßgrößen vor. Sie lassen sich im Rahmen der technischen Möglichkeiten beliebig genau erfassen. Einfache analoge Geräte (z.B. Drehzeigerinstrument, Thermometer) erfüllen dabei mehrere Funktionen. Sie *erfassen* die zu messende Größe (das Drehzeigerinstrument befindet sich in einem entsprechenden Stromkreis, das Thermometer im Temperaturfeld), sie *verarbeiten* sie (Umsetzung der Stromstärke oder Spannung in einen Zeigerausschlag oder der Temperatur in eine Quecksilberfadenlänge), und sie bringen das Ergebnis *zur Anzeige.*

Das Ergebnis ist normalerweise für den Menschen nur dann sinnvoll, wenn es mit einem *Zahlenwert* verknüpft ist, also in *digitaler* Form vorliegt. Deshalb erfolgt eine *Quantisierung* in Form einer Skala, mit deren Hilfe *der Ablesende selbst* eine Analog-Digital-Umsetzung durchführt.

Dieses im klassischen Sinne analoge Meßverfahren hat neben seinen Vorzügen auch eine Reihe von Nachteilen, die dazu geführt haben, daß digitale Verfahren immer mehr Bedeutung erlangten. Ein wichtiger Nachteil der analogen Signalverarbeitung zeigt sich in der Tatsache, daß für die Signale mit jedem neuen Verarbeitungsschritt eine Qualitätsverschlechterung eintritt, weil sich Störungen (Rauschen, Verzerrungen etc.) hinzuaddieren.

Kennzeichnend für digitale Meßverfahren ist vor allem, daß die Meßgröße *automatisch diskretisiert und quantisiert* wird. Hierzu benötigt man *Analog-Digital-Wandler.* Wichtig beim Diskretisieren ist die Einhaltung des Shannonschen Abtasttheorems.

Vorteile digitaler Verarbeitungsverfahren:
- Höhere Genauigkeit und Auflösung (Ablesefehler geringer),
- gestörte Meßgrößen lassen sich mit geringerer Fehlerquote erfassen,
- leichte Übertragung und Verarbeitung der digitalen Größe,
- Grad der Genauigkeit bleibt mit wachsender Zahl der Verarbeitungsschritte erhalten.

17.1.1 Klassifizierung von A/D-Umsetzungsverfahren

Da A/D-Wandler im allgemeinen komplexe Einrichtungen sind, ist es möglich, sie nach verschiedenen Gesichtspunkten einzuteilen. Es sollen eine Reihe von Möglichkeiten hierfür angedeutet werden.

Art des Eingangssignales: Elektrisches oder mechanisches Eingangssignal

Art des Ablaufprogramms: Festes oder variables Ablaufprogramm

Art des Wirkungsprinzips :   Z.B. vorwärtsarbeitende oder rückgekoppelte Schaltung.

Am günstigsten erscheint jedoch eine Einteilung , die 3 Grundklassen unterscheidet:
- *direkte Methode (Word-at-a-Time, Flash-Converter)*,
- *Iterationsmethode durch stufenweise Annäherung (Digit-at-a-Time)*,
- *Zählmethode (Level -at-a-Time)*.

Bild 17.1 zeigt dazu eine schematische Darstellung; die in Klammern stehenden Begriffe
werden noch erläutert. A/D-U können summierend, integrierend und multiplizierend arbeiten.

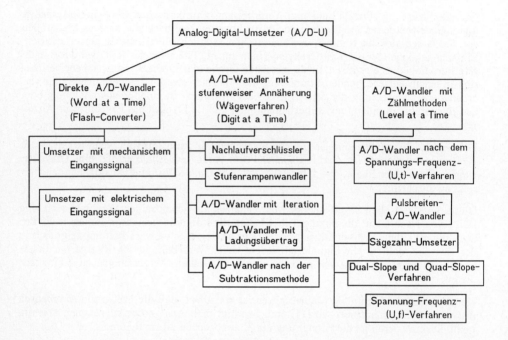

Bild 17.1: Arten von Analog-Digital-Umsetzern (A/D-U)

17.1.2 Kenngrößen von A/D-Umsetzern

Die folgenden Definitionen lassen sich sinngemäß - wie in Kapitel 16 schon erwähnt -
auch auf Digital-Analog-Wandler (D/A-Wandler) anwenden. In vielen Abbildungen (z.B.
Bilder 17.2 ··· 6) kann das dadurch geschehen, daß Abszisse und Ordinate vertauscht
werden.

17.1.2.1 Auflösung und Genauigkeit

Unter *Auflösung* versteht man die *maximale Anzahl von Bits*, die der Wandler erfaßt.
Ein A/D-Wandler mit 8 Ausgängen hat eine Auflösung von 8 bit. Manchmal gibt man
die Auflösung als Bruchteil von 2^n, als Prozentsatz oder in ppm (parts per million) an.

Beispiel: Ein 12-bit-A/D-Wandler hat eine Auflösung von
$$1/2^{12} = 1/4096 = 0,0244\ \% = 244\ \text{ppm}.$$

Diese rein rechnerische Größe allein sagt jedoch noch nicht viel aus. Die *Auflösung* eines A/D-U ist die kleinste analoge Eingangsspannung, die gerade 1 LSB erzeugt; beim D/A-U ist es die kleinste Analog-Ausgangsspannung, die aus 1 LSB entsteht. Das ist nicht gleichbedeutend mit der Genauigkeit, weil Drift, Rauschen usw. noch in das Ergebnis eingehen. Auflösung und Genauigkeit sind zwei Größen, die unabhängig voneinander betrachtet werden müssen.

Die Auflösung kann man auch durch den dynamischen Bereich DR spezifizieren (vgl. Tabelle 17.1).

17.1.2.2 Quantisierungsfehler (Unsicherheitsbereich)

Der *Quantisierungsfehler* (Quantisierungsrauschen) ist *kein echter Fehler*, sondern eine *unvermeidliche, systembedingte Unsicherheit*, die dadurch hervorgerufen wird, daß der digitale Ausgang eines A/D-Wandlers pro Digitalwert einen Bereich der analogen Eingangsspannung repräsentiert, der $1/2^n$ des Gesamtbereichs entspricht. Für die Zuordnung der Analogspannung U_{analog} zu der treppenförmigen Referenzspannung U_{ref}, die man allgemein in irgendeiner Form benötigt, gibt es grundsätzlich 3 Möglichkeiten. Dies soll Bild 17.2 verdeutlichen.

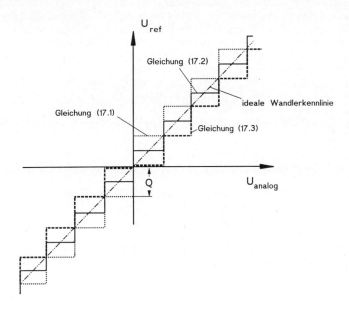

Bild 17.2: Zur Definition der Quantisierungsstufen und des Quantisierungsfehlers (s.Text)

Die punktierte Treppenlinie zeichnet sich dadurch aus, daß der Unsicherheitsbereich $Q \cdot \text{sgn}\,(U_{analog})$ beträgt, wenn wir die *Quantisierungsamplitude* mit Q bezeichnen.

Es gilt also

$$U_{analog} \leqslant U_{vref} + Q \cdot sgn(U_{analog}) \, , \tag{17.1}$$

mit $- 2^n/2 \leqslant \nu \leqslant 2^n/2$ und der Vergleichsspannung U_{vref} der Stufe ν.

Für die ausgezogene Treppenlinie ist der Unsicherheitsbereich $\pm Q/2$, also

$$U_{vref} - Q/2 \leqslant U_{analog} \leqslant U_{vref} + Q/2 \, , \tag{17.2}$$

und für die gestrichelte Linie gilt

$$U_{analog} \geqslant U_{vref} - Q \cdot sgn(U_{analog}) \, . \tag{17.3}$$

Im Fall der Gleichungen (17.1) und (17.3) beträgt der Quantisierungsfehler $\pm Q$, während er bei (17.2) nur $\pm Q/2$ ist.

Gleichung (17.1) erfordert beim Übergang von $- 0$ nach $+ 0$ einen Sprung von 2 Quantisierungseinheiten Q, bei jedem anderen Index $\nu \neq 0$ jeweils nur Q. Bei (17.2) erfordern die Schritte von $\nu = 0 \rightarrow 1$ und $\nu = 0 \rightarrow - 1$ jeweils nur Q/2. Obwohl beim letztgenannten Konzept der Quantisierungsfehler am kleinsten ist, läßt es sich technisch jedoch nur mit mehr Aufwand realisieren. Deshalb wird die Quantisierung vorwiegend mit dem Konzept nach Gleichung (17.3) durchgeführt.

Der Quantisierungsfehler hat ein *Quantisierungsrauschen* zur Folge. Wandelt man eine stetig steigende Analoggleichspannung mittels eines A/D-U ohne zusätzliche Fehler in eine Digitalspannung um und vergleicht die treppenförmige Ausgangsspannung mit der idealen Wandlerkennlinie, so ist die Differenz aus der resultierenden Treppenspannung und der idealen Wandlerkennlinie ein Sägezahnsignal mit der Spitzenamplitude $\pm\frac{1}{2}$ LSB. Die zugehörige Effektivspannung beträgt

$$U_{eff} = LSB/(12)^{1/2} \cdot \tag{17.4}$$

Bezieht man U_{eff} auf die für ein n-Bit-Wort maximal mögliche Analogspannung

$$U_{amax} = (2^n - 1) \cdot LSB,$$

so läßt sich das *Signal/Rausch-Verhältnis für das Quantisierungsrauschen* definieren:

$$S/N \, [dB] = 20 \cdot lg(U_{max}/U_{eff}) = 20 \cdot lg \, n + 20 \cdot lg[(12)^{1/2})] \quad \text{oder}$$

$$\boxed{S/N \, [dB] = 6{,}02 \cdot n + 10{,}8} \, . \tag{17.5}$$

Das S/N-Verhältnis verbessert sich demnach mit steigender Wortlänge n. Durch Umstellung der Gleichung (17.5) läßt sich der *dynamische Bereich (Dynamic Range, DR)* angeben:

$$\boxed{DR \, [dB] = S/N - 10{,}8} \, . \tag{17.6}$$

Tabelle 17.1 enthält die Zusammenstellung einiger wichtiger Kenndaten in Abhängigkeit von der Wortlänge n (Zahl der Quantisierungsstufen), Wert des LSB bezogen auf 1, S/N [dB], DR [dB], und die maximale Ausgangsspannung $U_{amax,}$ bezogen auf einen Meßbereich (Full Scale Range FSR) von 10 V.

Tabelle 17.1: Wichtige Kenndaten von A/D-U und D/A-U zur Quantisierung (Gleichspannung)

n	2^n	Wert LSB 2^{-n}	S/N/[dB]	dyn.Bereich DR /[dB]	U_{amax}/10 V FSR
4	16	0,0625	34,9	24,1	9,93750
8	256	0,00391	58,9	48,1	9,99609
12	4096	0,000244	83,0	72,2	9,99976
16	65536	0,0000153	107,1	96,3	9,99998

17.1.2.3 Meßbereich und Anzeigebereich (Repräsentationsbereich)

Unter dem *Meßbereich* (Full Scale Range, FSR) wollen wir denjenigen Bereich der Meß-größe (Spannung, Strom, Widerstand, Druck) verstehen, innerhalb dessen das Gerät mit dem angegebenen Meßfehler arbeitet (z.B. 0 ··· U_{max} oder - I_{max} ··· 0 ··· + I_{max} bei Pola-ritätswechsel).

Anzeigebereich oder *Repräsentationsbereich:* Das ist der dem Meßbereich zugeordnete Be-reich der digitalen Ausgabewerte. Je nach Anforderung an die Genauigkeit kann z.B. ein Spannungsbereich von 0... 1 V in 0...1000 mV oder 0...1000000 µV repräsentiert wer-den. In manchen Fällen ist die Zahl der Quantisierungsschritte größer als die Anzahl der möglichen Digitalwerte der Ausgabe.

17.1.2.4 Genauigkeit

Die *Genauigkeit* wird allgemein als *Prozentsatz des vollen Meßbereichs* angegeben. Sie ist als Abweichung der Ausgangsgröße von geprüften Normalien definiert und setzt sich zusammen aus einem *Verstärkungsfehler* (gain error), einem *Nullpunktsfehler* (zero error), dem *Quantisierungsfehler* (quantization error) und dem *Linearitätsfehler* (linearity error). Diese vier Fehler werden nachfolgend erörtert.

17.1.2.5 Verstärkungsfehler

Gemäß Bild 17.3a bewirkt der *Verstärkungsfehler* eine Abweichung der *Steigung* der re-alen Wandlerkennlinie $U_{digital}$ = f (U_{analog}) von der idealen. Er wird in der Regel als Prozentsatz von FSR angegeben.

Der *Nullpunktsfehler* (Bild 17.3b) hat eine *Parallelverschiebung* der realen Wandlerkenn-linie zur Folge. Auch dieser Fehler wird in % FSR oder auch als Spannungswert (z.B. in mV) angegeben. Beide Fehler sind abgleichbar.

17.1.2.6 Linearität

Als *Linearität* definiert man die maximale Abweichung der gemessenen integralen Über-tragungsfunktion von der Sollkurve, hier einer geraden Linie (Bild 17.4). Sie wird nor-malerweise in % FSR spezifiziert und sollte ± 1/2 LSB nicht überschreiten. Hierbei ist LSB das Bit mit der niedrigsten Wertigkeit (Least Significant Bit). Es wird auch als *Quantisierungseinheit* Q bezeichnet.

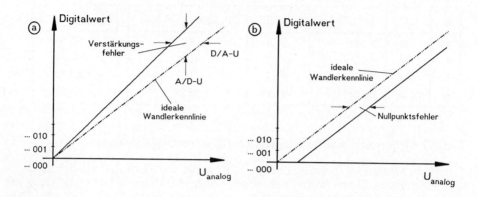

Bild 17.3: a)Verstärkungs- und b) Nullpunktsfehler

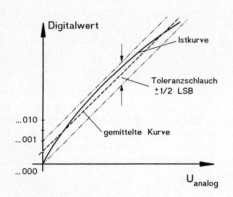

Außer dem integralen Linearitätsfehler, der auch in den Datenblättern zu finden ist, gibt es noch den *differentiellen,* der bei den A/D-U als *Missing-Code-Fehler* und bei den D/A-U als *Monotoniefehler* bezeichnet wird (s. u.).

Bild 17.4: Linearitätsfehler

17.1.2.7 Monotonie- und Missing-Code-Fehler

Der *Missing-Code-Fehler* bei A/D-U macht sich darin bemerkbar, daß bei sehr langsamer und stetig steigender Eingangsspannung U_{analog} bestimmte Codeworte nicht erzeugt werden (Bild 17.5a).

Der Monotoniefehler liefert bei D/A-U eine Aussage darüber, ob im Wandler bei sehr langsam und stetig steigender Binärzahlenfolge als Eingangspannung auch eine stetig steigende Ausgangsspannung U_{analog} entsteht. Bild 17.5b zeigt ein Beispiel für nicht-monotone Umsetzung. Verwendet man nicht-monotone D/A-U im Rückkoplungszweig von A/D-U, so erzeugt dieser unter Umständen Missing Codes.

18-4

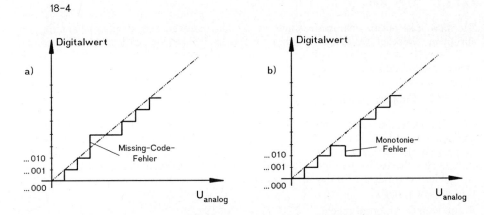

Bild 17.5: a) Missing-Code- und b) Monotonie-Fehler

17.1.2.8 Einschwingzeit (Settling Time)

Als *Einschwingzeit* bezeichnet man das Zeitintervall zwischen dem Anlegen eines Eingangssignals und dem Erreichen des entsprechenden Ausgangswertes mit einer definierten Genauigkeit (meist ± 1/2 LSB, vgl. Bild 17.6). Bei D/A-U geht das Einschwingverhalten des vorhandenen Analogverstärkers (in der Regel ein OP) mit ein.

17.1.2.9 Umwandlungsrate (Conversion Rate)

Die *Umwandlungsrate* ist definiert als die Zahl der A/D-Wandlungen pro Zeiteinheit.

17.1.2.10 Umwandlungszeit (Conversion Time)

Die *Umwandlungszeit* ist die Zeit, die für eine A/D-Umwandlung benötigt wird, beginnend mit dem Abtasten (Sampling) des Meßwertes und endend mit der Ausgabe des Digitalwertes. Sie ist insbesondere bei Multiplexbetrieb meistens kürzer als der Kehrwert der Umwandlungsrate. Bei D/A-U gilt sinngemäß das Umgekehrte.

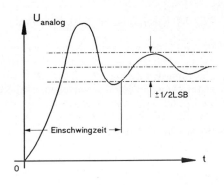

Bild 17.6: Einschwingzeit (Settling Time)

17.1.2.11 Samplingzeit

Die *Samplingzeit* ist derjenige Zeitabschnitt, in dem der Meßwert vom A/D-Wandler abgefragt wird. Sie ist in der Regel klein gegen die Umwandlungszeit.

17.1.2.12 Slew Rate

Die *Slew Rate* ist die maximale Änderungsgeschwindigkeit der Ausgangsspannung bei abruptem Wechsel der Eingangsspannung zwischen ihren beiden Extremwerten. Gute A/D-Wandler können den vollen Ausgangsspannungsbereich innerhalb der Umwandlungszeit durchfahren.

17.1.2.13 Temperaturfehler

Wie alle Halbleiterschaltungen haben auch A/D-U und D/A-U Temperaturdriften, die die Genauigkeit beeinflussen. Am kritischsten sind die Temperaturgänge analoger Parameter, also der Verstärkung, der Linearität und des Offsets. Im spezifizierten Temperaturbereich - das ist der Bereich, innerhalb dessen die Kenndaten garantiert sind - sollte der Fehler unterhalb 1 LSB liegen. Es existieren 3 Temperaturbereiche für verschiedene Einsatzbedingungen:

Kommerzielle Anforderungen: 0° C $\cdots$ $+$ 70° C

Industrielle Anforderungen: $- 25^{o}$ C $\cdots$ $+$ 85° C

Militärische Anforderungen: $- 55^{o}$ C $\cdots$ $+$ 125° C .

17.2 Arten von A/D-Umsetzern

17.2.1 Direkte A/D-Wandler

17.2.1.1 Mechanische A/D-Wandlung mit Codescheiben

In den Fällen, wo mechanische Bewegungen (z.B. Rotationen, Translationen usw.) digitalisiert werden sollen, lassen sich vorteilhaft *Codescheiben* oder *Codelineale* verwenden. Sie können entweder mit Kontaktbahnen, lichtdurchlässigen Segmenten, oder mit mechanischen Nocken etc. versehen sein, die den Digitalcode enthalten und elektrisch, optisch oder mechanisch abgetastet werden. Bei optischer und mechanischer Abtastung muß zusätzlich eine Wandlung in ein elektrisches Signal erfolgen. Beispiele für Codelineale sind im Kapitel 10 enthalten. Die einzelnen Bits des Digitalwortes stehen parallel zur Verfügung.

17.2.1.2 A/D-Wandler nach der Parallel-Vergleichsmethode (Flash-Converter)

A/D-Wandler nach *elektrischen* Verfahren verwenden alle das *Vergleichsprinzip*. Die unbekannte Analoggröße wird mit Referenzspannungen $U_{ref\nu}$ ($1 \leqslant \nu \leqslant n$) verglichen, die mit dem Digitalwort korreliert sind. Eine beliebige Referenzspannung $U_{ref\nu}$ unterscheidet sich von den benachbarten normalerweise um den *konstanten* Quantisierungschritt Q. Zur Erzielung *nichtlinearer Umwandlungscharakteristiken* kann Q jedoch auch mit einer entsprechenden Gewichtsfunktion versehen werden, so daß man beliebige Wandlungskurven erzielen kann.

Der A/D-Wandler nach der Parallel-Vergleichsmethode enthält soviele Referenzspannungen, wie Quantisierungsschritte n vorhanden sind. Sie werden alle *gleichzeitig* mit dem Analogwert verglichen. Bild 17.7 zeigt ein vereinfachtes Beispiel für einen 3-Bit-

Parallel-A/D-Wandler, der mit dem NBC-Code arbeitet. Die Analogspannung wird gleichzeitig auf 7 Komparatoren (z.B. mit Operationsverstärkern realisiert) gegeben, deren Vergleichseingänge auf den Referenzspannungen U_{ref1} ··· U_{ref7} liegen. Weil das Ergebnis nach *einem* Wandlungstakt komplett zur Verfügung steht, spricht man auch vom *Flash-Converter* oder vom *Word-at-a-Time*-Prinzip.

Für $\qquad U_{analog} \leqslant U_{ref\nu} \qquad$ ist $U_{comp\nu} = 0, \qquad$ für

$\qquad\qquad\qquad U_{analog} > U_{ref\nu} \qquad$ ist $U_{comp\nu} = 1.$

Die Komparatoren liefern das Ergebnis im Zählcode. Es muß noch in den NBC-Code umgesetzt werden (Tabelle 17.2). Das nachgeschaltete Codiernetzwerk gehorcht den Schaltfunktionen

$$y_0 = x_0 \cdot \overline{x}_1 + x_2 \cdot \overline{x}_3 + x_4 \cdot \overline{x}_5 + x_6 = \overline{\overline{x_0 \cdot \overline{x}_1} \cdot \overline{x_2 \cdot \overline{x}_3} \cdot \overline{x_4 \cdot \overline{x}_5} \cdot \overline{x}_6} \qquad (17.7)$$

$$y_1 = x_5 + x_1 \cdot \overline{x}_3 = \overline{\overline{x}_5 \cdot \overline{x_1 \cdot \overline{x}_3}} \qquad\qquad (17.8)$$

$$y_2 = x_3 . \qquad\qquad (17.9)$$

Vorteile: Sehr hohe Meßgeschwindigkeit (bis 300 Mbit/s)

Nachteile: Großer Aufwand, geringe Genauigkeit, Möglichkeit der Fehlcodierung beim Übergang von einer Stufe zur anderen (Glitch). Belastung der Meßspannung (ohmsch-kapazitiv) durch n Komparatoren.

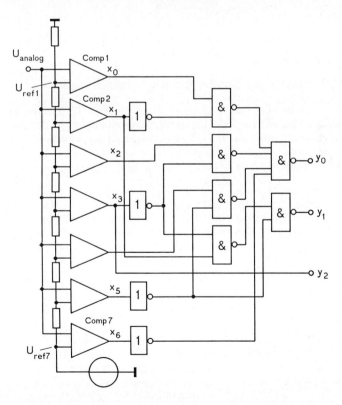

Bild 17.7: A/D-U mit Parallel-Vergleichsmethode (Flash-A/D-U)

Stufe	x_0 x_1 x_2 x_3 x_4 x_5 x_6	y_2 y_1 y_0
0	0 0 0 0 0 0 0	0 0 0
1	1 0 0 0 0 0 0	0 0 1
2	1 1 0 0 0 0 0	0 1 0
3	1 1 1 0 0 0 0	0 1 1
4	1 1 1 1 0 0 0	1 0 0
5	1 1 1 1 1 0 0	1 0 1
6	1 1 1 1 1 1 0	1 1 0
7	1 1 1 1 1 1 1	1 1 1

Tabelle 17.2: Wahrheitstafel für den Codewandler im Bild 17.7

Tabelle 17.3a gibt einen Überblick über typische Leistungsdaten von Flash-A/D-U.

Tabelle 17.3a: Typische Leistungsdaten von A/D-U nach der Parallel-Vergleichsmethode (Flash-Converter)

Technologie	Auflösung/bit	Taktfrequenz/MHz	Verlustleistung/mW	Eingangs-C Ce/pF
TTL	8, 10	20 ··· 100	360 ··· 6000	5 ··· 260
ECL	8, 10	30 ··· 300	550 ··· 3200	20 ··· 60
CMOS	8	15 ··· 20	150 ··· 500	30 ··· 50

Generell gilt: *Hält man* U_{ref} *nicht konstant, so ensteht ein multiplizierender A/D-U, vergleichbar mit Modulatoren im Analogbereich.*

17.2.1.3 A/D-Wandler mit parallel-serieller Vergleichsmethode

Die Nachteile des Direkt- oder Einschritt-Wandlers nach 17.2.1.2 lassen sich vermindern, wenn man auf Kosten der Umwandlungsgeschwindigkeit den Ausgangswert in *mehreren Meßzyklen* ermittelt. A/D-Wandler dieses Typs bilden den Übergang zu den rein seriell arbeitenden nach 17.2.2 und 17.2.3. Das folgende Beispiel erläutert einen Zweischritt-Wandler.

In einem ersten Schritt werden, wie in 17.2.1.2 beschrieben, die Bits mit der höheren Wertigkeit ermittelt und gespeichert. Anschließend werden die Referenzspannungen an den Komparatoren so umgeschaltet, daß die niederwertigen Bits bestimmt werden können. Bild 17.8 zeigt ein Schaltbeispiel für einen 6-bit-A/D-Wandler. Er besteht aus 7 Komparatoren, einem Codierungsnetzwerk, 3 Speicher-Flipflops FF_1 ... FF_3, einem D/A-Wandler, einem Schalt-Flipflop FF_4, das durch ein Monoflop MF gesteuert wird und 2 Stromquellen I_1 und I_2. Zu Beginn der Messung setzt FF_4 den Speicher FF_1 ··· FF_3 zurück. Der D/A-Wandler erzeugt die Ausgangsspannung Null. Gleichzeitig erzeugt die Konstantstromquelle I_1 die Referenzspannungen für die Komparatoren. Das Codierungsnetzwerk liefert das digitale Ausgangssignal, das über die AND-Glieder A_1 ··· A_3 in das Flipflopregister übernommen wird. Nach Ablauf der metastabilen Phase kippt MF in seinen stabilen Zustand, aktiviert über FF_4 anstelle der Konstantstromquelle I_1 die Quelle I_2 ($I_2 < I_1$), die jetzt gegen eine Spannung des D/A-Wandlers arbeitet, die dem Analogwert der 3 höchsten Bits entspricht. Das Codierungsnetzwerk erzeugt die digitalen Werte für die 3 niedrigsten Bits, die über die AND-Glieder A_4 ···A_6 auf die Ausgänge gegeben werden. Nach 2 Meßzyklen liegt der komplette 6-bit-Digitalwert vor.

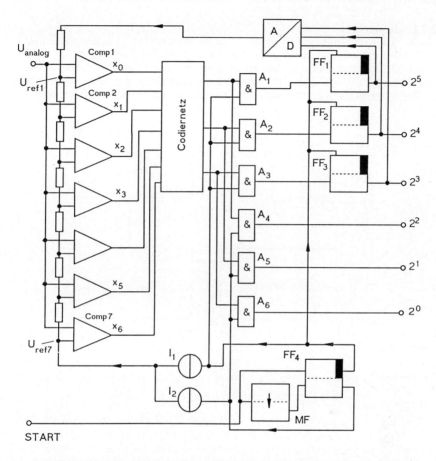

Bild 17.8: A/D-U mit parallel-serieller Verarbeitung (Half-Flash-A/DU)

Tabelle 17.3b: Leistungsmerkmale von Parallel-Seriell-A/D-U (Half-Flash-A/D-U)

Technologie	Auflösung/bit	Taktfrequenz/MHz	Verlustleistung/W
ECL	10	20	0,36
CMOS	12, 16	0,8 ⋯ 2	0,035 ⋯ 0,70
Hybrid	12, 16	0,4 ⋯ 10	1,5 ⋯ 25

Vorteil gegenüber 17.2.1.2: Verbesserte Geauigkeit
Nachteil: Verdopplung der Umwandlungszeit.

Tabelle 17.3b enthält typische Leistungsmerkmale von Flash-A/D-U

17.2.2 A/D-Wandler mit stufenweiser Annäherung (Wägeverfahren)

17.2.2.1 Allgemeines

A/D-Wandler mit *stufenweiser Annäherung* des digitalen Vergleichswertes U_V an die unbekannte Meßspannung U_{analog} sind am ehesten mit den lange bekannten, klassischen *Kompensatoren* zu vergleichen. Hier wird die unbekannte Spannung mit einer hochpräzisen Referenzspannung kompensiert, die man an einem kalibrierten Teiler abgreift.

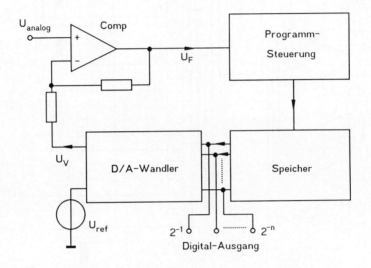

Bild 17.9: Prinzip des Wägeverfahrens allgemein

Die (digitale) Einstellung des Kompensators beim Nullabgleich ergibt das Resultat der Umwandlung. Bei automatischen A/D-Wandlern wird das einstellbare Potentiometer durch eine Reihe verschiedenartiger Schaltungen ersetzt, die zu einer Vielzahl von Lösungsmöglichkeiten führen (binär kodierte Widerstandsketten, Stufenspannungen, Sägezahnspannungen usw.). Eine entsprechende Programmsteuerung sorgt dafür, daß der Digitalwert in einer Reihe von aufeinanderfolgenden Schritten, also seriell, erzeugt wird. A/D-Wandler dieser Art arbeiten mit einem Regelkreis, dessen Prinzip in Bild 17.9 dargestellt ist. In einem Komparator Comp wird die Analogspannung mit einer nach bestimmten Gesichtspunkten gewichteten Referenzspannung U_V verglichen. Das resultierende Fehlersignal U_F veranlaßt die Programmsteuerung zur Setzung eines digitalen (Flipflop-)Speichers, entsprechend dem Vorzeichen und dem Betrag von U_F. Der Ausgang des Speichers liefert einerseits das Ergebnis nach Abschluß der Wandlung, er steuert aber außerdem auch einen D/A-Wandler, der die zum Vergleich notwendigen Referenzspannungen U_{V_ν} als Funktion der einzelnen Vergleichsschritte ν erzeugt. Je nach verwendetem Verfahren unterscheiden sich Programmsteuerung und Speicher. *Allen seriellen Verfahren gemeinsam ist jedoch der über den D/A-U geschlossene Regelkreis.* Pro Takt wird ein Level verglichen, daher rührt auch die Bezeichnung *Level-at-a-Time-Verfahren.*

17.2.2.2 Nachlaufverschlüssler

Beim *Nachlaufverschlüssler* bestehen Programmsteuerung und Speicher von Bild 17.9 aus einem *Vor-Rückwärtszähler* (Bild 17.10). Der hochverstärkende Komparator steuert je nach Polarität seiner Ausgangsspannung einen der beiden Transistoren T_1 oder T_2 in den leitenden Zustand. Ist v der Verstärkungsfaktor des Komparators, so gilt für das Fehlersignal

$$U_F = v \cdot (U_{analog} - U_V) \, . \qquad (17.10)$$

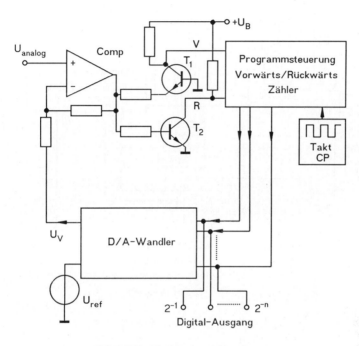

Bild 17.10: Nachlaufverschlüssler

Für $U_F > 0$ zählt der Zähler aufwärts, für $U_F < 0$ abwärts. Der Abgleich ist dann beendet, wenn $U_V = U_{analog}$ innerhalb der gegebenen Quantisierungsgrenzen erfüllt ist.

Vorteile: Geringer Schaltungsaufwand, hohe Genauigkeit. Die Vergleichsspannung U_V folgt einer Änderung der Meßgröße U_{analog} sofort nach, dadurch kurze Umwandlungszeiten.

Nachteile: Der Abgleich läuft mit konstanter Geschwindigkeit in seinen Endwert. Der Vor/Rückwärtszähler wird laufend getriggert, so daß nach Erreichen des Abgleichs das Meßergebnis in der letzten Stelle laufend wechselt. Dieses Verhalten gibt der Schaltung auch ihren Namen.

Typische technische Daten: Bei einer Taktfrequenz von 500 kHz und einer Wortlänge von 12 bit werden für Kleinsignaländerungen von 1 bit ($\cong \Delta U_{analog} = 1/4096 \cdot U_{analogmax}$) 2 µs, für Großsignaländerungen $0 \rightarrow U_{analogmax}$ etwa 8,2 ms benötigt. Hierzu sind $2^n - 1$ Schritte nötig. Bei einem Analogsignal von max. 10 V repräsentiert das LSB beim 12-bit-A/D-U etwa 2,5 mV. Die Verstärkung des Komparators muß so ausgelegt sein, daß eine Eingangsspannung von ± 1 LSB $\cong \pm 1,25$ mV die Vor/Rückwärtssteuerung des Zählers sicher bewirkt.

Die Genauigkeit des A/D-U wird - und das gilt allgemein - wesentlich bestimmt von der *Genauigkeit des D/A-U im Rückkopplungszweig* (vgl. auch Abschnitt 17.1.2).

17.2.2.3 Stufenrampenwandler

Der *Stufenrampenwandler* ist bei gleicher Genauigkeit im Aufbau einfacher als der Nachlaufverschlüssler. Er zeichnet sich aber durch große Umwandlungszeiten nachteilig aus (Bild 17.11).

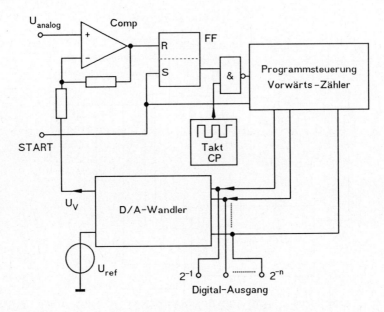

Bild 17.11: Stufenrampen-Wandler

Der Komparator arbeitet auf ein RS-Flipflop FF. Zu Beginn der Messung werden das Flipflop und der Vorwärtszähler zurückgesetzt. Dadurch ist $U_V = 0$. Über das NAND gelangen Zähltakte auf den Zähler. U_V steigt treppenförmig an, bis für $U_V > U_{analog}$ FF kippt, der Takt unterbrochen wird und der Zählerstand das Ergebnis anzeigt. Es bleibt solange erhalten, bis eine neue Messung erfolgt.

17.2.2.4 A/D-Wandler mit Iteration (Successive Approximation Register, SAR)

Die Nachteile der bisher behandelten seriellen A/D-U bestehen im wesentlichen in der großen Umwandlungszeit und den großen Unterschieden in der Zahl der erforderlichen Schritte bei Klein- bzw. Großsignaländerung.

Der *A/D-Wandler mit Iteration* (successive approximation), auch *put-and-take-converter* genannt (to put, engl.: setzen; to take: wegnehmen), arbeitet mit einem *festen Ablaufprogramm* und benötigt zur Umwandlung eines n-bit-Wortes n + 2 Takte. Dabei liegt die Genauigkeit in derselben Größenordnung wie bei den bisher besprochenen. Er beruht ebenfalls auf dem *Wägeprinzip*. Dieser Typ A/D-U ist so weit verbreitet, daß er heutzutage von allen seriell arbeitenden fast ausschließlich eingesetzt wird. Bild 17.12 zeigt das hier verwendete Wägeprinzip grafisch.

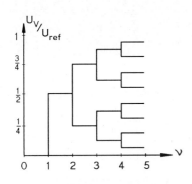

Bild 17.12: Wägeprinzip beim SAR-
Wandler (s. Text)

Nach dem Reset-Takt wird die unbekannte Spannung U_{analog} mit $U_{V1} = \frac{1}{2} U_{ref}$ verglichen. Ist U_{V1} < U_{analog}, so wird im nächsten Takt $U_{V2} = (\frac{1}{2} + \frac{1}{4}) \cdot U_{ref}$ verwendet; für U_{V1} > U_{analog} wird U_{V2}' = $(\frac{1}{2} - \frac{1}{4}) \cdot U_{ref}$. Bei jedem weiteren Takt erfolgt jeweils ein *Hinzufügen oder Wegnehmen der Hälfte des vorherigen Gewichtes*, bis nach n Takten die Umwandlung beendet ist. Jeder Vergleich liefert dabei eine Ziffer des zugeordneten Digitalwortes, *beginnend mit dem MSB und endend mit dem LSB*. 2 zusätzliche Takte vor und nach der Umwandlung sorgen für den Reset- und den Übernahmevorgang.

Bild 17.13 zeigt die Prinzipschaltung eines *8-bit-put-and-take-A/D-U mit Polaritätser-kennung und -verarbeitung* in diskreter Bauweise. Es sei vermerkt, daß diese Schaltung für den kommerziellen Einsatz nicht mehr interessant ist, sich aber als Beispiel für eine komplexere digitale Signalverarbeitung gut eignet, weil sie noch zu übersehen ist. Ihre Wirkungsweise wollen wir zunächst einmal für U_{analog} > 0 untersuchen. In dieser Betriebsart liegt Punkt A an Masse.

Die *Programmsteuerung* besteht aus einem Johnson-Zähler mit den 5 Flipflops FF_9 ⋯ FF_{13} (s. a. Kapitel 13), der zu Beginn der Messung über den Eingang RESET zurückgesetzt werden kann. Er zählt modulo 10 und arbeitet über die NAND-Glieder N_1 ⋯ N_{19} auf einen 8-bit-Speicher FF_1 ⋯ FF_8. Dieser Speicher besteht aus D-Flipflops. Die D-Eingänge sind auf eine gemeinsame *Datenleitung* C geführt. C führt eine 1, wenn während der Auswertezeit U_{analog} > $U_{ref\nu}$ ist. Hierbei ist $U_{ref\nu}$ die Vergleichsspannung während des ν-ten Schrittes. Im Zeitliniendiagramm in Bild 17.14 ist an einem Beispiel das Zustandekommen des Digitalwortes 10110100 dargestellt. Im Takt 0 erfolgt das Zurücksetzen des Johnson-Zählers. Jeder Takt CP_ν gliedert sich in zwei gleiche Hälften P_ν und P_ν', also ist $CP_\nu = P_\nu + P_\nu'$.

Takt 1: Während des Taktes 1 wird über N_{10} während der Zeit P_1 mit der Bedingung $\bar{Q}_9$ · Q_{10} · $P_1 = 0$ das D-Flipflop FF_1 auf $\bar{Q}_1 = 0$ gesetzt. Dadurch gelangt die Vergleichsspannung $U_{V1} = \frac{1}{2} \cdot U_{ref}$ für das MSB über den Analogschalter T_1/T_{10} an den Eingang des Komparators. Im angenommenen Beispiel ist Uanalog > $\frac{1}{2} \cdot U_{ref}$, also führt die Datenleitung C eine 1. Über den Eingang D wird FF_1 für $Q_1 = 1$ vorbereitet. Die zweite Takthälfte P_1' triggert FF_1 über N_1 so, daß $Q_1 = 1$ eingestellt bleibt. Wäre U_{V1} < $\frac{1}{2} \cdot U_{ref}$ gewesen, so hätte C eine Null geführt, und FF_1 wäre zur Takthälfte P_1' auf $Q_1 = 0$ gekippt. FF_1 kann nur während CP_1 beeinflußt werden, weil die Triggerbedingung mit N_1 über FF_2 verriegelt wird. Entsprechendes gilt für alle folgenden Flipflops bis FF_8.

Takt 2: Mit P_2 wird der Johnson-Zähler um eine Stelle weitergeschaltet. Über N_{11} wird mit $\bar{Q}_{10}$ · Q_{11} · $P_2 = 0$ das Flipflop FF_2 auf $Q_2 = 0$ gesetzt. Damit gelangt über den Schalter T_2/T_{11} zusätzlich die Vergleichsspannung $\frac{1}{4} \cdot U_{ref}$ an den Komparator. Im angenommenen Beispiel ist $U_{V2} = (\frac{1}{2} + \frac{1}{4}) \cdot U_{ref}$ < U_{analog}. Damit wird C = 0, und FF_2 wird über N_2 während der folgenden Takthälfte P_2' zurückgesetzt. Schalter T_2/T_{11} legt den betreffenden Zweig des Kettenleiters an Masse.

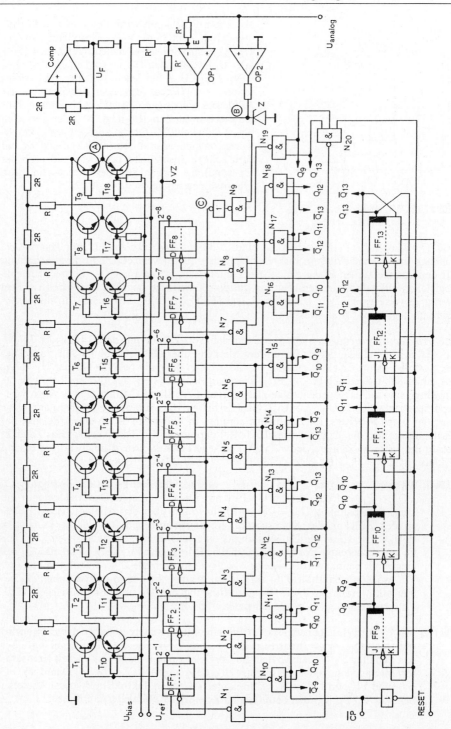

Bild 17.13: A/D-U nach dem Wägeprinzip (Put-and Take, SAR)

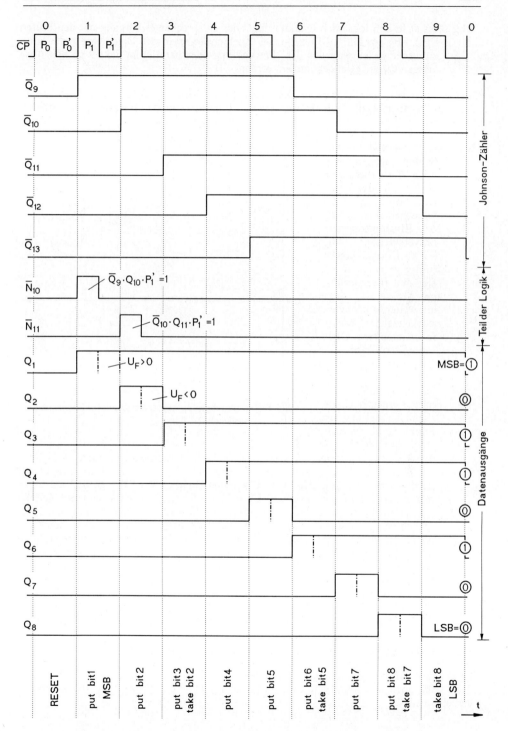

Bild 17.14: Zeitliniendiagramm für den Put-and-Take-A/D-U aus Bild 18.13

Takte 3 bis 8: In den folgenden 6 Takten läuft der entsprechende Vorgang mit den Stufen $FF_3...FF_8$ ab. Bild 17.14 zeigt das Zustandekommen des Datenwortes. Es kann entweder seriell während der Umwandlung oder parallel im Takt 9 an den Ausgängen $Q_1 \cdots Q_8$ abgenommen werden.

Takt 9: Über N_{20} werden weitere Taktimpulse vom Speicher ferngehalten. Gleichzeitig wird über N_9 die Datenleitung auf $C = 0$ gesetzt, um den Resetvorgang einzuleiten.

Negative Polarität: Am Schluß wollen wir noch die Arbeitsweise für negative Polarität von U_{analog} untersuchen. Parallel zu dem Eingangsoperationsverstärker OP_1, der als Einsverstärker (unity-gain-amplifier) mit Invertierung geschaltet ist, liegt ein weiterer, hochverstärkender, nichtinvertierender Operationsverstärker OP_2. Für $U_{analog} > 0$ liefert er eine Ausgangsspannung, die mittels einer Z-Diode stabilisiert ist und am Punkt B als Vorzeichenspannung VZ >

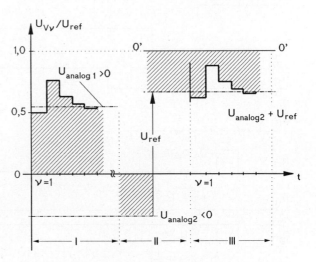

Bild 17.15: Verarbeitung negativer Werte im Zweierkomplement (s. Text)

0 zur Verfügung steht. VZ steuert T9 in die Sättigung, so daß Punkt A Nullpotential hat. Wird $U_{analog} < 0$, so ist VZ = 0, und T_{18} geht in die Sättigung. Damit gelangt die Spannung U_{ref} über R' auf den Eingang von OP_1, so daß am Summenpunkt E die Steuerspannung $U_E = U_{ref} - |U_{analog}| > 0$ wirksam wird. Die so transponierte Eingangsspannung liefert am Ausgang das Einerkomplement des gesuchten Digitalwertes, der durch einfache Maßnahmen ins Zweierkomplement überführt werden kann. Der Vorteil der Schaltung liegt darin, daß keine Halbleiterschalter für beide Polaritäten benötigt werden. Bild 17.15 zeigt den Vorgang der Transponierung von U_{ref} noch einmal grafisch. Im Teil I ist die Wandlung für positive Meßwerte dargestellt. Teil II zeigt einen Wert $U_{analog} < 0$ vor der Pegelverschiebung. Durch Hinzufügen von U_{ref} verlagert sich die Bezugslinie des Komparators von 0 (t-Achse) ins Positive nach 0'-0'. Da aber in Bezug auf U = 0 umgewandelt wird, entspricht das Ergebnis dem Einerkomplement (Teil III).

17.2.2.5 Weitere A/D-Wandler mit stufenweiser Annäherung

Es existiert weiterhin eine Vielzahl von A/D-Wandlern mit stufenweiser Annäherung. Zwei seien noch zwei kurz erwähnt, im übrigen genüge ein Hinweis auf das Literaturverzeichnis.

Die beim D/A-Wandler bereits erwähnte Ladungshalbierung durch Umladen von Kondensatoren (Shannon-Rack-Decoder) läßt sich auch für A/D-Wandler einsetzen. Ein anderes Verfahren verwendet nur analoge Schaltungsgruppen und arbeitet mit Operationsverstärkern, bei denen der Verstärkungsfaktor v = 2 ist.

Tabelle 17.4 enthält abschließend einen Überblick über typische Leistungsdaten von A/D-U nach dem Wägeverfahren. Es ist noch anzumerken, daß bei manchen Wandlern die interne Auflösung größer ist als extern für die Ausgabe gewählt wird (Beispiel: PCM-Wandler mit 16 Bit interner Verabeitung und 1 Bit Ausgabe).

Tabelle 17.4: Typische Daten von A/D-U nach dem Wägeverfahren

Technologie	Auflösung/bit	Wandlungszeit/µs	Verlustleistung/mW	Ausgang/bit
CMOS	8, 10, 12	3 ···100	15 ··· 150	8, 8 ··· 12, 12
TTL	8, 10, 12	1 ··· 30	150 ··· 600	1, 8, 1 ··· 10, 10
Hybrid	12, 16	0,9 ··· 25	400 ··· 1500	1, 1 ··· 12, 16

17.2.3 A/D-Wandler mit Zählmethoden

Die im Abschnitt 17.2.2 beschriebenen A/D-U werden auch als *direkte* Wandler bezeichnet. Im Gegensatz dazu können wir die nun zu behandelnden als *indirekte* A/D-U auffassen, weil sie das Analogsignal zunächst in ein *Zwischensignal* umsetzen, das dann weiter zu einem Digitalwort verarbeitet wird. Die indirekten A/D-Wandler zeichnen sich durch relativ niedrigen, unkritischen Schaltungsaufwand aus. Ihr Nachteil ist die niedrige Umwandlungsrate. Für viele Meß- und Regelungszwecke spielt das jedoch nur eine untergeordnete Rolle.

17.2.3.1 Pulsbreiten-A/D-Wandler

Den Pulsbreiten-A/D-Wandler kann man als Pendant zum Pulsbreiten-D/A-Wandler (vgl. Kap. 16) bezeichnen. Sein Prinzip ist in Bild 17.16 dargestellt. Die Meßspannung U_{analog} wird in einem Komparator mit einer zeitlinear ansteigenden Spannung U_V verglichen. Solange $U_{analog} < U_V$ ist gelangen Zählimpulse auf einen Zähler, der vor Beginn der Messung auf Null gesetzt wird. Wenn $U_{analog} \geqslant U_V$ ist, werden die Zählimpulse durch das NAND gesperrt, und das Ergebnis kann als Zählerstand abgenommen werden. Die zeitlineare Spannung U_V erhält man durch Laden eines Kondensators C mit einem Konstantstrom I. Die Impulsbreite τ ergibt sich zu

$$\tau = U_{analog} \cdot C / I \, . \tag{17.11}$$

Hat der Zähler die Taktfrequenz f_T, so gilt für den Zählerstand Z am Ende der Messung

$$Z = f_T \cdot \tau = U_{analog} \cdot C \cdot f_T / I \, . \tag{17.12}$$

Realisiert man den Konstantstromgenerator mit einem als Integrator geschalteten Operationsverstärker (Bild 17.17), so erhält man für die Vergleichsspannung den Ausdruck

$$U_V = 1/(R \cdot C) \int U_{ref} \, dt \, . \tag{17.13}$$

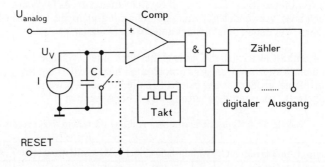

Bild 17.16: Pulsbreiten-A/D-U

Gleichungen (17.12) und (17.13) lassen erkennen, daß die Genauigkeiten der Taktfrequenz im Digitalteil und des RC-Gliedes im Analogteil voll in das Ergebnis eingehen. Bild 17.18 zeigt die Umsetzung der Rampenspannung in ein PDM-Signal grafisch.

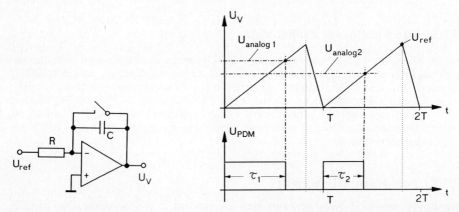

Bild 17.17: OP als Integrator   **Bild 17.18:** Umsetzung Rampenspannung in PDM-Signal

Die Schaltung erfordert relativ wenig Aufwand und läßt sich bis etwa 8 bit verwenden. Bei einer Taktfrequenz von $f_T = 500$ kHz dauert eine Messung bei 8 bit und maximaler Eingangsspannung etwa 0,5 ms. Das bedeutet etwa 2000 mögliche Messungen pro Sekunde. Die dabei erreichte Genauigkeit beträgt $\pm$ 0,5 ‰ bei $U_{analog\,max} = 5$ V und einer Analogauflösung von etwa $\pm$ 10 mV ohne Berücksichtigung der Temperaturdrift.

17.2.3.2 Dual-Slope-A/D-Wandler (Zweirampen-A/D-U)

Die Genauigkeit des im vorhergehenden Abschnitt behandelten Pulsbreiten-Verfahrens mit einfacher Rampenspannung wird wesentlich von der Temperaturkonstanz des RC-Gliedes im Integrator bestimmt. Die Dual-Slope-Technik eliminiert diesen Fehler vollständig, wenn man von der berechtigten Annahme ausgeht, daß Temperaturänderungen *während einer Meßperiode* nicht auftreten. Bild 17.19 zeigt die Grundschaltung des Analogteils. Der Digitalteil unterscheidet sich im Prinzip nicht von der vorher behandelten

Schaltung. Die Wirkungsweise wollen wir anhand des Bildes 17.20 diskutieren.

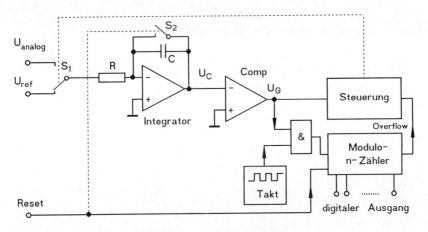

Bild 17.19: Dual-Slope-A/D-U, Prinzip

Jeder Wandlungszyklus T_w gliedert sich in zwei gleich große Teilintervalle T_1 und T_2. Zu Beginn der Integration wird der Zähler auf Null gesetzt und C über S_2 entladen. Während der Zeitdauer T_1 liegt die Meßspannung U_{analog} über den Schalter S_1 am Eingang des Integrators. An dessen Ausgang entsteht für U_{analog} = const eine zeitlinear ansteigende Spannung U_C nach der Funktion

$$U_C(t) = U_0 + 1/(R \cdot C) \int_0^{t_1} U_{analog}\, dt \qquad (17.14)$$

oder

$$U_C(t) = U_0 + U_{analog} \cdot t/(R \cdot C) \qquad (17.15)$$

für $(0 \leqslant t \leqslant T_1)$.

Der Zeitpunkt t_1 ist gegeben, wenn der Modulo-n-Zähler überläuft; er hat dann den Stand $(n+1) \cdot CP$ und die Spannung beträgt

$$U_C(t_1) = U_0 + U_{analog} \cdot t_1/(R \cdot C) . \qquad (17.16)$$

U_0 ist hierbei im Idealfall Null, weil C entladen wurde. Die Steuerung sorgt nun dafür, daß der Schalter S_1 während der zweiten Hälfte von T_w auf einer Referenzspannung U_{ref} mit entgegengesetzter Polarität zu U_{analog} liegt. Dadurch entsteht am Ausgang des Integrators eine zeitlineare Spannung

$$U_C(t) = U_C(t_1) - RC \int_{t_1}^{t_2} U_{ref}\, dt \qquad (t_1 < t < t_2) . \qquad (17.17)$$

Gleichzeitig läuft der Zähler weiter mit, und die Zähltakte CP erfassen nun die Zeit τ, die vergeht, bis die Komparatorspannung U_G wieder ihr Vorzeichen wechselt. Die Zählimpulse werden bei $U_C(\tau) = U_C(t = 0)$ gesperrt. Es gilt dann

$$U_C(\tau + t_1) = U_C(t = 0) = U_0 + U_{analog} \cdot t_1/(R \cdot C) = U_0 . \qquad (17.18)$$

Aus (17.18) erhält man

$$\tau = U_{analog} \cdot t_1/U_{ref} = m \cdot t_1 . \qquad (17.19)$$

Bezieht man das Ergebnis auf den Zählerstand Z, so kann man schreiben

$$Z = (n+1) \cdot U_{analog}/U_{ref} \ . \tag{17.20}$$

Gleichung (17.19) zeigt die wesentlichen *Vorteile dieses Prinzips*:

- Die Integrationszeitkonstante geht nicht in das Ergebnis ein (solange sie sich während eines Meßzyklus nicht ändert, was praktisch immer gegeben ist).
- Die Taktfrequenz geht in das Ergebnis nicht ein, solange sie kurzzeitstabil ist.

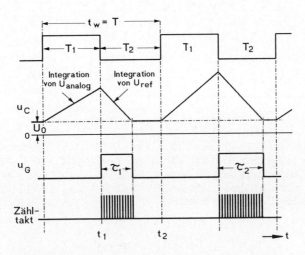

Bild 17.20: Signalformen beim Dual-Slope-Verfahren

Weitere *Vorteile* ergeben sich daraus, daß die Eingangsspannung über den Zeitabschnitt t_1 *integriert* wird:

- Kurzzeitige Störungen (Rauschen etc.) kommen viel weniger zum Tragen als in den Schaltungen nach 17.2.3.1, weil dort der Augenblickswert von U_{analog} für den Vergleich herangezogen wird, während hier das Integral maßgebend ist.

- Periodische Störungen (z.B. Netzbrumm) lassen sich vollständig eliminieren, wenn man die Integrationszeit T_1 mit der Störfrequenz so verkoppelt, daß sie ein ganzes Vielfaches der Periodendauer der Störfrequenz ist.

Als *Nachteil* ist die relativ niedrige Umwandlungsrate zu nennen. Bei Anwendungen in der Meß- und Regelungstechnik ist das jedoch von untergeordneter Bedeutung. Das Dual-Slope-Prinzip wird vorwiegend bei Digitalvoltmetern etc. in einer Vielzahl von Varianten eingesetzt. Hier genüge ein Hinweis auf die Literatur.

17.2.3.3 Quad-Slope-A/D-Wandler (Vier-Rampen-A/D-U)

Beim Dual-Slope-Verfahren gehen gemäß Gl. (17.19),(17.20) nur noch die Genauigkeit der Referenzspannung und eventuell vorhandene Nullpunktfehler des Integrators und des Komparators in das Ergebnis ein. Mit Hilfe des patentierten *Quad-Slope-Verfahrens* lassen sich die Nullpunkt- und Offsetdriften noch weiter reduzieren, so daß man zu sehr hohen Auflösungen (bis zu 22 bit) kommt. Wie es der Name bereits ausdrückt, arbeitet das Verfahren mit 4 Rampen, und zwar werden 3 verschiedene Integrationsschritte mit Massepotential, mit U_{ref} und mit U_{analog} durchgeführt. Den Ablauf steuern zwei Zähler. Wir wollen die Wirkungsweise des Quad-Slope-Verfahrens anhand des Prinzipschaltbildes (Bild 17.21) und des Zeitliniendiagramms (Bild 17.22) erörtern. Der Schaltungsaufbau ähnelt dem des Dual-Slope-A/D-U im Bild 18.19, weist aber folgende Unterschiede auf:

- Der nichtinvertierende Eingang (+) des Integrators liegt nicht auf Masse (vgl. Bild 17.19), sondern auf U_{ref}/2. U_{analog} wird auf diesen Wert bezogen, hat also den Aussteuerungsbereich - U_{ref}/2 ≤ U_{analog} ≤ + U_{ref}/2. Der Wandler ist deshalb bipolar verwendbar, und das Ergebnis liegt im Zweierkomplement vor.

- Im Integratoreingang sind 3 Schalter S_1 ··· S_3 vorhanden, deren Zusammenspiel 3 Betriebsarten zuläßt

   - Klemmung des Integratoreingangs auf Massepotential,

   - Integration von U_{ref},

   - Integration von U_{analog}.

   Die zusätzlichen Integrationsphase mit Massepotential erfaßt die Offseteinflusse digital, und am Ende einer jeden Wandlung werden sie vom digitalisierten Meßwert subtrahiert.
- Statt eines Modulo-n-Zählers sind zwei vorhanden mit n_1 und $n_2 = 4 \cdot n_1$.

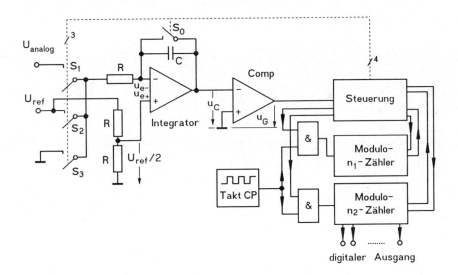

Bild 17.21: Vierrampenwandler (Quad-Slope-A/D-U), Prinzipschaltbild

Unter Zuhilfenahme von Bild 17.22 wollen wir zunächst die Meßwertwandlung für den idealisierten Fall (keine Offsetfehler) diskutieren. Die Wandlung läßt sich in eine Reset- und weitere 5 Phasen (Index 0 ··· 4) einteilen.

Reset: S_1, S_2 und S_2 sind offen, S_0 wird geschlossen, die Zähler zurückgesetzt. Das Integrator-C wird entladen, die Eingangsspannungen u_{e+} und u_{e-} des Integrators sind ebenso wie die Ausgangsspannung u_C gleich U_{ref} /2.

Phase 0: S_0, S_1 und S_3 sind offen, S_2 legt U_{ref} an den invertierenden Eingang (-) des Integrators. An R fällt die Spannung $U_R = +U_{ref}/2$ ab. Somit fällt u_C zeitlinear (ausgezogene Linie). Phase 0 ist beendet, wenn der Komparator Comp dem nachgeschalteten Steuerwerk $u_G = 0$ meldet. Das ist nach $t_0 = R \cdot C$ der Fall.

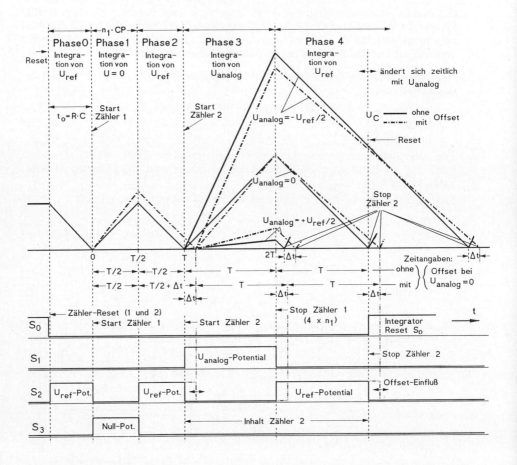

Bild 17.22: Zeitliniendiagramm von U_C im Quad-Slope-A/D-U, Aktion der Schalter

Phase 1: Das Steuerwerk öffnet S_2 und schließt S_3. Somit gelangt Massepotential auf den Integratoreingang, $-U_{ref}$ /2 wird integriert. Zähler 1 startet; u_C steigt zeitlinear an. Phase 1 wird beendet, wenn Zähler 1 n_1 Impulse gezählt hat (Zeitpunkt T/2).

Phase 2: Das Steuerwerk öffnet S_3 und schließt S_2. Damit gelangt U_{ref} auf den Integratoreingang (-), die Spannung U_{ref} /2 wird integriert. Die Ausgangsspannung u_C fällt zeitlinear mit derselben Steigung wie in der Phase 0 (und im Idealfall mit negativer Steigung bezogen auf Phase 1). Nach wiederum n_1 Impulsen meldet Comp dem Steuerwerk $u_G = 0$; Phase 2 ist beendet (Zeitpunkt T).

Phase 3: S_2 öffnet und S_1 schließt. Gleichzeitig startet Zähler 2 und beginnt von Null an *rückwärts* zu zählen; nunmehr wird U_{analog} integriert. Für den Fall $U_{analog} = 0$ steigt u_C mit derselben Steilheit wie in Phase 1, für $U_{analog} < 0$ ist die Steilheit größer, für $U_{analog} > 0$ ist sie kleiner (im Bild 17.22 sind die Extrema eingezeichnet). Zähler 1 beendet Phase 3, wenn er von Beginn der Messung insgesamt $4 \cdot n_1$ Impulse gezählt hat (Zeitpunkt 2T).

Phase 4: S_1 öffnet und S_2 schließt, die Integration von U_{ref} beginnt. Im Idealfall nimmt u_C mit derselben Steigung wie in Phase 2 wieder ab. Wenn Comp $u_G = 0$ meldet, ist Phase 4 beendet. Die Länge von Phase 4 wird von U_{analog} bestimmt. Zähler 2 wird angehalten; sein Inhalt entspricht dem Zweierkomplement des Ergebnisses. Das MSB stellt das Vorzeichen dar (MSB = 0 → positiv, MSB = 1 → negativ); Reset schließt sich an.

Als nächstes berücksichtigen wir die Offsetfehler. *Reset* und *Phase 0* sind unverändert.

Phase 1: Vorhandene Offsetfehler (Leckströme von C, Offset des Integrators, Nullabweichung des Komparators usw.) bewirken eine Änderung der Anstiegsflanke von u_C in Phase 1. Es wird ein anderer Endwert erreicht (im Bild 17.22 strichpunktiert eingetragen).

Phase 2: Wegen des veränderten Anfangswerts für die Abintegration und wegen der Tatsache, daß sich die Steigung der fallenden Rampe gegenüber dem Idealfall nicht ändert, wird der Nulldurchgang $u_G = 0$ zum Zeitpunkt $T \pm \Delta t$ erreicht.

Phase 3: Zähler 2 startet mit demselben Zeitunterschied Δt bezogen auf T. Phase 3 endet wie im fehlerfreien Fall im Zeitpunkt 2T. Hier hat u_C gegenüber dem Idealfall einen anderen Endwert, in dem die Fehlereinflüsse enthalten sind (strichpunktierte Linie).

Phase 4: Phase 4 verläuft wie im ungestörten Fall mit dem Unterschied, daß Comp das Ende ($u_G = 0$) nun um die Zeit $\pm \Delta t$ verschoben meldet. Zähler 2 enthält in diesem Augenblick einen Digitalwert, der die Fehlergröße genau berücksichtigt.

Ein Beispiel für die Ergebnisdarstellung im Zweierkomplement sei abschließend anhand eines 12-bit-Wandlers (ohne Offset) gegeben.

Ergebnis (Zählerstand 2) für $U_{analog} = 0$:   0000 0000 0000

$\qquad\qquad\qquad\qquad\qquad$ $U_{analog} = -U_{ref}/2$: 1000 0000 0000

$\qquad\qquad\qquad\qquad\qquad$ $U_{analog} = +U_{ref}/2$: 0111 1111 1111

$\qquad\qquad\qquad\qquad\qquad$ Zähler 2 Reset: 0111 1111 1111.

Die Genauigkeit bei den Dual- und Quad-Slope-A/D-U liegen im Bereich von 12 ⋯ 25 bit bei Wandlungszeiten von 25 ⋯ 500 ms. Sie sind also relativ langsam, aber das ist z. B. in ihrem Haupteinsatzgebiet, den Digitalvoltmetern (DVM) und verwandten Anwendungen unkritisch. Die Angabe von halben Digits bei der Auflösung (z.B. 6½ digits) bezieht sich bei DVM-Applikationen auf das Vorzeichen.

Außer dem Quad-Slope-Verfahren gibt es auch noch *Multi-Slope-Verfahren,* die mit mehr als 4 Rampen arbeiten.

17.2.3.4 A/D-Wandler nach dem Spannungs-Frequenz-Verfahren (Voltage to Frequency-Converter VFC)

Bei diesem Verfahren besteht das Zwischensignal aus einer Sägezahnspannung, deren

Frequenz von der Eingangsspannung U_{analog} abhängt. Bild 17.23 zeigt das Prinzip. Die Analogspannung liegt an einem Integrator, dessen Ausgangsspannung U_C zu Beginn der Messung mittels des Schalters S zu Null gemacht wird. Somit vereinfacht sich für diesen Fall Gleichung (17.15) zu

$$U_C\,(t) = U_{analog} \cdot t/(R \cdot C) \,. \tag{17.21}$$

Dem Komparator ist ein Schmitt-Trigger mit der Schwellspannung U_S nachgeschaltet. Bei $U_C = U_S$ stößt der Schmitt-Trigger ein Monoflop an, das den Kondensator auf $U_C = 0$ entlädt. Bild 17.24 zeigt den Verlauf von U_C für zwei voneinander abweichende Werte U_{analog} und U'_{analog} ($U_{analog} < U'_{analog}$). Aus Gleichung (17.17) entnimmt man für die Aufladezeiten t_1 und t'_1

$$t_1/t'_1 = U'_{analog}/U_{analog} \,. \tag{17.22}$$

Für die sich im Regelkreis einstellenden Frequenzen f_w bzw. f'_w gilt

$$f_w = 1/(t_1 + t_2) \qquad \text{bzw.} \qquad f'_w = 1/(t'_1 + t'_2) = 1/(t'_1 + t_2). \tag{17.23}$$

Proportionalität zwischen f_w und der Analogspannung ist nur dann gegeben, wenn die Entladezeitkonstante des Integrators klein gegen $R \cdot C$ ist. Dann gilt: $t_2 \ll t_1$ und

$$f_w = 1/t_1 = U_{analog}/(U_S \cdot R \cdot C). \tag{17.24}$$

f_w liefert über einen Frequenzzähler das digitale Ergebnis.

Gleichung (17.24) zeigt, daß sowohl die Fehlergrößen von U_S als auch die der Integrationszeitkonstanten in f_w eingehen. Durch Anwendung der Dual-Slope-Technik läßt sich dieses Prinzip weiter verbessern.

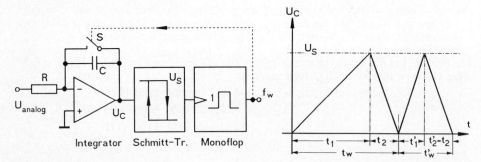

Bild 17.23: VFC-A/D-U   **Bild 17.24:** Spannungsformen beim VFC-A/D-U

17.2.3.5 Delta-Sigma-A/D-U (D/S-A/D-U)

Die *Delta-Sigma-A/D-U* arbeiten nach einem neuartigen Verfahren, das es z. Zt. gestattet, Analogspannungen im Frequenzbereich von ca. 0 ··· 20 kHz in Digitalsignale mit etwa 16 bit Auflösung bei Taktraten bis 40 kHz zu wandeln. *Delta* steht hierbei für stoßförmige (hochfrequente) Abtastung und *Sigma* für Summierung (Integration). Gemäß Bild 17.25 besteht ein D/S-A/D-U aus dem Delta-Sigma-Modulator (D/S-M) und einer digitalen Filtereinheit (Digitalfilter vgl. Kap. 19).

Er findet beispielsweise Anwendung in der digitalen Tonsignalverarbeitung (Compact

Disk CD oder digitales Audio-Tape DAT). Das Analogsignal wird mit Hilfe der *Oversampling*-Technik sehr hochfrequent (im Bereich einiger MHz) - also weit oberhalb der sich aus dem Abtasttheorem ergebenden Nyquistfrequenz - mit einer Auflösung von nur 1 bit abgetastet. Durch anschließende *digitale Filterung* wird die Auflösung erheblich erhöht bei gleichzeitiger Reduktion der Datenrate. Für das Beispiel eines Sprachsignalprozessors (Tonsignal $f_0 = 0 \cdots 4$ kHz), der Datenabtastfrequenz nach der Wandlung $f_{s2} = 16$ kHz $= 4 \cdot f_0$ und einer Oversampling-Frequenz $f_{s1} = 512 \cdot f_0 = 32 \cdot f_0$ sind die spektralen Verhältnisse im Bild 17.26 dargestellt. Die auf f_{s2} bezogene Nyquistfrequenz beträgt in unserem Beispiel $\frac{1}{2} f_{s2} = 4$ kHz.

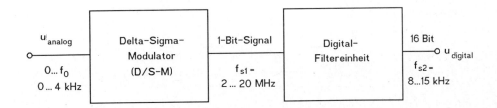

Bild 17.25: Prinzipschaltung eines Delta-Sigma-A/D-U (D/S-A/D-U)

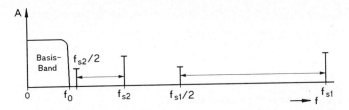

Bild 17.26: Spektrale Verteilung der einzelnen Frequenzen beim D/S-A/D-U

Der D/S-M ist im Prinzip ein integrierender A/D-U, allerdings nur mit 1 bit Auflösung (Bild 17.27). Er läßt sich in verschiedenen Varianten realisieren, z.B. als Dual-Slope-A/D-U (Abschnitt 17.2.3.2) oder als Spannungs-Frequenz-A/D-U (VFC-A/D-U, Abschnitt 17.2.3.4). Das Ausgangssignal u_C des Integrators steuert den Komparator Comp. Für $u_C > 0$ liefert Comp die Ausgangsspannung $u_G =$ High (log. 1), für $u_C < 0$ Low (log. 0). Comp wird mit f_{s1} getaktet, so daß wegen der vorhandenen Rückkopplung im Falle $U_{analog} = 0$ eine Ausgangsspannung u_G entsteht, die sich aus der gleichen Anzahl von "1" und "0" zusammensetzt. Für U_{analog} in der Nähe von - FSR (full scale range) ist u_G während fast aller Samplingtakte log. 0, in der Nähe von + FSR entsprechend fast immer logisch 1.

Der rückkoppelnde D/A-U bewirkt, daß der augenblickliche, in der Regel beträchtliche Quantisierungfehler dem Integrator zugeführt wird mit dem Ziel, u_C im Mittel über viele Abtastperioden gleich dem Eingangssignal zu machen.

Um aus der f_{s1}-frequenten 1-Bit-Folge eine nutzbare f_{s2}-frequente 16-Bit-Folge zu machen, ist die digitale Filterung nachgeschaltet. Hierbei werden das durch den Modulationsvorgang in den hochfrequenten Spektralbereich transformierte Quantisierungsrauschen unterdrückt und die Wortlänge erhöht. Zum besseren Verständnis greifen wir noch einmal Gleichung (17.4) für das Quantisierungsrauschen einer gleichförmigen Spannung U_{analog} (f = 0) auf. Für 1 Bit Quantisierung ist der Effektivwert

$$U_{eff} = LSB/(12)^{1/2} \, . \qquad\qquad (17.25) \cong (17.4)$$

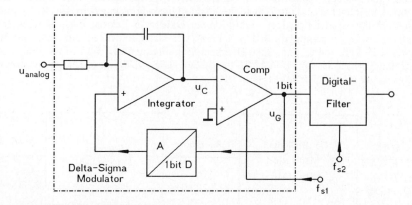

Bild 17.27: Blockschaltung eines Delta-Sigma-A/D-U, ohne digitalen Steuerteil

Betrachtet man nun ein sinusförmiges Eingangssignal und bezieht dieses wieder auf (17.4), so erhält man nach einer Zwischenrechnung wie bei der Herleitung von (17.5) den Signal/Rauschabstand S/N für die Quantisierung eines Sinussignals

$$\boxed{S/N \, [dB] = 6{,}02 \cdot n + 1{,}76} \qquad\qquad (17.26)$$

Die in der Quantisierung enthaltenen Rauschenergie verteilt sich über den gesamten Frequenzbereich gleichmäßig (weißes Rauschen). Der Rauschabstand ist proportional zur Wortlänge n und umgekehrt proportional zu f_{s1}.

Bei konventionellen Wandlern wird n möglichst groß gemacht, um S/N zu erhöhen. Im Gegensatz dazu ist n beim D/S-M auf das theoretisch kleinste Maß reduziert. Es soll nun gezeigt werden, daß es dabei in Verbindung mit dem Oversampling möglich ist, die gleichverteilte Rauschenergie im interessierenden niederfrequenten Basisbandbereich zu unterdrücken, ohne daß das Basisbandsignal verfälscht wird.

Die Wirkungsweise des D/S-A/D-U läßt sich besser im Frequenz- als im Zeitbereich darstellen (das Zeitverhalten haben wir oben qualitativ schon kurz behandelt). Bild 17.28 zeigt die Blockschaltung für den Frequenzbereich. Der Integrator ist hier ein Analogfilter mit der Übertragungsfunktion

$$H(f) = 1/\,f \, . \qquad\qquad (17.27)$$

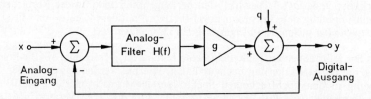

Bild 17.28: Der D/S-A/D-U im Frequenzbereich

Der Komparator läßt sich als Verstärker, dem eine Addierstufe mit dem Quantisierungsrauschen q nachgeschaltet ist, beschreiben. Das *Ausgangssignal* y(f) berechnen wir aus
dem H(f)-gefilterten Integrator-Eingangangssignal $\{x(f) - y(f)\}$, verstärkt mit dem
Faktor g und vermehrt um das Quantisierungsrauschen q. Wir erhalten

$$y(f) = g \cdot \{x(f) - y(f)\} / f + q .$$ (17.28)

Durch Auflösung nach y(f) ergibt sich der *Frequenzgang* des D/S-M.

$$\boxed{y(f) = g \cdot x(f) / (f + g) + q \cdot f / (f + g)} \; .$$ (17.29)

(17.29) zeigt den Tranformationsprozeß für das Quantisierungsgeräusch sehr deutlich:

Für f → 0 ist						$y_0 = x(f)$,						(17.30)

und für f → ∞ wird						$y_\infty \to q$.						(17.31)

Bild 17.29 zeigt die Rauschunterdrückung grafisch. Die nachgeschaltete digitale Filterung erfült im wesentlichen 3 Aufgaben:

- Die hochfrequenten 1-Bit-Samples müssen mit exakt definierter Filterfunktion be-
  wertet werden, um auf 16 bit Auflösung zu kommen.

- Die Samplingrate f_{s1} muß auf einen in Bezug zur oberen Signalfrequenz f_0 prakti-
  kablen Wert f_{s2} reduziert werden.

- Das noch vorhandene hochfrequente Quantisierungsrauschen soll unterdrückt werden.

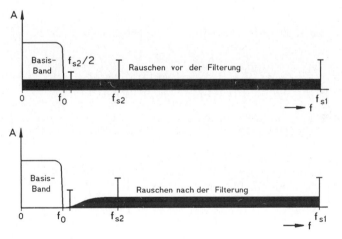

Bild 17.29: Rauschunterdrückung in Basisband durch Delta-Sigma-Modulation

Die Prinzipien der digitalen Filterung behandeln wir im Kapitel 19; hier sollen lediglich
kurz die spezifischen Gesichtspunkte für die Filterdimensionierung beim D/S-A/D-U
aufgeführt werden.

Um Aliasing-Fehler bei der Reduktion der Abtastfrequenz $f_{s1} \to f_{s2}$ zu vermeiden, muß
zur Einhaltung des Shannon'schen Abtasttheorems das f_{s1}- frequente Modulatorsignal
auf $f_{s2}/2$ bandbegrenzt werden. Gemäß Bild 17.29 ist $f_{s2} > 2 \cdot f_0$ zu wählen. Die Filterkoeffizienten und Teilerfaktoren des Filterteils müssen so festgelegt werden, daß sich die

oben erläuterten Randbedingungen ergeben.

Abschließend zu diesem Kapitel soll Bild 17.30 noch einen grafischen Überblick über das Leisungsspektrum der derzeit verfügbaren A/D-U geben. Die Auflösung als Funktion der Umwandlungsfrequenz ist dabei das Kriterium.

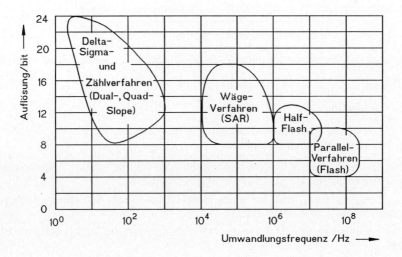

Bild 17.30. Leistungsspektrum der verschiedenen A/D-U-Prinzipien.

18 Abtast-Halte-Glieder (Track and Hold T/H, Sample and Hold S/H)

18.1 Einführung

Abtast-Halte-Glieder sind häufig genutzte Verstärkerstufen in der digitalen Datenerfassung, der Datenübertragung und der analogen Signalverarbeitung. Der angelsächsische Sprachgebrauch unterscheidet zwischen *Sample-and-Hold-Amplifier* S/H-A (abtasten und halten) und *Track-and-Hold-Amplifier* (folgen und halten). Beide Typen zeigen unterschiedliches Verhalten, obwohl sie im praktischen Sprachgebrauch häufig nicht genau genug auseinandergehalten werden.

Die S/H-A und T/H-A sind *lineare Spannungsspeicher* mit 3 typischen Klemmen (Ports), wie Bild 18.1 zeigt:

- *analoger Eingang*
- *analoger Ausgang*
- *digitale Steuerung.*

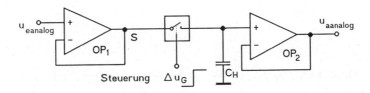

Bild 18.1: Prinzipschaltung eines Abtast-Halte-Gliedes

Den Unterschied zwischen S/H-A und T/H-A soll Bild 18.2 verdeutlichen. Die Ausgangsspannung $u_{a\,analog}$ des T/H-A folgt der Eingangsspannung $u_{e\,analog}$ im Track-Modus zu jeder Zeit exakt nach, und nur im Hold-Modus verharrt $u_{a\,analog}$ auf dem beim Übergang Track→Hold aktuellen Wert solange, bis er wieder in den Track- Modus geschaltet wird.

Der S/H-A befindet sich die meiste Zeit im Hold-Modus und übernimmt nur in der relativ kurzen Sample-Phase den aktuellen Wert von $u_{e\,analog}$, den er dann bis zum nächsten Sample-Impuls speichert. Daraus erkennen wir, daß man einen T/H-A als S/H-A betreiben kann, nicht aber umgekehrt. Die meisten derzeit im praktischen Einsatz verwendeten Abtast-Halte-Glieder sind vom T/H-Typ. Ihre wichtigsten Anwendungen sind

- A/D-Apertur-Korrekturglieder (s.u.)
- D/A-Deglitcher (vgl. Kap. 16)
- Spitzenwert-Detektoren.

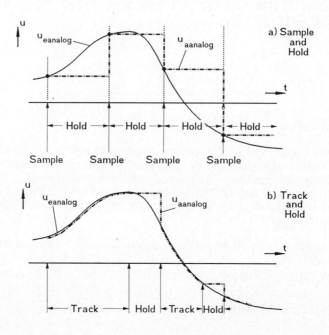

Bild 18.2: Unterschied zwischen S/H-A und T/H-A (s. Text)

18.2 Grundlagen, Kenngrößen von Abtast-Halte-Gliedern

18.2.1 Grenzfrequenz für A/D-U ohne Abtast-Halte-Glied

Halteverstärker sind in der dynamischen Signalverarbeitung häufig unverzichtbar. Bei A/D-U darf sich beispielsweise $u_{eananlog}$ während der Wandlungszeit t_w höchstens um den auf den Eingang bezogenen Wert des LSB ändern, also

$$\Delta u_{a\,analog}/t_w < 1\ \text{LSB} . \tag{18.1}$$

Für Sinussignal $u_{a\,analog} = \hat{u}_{a\,analog} \cdot \sin(\omega t)$ gilt

$$du_{a\,analog}/dt = \hat{u} \cdot \cos(\omega t) . \tag{18.2}$$

Bezogen auf FSR ($\cos(\omega t) = 1$) erhält man bei n bit Auflösung und

$$u_{a\,analogmax}/(2^n \cdot t_w) = \hat{u}_{analog} \cdot 2 \cdot \pi f \tag{18.3}$$

die *maximal zulässige Eingangsfrequenz* eines A/D-U *ohne Halteglied*

$$\boxed{f_{max} = 2^{-n}/(\pi \cdot t_w)} \quad . \tag{18.4}$$

Das Speicherglied ist in der Regel ein Kondensator und der Schalter ein Feldeffekttransistor oder ein Bipolartransistor.

18.2.2 Durchgriff (Feed-Through)

Halbleiter haben allgemein unvermeidliche parasitäre Kapazitäten (Bild 18.3. Beispiel FET). Dadurch werden auch im Hold-Modus bei offenem Schalter Eingangsspannungsänderungen auf den Spannungsfolger OP über C_{DS} gekoppelt (vgl. a. Bild 18.4). Man bezeichnet diesen Effekt als *Feed-Through*. Die Größe der Feed-Through-Spannung berechnet sich aus dem Teilerverhältnis des Spannungsteilers C_{DS}, C_H und der Eingangsspannung $U_{eanalog}$.

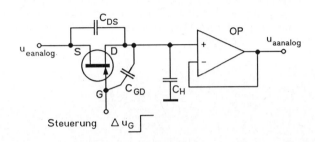

Bild 18.3: Zum Einfluß der Transistorkapazitäten (Beispiel FET-Schalter)

18.2.3 Hold-Step

Beim Übergang vom Track- in den Hold-Modus macht sich die Eingangskapazität des Schalters (hier C_{GD}) ungünstig bemerkbar, indem sie einen kleinen zusätzlichen Spannungssprung Δu_H *("Pedestal", Hold-Step)* durch Ladungsinjektion auf den Haltekondensator C_H verursacht. Ursache ist der Schaltspannungsimpuls Δu_G (Bild 18.3). Wir erhalten

$$\Delta u_H = C_{GD} \cdot \Delta u_G / C_H \qquad . \qquad (18.5)$$

C_H : Speicherkapazität, Δu_G : Schaltimpuls am Steuergate, C_{GD} : Gate-Drain-Kapazität.

Der Einfluß von Δu_H kommt insbesondere bei hohen Abtastraten zum Tragen, wo man C_H klein machen muß. Erschwert werden die Verhältnisse im praktischen Betrieb zusätzlich noch dadurch, daß die Transistorkapazitäten spannungsabhängig sind, sich also mit der Aussteuerung ändern.

18.2.4 Haltedrift (Droop)

Der dem Speicher C_H parallel liegende offene Transistorschalter (Leckstrom I_{leck}) und der Eingangswiderstand (Strom I_{ein}) des Spannungsfolgers OP bewirken einen Ladungsverlust in C_H und damit einen Haltespannungsabfall Δu_D (Droop, vgl. Bild 18.4). Er beträgt bei einem Entladestrom $I_L = I_{leck} + I_{ein}$

$$\Delta u_D = I_L \cdot t / C_H \qquad . \qquad (18.6)$$

Bei nicht idealen Eigenschaften von C_H muß man gegebenenfalls auch noch dessen Leckstrom und die Relaxationseffekte im Dielektrikum berücksichtigen.

18.2.5 Anstiegsgeschwindigkeit (Slew Rate) und Aperturzeit (Aperture Delay)

Die beim A/D-U bereits diskutierte endliche Anstiegsgeschwindigkeit (Slew Rate) als Reaktion auf ein Sprungsignal im Eingang kommt auch hier zum Tragen. Die in Kap. 17 eingeführte Einschwingzeit (Settling Time) ist hier in modifizierter Form als *Acquisitionszeit* t_A definiert (Bild 18.4). Im Vergleich zu Bild 17.6 wird der Toleranzschlauch nicht in LSB, sondern in % oder ppm von FSR angegeben.

Beim Einleiten der Haltefunktion durch den Hold-Impuls Δu_G vergeht eine gewisse Zeit t_D, bevor der Schalter öffnet. Sie heißt *Aperturzeit (Aperture Delay)*. Da sie häufig von den dynamischem Verhältnissen des Halbleiterschalters abhängt, ist ihr noch ein *Aperturjitter* überlagert.

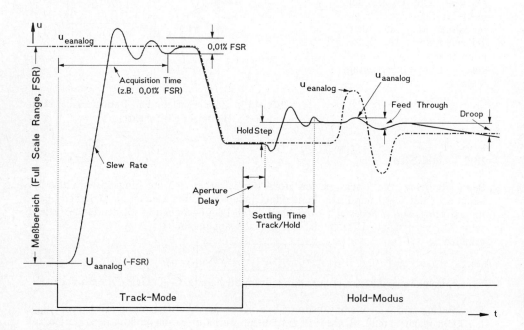

Bild 18.4: Dynamisches Verhalten des Abtast-Halte-Gliedes mit der Zusammenfassung der typischen dynamischen Kenngrößen

In Bild 18.4 ist der Einfluß der in den vorigen Abschnitten behandelten Effekte auf das Ausgangssssignal noch einmal grafisch zusammengefaßt dargestellt. Die Eingangsspannung befinde sich im Augenblick des Beginns vom Track-Modus auf + FSR (strichpunktiert gezeichnet), während die Ausgangsspannung vom vorangegangenen Hold-Zyklus auf - FSR liegen möge (durchgezogene Kurve). Die Eingangsspannung falle während der Track-Phase auf etwa ± 0 FSR ab, und während der Hold-Phase erfahre sie einen Sinusstoß. Der zugehörige Verlauf der Ausgangsspannung ist eingezeichnet.

18.3 Schaltungstechnik bei Abtast-Halte-Gliedern

18.3.1 Kompensation des Hold-Step

Ein Schaltungsbeispiel zur *Kompensation des Hold-Step* zeigt Bild 18.5. Hier sind zwei Maßnahmen ergriffen worden. Die erste dient im wesentlichen dazu, die Arbeitspunkt-abhängigkeit des Hold-Step zu beseitigen, und die zweite eliminiert ihn dann praktisch.

Der Analogspeicher C_H liegt hier nicht, wie im Prinzipschaltbild 18.1, einseitig an Masse, sondern zwischen dem Ausgang von OP und dem invertierenden Eingang (-) (Integratorschaltung). In der Variante, in der der nichtinvertierende Eingang (+) Massepotential führt (gestrichelt gezeichnet), wird C_H virtuell auf Masse gezogen. Bei geschlossenem Schalter S_1 (Track-Modus) ist die Ausgangsspannung

$$u_{a\,analog} = - u_{e\,analog} \cdot R_2/R_1 .\qquad(18.7)$$

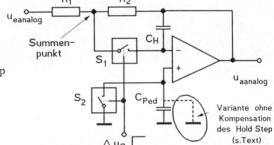

Bild 18.5: Kompensation des Hold-Step

Ist der Schalter offen (Hold-Modus), wird der Strom im Speicherkondensator Null und u_a analog bleibt konstant. Der Hold-Step tritt zwar immer noch auf, ist aber konstant, weil die Drain des FET-Schalters virtuell an Masse liegt und C_{DS} damit unwirksam ist. Um den Hold-Step letztlich zu beseitigen, kann man in einem weiteren Schritt Eingang (+) von Masse entfernen und stattdessen gemeinsam mit einem Kondensator C_{ped} auf einen zweiten Schalter S_2 legen. S_2 schaltet synchron mit S_1 den Eingang (+) an Masse und erzeugt damit bei richtiger Dimensionierung von C_{ped} ($\approx C_{GS}$) die gleiche Ladungsinjektion, wie am Eingang (-) durch S_1 entsteht, so daß sich beide genau kompensieren.

18.3.2 Kompensation des Feed-Through

Der *Feed-Through-Effekt* (vgl. Bild 18.5) ist deshalb wirksam, weil das Summenpunktsignal im Hold-Modus der Eingangsspannung folgt und diese über den kapazitiven Teiler C_{DS}/C_H an den Eingang (-) weitergibt.

Eine Möglichkeit, dies zu verhindern, ist einfach dadurch zu realisieren, daß der Summenpunkt über ein antiparalles Diodenpaar D_1, D_2 auf Masse geklemmt wird (Bild 18.6). Das ist deshalb zulässig, weil im Track-Modus dieser Punkt ohnehin virtuell in der Nähe von Masse liegt. Darüberhinaus kann man die restlichen Einflüsse kompensieren, wenn man über einen Kondensator $C_{FS} \approx C_{DS}$ das Summenpunktpotential nach (+) koppelt.

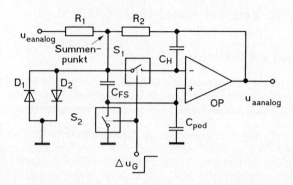

Bild 18.6: Zusätzliche Kompensation des Feed-Through (vgl. Text).

19 Digitalfilter

19.1 Einführung

Der Begriff *Filter* im Sinne der Elektrotechnik stammt aus der analogen Signalverarbeitung. Filter dienen allgemein dazu, elektrische Signale von einer Form in eine andere zu überführen; speziell erfüllen sie aber meistens die Funktion, aus einem Frequenzgemisch bestimmte Spektralbereiche herauszuholen oder sie zu unterdrücken. Infomationstheoretisch stellt die Filterung die *Faltung* eines beliebigen, zeitabhängigen Signals mit der Übertragungsfunktion des Filters dar. Die Theorie der klassischen analogen Filter existiert seit vielen Jahrzehnten, hat sich ständig weiterentwickelt und soll nicht Thema dieses Kapitels sein.

Analogfilter lassen sich aus Addierern, Integratoren, Differentiatoren und Koeffizientengliedern zusammensetzen. Kenntnisse über die Theorie der Analogfilter sind zwar nützlich, wenn wir die Grundzüge der Digitalfilter verstehen wollen, aber nicht unbedingt erforderlich.

Die *Grundbausteine digitaler Filter* sind lineare Elemente: Addierer, Verzögerungsglieder in Form von Schieberegistern (anstelle von Integratoren in der Analogtechnik) und Multiplizierer. Im Kapitel 22 wird noch gezeigt werden, daß sich die Multiplikation mit Dualzahlen besonders einfach auf die Addition zurückführen läßt. Die Filterung erfolgt durch lineare Kombination des Eingangssignals mit Teilergebnissen und auch mit dem Ausgangssignal.

19.2 Grundlagen

19.2.1 Frequenzspektrum des diskretisierten Signals

Aus technischen Gründen wird bei der *Diskretisierung* von analogen Signalen in der Regel in *zeit-äquidistanten Abständen* abgetastet und digitalisiert (Grundlagen hierzu s. a. Kap 17 und 18). Dies ist auch eine wesentliche Voraussetzung für die Anwendung der *Digitalfilterung*. Bild 19.1 zeigt das aus dem Eingangssignal $u_{eanalog}$ mit *Dirac-Stößen* $\delta(t)$ der Folgefrequenz f_s diskretisierte Analogsignal $\{u_e\}$ als Wertemenge. Es genügt der Funktion

$$\{u_e(t)\} = \sum_{i=-\infty}^{\infty} u_{eanalog}(t_i) \cdot \delta(t - t_i)/f_s \qquad (19.1)$$

mit f_s : Abtastfrequenz.

Dirac-Impulse sind in der Praxis nicht realisierbar, man nähert sie durch *Rechteckimpulse* rect(ε) mit der Zeitdauer ε/f_s und der Amplitude $1/\varepsilon$ an. ε ist hierbei eine wählbare (kleine) Größe. Damit wird aus Gleichung (19.1) für die betrachtete Signalfolge

$$\{u_e(t)\} = \sum_{i=-\infty}^{\infty} u_{eanalog}(t_i) \cdot rect(t - t_i) \qquad . \qquad (19.2)$$

Für das *normierte Frequenzspektum* X(f) eines rect-Impulses gilt allgemein

$$\boxed{X(f) = \sin(\pi \cdot \varepsilon \cdot f \ / \ f_s)/(\pi \cdot \varepsilon \cdot f \ / \ f_s)}.$$ (19.3)

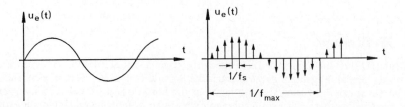

Bild 19.1: Diskretisierung eines analogen Signals mittels Dirac-Stoßfolge

Betrachten wir diesen Sachverhalt im *Frequenzbereich*, so sehen wir anhand Bild 19.2, daß man aus einem analogen Frequenzband $f_0 \pm f_{max}$ (Basisband) ein unendlich breites, in f_s periodisches, Spektrum erhält, wobei f_s die Abtastfrequenz ist. Die Seitenbänder nehmen in ihrer Amplitude mit der Gewichtsfunktion X(f) aus Gleichung (19.3) ab.

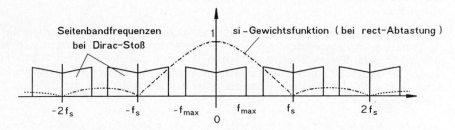

Bild 19.2: Frequenzspektrum des diskretisierten Signals nach Gleichung (19.3)

Das Abtasttheorem gebietet, daß die Nyquist-Bedingung $f_s \geqslant 2f_{max}$ eingehalten wird, weil sich sonst die Seitenbänder überlappen würden und Aliasing-Fehler entstünden.

Anhand des Bildes 19.2 kann man auch einsehen, daß man das Analogsignal zurücker-hält, wenn man mittels eines digitalen Tiefpasses alle Frequenzanteile oberhalb f_{max} un-terdrückt.

19.2.2 Grundstrukturen von Digitalfiltern

Es gibt zwei verschiedene Möglichkeiten, digitale Filter zu realisieren, nämlich in *rekur-siver* und *nichtrekursiver* Struktur. Bei den *rekursiven Digitalfiltern* berechnet sich das Ausgangssignal sowohl aus dem Eingangssignal als auch aus endlich vielen vorherigen Werten des Ausgangssignals (vgl. Bild 19.3). Es muß also eine interne *Rückkopplung* vorhanden sein.

Die *nichtrekursiven Filter* verfügen *nicht* über eine Rückkopplung; man kann sie deshalb als Untermenge der rekursiven Filter betrachten. Wir behandeln sie im folgenden zuerst, wollen aber zuvor die 3 wesentlichen Anordnungen kennenlernen, aus denen sich alle wichtigen Filtertypen herleiten lassen.

Die Filterstruktur nach Bild 19.3 ist durch folgenden Aufbau gekennzeichnet: Die Eingangsgröße u_e gelangt parallel über n+1 Multiplizierer (X) (Koeffizientenglieder a_n $\cdots a_0$) auf je einen Summierer (+). Das rückgekoppelte (Ausgangs-) Signal $u_a = y_n$ wird über m Multiplizierer (Koeffizienten $b_m \cdots b_0$) ebenfalls auf die Summierer geführt, die untereinander in Reihe geschaltet sind. Man nennt dies *Pipeline-Struktur* der Addierer. Dieser Typ Schaltung ist in vielen Varianten (Wahl von n und m, a_i und b_i etc.) möglich und wird häufig verwendet. Das Ergebnis liegt jeweils nach *einem* Takt vor. Die *Filterordnungszahl* ist übrigens identisch mit n. Die Glieder VZ verzögern die Signale jeweils um einen Takt CP.

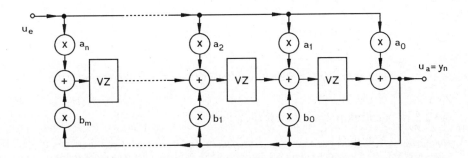

Bild 19.3: Digitalfilter mit verteilten Summierern (Pipeline)

Die Filtergrundschaltung nach Bild 19.4 ist dadurch gekennzeichnet, daß zum jeweiligen Wert des Eingangssignals u_e die über die Koeffizientenglieder $b_1 \cdots b_n$ gewichtete Summe der in der Pipeline stehenden Zwischenwerte addiert werden und das Ausgangssignal sich aus der Summe der mit den Koeffizienten $a_0 \cdots a_n$ gewichteten Zwischenwerte zusammensetzt. Die Einzeladdierer im Ein- und im Ausgang lassen sich zu je einem globalen Summierer zusammenfassen (vgl. a. Beispiel im Abschnitt Transversalfilter).

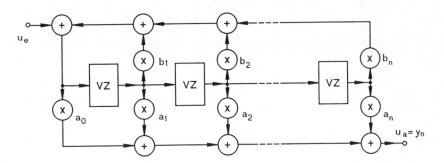

Bild 19.4: Digitalfilter mit je einem globalen Summierer im Ein- und im Ausgang

Bild 19.5 zeigt eine Struktur, bei der die Summierer die verzögerten und gewichteten Einzelsignale jeweils aus dem Eingang und aus der Rückkopplung summieren. Man kann die Einzelsummierer als globalen Summierer im Ausgang interpretieren.

Die beiden letzgenannten Varianten erfordern *mehrere Takte Rechenzeit*.

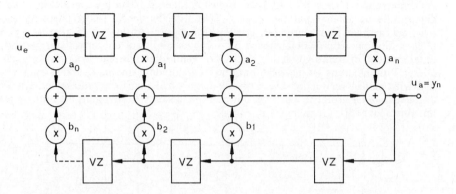

Bild 19.5: Digitalfilter mit zwei Pipelines und einem globalen Addierer

19.2.2.1 Nichtrekursive Filter (FIR-Filter)

Nichtrekursive Filter besitzen den einfachsten Aufbau, weil bei ihnen die in den Bildern 19.3 ⋯ 19.5 gezeichneten Rückkopplungen fehlen. Die Ausgangsgröße $u_{an} = y_n$ ist ganz allgemein

$$y_n = \sum_{k=-\infty}^{\infty} a_k \cdot u_{e(n-k)} \ . \tag{19.4}$$

Um Gleichung (19.4) praktisch zu verwirklichen, muß das Kollektiv der Meßwerte $\{u_{en}\}$ sowie das der Filterkoeffizienten $\{a_m\}$ endlich sein. Aus (19.4) wird dann

$$y_n = \sum_{k=0}^{m} a_k \cdot u_{e(n-k)} \ . \tag{19.5}$$

Der Vorgang der diskreten Filterung läßt sich nun anschaulich mit Bild 19.6 zeigen, in dem die Wertemenge $\{u_{en}\}$ mit der Filtermenge $\{a_m\}$ gefaltet wird.

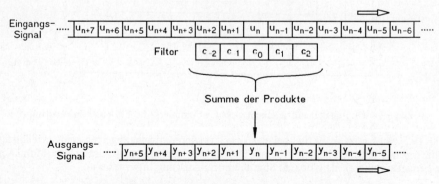

Bild 19.6: Veranschaulichung der nichtrekursiven Filterung

Beide Mengen sind je auf ein Lineal abgebildet, und zwar die eine in aufsteigender Reihenfolge des Laufindex und die andere in absteigender. Der Index 0 des Koeffizienten a_0 steht zu Beginn der Filterung dem zu filternden Wert u_n gegenüber. Das Ergebnis y_n ist die Summe aller Teilprodukte der sich insgesamt gegenüberstehenden Werte. Nach der Berechnung von y_n werden die Lineale in ihrer Postion um einen Indexwert (auf n+1) gegeneinander verschoben, und der gleiche Vorgang wiederholt sich für die Berechnung von y_{n+1}.

Für den Vorgang der Faltung ist es unerheblich, welches der beiden Lineale sich bewegt; entscheidend ist, daß {u_n} und {a_m} mit *gegenläufigen* Indizes angeordnet sind, um die Faltungsvorschrift zu erfüllen. Hardwaremäßig ist es eindeutig, weil die feststehende Filterstruktur vorliegt, durch die die zu filternden Daten bewegt werden müssen.

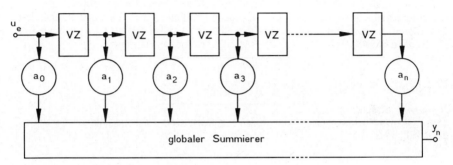

Bild 19.7: Transversalfilter mit globalem Summierer

Im Bild 19.7 ist eine einfache nichtrekursive Struktur dargestellt, die sich aus Bild 19.5 herleitet. Das Filterausgangssignal wird ausschließlich aus dem Eingangssignal berechnet. Diesen Typ bezeichnen wir auch als Transversalfilter oder FIR- Filter (Finite Impulse Response-Filter). Im Fall der Transversalfilter sind, wie schon erwähnt, alle Koeffizienten b_i des Rückkopplungszweiges Null.

Ohne Herleitung sei hier die Übertragungsgleichung des Filters in Bild 19.7 angegeben. Sie lautet

$$y(z) = (a_0 + a_1 \cdot z^{-1} + a_2 \cdot z^{-2} + \cdots + a_n \cdot z^{-n}) \cdot X(z) \qquad (19.6)$$

mit $\qquad z^{-1} = \exp(-2 \cdot \pi \cdot f/f_s) = \cos(2 \cdot \pi \cdot f/f_s) - j \cdot \sin(2 \cdot \pi \cdot f/f_s). \qquad (19.7)$

Die Gewichtsfunktion $X(z)$ ergibt sich sinngemäß zu Gleichung (19.3). Die Vorteile der FIR-Filter liegen vor allem in der garantierten Stabilität sowie in einem linearen Phasengang.

Je nach Wahl der Koeffizienten $a_0 \cdots a_n$ erhält man unterschiedliche Filtercharakteristiken. Sind z.B. alle a_i gleich, so liegt die bekannte arithmetische Mittelwertsbildung vor. Bezüglich weiterer Einzelheiten sei auf die Spezialliteratur verwiesen.

Man bezeichnet die *endliche Folge von Koeffizienten* auch als *Fenster*. Nichtrekursive Filter sind auch unter anderen Bezeichnungen eingeführt

        - *Finite Response Filter (FIR*, Filter mit finiter Stoßantwort),

        - *Transversalfilter,*

        - Filter für *gleitende Mittelwertbildung.*

Die Bezeichnung FIR bringt zum Ausdruck, daß das Filterergebnis *nach endlich vielen Takten* exakt vorliegt.

19.2.2.2 Rekursive Digitalfilter (IIR-Filter)

Zieht man einen Teil der Ausgangssignale y_{n-k} durch Rückkopplung für die Ermittlung des neuen Wertes y_n heran, so entsteht ein *rekursives Filter*. Es gehorcht der Vorschrift

$$y_n = \sum_{k=-\infty}^{\infty} a_k \cdot u_{n-k} + \sum_{k=-\infty}^{\infty} b_k \cdot u_{n-k} \quad . \tag{19.8}$$

Auch hier muß man k für den praktischen Fall begrenzen; es ist üblich, die von Null verschiedenen Koefizienten b_i auf die augenblicklichen und die zurückliegenden Eingangsdaten u_{ei} sowie auf die zurückliegenden Ausgangsdaten ab y_{n-1} zu beziehen. Aus (19.8) wird dann

$$y_n = \sum_{k=0}^{n} a_k \cdot u_{n-k} + \sum_{k=0}^{m} b_k \cdot u_{n-k} \quad . \tag{19.9}$$

Der Filterprozeß läßt sich wieder durch gegeneinander bewegte Lineale darstellen; dies zeigt Bild 19.8.

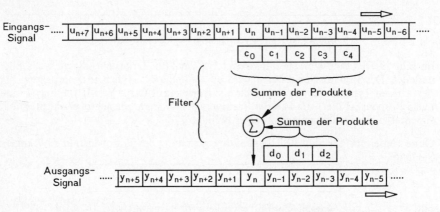

Bild 19.8: Rekursive Filterung, als Faltungsprozeß dargestellt

Wegen der Rückkopplung ist die *zeitliche Dauer der Impulsantwort nicht begrenzt*. Das Filter heißt deshalb auch

- Infinite Impulse Response Filter (IIR-Filter, Filter mit unendlicher Stoßantwort), andere Bezeichnungen sind
- *Leiter-* oder *Gitterfilter*
- *digitales Wellenfilter*.

Für rekursive Digitalfilter finden wir in der Literatur viele verschiedene Strukturen, die wir hier nicht erörtern können und die sich im rechentechnischen Aufwand, in der Fehlerfortpflanzung, in der Stabilität u.ä. unterscheiden. Die IIR-Filter zeichnen sich dadurch aus, daß sie ein gewünschtes spektrales Filterverhalten mit einem wesentlich geringeren Filtergrad n realisieren können. Nachteilig ist aber die Neigung zur *Instabilität* aufgrund der Rückkopplung.

Eine häufig praktizierte Methode des Entwurfs von rekursiven Digitalfiltern ist die Herleitung aus einem *analogen Referenzfilter*. Im Bereich der kontinuierlichen Systeme existiert ein reiches Instrumentarium zum Entwurf von analogen Filterstrukturen. Wir wollen sie hier nur kurz anreißen. In der Literatur finden wir Verfahren, die es ermöglichen, den Filtergrad n und die Koeffizienten a_i und b_i zu bestimmen. Im allgemeinen wird von einem vorgegebenen *Toleranzschema* ausgegangen. Je nach gewünschtem Verhalten im Durchlaß- und Sperrbereich erfolgt dann die Berechnung oder Approximation der geeigneten Filterkoeffizienten. Zur Vereinfachung des Filterentwurfes lassen sich viele Toleranzschemata - z.B. Hochpaß oder symmetrischer Bandpaß - durch eine einfache Transformation in einen Normtiefpaß mit der Grenzfrequenz $f_0 = 1$ überführen.

Weit verbreitet ist auch der Entwurf mit Hilfe von *Filterkatalogen*, die ebenfalls für solche genormten Tiefpässe existieren. Sind Filtergrad n und die Filterkoeffizienten $a_0 \cdots a_n$, $b_0 \cdots b_m$ des analogen Filters bestimmt, bedarf es der Transformation in ein entsprechendes Digitalfilter mit den Koeffizienten $c_0 \cdots c_n$, $d_0 \cdots d_m$. Unter Verwendung der *z-Transformation* wird das Systemverhalten durch die Übertragungsfunktion H(z) beschrieben:

$$H(z) = (d_0 + d_1 \cdot z^1 + d_2 \cdot z^2 + \cdots + d_n \cdot z^n)/(c_0 + c_1 \cdot z^1 + c_2 \cdot z^2 + \cdots + c_m \cdot z^m)$$. (19.10)

Für die Variable z gilt: $\qquad z = \exp(p \cdot T_s) \qquad$ mit: $T_s = 1/f_s$. (19.11)

Der Übergang von der analogen Übertragungsfunktion

$$H(p) = (b_0 + b_1 \cdot p_1 + b_2 \cdot p^2 + \cdots + b_n \cdot p^n)/(a_0 + a_1 \cdot p^1 + a_2 \cdot p^2 + \cdots + a_n \cdot p^n)$$ (19.12)

auf H(z) erfolgt mit Hilfe der *bilinearen Transformation* näherungsweise

$$p = j \cdot \omega = j \cdot 2 \cdot \pi \cdot f = \cot(\pi \cdot f_{res}/f_s) \cdot (z - 1)/(z + 1)$$. (19.13)

Dabei ist f_{res} die Grenz- bzw. Resonanzfrequenz des analogen Filters und f_s die Abtastfrequenz.

Es existiert ferner eine breite Palette von Software für den CAD-Entwurf von Filtern mit deren Hilfe Filter entworfen, in ihrem Verhalten simuliert und optimiert werden können.

20 Programmierbare Logische Schaltungen (Programmable Logic Devices, PLD)

20.1 Einleitung

Schaltungen mit großem Komplexitätsgrad bereiten sowohl im analogen als auch im digitalen Bereich bezüglich ihrer Optimierung besonders dann Probleme, wenn man sie mit Standard-ICs in *SSI (small scale integration)* realisieren will, wie das bis Mitte der siebziger Jahre vorwiegend erforderlich war:

- hoher Platzbedarf,

- große Versorgungsleistung,

- Zuverlässigkeitsprobleme durch viele Löt- und Steckverbindungen.

Ein möglicher Ausweg ist hier der Einsatz von *Mikroprozessoren*. Dabei ergeben sich jedoch andere Schwierigkeiten

- Verarbeitungsgeschwindigkeit ist allgemein niedriger,

- Schnittstellen für die Signalein- und ausgabe sind oft aufwendig,

- Software muß geschrieben und getestet werden (Personalkosten).

Eine weitere Lösungsmöglichkeit sind die *Kunden-ICs*. Hier wird nach Spezifikation des Anwenders eine spezielle Schaltung in VLSI-Technik hergestellt. Das setzt jedoch Erfahrung und große Stückzahlen voraus, damit akzeptable Preise zustandekommen.

Seit Beginn der siebziger Jahre haben sich *Semi-Kunden-ICs* immer mehr verbreitet. Wie der Name sagt, sind dies halbfertige, in großen Stückzahlen hergestellte ICs (mit höherem Integrationsgrad), deren endgültige Programmierung vom Kunden festgelegt wird. Die *Semi- Kunden-ICs* lassen sich wiederum unterscheiden in

- digitale,

- gemischt digital/lineare Semi-Kunden-ICs und

- lineare ICs.

Die *Digital-Semi-Kunden-ICs* sind darüber hinaus ähnlich wie die PROM in 2 grundsätzlich verschiedenen Programmiertechniken verfügbar

- *maskenprogrammiert* (vom Hersteller) und

- *anwenderprogrammiert* (fusible links).

Die *linearen Arrays* enthalten Bipolar- und/oder Unipolartransistoren sowie Widerstände in größerer Stückzahl (max. 800) ohne Verdrahtung. Sie werden nach Angaben des Kunden maskenprogramiert, also in einem letzten Metallisierungsschritt zu linearen (analogen) Schaltungen verdrahtet.

Die *gemischt digital/linearen* ICs werden allgemein (aber nicht ganz einheitlich) als *Gate-*

Arrays bezeichnet. Hierbei kann der Digitalanteil entweder stark überwiegen (ca. 95%) oder auch kleiner sein (bis 50%). Gate-Arrays haben zum Teil einen hohen Integrationsgrad mit mehr als 5000 Gattern pro Chip, so daß ein Gate-Array etwa 50 Standard-ICs in SSI ersetzen kann. Die technische Entwicklung auf diesem Sektor verläuft sehr stürmisch; es entstehen fortwährend neue Schaltungsfamilien unter neuen, zum Teil markengeschützten Namen. Die Auflistung ist deshalb auch nicht als vollständig zu betrachten. Für Schaltungen dieser Art hat sich die Bezeichnung *PLD (programmable logic device)* eingebürgert.

Bild 20.1 gibt eine grobe Übersicht über die verschiedenen aktuellen Varianten bei PLD und anderen ICs. Die meisten Schaltungen sind außerdem in den gängigen Transistortechnologien realisiert (TTL, CMOS, ECL, I^2L).

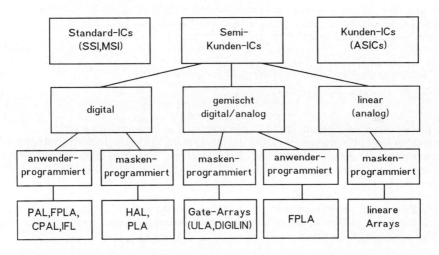

Bild 20.1: Übersicht über digitale, gemischte und analoge ICs

Bedeutung der Abkürzungen:

PLA	: Programmable Logic Array
HAL	: Hard Array Logic
FPLA	: Field programable Logic Array
PAL	: Programable Array Logic (geschützte Markenbezeichnung für FPLA der Firma Monolithic Memories Inc.)
CPAL	: CMOS-PAL
ULA	: Uncommitted Logic Array (Firma Feranti) 95% digital, 5% linear
DIGILIN	: 50% analog, 50% linear (Fa. Feranti).
IFL	: Integrated Fuse Logic.

Außer den *rein kombinatorischen* PLDs kommen in zunehmendem Maße auch *sequentielle* zur Anwendung, vor allem in programmierten Steuerungen.

20.2 Kombinatorische PLD

Kombinatorische PLD gehören zur Gruppe der *Speicherwerke*, denen im Zusammenhang mit Digitalrechnern das Kapitel 22 gewidmet ist. Hierzu sind auch RAM, ROM, PROM, EPROM, EEPROM, EAROM u. a. (im folgenden als (X)ROM zusammengefaßt) zu rechnen. Die kombinatorischen PLD werden in der Regel in drei Untergruppen eingeteilt:

- *PAL* (Programmable Array logic),

- *PLA* (Progammable Logic Array) und

- *LCA* (Logic Cell Array).

Zur Erörterung der Unterschiede ist es sinnvoll, erst noch ein paar Begriffe einzuführen, die sich im Zusammenhang mit der Schaltungsentwicklung mit PLDs herausgebildet haben. Gemäß Bild 20.2 verkörpert die ODER-Schaltung mit den Eingängen

$$y = x_0 + x_1 + \cdots + x_{k-1}$$ (20.1)

die *"Boolesche Summe"* und das UND das *"Boolesche Produkt"*

$$y = x_0 \cdot x_1 \cdot \cdots \cdot x_{k-1} \quad .$$ (20.2)

Bei der Schaltungsdarstellung in PLD benutzen wir eine vereinfachte Struktur, wie in der rechten Bildhälfte dargestellt. Da in der Regel nicht alle verfügbaren Variablen x_i benutzt werden, ist jeweils durch einen Kreis oder ein Kreuz gekennzeichnet, welche Verbindung (fest oder programmiert) vorhanden ist. Das zeigen die folgenden Bilder 20.3 ... 20.5.

Wir wollen das (X)ROM hier auch kurz erläutern, soweit dies für die Herausstellung der Unterschiede zu PAL und PLA erforderlich ist; kommen ansonsten darauf im nächsten Kapitel noch einmal zurück.

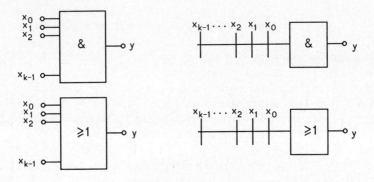

Bild 20.2: Vereinfachte Darstellung der Eingangsdekodierung von UND und ODER

20.2.1 (X)ROM

(X)ROM sind (ebenso wie übrigens auch RAM) vom Prinzip her *Schaltnetze mit Zuordnerfunktion* mit 2^k AND-Gliedern (Adreßdecodierer) und n ODER-Gliedern (k:

Adreßwortlänge, n: Datenwortlänge). (X) steht hier für die verschiedenen Arten von
ROM gemäß Kapitel 22.

Beim (X)ROM ist das Eingangs-AND-Array, bestehend aus 2^k AND-Gliedern mit je k
Eingängen, entsprechend Bild 20.3 fest dekodiert; und zwar sind alle 2^k Kombinationen
(Produkt-Terme) vorhanden. Das ODER-Array (n ODER-Gatter mit je 2^k Eingängen) ist
programmierbar.

Jeder Ausgang oder *Summen-Term* y_i ($0 \leqslant i \leqslant n-1$) kann unabhängig von den anderen
Ausgängen jede logische Verknüpfung der Eingänge x_j ($0 \leqslant j \leqslant k-1$) realisieren.

Die Signale durchlaufen eine zweistufige Logik, und zwar zuerst UND- und dann
ODER-Glieder. Die Schaltfunktionen sind also *disjunktive Normalformen DNF* (vgl.a.
Kap. 6).

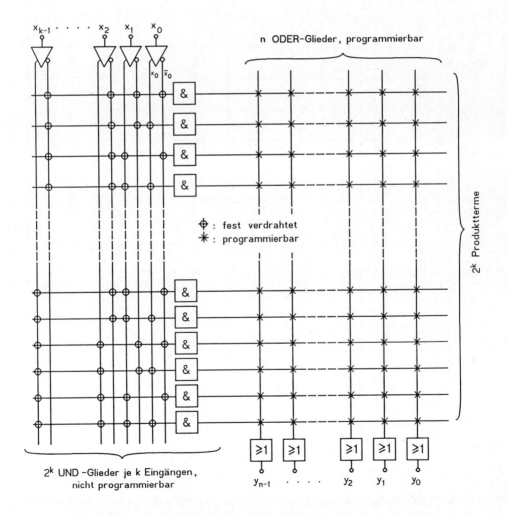

Bild 20.3: Prinzipschaltbild der (X)ROM

Nachteil der (X)ROM:

Jeder zusätzliche Eingang x_i (Erhöhung der Adreßwortlänge k) bewirkt eine Verdopp-lung des erforderlichen UND-Arrays. Die Erhöhung der Ausgänge y (Datenwortlänge n) ist hingegen nicht so gatterintensiv.

20.2.2 PAL

Bei Codes mit relativ viel Redundanz werden ROM nur schlecht ausgenutzt, weil viele Eingangskombinationen überflüssig sind. Hier sind *PAL* besser geeignet. Der Unter-schied zum (X)ROM besteht in folgenden Punkten (Bild 20.4):

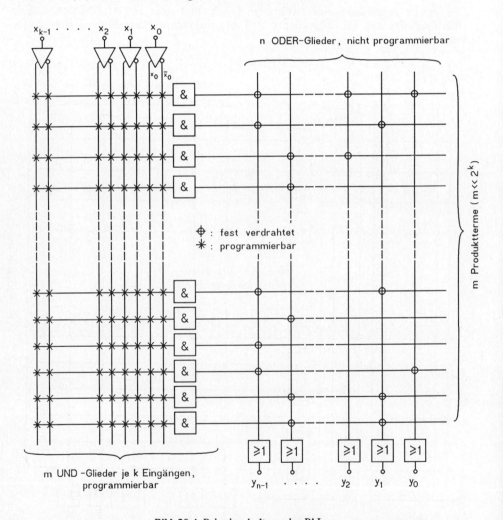

Bild 20.4: Prinzipschaltung des PAL

- Das Eingangs-UND-Array enthält nur m UND-Glieder. Bei einer Adreßwortlän-ge k ist $m \ll 2^k$, das heißt, nicht alle 2^k möglichen Kombinationen lassen sich aus-decodieren (begrenzte Anzahl von Produkttermen).

- Das UND-Array ist programmierbar (fusible links).

- Jedes UND-Glied enthält 2 k Eingänge (x_i und $\bar{x}_i$).

- Das Ausgangs-ODER-Array besteht aus n ODER-Gliedern und ist fest programmiert (feste Anzahl von Produkttermen). Auch hier sind die Ausgangsfunktionen DNF.

Vorteil des PAL gegenüber dem (X)ROM:

Die beschränkte Verfügbarkeit der Ein- und Ausgänge läßt sich besser den praktischen Erfordernissen anpassen. Erhöht sich k, so erhöht sich im wesentlichen die Zahl der Eingänge jedes UND-Gliedes, nicht aber zwangsläufig auch die Anzahl m der UND-Glieder.

Nachteil des PAL:

Die Zahl der auf ein Ausgangs-ODER wirkenden UND-Glieder ist fest vorgegeben (z.B. m im Bild 20.4).

Da PALs eine begrenzte Anzahl von Produkttermen haben, muß die Entwurfsstrategie dahin gehen, eine *Minimallösung mit möglichst wenigen Produkttermen* zu finden.

Typische Daten von kombinatorischen PAL:

Zahl der Eingänge	:	4 ⋯	16
Zahl der benutzten Worte	:	32 ⋯	240
Zahl der Ausgänge	:	2 ⋯	16
Zugriffszeit (ns)	:	5 ⋯	55
Verlustleistung (mW)	:	15 ⋯	1000
Technologie	:	TTL, ECL, CMOS .	

20.2.3 PLA

Der Nachteil des PAL läßt sich vermeiden, wenn man entsprechend Bild 20.5 sowohl das Eingangs-UND-Array als auch das Ausgangs-ODER-Array programmierbar macht. Damit läßt sich jeder Produktterm für alle Ausgänge verwenden. Das Ergebnis der Übertragungsfunktion ist wieder eine DNF.

Vorteil des PLA:

- Größere Flexibilität als beim PAL.

Nachteile:

- Die Programmierung erfolgt häufig beim Hersteller (Maske)

- Die Signallaufzeiten, die Verlustleistung und die benötigte Chipfläche sind größer als beim PAL. Die Anzahl der Produktterme ist beschränkt.

Typische Daten von kombinatorischen PLA

Zahl der Eingänge	:	12 ⋯	16
Zahl der benutzten Worte	:	48 ⋯	96
Zahl der Ausgänge	:	6 ⋯	8
Zugriffszeit (ns)	:	35 ⋯	100
Verlustleistung (mW)	:	500 ⋯	900 .

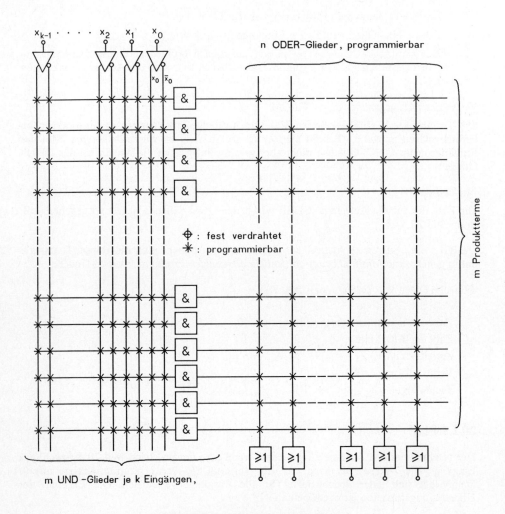

Bild 20.5: Prinzipschaltung des PLA.

20.3 Sequentielle PLD

Die bisher behandelten PAL- und PLA-Beispiele enthalten rein kombinatorische Logik. Durch zusätzliches Einbringen von *Makrozellen* in Form von Flipflops, XOR etc. lassen sich viele zusätzliche Funktionen realisieren:

- *sequentielle PAL*
- *PAL-Schieberegister*
- *PAL-Schaltungen mit TRI-STATE etc.*

Damit wird es auch möglich, ODER/UND-Strukturen zu programmieren, die typisch für Gate-Arrays sind. Auf Einzelheiten können wir wegen der großen Vielfalt von Mögl lichkeiten hier nicht eingehen. Ein wichtiges Einsatzgebiet für sequentielle PLDs sind die *programmierbaren Steuerungen*, die wir im Kapitel 23 behandeln werden.

21 Speicherwerke (Datenspeicher)

Speicherwerke (im Sinne unserer Betrachtungen hier: *Datenspeicher für binäre, digitale Daten*) sind unverzichtbarer Bestandteil eines jeden Computers; sie dienen darüberhinaus generell dazu, kurzzeitig anfallende Signale dauerhaft oder zumindest für eine definierte Zeit festzuhalten. Speicherwerke bestehen aus einzelnen *Speicherzellen*, die fortlaufend numeriert sind und deshalb über *Adressen* angesprochen werden können.

21.1 Kenngrößen von Speicherwerken

21.1.1 Speicherkapazität

Die *Speicherkapazität* wird in *bit* oder *byte* oder in Vielfachen der Einheit 1 k = 2^{10} = 1024 oder 1 M = 1000 k angegeben. Sie bestimmt wesentlich die Leistungsfähigkeit des Systems und damit den Umfang der Probleme, die mit ihm verarbeitet werden können. Es gelten folgende Zusammenhänge (vgl. a. Kap. 25):

$$1 \text{ Langwort} \cong 2 \text{ Worte} \cong 4 \text{ Byte (B)} \cong 8 \text{ Halbbyte oder 8 Nibble} \cong 32 \text{ bit}$$

oder: 1 Wort $\cong$ 16 bit; 1 byte $\cong$ 8 bit, 1 Nibble (Halbbyte) $\cong$ 4 bit.

Beispiele: Ein Rechner mit einer Speicherkapazität von 64 kB hat 64 · 1024 · 8 = 524 288 bit.

Ein dezimal-orientierter Rechner mit 6 bit pro BCD-Ziffer und 40000 Dezimalstellen hat insgesamt 6·40000 = 240 000 Speicherstellen.

21.1.2 Zugriffszeit, Zykluszeit

Eine wichtige Größe für die Rechengeschwindigkeit ist die *Zugriffszeit*. Das ist die Zeitdauer zwischen der Auswahl der gesuchten Speicheradresse und dem Eintreffen der ausgelesenen Information in einem Pufferregister.

Bei den früher üblichen Magnetkernspeichern und bei manchen anderen Medien wird die Information beim Auslesen zerstört *(Destructive Read Out, DRO)* und muß vor einem neuen Zugriff wieder eingeschrieben werden. Hier ist die *Zykluszeit*, die diesen Vorgang mit beinhaltet, eine realistischere Größe zur Beurteilung der Leistungsfähigkeit. Bild 21.1 zeigt schematisch die einzelnen Komponenten von Zyklus- bzw. Zugriffszeit. Zyklus- bzw. Zugriffszeit werden wesentlich von der *Art*, der *Organisation* und der *Größe* des Speichers bestimmt. In erster Näherung für eine bestimmte Technologie die Beziehung

Kapazität · Geschwindigkeit = const.

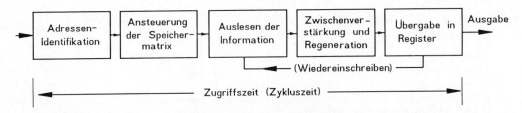

Bild 21.1: Zugriffszeit und Zykluszeit

Das erklärt neben den unterschiedlichen Preisen für 1 Bit auch das Nebeneinander so vieler Speichertechniken. Die erreichbare Geschwindigkeit ist von der *Art des Zugriffs* abhängig. Man unterscheidet *wahlfreien Zugriff* (Random Access), *zyklischen Zugriff* und *seriellen Zugriff*. Tabelle 21.1 gibt eine Übersicht über die verschiedenen Arten von Speicherwerken.

Tabelle 21.1 Übersicht über die Arten von Speicherwerken

Art	Zweck	Zugriff	Zugriffszeit/s	Kapazität/bit	Preis DM/bit
Ferritkern-speicher (historisch)	Schnell-speicher	wahlfrei bis zyklisch	$10^{-8} \dots 10^{-4}$	$10^5 \dots 10^7$	>0,10
Halbleiter-speicher	Arbeits-speicher		bipolar: $<10^{-8}$ MOS: $10^{-4} \dots 0{,}5 \cdot 10^{-8}$	$10^3 \dots 10^7$	0,10 0,02
Magnet-trommel		zyklisch	$10^{-4} \dots 10^{-2}$	$10^7 \dots 10^8$	10^{-3}
Magnet-platte	Hinter-grund-speicher		$10^{-3} \dots 10^{-1}$	$10^7 \dots 10^9$	0,01
Magnetband		seriell	$10\text{ s} \dots 9\text{ min}$	$10^7 \dots 10^{11}$	10^{-4}
Magnetkarte			2	$10 \dots 10^8$	0,05
Diskette		zyklisch	10^{-3}	10^7	10^{-5}
Lochkarte		seriell		10^2	
Lochstreifen	Fest-speicher		$10^{-3} \dots 10^{-2}$	$10^4 \dots 10^6$	$< 10^{-5}$
Film				$10^3 \dots 10^6$	
Compact Disk (CD)		zyklisch		$>10^{12}$	

21.1.3 Modularität

Unter *Modularität* versteht man die Technik, Speicher nach Art eines Baukastensystems aus einheitlichen Modulen zu unterschiedlichen Größen ausbauen zu können. Halbleiterspeicher erfordern hierbei den geringsten Aufwand, prinzipiell läßt sich Modularität aber auch bei Magnet- und Ferritkernspeichern realisieren. Je nach Speicherart haben Module Kapazitäten von 1 k (Halbleiterspeicher) bis 1000 Mio. Bytes (Plattenspeicher).

21.1.4 Verlustleistung

Zum Lesen und Schreiben von Informationen sind bestimmte Leistungen erforderlich. Sie sind jedoch im allgemeinen klein gegen die Verlustleistungen, die bei Halbleiterspeichern zum ständigen Aufrechterhalten der Information *(refreshing)* benötigt werden. Im Gegensatz zu Magnetspeichern ist nämlich die Information bei Halbleiter-Arbeitsspeichern *flüchtig (volatile)*.

21.1.5 Speicherdichte (bit mm^{-3})

Die mechanischen Abmessungen eines Speicherelementes für 1 bit bestimmen nicht nur den Raumbedarf des Speichers, sondern sie sind wegen der endlichen Signallaufzeit auf Leitungen auch maßgebend für die Zugriffszeit und die Signaldämpfung.

21.2 Magnetspeicher

Die Speicherung von großen Datenmengen geschieht in sehr wirtschaftlicher Weise auf magnetischer Basis. *Magnetspeicher* sind *Strukturspeicher*. Sie benötigen zur Aufrechterhaltung des Speicherzustands keine Energie, da die *remanente Induktion* B_r des Magnetmaterials benutzt wird. Lediglich das Einschreiben und Lesen der Information erfordert Leistung.

Die prinzipiellen Eigenschaften der Magnetspeichertechnik sind für das weite Spektrum der verschiedenartigen Anwendungen gleich oder zumindest relativ ähnlich und lassen sich mit folgenden Stichworten umreißen:

- Für Ein- und Auslesen sind relativ einfache elektromagnetische Wandler erforderlich (Schreib-Lese-Köpfe).
- Die Aufzeichnung läßt sich nahezu beliebig oft löschen und durch eine neue ersetzen.
- Das Auslesen kann ebenfalls fast beliebig oft ohne Qualitätseinbuße erfolgen.
- Die Aufzeichnung erfolgt über eine elektrische Größe. Somit ist im Prinzip jede Information und jede physikalische Größe speicherbar, sofern man jeweils einen Sensor findet, der die Ursprungsinformation in eine elektrische umsetzt.
- Die Speicherkapazität ist praktisch unbegrenzt, und die Informationsdichte wird in der Regel nicht durch den Träger (Band, Platte, Floppy etc.), sondern durch die übrigen Parameter der spezifischen Geräte bestimmt.
- Die gespeicherte Information kann ohne Energieaufwand unter definierten Lagerbedingungen praktisch beliebig lange erhalten bleiben.

Die prinzipiellen Anforderungen an band- und plattenförmige Informationsträger im Betrieb lassen sich ebenfalls knapp zusammenfassen:

- Hohe mechanische Belastbarkeit des Trägermaterials,
- hohe Abriebfestigkeit und geringe Dickenschwankung der Magnetspeicherschicht,
- niedriger elektrischer Oberflächenwiderstand zu Vermeidung von statischer Aufladung,
- exakte Schneidkanten und konstante Breite bei bandförmigem Informationsträger.

21.2.1 Mechanische Eigenschaften

Moderne Magnetspeichermedien haben durchweg einen *Schichtenaufbau* und bestehen aus mindestens 2 Schichten, dem Träger und der Magnetschicht mit den Magnetpartikelchen und dem Binder.

Der unmagnetische *Träger* ist im Fall von Platten oder Trommeln Aluminium und bei flexiblen Speichern *Polyvinylchlorid* (PVC) oder *Polyester* (PE). Zur Verbesserung des Abriebverhaltens haben höherwertige Bänder noch eine grafit- oder silikonhaltige *Deck-* oder *Gleitschicht* (Bild 21.2). Die Foliendicke d_T des Trägers liegt im Bereich um 50 µm, die der Magnetschicht d_S bei 10 ⋯ 2,5 µm.

21.2.2 Magnetische Grundlagen

Das ferromagnetische Material ist entweder *nadelförmiges -Fe₂O₃-Eisenoxid* oder *CrO₂ Chromdioxid*. Das Magnetmaterial soll möglichst *hartmagnetisch* sein, das heißt, eine hohe Koerzitivfeldstärke und ein hohes Verhältnis remanente Polarisation/Sättigungspolarisation (J_{rs}/J_s gemäß Bild 21.3) haben. Bild 21.3 zeigt die typische Hystereseschleife eines Magnetspeichermaterials B = f(H).

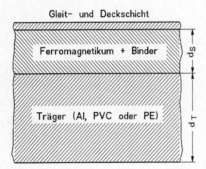

Bild 21.2: Schichtaufbau von Magnetspeichern

Grundgleichungen:

$$B = \mu_0 \cdot (H + M) = \mu_0 \cdot H + J = \mu_0 \cdot \mu_r \cdot H \qquad , \qquad (21.1)$$

mit $\mu_0 = 1{,}256 \cdot 10^{-8}$ V·s·A⁻¹·cm⁻¹ (absolute Permeabilitätskonstante)

H: Magnetische Feldstärke [A·cm⁻¹]

$$1\ \text{A·cm}^{-1} = 0{,}4\pi\ [\text{Qerstedt}] \quad \text{(ältere Einheit)} \qquad (21.2)$$

B: Induktion oder Flußdichte [V·s·cm⁻²]

$$1\ [\text{V·s·cm}^{-2}] = 1\ \text{Tesla [T]} = 10^4\ \text{Gauß [G]} = 1\ \text{Weber·m}^{-2}\ [\text{Wb·m}^{-2}] \qquad (21.3)$$

M: Magnetisierung (Dimension einer Feldstärke) [A·cm⁻¹]

J: Magnetische Polarisation (Änderung der Induktion durch Anwesenheit eines ferromagnetischen Materials)

$$M = (\mu_r - 1) \cdot H = \kappa \cdot H \qquad (21.4)$$

κ: magnetische Suszeptibilität

Vakuum: κ = 0,

diamagnetische Stoffe: κ < 0 (≈10⁻⁶ bei Ag, Au, Cu, H, C, H₂0, Ar, Ne, He u.a.),

paramagnetische Stoffe: $\kappa > 0$ $(10^{-3} \ldots 10^{-6}$, z. B. Al, Ca, Mn, Na, Ta),
ferromagnetische Stoffe: $\kappa \gg 1$ (Fe, Ni, Co), elektrisch leitend,
ferrimagnetische Stoffe: $\kappa \gg 1$ (z.B. Fe_2O_3, Cr_2O), elektrisch nichtleitend, Keramik
H_c : Koerzitivfeldstärke, H_{max}: maximale Feldstärke,
B_r : remanente Induktion, B_s : Sättigungsinduktion.

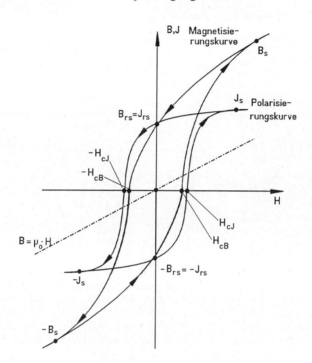

Bild 21.3: Magnetisierungsschleife

Ideale Eigenschaften liegen vor, wenn $H_c \approx H_m$. In der Praxis ist

$$\boxed{H_m \approx 1{,}3 \ldots 1{,}5 \cdot H_c} \quad . \tag{21.5}$$

Rechteckigkeit der Schleife :

$$\boxed{R = B(-H_m/2)/\ B(+H_m) \approx 0{,}85 \ldots 0{,}9} \quad . \tag{21.6}$$

Gängige Werte für B_r und H_c:

$$H_c \approx 0{,}58 \ldots 0{,}12 \ \text{A·cm}^{-1},$$
$$B_r \approx 0{,}19 \ldots 0{,}23 \ \text{T}.$$

21.2.3   Magnetaufzeichnung (Speichervorgang)

Das Prinzip der magnetischen Datenspeicherung beruht auf dem *Durchflutungsgesetz*.
Es besteht darin, das mit dem Zeitverlauf eines fließenden elektrischen Stromes direkt
verknüpften Magnetfeld in der ferromagnetischen Speicherschicht festzuhalten. Hierbei

bewegt sich das Speichermedium mit konstanter Geschwindigkeit (longitudinal bei Bändern, kreisförmig bei Platten, Trommeln und Floppy Disks) durch das Streufeld eines Aufzeichnungskopfes, wie es Bild 21.4 schematisch zeigt. Durch die Wirkung des Magnetfeldes werden die Partikelchen entsprechend der binären Information (logisch 0 oder 1) positiv oder negativ remanent gesättigt.

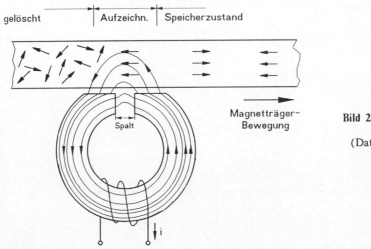

Bild 21.4: Prinzip der Aufzeichnung (Datenspeicherung)

Bei Bändern und Floppy Disks ist der Aufzeichnungskopf mechanisch in Kontakt mit dem Datenträger, während sich bei Platten- und Trommelspeichern im Betrieb ein kleiner Luftspalt (ca. 1 μm) ausbildet, so daß der Kopf quasi auf einem Luftkissen "schwimmt". Man erreicht dies dadurch, daß man die Festplatte/Trommel mit genügend hoher Geschwindigkeit rotieren läßt und dem Kopfspiegel eine leicht ballige Form gibt. Die erzielbare Speicherdichte ist bei Festplatten wesentlich höher als bei Band und Floppy wegen der geringeren Toleranzen bei der Führung von Kopf und Speichermedium. Festplatten und Trommeln sind hermetisch gekapselt, damit die Laufeigenschaften nicht durch Staubpartikelchen beeinträchtigt werden können. Trommelspeicher sind in ihrer Bedeutung gegenüber den Festplatten wesentlich zurückgegangen.

Zur Aufzeichnung der Daten wird im wesentlichen *Frequenzmodulation* verwendet. Das hat den Vorteil, daß das Magnetmaterial immer bis in die Sättigung ausgesteuert wird, wodurch die remanente Magnetisierung maximal wird und die bei analoger Aufzeichnung sonst zu berücksichtigenden Nichtlinearitäten keine Rolle spielen. Außerdem muß die alte Aufzeichnung nicht erst gelöscht werden, wenn man sie durch eine neue ersetzen will, sondern sie wird einfach überschrieben.

Es existiert eine Reihe verschiedener FM-Verfahren, von denen wir hier nur einige ganz pauschal erörtern können. Für *Festplatten* und *Floppy Disks* sind in Gebrauch:

- *FM-Verfahren mit Single Density*

    Beim Single Density-Verfahren werden pro Zeiteinheit im Fall einer zu speichernden 1 zwei Taktimpulse aufgezeichnet, und zwar einer zu Beginn des Taktes und der andere in der Mitte, bei der 0 nur ein Taktimpuls zu Beginn (Bild 21.5).

- *MFM-Verfahren (modifiziertes FM-Verfahren mit Double Density*

    Beim MFM-Verfahren erreicht man eine Verdopplung der Speicherkapazität, indem man gemäß Bild 21.6 bei einer 1 einen Impuls in der Mitte der Taktperiode aufzeichnet, während die 0 mit einem Impuls zu Beginn des Taktes dargestellt wird, aber nur dann, wenn das vorangegangene Bit nicht 1 gewesen ist. Eine Folge von Nullen liefert demnach die Taktfrequenz zu Beginn der Taktperiode und eine Folge von Einsen in der Mitte.

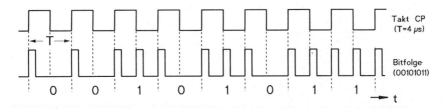

Bild 21.5: FM-Aufzeichnungsformat

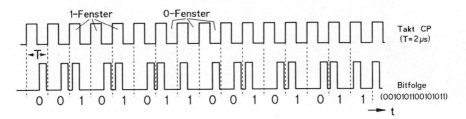

Bild 21.6: MFM-Format

Magnetbandaufzeichnungen erfolgen sowohl im *Mehrspurverfahren* (vgl. a. Kap. 12, Bild 12.7) oder auch in einer Spur (Kassettenformat), wobei für *Kassetten* eine *Frequenzumtastung* angewendet wird (log. 0 entspricht beispielsweise vier 1200-Hz-Schwingungen und log. 1 acht 2400-Hz-Perioden). Daneben finden *Phasencodierungsverfahren* Anwendung.

21.2.4 Wiedergabevorgang (Lesen der Daten)

Für die Abtastung der gespeicherten Information sind grundsätzlich 2 Möglichkeiten gegeben

- *Direkte* (statische) Abtastung des Magnetflusses z.B. mit Hall-Sonden,

- Ausnutzung des *Induktionsgesetzes* durch die Anwendung von Induktionsköpfen: Die Lesespannung u_L ist proportional der zeitlichen Änderung des remanenten Magnetflusses Φ

$$\boxed{u_L \sim d\Phi/dt}\qquad.\qquad\qquad (21.7)$$

Für Zwecke der Digitaltechnik wird ausschließlich das Induktionsprinzip verwendet, wobei Lese- und Schreibkopf wegen des ihnen innewohnenden *Reziprozitätsprinzips* identisch sind. Bild 21.7 zeigt den Lesevorgang schematisch. Passiert der magnetisierte Datenträger den Spiegel des Lese/Schreibkopfes, so schließen sich die Streufeldlinien zum großen Teil über den Eisenkern und durchsetzen damit die Spule. Bei gegebener Windungszahl w und dem Bandfluß Φ wird die Lesespannung

$$u_L = -w \cdot d\Phi/dt$$.   (21.8)

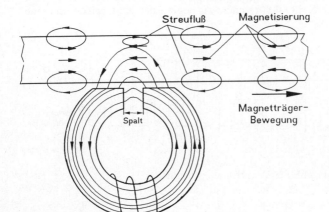

Bild 21.7: Wiedergabevorgang,
schematisch

21.2.5 Ringkernspeicher

Obwohl *Ferrit-Ringkernspeicher* heute keine Bedeutung mehr haben, wollen wir das
Prinzip doch kurz erwähnen, weil sie ein sehr verläßliches Medium waren und um zu
verdeutlichen, welche Fortschritte die Speichertechnik in den letzten Jahrzehnten gemacht hat. Ferrit- oder Magnetkernspeicher waren in den fünfziger, sechziger und zum
Teil noch in den siebziger Jahren die wesentlichen Arbeitsspeicher in Digitalrechnern.
Kernspeicher gehören ebenfalls zu den Strukturspeichern. Gemäß Bild 21.8 bestehen sie
aus zylindrischen Ringen, die matrixförmig angeordnet sind. Durch die einzelnen Ringe
sind bis zu 4 Drähte gezogen, die der Adressierung, dem Schreiben und dem Lesen der
Information dienen. Jeder Kern ist dabei *einzeln adressierbar.*

Vorteile: Magnetkernspeicher sind wenig störanfällig wegen des ringförmig geschlosse-
nen Feldlinienverlaufs, sie zeigen keine Alterungserscheinungen, hohe Zuverlässigkeit, da kein Verschleiß. Es ist keine Energie erforderlich zur Erhaltung
der Information.

Nachteile: Die Speicherdichte ist relativ begrenzt (max. 10^2 bit·cm^{-3}), es entstehen hohe
Herstellungskosten (Handarbeit).

Der Außendurchmesser der Ferritkerne beträgt etwa 2...0,3 mm. Dabei ergeben sich
Schaltzeiten von 5...0,15 µs. Das Kernmaterial besteht aus Fe_2O_3 mit Zusätzen von
zweiwertigen Metallen (Mn, Ni, Co oder Zn). Dadurch ergibt sich ein hoher spezifi-
scher Widerstand (geringe Wirbelstromverluste).

21.2.5.1 Informationsspeicherung im Ferritkern, Lesen der Information

Die binäre 1 sei der positiven Remanenzlage $+ B_r$ zugeordnet, die binäre 0 entspricht
dann $- B_r$. Benutzt man die einfache Schreib- und Leseschaltung nach Bild 21.9, so lassen sich für das Lesesignal u_L an der Sekundärwicklung als Folge eines negativen
Primärstromes $-I_m \cong -H_m$ zwei charakteristische Fälle unterscheiden:

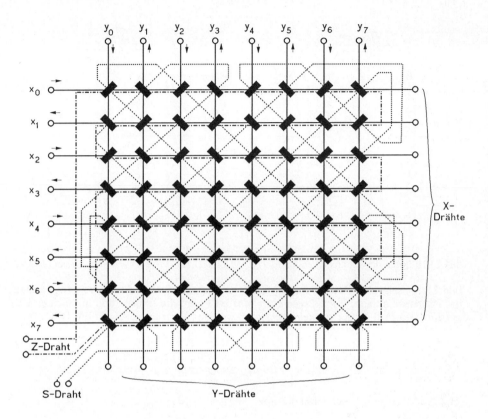

Bild 21.8: Magnetkern-Speichermatrix

1) Der Kern war vorher mit + B_r ($\cong 1$) magnetisiert und wird durch I_m ummagnetisiert ($\rightarrow$ - $B_r \cong 0$). Dabei entsteht die Spannung u_1 aufgrund der Induktionsänderung $\Delta B_1 \approx 2 \cdot B_r$.

2) Der Kern war vorher mit - B_r ($\cong 0$) magnetisiert. Es findet keine Ummagnetisierung statt; die Spannung u_0 hat wegen der Induktionsänderung $\Delta B_0 = B_s - B_r \approx 0{,}1 \cdot B_r$ nur einen kleinen Wert.

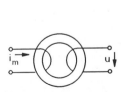

Bild 21.9: Leseschaltung, Prinzip

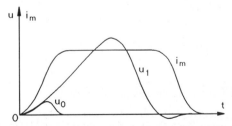

Bild 21.10: Signale beim Lesen

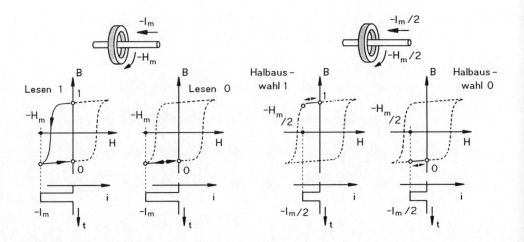

Bild 21.11: Lesen des Inhalts eines Kerns   **Bild 21.12:** Halbauswahl beim Lesen (s. Text)

Bild 21.10 zeigt den Zeitverlauf von I_m, u_1 und u_0 und Bild 21.11 die Vorgänge anhand der Hystereseschleife. Beim *Lesen einer binären 1* wird die Information im Speicherkern *zerstört* und muß *wieder zurückgeschrieben* werden (Destructive Read Out, DRO).

In Bild 21.12 ist gezeigt, daß der Kern in seinem jeweiligen 1- oder 0-Zustand bleibt, wenn er nur mit dem Strom $-I_m/2$ beaufschlagt wird. Diese Tatsache ist wichtig für die Adressierung des Kerns nach dem *Stromkoinzidenzprinzip* (s. Abschnitt 21.2.5.3.)

21.2.5.2 Schreiben der Information

Ein positiver Stromimpuls $+ I_m \cong + H_m$ versetzt den Kern in den Zustand 1, gleichgültig,

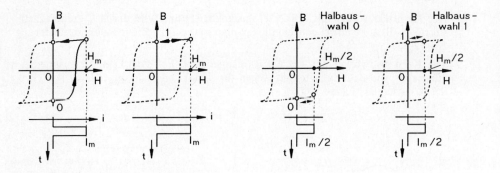

Bild 21.13: Schreiben einer Information   **Bild 21.14:** Halbauswahl beim Schreiben

welchen Zustand er vorher hatte (Bild 21.13). Ein Strom $+ I_m/2 \cong + H_m/2$ verändert die remanente Magnetisierung praktisch nicht, die vorherige Information bleibt erhalten (Bild 21.14). Je nachdem, ob der Kern ein Binärzeichen speichern oder abgeben soll, gilt demnach

Einschreiben 1-Signal $\;\rightarrow I = + I_m$

Lesen 1- oder 0-Signal $\;\rightarrow I = - I_m$.

21.2.5.3 2D-Speicher (bitweise Adressierung)

Kernspeicher sind normalerweise matrixförmig angeordnet. Dabei ergibt sich die beson-

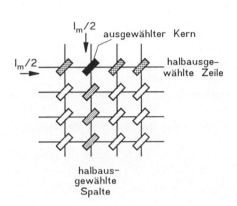

ders günstige Möglichkeit, Kerne einzeln zu adressieren, indem man den zum Umschalten erforderlichen Strom I_m durch *Koinzidenz zweier Ströme* I_{mx} = $I_{my} = I_m/2$ erzeugt (Bild 21.15). Aus Sicherheitsgründen wählt man den Strom so, daß $H_m\,(\,\cong I_m) \approx 1{,}4 \cdot H_c$ erfüllt ist. Der Kern ist logisch vergleichbar mit einer Zweifach-UND-Schaltung mit Schwellwert. Da während des Lesevorgangs nur ein Signal u_{L1} bzw. u_{L0} pro Ebene und Takt auftritt, läßt sich dieses mit einem gemeinsamen, zusätzlichen Lesedraht S erfassen, der alle Kerne einer Matrix, wie es Bild 21.8 schematisch zeigt, durchsetzt.

Bild 21.15: Adressierung durch Stromkoinzidenz

21.2.5.4 3D-Speicher (Wortweise Adressierung)

Normalerweise sind Kernspeicher *wortweise* organisiert. Bei gegebener Wortlänge k existieren beispielsweise k Ebenen mit je einer Matrix $x \cdot y$ Kernen. Die zu einem Wort gehörenden Bit liegen dabei in z-Richtung übereinander. Die Treiberdrähte x_i und y_i sind durch alle Ebenen geführt, und somit lassen sich alle k Bit eines Wortes i durch Selektion des zugehörigen x_i- und y_i-Drahtes gleichzeitig adressieren. Der pro Ebene getrennt existierende Lesedraht liefert beim Lesevorgang jeweils das entsprechende Bit-Signal. Für den Schreibvorgang muß jedoch noch eine zusätzliche Maßnahme getroffen werden, da wegen des Koinzidenzprinzips beim vorliegenden Konzept entsprechende Kerne eines Wortes alle gleich behandelt würden. Es wird deshalb pro Ebene noch eine vierte Leitung, der sogenannte *Inhibit-Draht* Z eingeführt, der alle Kerne gleichartig durchsetzt. Beim Schreiben einer 1 bleibt der Z-Draht stromlos. Dadurch erhält der selektierte Kern den Strom $I_x + I_y = I_m$ und klappt nach $+ B_r \cong 1$. Wird jedoch die Information nicht geändert, so wird dem Z-Draht der Strom $I_z = - I_m/2$ eingeprägt, im selektierten Kern fließt dann der Gesamtstrom $I_x + I_y + I_z = I_m/2$; der Kernzustand ändert sich nicht. Um möglichst wenig Draht zu verbrauchen, wählt man Kernanordungen wie sie Bild 21.8 am Beispiel einer Matrix von 8 x 8 = 64 bit dargestellt ist. X- und Y-Treiberströme wechseln von Zeile zu Zeile bzw. von Spalte zu Spalte ihr Vorzeichen. Die Kerne einer Zeile wechseln ihre Richtung von Platz zu Platz um 90^0 und sind in der darauffolgenden Zeile wiederum um 90^0 gegenüber der vorangehenden orientiert. Der Inhibit-(Z-) Draht durchsetzt alle Kerne mäanderförmig, und der Lese-(S-) Draht verläuft diagonal.

21.3 Halbleiterspeicher

21.3.1 Allgemeines

Halbleiterspeicher haben im vorigen Jahrzehnt die Kernspeicher als Arbeitsspeicher vollständig verdrängt. Hierfür gibt es eine Reihe von Gründen, die stichwortartig aufgezählt werden:

- Kompatibilität der Grundbausteine von Speicher- und Rechenwerken (NAND, NOR, Flipflop etc.), daher nur noch wenige Technologien,
- Signalpegel im Speicher- und Rechenwerk von gleicher Größenordnung, daher wenig Verstärkung und Pegelwandlung erforderlich,
- Modularität bei Halbleiterspeichern ist relativ einfach zu realisieren, dadurch flexiblere Anpassung des Speicherwerks an spezielle Erfordernisse,
- Lesen der Information geschieht in den meisten Anwendungen zerstörungsfrei, dadurch entfällt der Zyklus des Wiedereinschreibens,
- Speicherdichte konnte beim Halbleiterspeicher in den letzten Jahren ständig gesteigert werden,
- die Kosten pro Bit sind ständig gesunken und liegen weit unter denen für Kernspeicher.

Als *Nachteile* der Halbleiterspeicher gegenüber den Kernspeichern sind zu nennen:

- Verlust der Information nach Abschalten der Betriebsspannung *(volatile memory)*. Es gibt allerdings auch bereits non-volatile-Speicher für bestimmte Anwendungen sowie entsprechende Batterie-Pufferungen.
- Infolge der Transistorströme entsteht Verlustwärme, deren Abführung insbesondere bei hohem Integrationsgrad gewisse Probleme bringt. Bei steigendem Integrationsgrad werden pro Chip relativ hohe Stromstärken in den Anschlußdrähten erreicht.

Erfahrungswerte der letzten 10 Jahre: Verdopplung der Zahl der bit/chip mit jedem Jahr bei gleichzeitiger Halbierung der Kosten/bit.

Tabelle 21.2 gibt grob den Vergleich einiger Kenndaten für Halbleiterspeicher verschiedener Technologien. (Stand ca. 1987).

Tabelle 21.2: Kenndaten von Halbleiterspeichern

Technologie	Kapazität/Chip	Zugriffszeit (ns)	Zykluszeit (ns)	Verlustleistung (mW)
bipolar	1 ··· 2 M	45	70	1500 ·· 5000
N MOS	1 ··· 4 M	80	150	300 ··· 500
C MOS	1 ··· 16 M	500	500	30 ··· 50
P MOS	2 ··· 8 M	500	500	200 ··· 300

21.3.2 Halbleiterspeicher mit wahlfreiem Zugriff (dynamic random access memory, DRAM) und flüchtiger Speicherung

Kennzeichnend für den Arbeitsspeicher eines Rechners allgemein ist die Möglichkeit, jedes Bit oder zumindest *jedes Wort einzeln adressieren* zu können. Das trifft also auch für den Kernspeicher (Abschnitt 22.2) zu. Der Begriff *random access memory (RAM)* hat sich jedoch erst mit der Einführung der Halbleiterspeicher durchgesetzt und wird deshalb auch vorwiegend auf Halbleiter-Arbeitsspeicher angewendet. Man unterscheidet je nach Konzept

  - *statische, bipolare* RAM (Bipolar-SRAM)
  - *unipolare* RAM mit MOSFET
    und hier weiter   - *statische* MOS-Zellen (MOS-SRAM)
                         - *dynamische* MOS-Zellen (DRAM).

Grundlage der statischen Speicher sind Flipflops (s.a. Kap. 8). Je ein Flipflop bildet eine Speicherzelle.

21.3.2.1 Statische Bipolarzellen mit Multi-Emitter-Transistor

Die aus der TTL bekannte *Multiemittertechnologie* (vgl. Kap. 5) läßt sich mit Vorteil auch zur Realisierung von Flipflops anwenden. Bild 21.16 zeigt die Prinzipschaltung einer *Dreifachemitter-Bipolar-Zelle*. Das Grundflipflop liegt mit dem Emitterpaar E_{13}, E_{23} auf der *Zeilenadreßleitung* und mit E_{12}, E_{22} auf der *Spaltenadreßleitung*. Emitter E_{11} und E_{21} führen zu den Bit-Leitungen Q und $\overline{Q}$.

Speichern der Information:

Es sei angenommen, daß T_1 leitend sein möge und dies der Information "logisch 1" entspreche. Hält man die Bitleitungen extern auf + 1,2 V und die Zeilen- und Spaltenadreßleitungen auf + 0,2V, so stellen sich die Kollektorpotentiale entsprechend Bild 21.16 ein. Der so eingezeichnete Zustand entspricht der Funktion "Speichern 1". Für "Speichern 0" gilt das Entsprechende mit T_2 leitend.

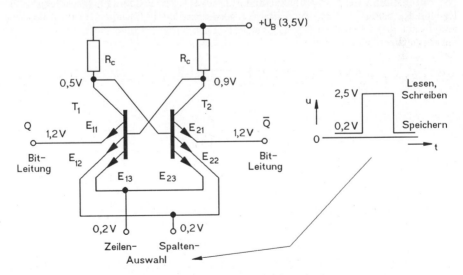

Bild 21.16: Statische Dreifach-Emitter-Zelle

Lesen der Information:

Zeilen- und Spaltenadreßleitung erhalten das Potential +2,5 V in Koinzidenz. Damit werden die Emitter E_{12}, E_{13}, E_{22} und E_{23} stromlos. Im angenommenen Fall der gespeicherten 1 übernimmt E_{11} den Strom in T_1, im anderen Fall (gespeicherte 0) E_{22} den Strom in T_2. Es fließt der Lesestrom in Q bzw. $\overline{Q}$. Nach Absenken der Adreßleitungen auf 0,2 V ist der ursprüngliche Zustand wieder erreicht. Der Lesevorgang zerstört die Information nicht (*non destructive read out, NDRO*).

Einlesen einer Null: Zeilen- und Spaltenadreßleitung werden auf + 2,5 V gelegt und E_{21} nach Masse gezogen. Damit kippt das Flipflop, und T_2 führt Strom. Nach Absenken der Adreßpotentiale auf 0,2 V ist die 0 gespeichert.

Typische Daten für bipolare Multiemitterspeicher dieser Art:

Zellenfläche : 0,25 x 0,8 mm^2

Chipfläche : 1,25 x 1,25 mm^2 ($\hat{=}$ 50 bit/mm^2 oder 8x8 bit/Chip)

Verlustleistung: 1 mW/bit

Schaltzeit : 20 ns

Lesesignalstrom: 150 µA.

21.3.2.2 Statische Bipolarzelle mit Schottky-Dioden

Eine Verbesserung des dynamischen Verhaltens bei gleichzeitiger Reduktion der Ruheverlustleistung ergibt sich in der Schaltung mit *Schottky-Diodenkopplung* nach Bild 21.17. Die Bitleitungen Q und $\overline{Q}$ sind über die Schottky-Dioden D_1 und D_2 an die Basen von T_1 und T_2 geführt. Die Adreßleitung führt auf die Emitter von T_1 und T_2.

Speichern der Information:

Die Adreßleitung liegt im Ruhezustand auf etwa + 2,5 V. Die Dimensionierung von R_K und R_B erfolgt so, daß im Falle der gespeicherten 1 (T_1 leitend) der Ruhestrom von T_1 auf den für einwandfreies Speicher- bzw. Kippverhalten minimal noch erforderlichen Wert gehalten wird.

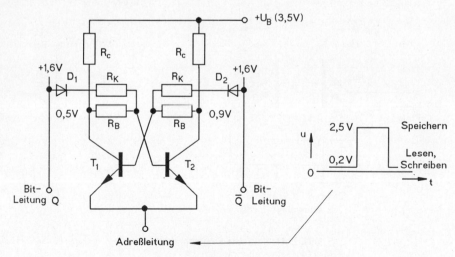

Bild 21.17: Statische Bipolarzelle mit Schottky-Dioden

Dabei liegt der Kollektor von T_1 etwa auf $+ 2,7$ V und der Kollektor von T_2 in der Nähe von $+U_B = 3,5$ V. Die Bitleitungen sind über die Schottky-Dioden gesperrt.

Lesen der Information:

Die Adreßleitung wird auf $+ 0,2$ V abgesenkt. Dadurch gerät der leitende Transistor (im angenommenen Fall T_1) in die Sättigung, das Kollektorpotential fällt auf 0,5 V. Die Schottky-Diode D_1 wird in Flußrichtung gepolt, und der Lesestrom fließt über die Bitleitung Q. Im Falle der gespeicherten 0 würde D_2 leitend.

Schreiben der Information:

Beim Schreiben einer Information wird die Zelle wie beim Lesen über die Adreßleitung aktiviert. Zusätzlich wird im Falle des Schreibens einer 0 ein Strom über D_1 auf die Basis von T_2 eingespeist, so daß T_2 leitend wird. Beim Einschreiben einer 1 geschieht das entsprechende über D_2 mit T_1.

Typische Daten dieser Technologie:

Chipfläche und Bitdichte ähneln denen der Multiemitter-Technologie. Außerdem gilt:

Ruheverlustleistung : 75 µW/bit

Schreib/Leseverlustleistung: 400 µW/bit

Schaltzeit : 5 ns

Lesesignalstrom : 300 µA .

21.3.2.3 Statische MOS-Zelle

Wegen der einfacheren Technologie werden für statische MOS-Zellen P-Kanal-Anreicherungs-MOSFET (selbstsperrend) vorwiegend verwendet. Hinsichtlich der Grundschaltungen (z.B. Inverter, NAND, NOR) sei auf Kap. 5 verwiesen. Die *Vorteile* der MOS-Technik gegenüber der Bipolartechnik lassen sich, wie folgt, umreißen:

- einfachere Geometrie und dem damit verbunden geringerer Flächenbedarf/bit,

- kleinere Anzahl verschiedener Technologieschritte bei der Herstellung,

- Selbstisolation der Speicherzellen gegeneinander und geringere Verlustleistung.

Als *Nachteile* sind zu nennen:
- Die erforderlichen Betriebsspannungen sind höher,
- die Schaltungen sind insgesamt hochohmiger und
- wegen der größeren Kapazitäten langsamer als Bipolarschaltungen.

Bild 22.18 zeigt die Schaltung einer statischen Standard-MOS-Zelle. Sie besteht aus insgesamt 6 Transistoren. Hierbei bilden T_1 und T_3 sowie T_2 und T_4 je einen Inverter. T_3 und T_4 arbeiten dabei als Lasttransistoren im Ohmschen Bereich. Über die Schalter T_5 und T_6 werden die Bitleitungen Q und $\overline{Q}$ durchgeschaltet.

Speichern der Information:

Im angenommenen Falle der gespeicherten 1 sei T_1 leitend und T_2 gesperrt. Sowohl T_5 als auch T_6 sind nichtleitend, die Bitleitungen sind also abgekoppelt. Bei der gespeicherten 0 ist entsprechend T_2 leitend.

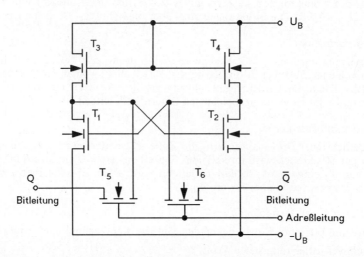

Bild 21.18: Statische MOS-Speicherzelle

Lesen:

Durch negatives Potential auf der Adreßleitung werden T_5 und T_6 leitend, und die Bitleitungen geben den Zustand des Flipflops an die Lesestufen weiter.

Schreiben:

T_5 und T_6 werden wie beim Lesen leitend gemacht. Zum Speichern einer 1 wird zusätzlich mit einem positiven Signal über T_6 und die Bitleitung $\overline{Q}$ Transistor T_1 leitend. Beim Speichern einer 0 geschieht entsprechendes mit T_2.

21.3.2.4 Dynamische Halbleiterspeicher

Bei *dynamischen Halbleiterspeichern* dienen *Kapazitäten* als Ladungsspeicher. Da jeder technisch realisierte Kondensator verlustbehaftet ist, hält sich die gespeicherte Ladung nur für eine gewisse Zeit, die von der Entladezeitkonstanten ahhängt. Dynamische Halbleiterspeicher in MOS-Technologie benutzen als Speicher die (unvermeidlichen) MOS-Kapazitäten C_{GS} und/oder C_{GD} (s.a. Vorlesung Elektronik, Band I), die in der Größenordnung einiger pF liegen. Wegen der Leckströme muß die Information in periodischen Abständen wieder aufgefrischt werden *(refreshing)*. Das geschieht in der Regel mit Takten im Millisekundenbereich. Obwohl hierfür ein zusätzlicher Aufwand in der Ablaufsteuerung erforderlich ist, ergeben sich doch gegenüher den statischen Speichern Vorteile hinsichtlich des Flächenbedarfs, der Verlustleistung pro Bit und der Kosten.

Dynamische 3-Transistor-Zelle

Bild 21.19 zeigt die prinzipielle Schaltung einer dynamischen 3-Transistorzelle mit selbstsperrenden P-Kanal-MOS-FET. Den eigentlichen Speicher bildet die Kapazität C_{GS} von T_2.

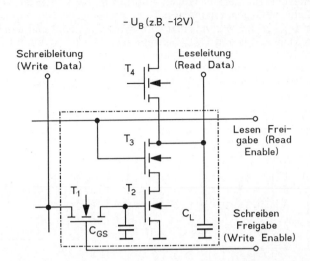

Bild 21.19: Dynamische
3-Transistor-MOS-
(2x-2y)-Zelle

Schreiben:

Über die Schreibleitung und den FET T_1 wird die Information bei Anliegen des Signals "Write Enable" am Gate von T_1 auf C_{GS} übernommen ($U_{CGS} = 0$ bei log. 0 und $U_{CGS} < 0$ bei 1).

Lesen:

Die der Leseleitung zuzuordnende Leitungskapazität C_L wird über den nicht zur Zelle gehörenden Transistor T_4 auf etwa $-U_B$ aufgeladen. Das Signal "Read Enable" am Gate von T_3 macht T_3 leitend. Je nach Ladezustand von C_{GS} ist T_2 leitend (bei gespeicherter 1) oder gesperrt (bei gespeicherter 0). Im ersten Fall wird C_L über T_3,T_2 entladen, im zweiten Falle nicht. Das entsprechende Signal an der Leseleitung wird weiterverarbeitet.

Die vorliegende Schaltung hat je 2 Leitungen für das Lesen und das Schreiben; man nennt sie deshalb auch *2x-2y-Zelle,* (x steht für Adreßleitung, y für Datenleitung). Der Aufwand läßt sich weiter reduzieren, wenn man berücksichtigt, daß das Lesen und das Schreiben nie gleichzeitig geschehen. Entsprechend erhält man eine *1x-2y-Zelle,* wenn man die Enable-Leitung für Lesen und Schreiben zu *einer Adreßleitung* zusammenfaßt oder eine *2x-1y-Zelle,* wenn man die Lese- und Schreibleitung gemeinsam als *eine Datenleitung* ausführt.

Die einfachste Konfiguration ist die 1x-1y-Zelle, die nur noch je eine Zeilen- und eine Spaltenleitung enthält. Bild 21.20 zeigt dies am Beispiel einer N-Kanal-Zelle mit nachgeschaltetem Leseverstärker. Die Ablaufsteuerung für das Lesen und Wiederauffrischen ist in Bild 21.21 dargestellt. Im Zeitpunkt t_0 wird die Spaltenleitung auf eine Spannung von $+ 5$ V gebracht. Dadurch lädt sich die Leitungskapazität C_L auf. Etwas später (Zeitpunkt t_1) wird die Zeilenleitung mit $+ 3$ V beaufschlagt. Diese Spannung reicht aus, um T_3 leitend zu machen. Je nach Ladezustand von C_{GS} ist T_2 ebenfalls leitend ($U_{CGS} > 0 \cong$ log. 1) oder gesperrt ($U_{CGS} = 0 \cong 0$). Im ersten Fall entlädt sich C_L relativ schnell und erreicht zur Zeit t_2 die Spannung 2,5 V. Im anderen Fall hat U_{Spalte} einen höheren Wert, weil C_L sich langsamer entlädt. Zur Zeit t_2 wird nun durch die Ablaufsteuerung die Rückkopplungsbedingung im Spaltenverstärker,

bestehend aus dem bistabilen Flipflop mit den Invertern I_1 und I_2 und der nachgeschalteten Gegentaktstufe T_4; T_5 hergestellt. Das Flipflop ist so dimensioniert, daß es
für $U_{spalte} \leqslant 2{,}5$ V kippt, und zwar wird T_5 leitend und damit $U_{Spalte} = 0$. Bei $U_{Spalte} >$
2,5 V leitet T_4, und U_{Spalte} springt auf $+ U_B$ (= 10 V). Im Zeitpunkt t_3 wird die Zeilenleitung durch die Ablaufsteuerung auf + 10 V angehoben, und damit leitet T_1. Je
nach Ladezustand von C_L wird C_{GS} über T_1 nachgeladen oder auf 0 V abgesenkt
(Auffrischung auf das Komplement).

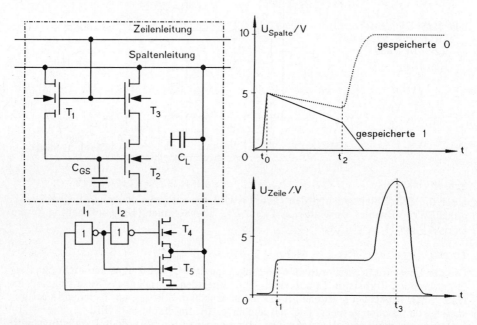

Bild 21.20: 1x-1y-Zelle   **Bild 21.21:** Lesen und Refreshing , schematisch

Typische Daten eines 4K-Speichers mit 1x-1y-Zellen in N-Kanal-Si-Gate-Technologie:

Chipgröße:	$3{,}5$x $4{,}2$ mm^2,
Bitdichte:	880 Zellen/mm^2,
Verlustleistung beim Speichern:	< 1 µW/bit
beim Schreiben/Lesen:	<100 µW/bit
Zugriffszeit:	400 ns
Lesen/Auffrischen:	600 ns
Schreiben:	800 ns

Dynamische 1-Transistor-Zelle

Die dynamische *1-Transistorzelle* entsteht, wenn man die Transistoren T_1 und T_3 aus
Bild 21.20 zu einem Transistor zusammenfaßt und anstelle des Speichertransistors T_2
eine Kapazität C_{Sp} verwendet. Bild 21.22 zeigt die Schaltung der 1-Transistorzelle.
Im Vergleich zur 3-Transistorzelle sind eine Steigerung der Bitdichte um etwa 25 %
und eine Halbierung der Verlustleistung typisch.

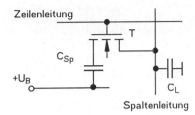

Bild 21.22: Dynamische 1-Transistor-Zelle

21.3.3 Halbleiterspeicher mit seriellem Zugriff und flüchtiger Speicherung

Halbleiterspeicherwerke mit *seriellem Zugriff* werden vorwiegend als *Hintergrund-* und *Pufferspeicher* eingesetzt. Die Daten sind nicht wahlfrei, sondern nur in einer bestimmten Reihenfolge speicher- und/oder lesbar. Dabei vereinfacht sich die Adressierung wesentlich. Gegenüber den seriellen Speichern auf magnetischer Basis (Band, Platte usw.) und den sonstigen Strukturspeichern (Lochkarte, Lochstreifen, usw.) haben die Halbleiterspeicher eine Reihe von *Vorteilen* (Größe, Preis, Zugriffszeit). Ein *Nachteil* ist wie bei den RAMs die *Flüchtigkeit* der Information.

21.3.3.1 Statische Schieberegister

Die statischen Schieberegister wurden in Kapitel 14 ausführlich behandelt; es genüge deshalb dieser Hinweis.

21.3.3.2 Dynamische Schieberegister

Das in den vorangegangenen Abschnitten besprochene Prinzip der dynamischen Speicherung läßt sich auch auf Schieberegister anwenden. Je nachdem, wieviele Takte erforderlich sind, um die Information um eine Speicherzelle weiterzuschieben, unterscheidet man *Vierphasen-* und *Zweiphasen-Schieberegister.*

Dynamisches Vierphasen-Schieberegister

Das Vierphasen-Schieberegister besteht je Bit aus insgesamt 7 Transistoren und benötigt zu seinem Betrieb keine Gleichspannung, sondern nur 4 galvanisch und zeitlich gegeneinander abgesetzte Impulse. Bild 21.23 zeigt das Prinzip.

Zur Übertragung der Information aus der Speicherkapazität C_{GS1} auf die Kapazität C_{GS7} mit Zwischenspeicherung des Komplements in C_{GS4} werden die 4 Takte $u_1 \dots u_4$ benötigt. Der Takt u_1 macht T_3 leitend und lädt C_{GS4} auf. Im Takt u_2 wird T_2 leitend. Je nach Ladezustand von C_{GS1} leitet T_1 (C_{GS1} geladen $\cong$ logisch 1), oder er sperrt (C_{GS1} entladen $\cong$ 0). Dabei wird C_{GS4} im ersten Falle über T_1 entladen ($\cong \bar{0} = 1$) und im zweiten Falle nicht ($\cong \bar{1} = 0$). Nach Beendigung von u_2 steht in C_{GS4} die komplementäre Information. Zur Rekomplementierung dienen die Takte u_3 und u_4, die ganz entsprechend zu u_1 und u_2 mit T_4, T_5 und T_6 ablaufen. Nach Beendigung von u_4 ist die Information in C_{GS7} gespeichert. Vorteilhaft bei dieser Schaltung ist, daß lediglich die Verlustleistung aufzubringen ist, die zur Umladung der Kondensatoren notwendig ist. Nachteilig sind die 4 Takte.

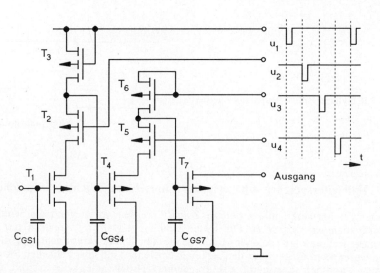

Bild 21.23: Dynamisches Vierphasen-Schieberegister

Dynamisches Zweiphasen-Schieberegister

Das dynamische Zweiphasen-Schieberegister gemäß Bild 21.24 hat einen ähnlichen Aufbau mit 7 MOSFET pro Bit. Es wird jedoch eine Speisegleichspannung $-U_B$ benötigt, und es sind nur 2 Takteingänge erforderlich. T_1, T_2 sowie T_4, T_5 bilden je einen Inverter. T_1 ist so dimensioniert, daß er im leitenden Zustand wesentlich niederohmiger ist als T_2. Entsprechendes gilt hinsichtlich T_4 und T_5.

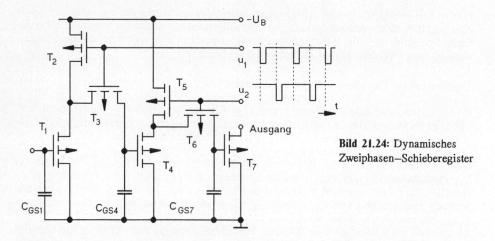

Bild 21.24: Dynamisches Zweiphasen–Schieberegister

Im Takt u_1 werden T_2 und T_3 leitend. Ist gleichzeitig T_1 leitend ($U_{CGS1} < 0 \cong$ log. 1), so setzt sich über T_3 Massepotential durch, und C_{GS4} wird entladen. Sperrt T_1 ($U_{CGS1} = 0 \cong$ 0), so wird C_{GS4} geladen. C_{GS4} enthält am Ende von u_1 das Komplement von C_{GS1}. Die

Rekomplementierung erfolgt entsprechend im Takt u_2, und C_{GS7} enthält danach die um eine Speicherzelle verschobene Information. Die Schaltung ist insgesamt schneller als das Vierphasen-Schieberegister, hat jedoch höhere Verlustleistung.

21.3.3.3 Eimerkettenschaltung (Bucket Brigade Bevice, BBD)

Die *Eimerkettenschaltung,* die im Prinzip binäre und auch quantisierte analoge Signale verarbeiten kann, gehört zu den Zweiphasen-Schieberegistern. Eine Schaltung mit MOSFET ist in Bild 21.25 dargestellt. Es werden wieder 2 Kondensatoren (hier die Gate-Drain-Kapazitäten C_{GD}) und damit 2 Transistoren pro Zelle benötigt. Die Wirkungsweise erklärt gleichzeitig auch den Namen, der sich auf die Analogie zur (mittelalterlichen) Feuerlöschkette aus Wassereimern bezieht, wobei das Wasser jeweils von einem Eimer in den nachfolgenden geschüttet wird.

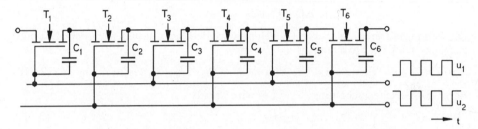

Bild 21.25: Eimerkettenschaltung Bucket Brigade Device (BBD)

Hierbei entspricht die Laufrichtung des Leeranteils der Eimer der Signallaufrichtung. Das Signal in der elektronischen Eimerkette wird als *Differenz zu einem festen Ladungswert,* also als Ladungsdefizit übertragen. Die Transistoren arbeiten in Gateschaltung. Der Takt u_1 macht jeweils T_1, T_3, T_5 ⋯ leitend, der Takt u_2 die Transistoren T_2, T_4, T_6 ⋯ .

Die Wirkungsweise der Schaltung läßt sich leicht erkennen, wenn man sich klarmacht, daß pro Takt jeweils ein leitender und ein nichtleitender Transistor aufeinander folgen. Unter der Annahme, daß die geradzahligen Transistoren zu Beginn der Betrachtung leitend sein mögen, ergibt sich für T_2 die Ersatzschaltung nach Bild 21.26a. Die dem Abtastwert des Signals entsprechende Spannung an C_1 habe den Wert U_{C1}.

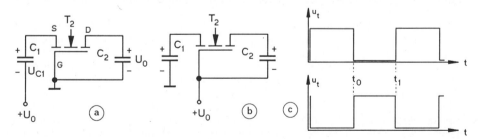

Bild 21.26: Zur Wirkungsweise der BBD-Schaltung (s. Text)

Der Kondensator C_2 sei auf $U_{C2} = U_0$ aufgeladen. Dann gilt für die Teilbilder mit den Impulsen nach Bild 21.26c

a) $t < t_0$, T_2 gesperrt   b) $t = t_0$, T_2 leitend

$U_{GS} = -(U_{C1} + U_0)$ $U_{GS} = U_0 - U_{C1}$

$U_{DG} = U_0$ $U_{DG} = U_0$

$U_{DS} = U_{GS} + U_{DG} = -U_{C1} < 0$ $U_{DS} = 2 \cdot U_0 - U_{C1} > 0$

$Q_1 = C_1 \cdot U_{C1}$ $Q_2 = C_2 \cdot U_0$.

Nimmt man vereinfachend an, daß T_2 eine vernachlässigbare Gate-Source-Schwellspannung U_{GS0} habe, so wird nach dem Durchschalten entsprechend Bild 21.26b erzwungen:

$$U_{GS} = 0 \qquad \text{und damit} \qquad U_{C1} \rightarrow U_0 .$$

C_1 nimmt hierbei die Ladungsdifferenz ΔQ auf. Sie beträgt

$$\Delta Q = C_1 \cdot (U_0 - U_{C1}) . \tag{21.9}$$

Die Ladungsdifferenz muß von C_2 geliefert werden, also hat C_2 nach dem Ladungsausgleich noch die Spannung

$$U_{C2}' = U_0 - \Delta Q/C_2 = U_0 - (U_0 - U_{C1}) \cdot C_1/C_2 . \tag{21.10}$$

Bei symmetrischer Schaltung ($C_1 = C_2$) wird daraus

$$U_{C2}' = U_{C1} . \tag{21.11}$$

Das Signal ist eine Zelle nach rechts gewandert. Im Zeitpunkt t_1 wiederholt sich der entsprechende Vorgang mit T_3 usw. In der Praxis treten eine Reihe von Verlusten auf, die hier nicht weiter behandelt werden sollen. Die Eimerkette wird mit Vorteil auch in digitalen Filtern (s.a. Kap. 20) verwendet.

Typische Daten für einen BBD-Baustein in MOS-Technik:

Zahl der Stufen:	512 ohne Verstärkung
Bitdichte:	1600 bit/mm^2
Zugriffszeit:	2 ms
maximale Taktfrequenz :	5 MHz
Verlustleistung:	5 µW/bit bei 5 MHz.

Ladungsgekoppeltes Schieberegister (Charge Coupled Device, CCD)

Eine alternative Entwicklung zur BBD sind die *ladungsgekoppelten Schieberegister, CCD.* Sie haben einen noch einfacheren Aufbau, wie Bild 21.27 am Beispiel einer 4-phasigen N-Si-CCD-Schaltung zeigt. Der N-Kanal ist vollständig mit einer SiO_2-Schicht überzogen und besitzt ein regelmäßiges System von Elektroden, von denen jeweils n aufeinanderfolgende ein n-Phasen-Teilelement bilden. Im gezeichneten Beispiel sind je 4 Elektroden zu einem Teilsystem zusammengefaßt. Die externen Anschlüsse werden mit gegeneinander phasenversetzten, zeitlich veränderlichen Spannungen beaufschlagt. Dadurch bildet sich im Kanal unter der SiO_2-Schicht ein Wanderfeld aus, unter dessen Einfluß Ladungspakete mit der Phasengeschwindigkeit transportiert werden.

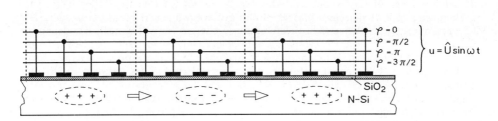

Bild 21.27: Ladungsgekoppeltes Schieberegister CCD, schematisch

Spezielle Ausführungen erreichen bei Frequenzen über 100 MHz und Stufenzahlen bis zu 1000 einen Übertragungswirkungsgrad von mehr als 99%. CCD-Schaltungen sind außer für die Digitaltechnik auch für analoge Anwendungen, z.B. unter Ausnutzung des Fotoeffekts in Halbleiterbildwandlern von großem Interesse.

21.3.3.5 First-In-First-Out- und Last-In-First-Out-Speicher (FIFO und LIFO)

Zu den *seriellen Halbleiter-Schreib-Lesespeichern* gehören auch noch die *First-In-First-Out-Speicher (FIFO).* Sie unterscheiden sich von den Schieberegistern dadurch, daß die gespeicherte Datenmenge *variabel* ist. Sie kann zwischen 0 bit und der maximalen Speicherkapazität des FIFO liegen. Im Gegensatz zum Schieberegister, bei dem die Datenmenge immer der festen Registerlänge entspricht und bei dem alle Transfers synchron erfolgen, geschieht das Ein- und Auslesen im FIFO *asynchron,* allerdings mit der Maßgabe, daß die Reihenfolge der Daten nicht verändert wird. "Vorn" eingelesene Daten werden soweit im Register "nach hinten" durchgeschoben, wie es die Anzahl der freien Plätze erlaubt ("bubble-through"-Mechanismus). FIFOs finden u.a. Anwendung als Pufferspeicher für asynchrone Ein- und Ausgabewerke. Wegen der unterschiedlichen Organisation der verschiedenen Herstellertypen sei auf die Spezialliteratur verwiesen. Das LIFO arbeitet sinngemäß zu der Abkürzung, das heißt, zuletzt eingelesene Informationen werden zuerst wieder entnommen, und zwar von derselben Seite (Prinzip des *Stapels*). Diese Technik ist bei der Verarbeitung von Programmen sehr wichtig (s.a. Kapitel 25). FIFOs realisieren das *Queue- (Warteschlangen-)* Prinzip, während in LIFOs mit dem *Stack- (Stapel-)* Prinzip gearbeitet wird.

21.3.4 Nichtflüchtige Halbleiter-Festwertspeicher (ROM, PROM, EPROM), EAROM, EEPROM)

Die in 21.3.2 und 21.3.3 behandelten Halbleiterspeicher sind *Schreib-Lesespeicher mit Datenfluß in 2 Richtungen.* Ihre Information ist *flüchtig,* das heißt, sie geht beim Abschalten der Betriebsspannung verloren.

Der *Halbleiter-Festwertspeicher (read only memory, ROM),* ist vom Prinzip her ein nicht-flüchtiger Speicher mit nur *einer* Informationsrichtung, nämlich dem *Lesen.* Er ist als *Strukturspeicher* konzipiert und arbeitet als *Zuordner,* der eine bestimmte Adresse mit einer fest gespeicherten Ausgangsgröße verknüpft.

Es existieren außerdem *nichtflüchtige Halbleiter-Schreib/Lesespeicher,* die im Abschnitt 21.3.5 behandelt werden.

Es gibt verschiedene Arten von ROMs, was den Status der Programmierung bei Auslieferung an den Nutzer anbetrifft. Das *Masken-ROM* ist vom Hersteller fertig programmiert und läßt sich vom Nutzer nur in der vorgegebenen Form verwenden. Die Programmierung ist während des Herstellungsprozesses (zum Teil nach Kundenspezifikationen) erfolgt. Das *PROM (programmable ROM)* wird nach abgeschlossenem Herstellungsprozeß dem Kunden geliefert und ist durch ihn einmalig (irreversibel) programmierbar. Ein Programmfehler macht normalerweise das gesamte PROM unbrauchbar. Das *EPROM (erasable PROM)*, das mehrfach programmiert und mit UV-Licht wieder gelöscht werden kann, stellt eine Weiterentwicklung dar, die diesen Nachteil vermeidet. Außerdem existiert noch das *EAROM (electrically alterable ROM)*, auch *EEPROM (electrically erasable PROM)* genannt, das elektrisch gelöscht werden kann. Bild 21.28 gibt einen Überblick über die verschiedenen ROM-Technologien.

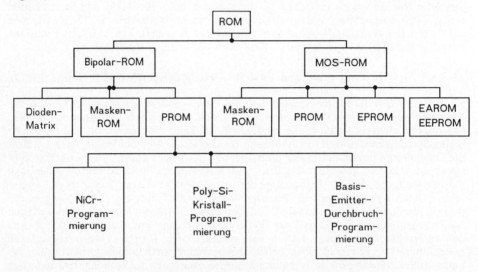

Bild 21.28: Überblick über verschiedene ROM-Technologien

21.3.4.1 Struktur von Halbleiter-Festwertspeichern

Konventionelle ROM sind stets *wortorganisiert*. Die Eingangsadresse mit k bit wird über einen *Wortdecodierer* in eine der 2^k möglichen *Wortleitungen* decodiert (Prinzip 1-aus-2^k). Mit den 2^k Wortleitungen werden die n *Bitleitungen* einer n-spaltigen Matrix angesteuert. In den Kreuzungspunkten der Wort- und Bitleitungen sitzt jeweils ein *Speicherelement* S, das eine nichtlineare Strom-Spannungskennlinie besitzt (z.B. Diode, Transistor, FET, vgl Bild 21.29).

Im Falle der gespeicherten 1 kommt dabei eine *gerichtete Verbindung* zwischen Bit- und Wortleitung zustande, im Falle der gespeicherten 0 nicht, weil hier die Speicherelemente durch den Programmiervorgang nichtleitend gemacht worden sind. Bild 21.29 zeigt das schematisch anhand einer Dioden-Matrix.

Von der Struktur her stellt Bild 21.29 ein *Schaltnetz* aus 2^k AND- und n OR-Gliedern dar, denn der Adreßcodierer enthält für jede der 2^k möglichen Adressen eine AND-Verknüpfung, und jede der n Bitleitungen ist eine OR-Verknüpfung mit 2^k Eingängen, von denen aufgrund der Adreßauswahl jedoch jeweils nur einer zur Zeit logisch 1 ist (Bild 21.30). Weitere zu PLDs vergleichende Erläuterungen enthält auch das Kapitel 20. Dort ist das ROM in anderer, ebenfalls gebräuchlicher Form gezeigt.

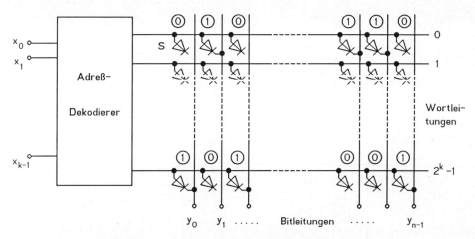

Bild 21.29: Struktur eines Read-Only-Memories ROM

Die *Speicherkapazität* eines derartigen ROM beträgt

$$\boxed{N = 2^k \cdot n \text{ bit}}\,.\qquad(21.12)$$

Das in Bild 21.29 dargestellte Prinzip der Speicherorganisation führt bei größeren Matrizen zu Anordnungen mit extrem ungleichen Kantenlängen (Beispiel: $k = 8$ und $n = 4$ liefert eine Matrix von 256 x 4 bit = 1024 bit = 1 kbit. Es sind also 256 Zeilen- und 4 Spaltenleitungen erforderlich). Durch geschickte Organisation erreicht man die für die Technologie der ICs günstigen annähernd quadratischen Anordnungen.

Im Beispiel nach Bild 21.31 ist eine gleichgroße 1 Kbit-Speichermatrix in einem 32 x 32 bit-Block mit je 32 Zeilen- und Spaltenleitungen angeordnet. Das Adreßwort $x_7 \ldots x_0$ zerfällt in zwei Silben $x_7 \ldots x_3$ und $x_2 \ldots x_0$, die für die Zeilen- und Spaltenadressierung verwendet werden. Um den Speicher für größere Systeme verwendbar zu machen, erhält er ausgangsseitig eine Verriegelung mit CS (chip select).

21.3.4.2 Technologien von Halbleiter-Festwertspeichern

Bild 21.28 zeigt eine Übersicht über die gebräuchlichen ROM-Technologien. Wie bei den RAM unterscheidet man zunächst einmal die beiden großen Gruppen *Bipolar*- und *MOS-ROM*. Auch hier gilt das für die RAM bereits Gesagte: Prinzipiell liefert die Bipolartechnik kleinere Zugriffszeiten bei höherer Verlustleistung, höherem Preis und kleinerer Packungsdichte.

Dioden-Matrix

Die Diodenmatrix entspricht schematisch dem Aufbau nach Bild 21.29. Die Brücken werden durch *CrNi-Verbindungen* realisiert, die beim Programmieren im Falle einer zu speichernden 0 durch einen hohen Strom (z.B. 0,5 A) unter Adressierung des entsprechenden Kreuzungspunktes weggeschmolzen werden *(fusible link)*. Diodenmatrizen haben kleine Zugriffszeit (< 10 ns) und kleine Kapazität, sie sind für kleine, schnelle Speicher bei hohen Signalpegeln geeignet.

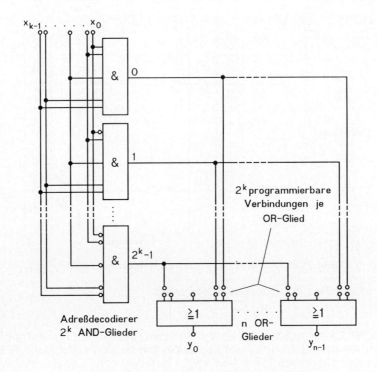

Bild 21.30: Struktur des ROM als Schaltnetz

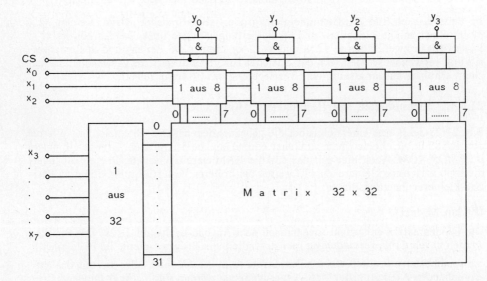

Bild 21.31: Anordnung von Speichern in möglichst quadratischen Strukturen

Bipolar-Masken-ROM

Mit Hilfe entsprechender *Masken* wird während des Herstellungsprozesses erreicht, daß die in den Kreuzungspunkten von Wort- und Bitleitungen sitzenden Bipolartransistoren an die Leitungen angeschlossen werden oder nicht. Diese Technologie lohnt sich wegen der hohen Maskenkosten nur bei einer entsprechenden Mindeststückzahl.

Bipolare PROM

PROM werden im Gegensatz zu ROM *erst beim Anwender* (oder beim Hersteller in Zusammenarbeit mit dem Kunden) mit Informationen versehen. Die letzten Technologiestufen (Programmierung und Test) liegen also beim Anwender. Anschließend verhält sich das PROM wie ein ROM, es ist also nicht mehr veränderbar (irreversibel programmiert).

Die Programmierbarkeit wird durch unterschiedliche Technologien erreicht

- NiCr-Programmträger

- Si-Programmelemente

- kurzgeschlossene Sperrschicht (Bild 21.32).

Bei der NiCr-Technologie benutzt man *Ausbrennwiderstände (fusible links,* s.a. Diodenmatrix) als Brücken in der Matrix. Beim Programmieren werden sie an den Stellen, wo eine 0 erzeugt werden soll, mit einem Strom ausgebrannt, der im normalen Betrieb nicht vorkommt (Bild 21.32a).

Die Si-Programmierelemente enthalten statt der NiCr-Brücken Verbindungen aus *polykristallinem Si,* die allerdings etwa 10 ... 20 mal dicker sind als die NiCr-Brücken. Beim Programmieren entsteht die 0 durch Oxydation des Si zu SiO_2.

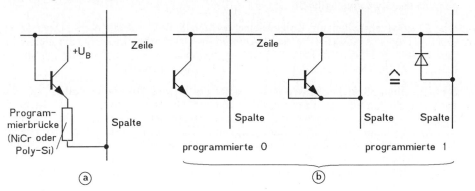

Bild 21.32: Bipolare PROM, Programmiertechniken

Die dritte Technologie arbeitet mit der *Überbrückung der Basis-Emitterstrecke* der Transistoren. Im Gegensatz zu den beiden anderen Verfahren wird hier negative Logik angewandt. Durch Wanderung von Materieteilchen (Avalanche Induced Migration AIM) im Durchbruchbetrieb wird bei den Transistoren, die eine Verbindung zwischen Zeilen- und Spaltenleitung herstellen sollen ($\cong$ log. 1), bei der Programmierung ein Kurzschluß erzeugt, so daß die verbleibende Basis-Kollektordiode das Richtelement darstellt. Die nichtprogrammierten Transistoren realisieren jeweils die 0. (Bild 21.32b)

MOS-Technologien

Von den MOS-Technologien haben sich vorwiegend N-Kanal-Versionen im Zusammenhang mit Si-Gate- und Ionenimplantationsverfahren praktische Bedeutung erlangt. In der Anwendung sind

- Maskenprogrammierte ROM
- MOS - EPROM
- MOS - EAROM (electrically alterable ROM) oder EEPROM (electrically erasababble PROM).

Irreversibel *programmierbare MOS-ROM* (MOS-PROM) sind erst später auf den Markt gekommen.

Bei den *maskenprogrammierten MOS-ROM* wird die Programmierung über die Schichtdicke der Gate-Isolation erreicht. Dünne Schicht (ca. 10 nm) entspricht der 1, dickere Schicht (ca. 1 µm) der 0.

Die *EPROM* sind *elektrisch* durch hohe Spannungen (je nach Typ zwischen ca. -12 V und -50 V) *programmierbar* und lassen sich durch *UV-Licht* wieder *löschen*, wodurch sie mehrfach verwendbar werden. Das für EPROM typische Speicherelement besteht aus einem MOSFET mit nicht angeschlossenem Gate, der im nicht programmierten Zustand sperrt. Wird auf das (isolierte) Gate mit Hilfe des Avalanche- (Lawinen-) Effekts negative Ladung aufgetunnelt, so wird der Transistor leitend. Die Ladung auf dem Gate ist durch das Dielektrikum gefangen und hält sich über Jahre hinaus. Ein solcher Transistor wird als *FAMOS-FET* bezeichnet *(Floating Avalanche-Injektion-MOSFET)*. Das Löschen geschieht mit UV-Licht hoher Intensität, das beim fertigen Speicherbaustein durch ein Quarzfenster aufgebracht wird. Der Löschvorgang dauert etwa eine halbe Stunde.

Die *EAROM* enthalten als Koppelelemente *MNOS-FET (Metall-Nitrid-Oxyd-Silizium-FET)* oder *MAOS-FET (Metall-Aluminium-Oxyd-Silizium-FET)*, die sich ähnlich wie die FAMOS-FET beim EPROM programmieren, aber auch elektrisch wieder löschen lassen. Bild 21.33 zeigt eine EEPROM-Zelle schematisch.

Der eigentliche Speichertransistor T_2 besitzt ein offenes Polysiliziumgate $Poly_2$, das nach allen Seiten hin von einer (ca. 80 nm dicken) Oxidschicht umgeben ist. Liegt eine genügend hohe Feldstärke an, so können Elektronen dieses Oxid durchtunneln und den Ladungszustand des Gates aufgrund ihrer Anzahl verändern. Bei kleinen Feldstärken fließen die Ladungsmengen nicht ab; sie bleiben auch nach Abschalten der Betriebsspannung U_B "eingefroren". Mittels der Polysiliziumelektroden $Poly_1$ und $Poly_3$ können an $Poly_2$ Elektronen zu- oder abgeführt werden. Dadurch wird die Zelle programmiert.

Schreiben:

Legt man den Kanal K_1 auf L-Potential, so ist T_1 gesperrt und der Ausgang A hochohmig. Die Reihenkapazität aus C_2 und C_3 ist groß gegen die Kapazität zwischen $Poly_2$ und dem an Masse liegenden $Poly_1$. Damit liegt $Poly_2$ etwa auf dem Potential von $Poly_3$ und von U_B. Ist U_B groß genug, so tunneln Elektronen von $Poly_1$ nach $Poly_2$ und laden das Gate negativ auf (Speichern 0). Legt man K_1 auf H-Potential, so leitet T_1, und A liegt auf Masse. C_2 ist groß gegen die Kapazität zwischen $Poly_2$ und $Poly_3$,und damit nimmt $Poly_2$ etwa Massepotential an. Elektronen tunneln nun bei genügend großem U_B von $Poly_2$ nach $Poly_3$, und das Gate lädt sich positiv auf (Speichern 1).

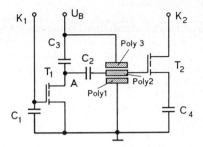

Bild 21.33: EEPROM-Zelle,
schematisch (s. Text)

Lesen:

Für den Lesevorgang ist wichtig, daß C_4 größer ist als C_1. Das Lesen wird dadurch eingeleitet, daß K_1 und K_2 gleichzeitig beide niederohmig auf LOW-Potential gelegt werden. Zieht man sie anschließend hochohmig auf HIGH-Potential, so steigt die Spannung an demjenigen Punkt K schneller, der schwächer belastet ist. Leitet z. B. T_2 (gespeicherte 1), so ist K_1 schneller; ist T_2 gesperrt (gespeicherte 0), so liegt K_2 zuerst auf HIGH. Die Auswertung dieses Effektes läßt sich beispielsweise realisieren, indem man K_1 und K_2 auf die Eingänge eines RS-Flipflops legt. Beim derzeitigen Stand der Technologie läßt sich eine EEPROM-Zelle zwar beliebig oft auslesen, die Programmierung ist jedoch nur etwa 1 ... $5 \cdot 10^4$ mal möglich.

21.3.5 Nichtflüchtige Halbleiter-Schreib/Lesespeicher (NOVRAM)

Durch Kombination von EEPROM-Zellen nach Bild 21.33 mit statischen RS-Flipflops nach Bild 21.18 lassen sich *nichtflüchtige Halbleiter-Schreib/Lesespeicher mit wahlfreiem Zugriff (non volatile RAM) NOVRAM* aufbauen. Bild 21.34 zeigt das Prinzip. Jedem Bit des RAM entspricht ein Bit im EEPROM. Mittels eines Signals STORE läßt sich der Speicherinhalt des RAM innerhalb von einigen Millisekunden in den EEPROM-Bereich kopieren. Das Signal RECALL bewirkt umgekehrt das Laden des RAM mit den EEPROM-Daten innerhalb von Mikrosekunden. Ist keines der beiden Signale vorhanden, so arbeiteten beide Speicheteile unabhängig voneinander, das heißt, das RAM fungiert als normaler Arbeitsspeicher, während das EEPROM seinen Inhalt (auch bei abgeschalteter Betriebsspannung) festhält.

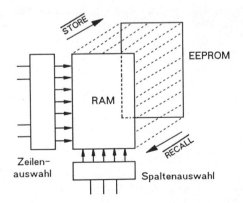

Bild 21.34: Prinzip des NOVRAM

21.3.6 Flüchtige Halbleiter-Schreib/Lesespeicher mit Schutz gegen Betriebsspannungsausfall

Der Hauptnachteil der statischen Halbleiter-RAMs (SRAMs) - nämlich der völlige *Datenverlust beim Abschalten der Betriebsspannung* - hat die Industrie angregt, RAMs zu entwickeln, die über Zusatzeinrichtungen verfügen, die das Speichern auch über einen plötzlichen Betriebsspannungsausfall hinweg gewährleisten. Sie werden z.B. zum Sichern größerer Datenmengen in Störfällen verwendet. Ihr Wirkungsprinzip besteht darin, daß sie im *Datensicherungsmodus (Data Retention Modus)* extrem niedrige Betriebsströme erfordern (10^{-4} gegenüber dem Normalmodus). Außerdem darf die Betriebsspannung dann in weiten Bereichen schwanken. Durch Zusatzbausteine, die die Betriebsspannung überwachen, wird ein kritischer Fall so rechtzeitig erkannt, daß eine Datenrettung stattfinden kann. Sie wird mittels einer Akku-Batterie (für längere Zeiträume) oder mit einem Pufferkondensator (z.B. bei sog."Netzwischern", also Kurzzeitausfällen) solange aufrechterhalten, bis wieder stabile Verhältnisse herrschen.

Für dynamische RAMs (DRAMs) mit ihren erforderlichen Refreshzyklen sind erste Versionen auf dem Markt; sie stehen aber noch am Anfang der Entwicklung.

21.3.7 Optische WORM-Speicher (Write-Once-Read-Many)

Bei Anwendungen, in denen es darum geht, große Datenmengen zum Zwecke der Dokumentation zu speichern (Bankwesen, Bibliotheken, Archive etc.) bietet sich als Alternative zur Mikroverfilmung die *Laser-Compact-Disk* CD an. Es existieren mittlerweile Programmiergeräte auf dem Markt, die preislich mit Mikrofilmeinrichtungen konkurrieren können und mit denen sich optische Speicher einmal beschreiben *(Write Once)* und beliebig oft lesen *(Read Many)* lassen.

21.4 Magnetblasenspeicher (Magnetic Bubble Memories)

Magnetblasenspeicher sind nichtflüchtige Massenspeicher auf magnetischer Basis. Die Information wird in Form einer *zylindrischen Domäne* (Magnetblase) in einem magnetischen Film gespeichert. Das Vorhandensein einer Blase entspricht einer logischen 1, das Fehlen einer 0.

21.4.1 Physikalisches Prinzip des Blasenspeichers

Bestimmte *einkristalline ferromagnetische Filme* (z.B. *Granat*) enthalten streifenförmige, gleichförmig magnetisch ausgerichtete Bereiche *(Domänen oder Weiß'sche Bezirke)* entsprechend Bild 21.35a. Setzt man das Material einem homogenen Magnetfeld senkrecht zum Film (wie in Bild 21.35b gezeigt) aus, so ziehen sich die unregelmäßig verteilten Domänen zusammen und bilden bei Erreichen einer genügend großen Feldstärke *zylindrische Strukturen (Magnetblasen,* Bild 21.35c) mit einem Durchmesser von etwa 3 µm.

Diese Blasen lassen sich durch zusätzliche, veränderliche Felder lateral im Material verschieben. Um nun eine regelmäßige Struktur der Blasenanordnung und einen definierten Weg der Blasen während des Transports zu erreichen, erhält die Speicheroberfläche entsprechend dem Bild 21.36 bestimmte winkelförmige Strukturen *(Chevrons)* aus dünnen Mumetallelementen (weichmagnetische Legierung aus 80% Ni und 20% Fe), die als "magnetische Führungsschienen" fungieren.

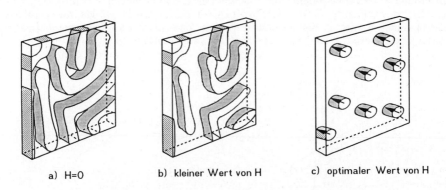

a) H=0   b) kleiner Wert von H   c) optimaler Wert von H

Bild 21.35: Entstehung von Magnetblasen (s. Text)

Bild 21.36 zeigt, wie unter dem Einfluß eines magnetischen Drehfeldes die Magnetblasen von Winkelelement zu Winkelelement weiterwandern. Fehlt das Drehfeld, so bleiben die Domänen unter dem jeweiligen Winkelelement gefangen (permanente Speicherung).

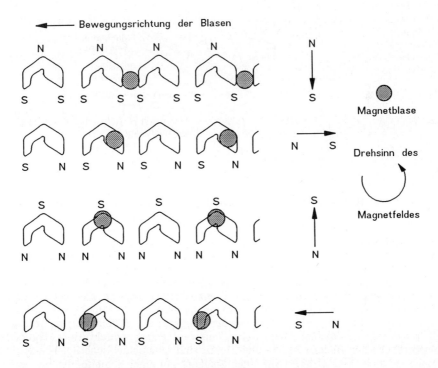

Bild 21.36: Führung der Magnetblasen durch Chevrons

21.4.2 Aufbau eines Magnetblasenspeichers

Den prinzipiellen Aufbau eines Magnetblasenspeichers zeigt Bild 21.37 (Texas Instruments). Der eigentliche Speicherchip, bestehend aus Trägersubstrat, Magnetfilm und Mumetall-Führungselementen (Chevrons) ist umgeben von 2 orthogonalen Spulen, die zur Erzeugung des im Abschnitt 21.4.1 erwähnten Drehfelds mit 90⁰ phasenverschobenen Dreieckströmen gespeist werden. Zwei planparallele Permanentmagnete erzeugen das statische Feld zur Erhaltung der Magnetblasen.

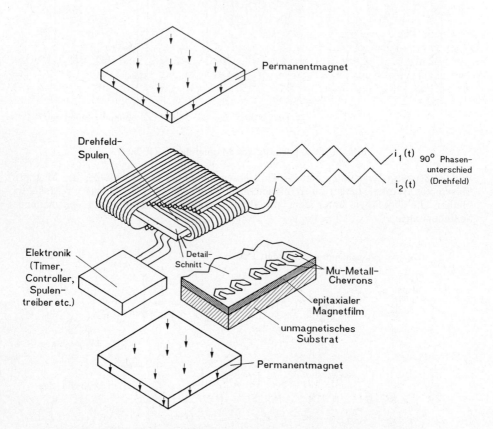

Bild 21.37: Aufbau eines Magnetblasenspeichers (nach Texas Instruments)

21.4.3 Arbeitsweise

Um Magnetblasen im Speicher verschieben zu können, müssen sie zunächst einmal (entsprechend der Bitfolge der Eingabedaten) generiert werden. Das geschieht in einem *Blasengenerator*, der im Prinzip aus einer mikroskopisch kleinen, integrierten Stromschleife auf der Oberfläche des Magnetfilms besteht (Bild 21.38). Speist man sie mit einem Stromimpuls entsprechender Amplitude und Polarität, so erzeugt die Überlagerung des lokalen Magnetfeldes mit dem Permanentfeld eine Magnetblase. Entsprechend den Bildern 21.38a und 21.38b sind unterschiedliche Speicherorganisationen möglich. Bild 21.38a zeigt einen Speicher mit einer Schleife, der bit- und byteseriell arbeitet und ein langes Schieberegister darstellt. Der Nachteil ist die große Zugriffszeit, ein Vorteil liegt in der einfachen Organisation, obwohl ein fehlerhafter Speicherplatz den gesamten Speicher unbrauchbar macht.

Eine wesentlich günstigere Architektur zeigt Bild 21.38b. Sie besitzt eine *Hauptschleife* und eine Anzahl von *Nebenschleifen (Pages)* mit jeweils gleicher Speicherplatzzahl. Die Kopplung zwischen Haupt- und Nebenschleifen geschieht über Austauschelemente *(transfer gates)*.

Schreiben:

Während des Schreibvorgangs werden die Blasen bitseriell in der Hauptschleife erzeugt und dann bitparallel in die Nebenschleifen übertragen, wo sie bis zum Auslesen rotieren. Die Übernahme in die Nebenschleifen geschieht, indem zunächst der Inhalt der Hauptschleife soweit seriell verschoben wird, daß alle zu übertragenden Bits am Anfang der ihnen jeweils zugeordneten Nebenschleife stehen. Dann erhalten alle Austauschelemente einen Stromimpuls, der lokale Felder erzeugt, die die Blasen in die Nebenschleifen umrangieren. Das Einschreiben von neuen Daten erfordert, daß die alten Daten aus den Nebenschleifen herausgeladen und gelöscht werden.

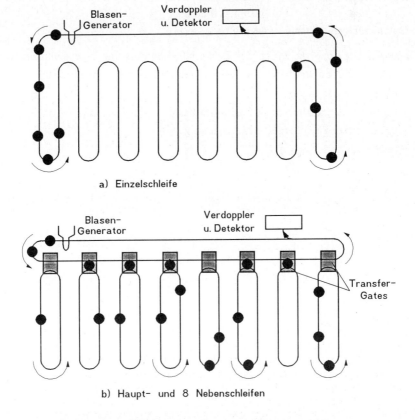

a) Einzelschleife

b) Haupt- und 8 Nebenschleifen

Bild 21.38: Organisationsformen von Magnetblasenspeichern

Lesen:

Das Lesen erfolgt, indem zunächst die adressierte Information bitparallel aus den Nebenschleifen in die Hauptschleife übernommen wird. Anschließend wird der Datenblock seriell über einen Duplikator geschoben, der den Datenstrom verdoppelt. Die duplizierten Daten werden in einem flußempfindlichen Detektor gelesen (z.B Hall-Detektor). Die Originaldaten wandern über die Hauptschleife weiter und zurück in die Nebenschleifen.

Der Vorteil der beschriebenen Architektur liegt in der wesentlich geringeren Zugriffszeit. Außerdem können während der Herstellung mehr Nebenschleifen als erforderlich eingebaut werden. Dadurch läßt sich die Ausbeute steigern, indem nämlich unbrauchbare Schleifen durch entsprechendes Umrangieren auf Reserveschleifen umgangen werden können.

Beispiel für Speicherdaten (TI)

Hauptschleife   : 641 Plätze;

157 Nebenschleifen mit je 641 Plätzen ⎫   Kapazität 92.304 bit minimal

davon mindestens 144 brauchbar ⎭

Zugriffszeit (wahlfrei) :   maximal 7,3 ms

                                    minimal 0,86 ms

Datenübertragungsrate :   44 k bit/s .

Magnetblasenspeicher zeichnen sich durch folgende günstige Eigenschaften aus

- Fehlen mechanisch bewegter Teile (Einsatz in rauher Umgebung)

- kleine Abmessungen

- magnetisch und thermisch unempfindlich

- unbegrenzte Speicherzeit, (nichtflüchtig)

- relativ schneller Zugriff.

22 Vergleicher und Rechenwerke (Arithmetisch-Logische Einheit ALU)

22.1 Vergleicher

Vergleicher sind arithmetische Rechenwerke, die kein zahlenmäßiges Ergebnis liefern, sondern lediglich eine *logische Aussage* in Form eines Ja- oder Nein-Signals darüber, ob eine gegebene Zahl A (dual, BCD oder denär) größer, gleich oder kleiner als ein Vergleichswert B ist. Sie werden außer in Rechenwerken - den *Arithmetisch-Logischen Einheiten* (ALU) von CPUs - z. B. auch in der Regelungstechnik, in Wiegeeinrichtungen etc. - eingesetzt.

22.1.1 Äquivalenz-Verknüpfung (Einfacher Vergleicher)

Die einfachste Form eines Vergleichers ist die *Äquivalenz-Verknüpfung für 1 Bit*, das XNOR (vgl. Kap. 3). Liegen zwei k-stellige Worte A(a) und B(b) vor, so läßt sich gemäß Bild 22.1 eine Äquivalenz-Verknüpfung realisieren, indem man die einzelnen bit a_i des Wortes A über je ein Exklusiv- NOR i (XNOR$_i$) mit dem korrespondierenden Bit b_i des Wortes B zusammenbringt und die k Teilergebnisse auf ein AND führt. Im Falle der Gleichheit von A und B (und nur dann) führt das AND am Ausgang y eine logische 1.

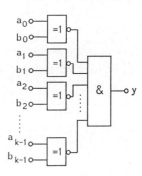

Bild 22.1: Einfache k-stellige Äquivalenz-Verknüpfung

22.1.2 Größer-Kleiner-Vergleicher

Der *Größer-Kleiner-Vergleicher* muß zusätzlich zur Äquivalenz noch feststellen, welcher der beiden Werte A oder B größer ist. Sollen wiederum k-stellige Werte miteinander verglichen werden, so geschieht dies *bitweise sequentiell* - und zwar beginnend mit dem MSB. Sind die beiden Bits ungleich, so steht schon fest, welche Zahl die größere ist; die Operation ist beendet. Sind sie jedoch gleich, so müssen die Bits mit der nächstniedrigeren Wertigkeit verglichen werden. Sind diese ungleich, so liefert dieses Ergebnis die endgültige Aussage, sind sie gleich, muß man die nächstniedrigere Wertigkeit prüfen. Dies wird solange fortgeführt, bis zwei Bits ungleich oder die Zahlen vollständig abgearbeitet sind. Im letzgenannten Fall liegt Äquivalenz vor.

Bild 22.2 zeigt eine Schaltung, die diesen Algorithmus verwirklicht, und zwar ist in Bild 22.2a das Prinzip eines k-stelligen Vergleichers in Blockform und in Bild 22.2b die Detailschaltung für ein Bit i dargestellt. Derartige Schaltungen sind in integrierter Form auf dem Markt (Beispiel : 4–bit–TTL–Komparator SN7485).

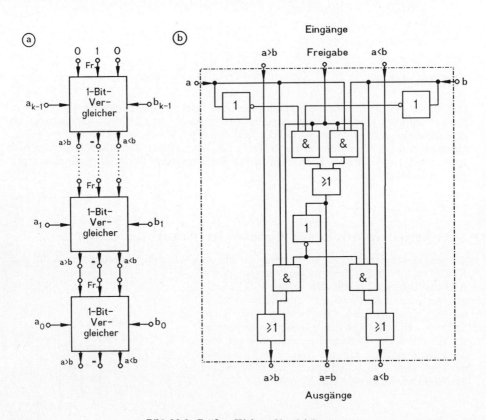

Bild 22.2: Größer-Kleiner-Vergleicher

22.2 Rechenwerke

Kernstück eines jeden Digitalrechners ist das *Rechenwerk*, das zusammen mit den *Registern* für die Abspeicherung von Zwischenergebnissen die *Arithmetisch-Logische Einheit (arithmetic logic unit ALU)* bildet. Wie der Name schon sagt, werden hier *arithmetische* Grundoperationen (meistens Addition und Subtraktion) und *logische* Verknüpfungen sowie Verschiebungen durchgeführt (Addition und Subtraktion von Dualzahlen s.a. Kapitel 9). Je nach Art der Verarbeitung eines Wortes unterscheidet man *serielle* und *parallele* Rechenwerke. Bei den seriellen Rechenwerken erfolgt die Verarbeitung bitweise seriell. Das erfordert wenig Hardware-Aufwand, aber viel Zeit; die parallele Verarbeitung ist schneller, aber aufwendiger.

22.2.1 Halbaddierer (HA) für 1 bit

Werden zwei Zahlen x_1 und y_1 mit je 1 bit addiert, so ergeben sich eine *Summe* s_1 und ein *Übertrag* c_2 (von "Carry"), deren Werte für die möglichen Kombinationen in Tabelle 22.1 zusammengestellt sind.

Tabelle 22.1: Wahrheitstafel Halbaddierer

x_1	y_1	s_1	c_2
0	0	0	0
0	1	1	0
1	0	1	0
1	1	0	1

Man liest unmittelbar ab

$$s_{1h} = x_1 \cdot \overline{y_1} + \overline{x_1} \cdot y_1 = x_1 \oplus y_1 \qquad (22.1)$$

und

$$c_{2h} = x_1 \cdot y_1 \qquad (22.2)$$

(22.1) läßt sich umformen in

$$s_{1h} = \overline{(x_1 + \overline{y}_1) \cdot (\overline{x}_1 + y_1)} = \overline{x_1 \cdot y_1} \cdot (x_1 + y_1) . \qquad (22.3)$$

Bild 22.3 zeigt die zugehörige Schaltung. Sie wird als *Halbaddierer* (HA) bezeichnet (Index h in (22.1) ... (22.3)).

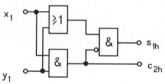

Bestehen die Summanden aus mehr als einem Bit, so ist in den höherwertigen Stellen jeweils der Übertrag aus der vorangegangenen Stelle zu berücksichtigen. Der Halbaddierer eignet sich also nur für das LSB .

Bild 22.3: Halbaddierer

22.2.2 Volladdierer (VA) für 1 bit

Addiert man in einem *Volladdierer* (VA) zu 2 einstelligen Zahlen x_1 und y_1 noch den Übertrag c_1, so erhält man die Ergebnisse nach Tabelle 22.2. Die Bilder 22.4a,c zeigen je eine mögliche Realisierung , Bild 22.4b die Synthese aus zwei Halbaddierern (HA).

Tabelle 22.2: Wahrheitstafel Volladdierer

x_1	y_1	c_1	s_1	c_2
0	0	0	0	0
0	0	1	1	0
0	1	0	1	0
0	1	1	0	1
1	0	0	1	0
1	0	1	0	1
1	1	0	0	1
1	1	1	1	1

Hieraus lassen sich die Gleichungen aufstellen:

$$s_1 = x_1 \cdot y_1 \cdot c_1 + x_1 \cdot \overline{y}_1 \cdot \overline{c}_1 + \overline{x}_1 \cdot \overline{y}_1 \cdot c_1 + \overline{x}_1 \cdot y_1 \cdot \overline{c}_1 \qquad (22.4)$$

und

$$c_2 = \overline{x}_1 \cdot y_1 \cdot c_1 + x_1 \cdot \overline{y}_1 \cdot c_1 + x_1 \cdot y_1 \cdot \overline{c}_1 + x_1 \cdot y_1 \cdot c_1 . \qquad (22.5)$$

(22.4) und (22.5) lassen sich vereinfachen zu

$$s_1 = x_1 \oplus y_1 \oplus c_1 \qquad (22.6)$$

$$c_2 = x_1 \cdot y_1 + c_1 \cdot (x_1 \oplus y_1) \qquad (22.7)$$

$$c_2 = x_1 \cdot y_1 + x_1 \cdot c_1 + y_1 \cdot c_1 . \qquad (22.8)$$

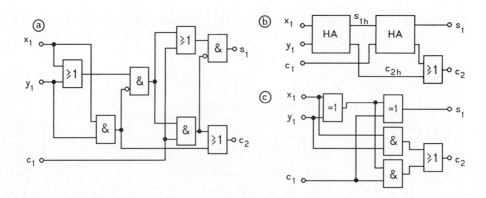

Bild 22.4: Volladdierer für 1 Bit (3 verschiedene Varianten)

22.2.3 Vollsubtrahierer (VS) für 1 bit

Nach denselben Regeln, nach denen die Addierer in 22.2.1. und 22.2.2. entworfen wurden, können wir auch *Halb-* und *Vollsubtrahierer* entwickeln. Während bei der Addition zweier Ziffern der Stelle i der Übertrag c_{i+1} anfällt, muß bei der Subtraktion in der Stelle i unter Umständen aus der Stelle i+1 *geborgt* werden. Hier ist also das bit b_{i+1} (b von "to borrow") zu berücksichtigen. Analog zu Tabelle 22.2 ergeben sich beim Vollsubtrahierer die *Differenz* d_1 und der Wert b_2 nach Tabelle 22.3.

Tabelle 22.3: Wahrheitstafel Vollsubtrahierer

x_1	y_1	b_1	d_1	b_2
0	0	0	0	0
0	0	1	1	1
0	1	0	1	1
0	1	1	0	1
1	0	0	1	0
1	0	1	0	0
1	1	0	0	0
1	1	1	1	1

Der Vergleich zwischen Tabelle 22.2 und Tabelle 22.3 liefert

$$d_1 = s_1 \qquad , \tag{22.9}$$

und für b_2 ergibt sich

$$b_2 = \overline{x}_1 \cdot y_1 + b_1 \cdot (x_1 \cdot y_1 + \overline{x}_1 \cdot y_1 + \overline{x}_1 \cdot \overline{y}_1) \quad . \tag{22.10}$$

22.2.4 Serieller Addierer

Eine Schaltung zur Addition zweier k-stelliger Dualzahlen in *serieller* Verarbeitungsweise ist in Bild 22.5 dargestellt. Augend und Addend sind zu Beginn der Operation in je einem Schieberegister X bzw. Y der Länge k zwischengespeichert. Die Stellen werden, beginnend mit dem LSB, mittels eines Taktes CP einem Volladdierer zugeführt. Die Summe gelangt in einen *Akkumulator* S der Länge k + 1, der Übertrag in ein *einstelliges*

Schieberegister C (Carry), das zu Beginn der Addition auf 0 gesetzt wird. Der Inhalt von C wird auf den Übertragseingang des Volladdierers zurückgeführt. Die Addition ist nach k + 1 Takten abgeschlossen.

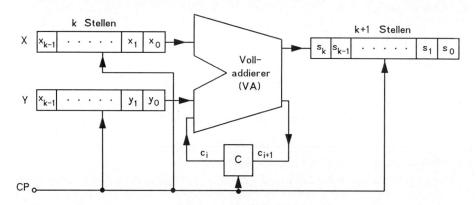

Bild 22.5: Serieller Addierer

Vorteil der Schaltung: Nur ein Addierer ist erforderlich

Nachteil: Wir benötigen k+1 Takte für eine vollständige Addition.

22.2.5 Einfacher Paralleladdierer mit "Carry-ripple-through"-Technik

Führt man die Addition *parallel* für alle k bit in *einem* Takt durch, so werden entsprechend Bild 22.6 k Volladdierer benötigt (Annahme im Beispiel: k = 4). Hierbei ist zu berücksichtigen, daß im ungünstigsten Falle der Übertrag c_1 aus der ersten Stelle bis nach c_4 durchlaufen muß. Bei größerer Wortlänge ist die *Laufzeit des Übertrages* ("Carryripple through") unter Umständen größer als die Rechenzeit der VA und bestimmt damit wesentlich die Gesamtlaufzeit.

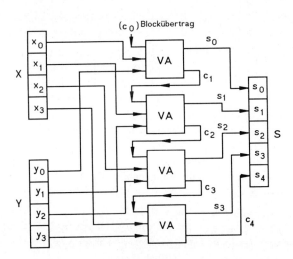

Bild 22.6: Einfacher Carry-Ripple-Through-Volladdierer

22.2.6 Schneller Parallel-Volladdierer mit "Carry-Look-Ahead"-Technik

Die Rechenzeit eines Paralleladdierers hängt bei größerer Wortlänge, wie in 5. gezeigt, wesentlich von der *Übertragsverarbeitung* ab. Es gibt deshalb einen Addierer mit schneller Übertragsverarbeitung ("Carry-Look-Ahead"-Technik). Die Funktionsgleichungen des Volladdierers für eine beliebige Stelle i lauten (s.a. Gl. (22.2), (22.4) ... (22.8)):

$$s_i = \bar{x}_i \cdot \bar{y}_i \cdot c_i + \bar{x}_i \cdot y_i \cdot \bar{c}_i + x_i \cdot \bar{y}_i \cdot \bar{c}_i + x_i \cdot y_i \cdot c_i \qquad (22.11)$$

oder
$$s_i = x_i \oplus y_i \oplus c_i \qquad (22.12)$$

und
$$c_{i+1} = x_i \cdot y_i + x_i \cdot c_i + y_i \cdot c_i \; . \qquad (22.13)$$

Der Übertrag nach Gleichung (22.13) wird aufgespalten in einen Anteil *"Carry generate"* g_i und einen Anteil *"Carry propagate"* p_i, und zwar gilt

$$\boxed{c_{i+1} = g_i + c_i \cdot p_i} \; . \qquad (22.14)$$

Die Hilfsgrößen g_i und p_i haben folgende Bedeutung:

- Es ist $g_i = 1$, wenn in der Stufe i des Addierers ein Übertrag c_{i+1} *erzeugt* wird, unabhängig davon, ob ein Übertrag c_i vorhanden ist. Also ist $g_i = 1$, wenn x_i und y_i gleichzeitig 1 sind. In den anderen Fällen ist $g_i = 0$.

- Die zweite Möglichkeit für einen Übertrag c_{i+1} ist gegeben, wenn ein Übertrag c_i anliegt und mindestens eine der Größen x_i oder y_i gleich 1 ist. In diesen Fällen wird der Übertrag *weitergegeben*. Also ist $p_i = 1$ für alle Kombinationen mit x_i und/oder y_i $\neq 0$.

Tabelle 22.4 enthält die Wahrheitstafel von s_i, c_{i+1}, g_i und p_i für die Carry-Look-Ahead-Technik

Tabelle 22.4: Wahrheitstafel für schnelle Übertragsverarbeitung

x_i	y_i	c_i	s_i	c_{i+1}	g_i	p_i
0	0	0	0	0	0	0
0	0	1	1	0	0	0
0	1	0	1	0	0	1
0	1	1	0	1	0	1
1	0	0	1	0	0	1
1	0	1	0	1	0	1
1	1	0	0	1	1	1
1	1	1	1	1	1	1

Aus Tabelle 22.4 liest man ab

$$g_i = x_i \cdot y_i \qquad (22.15)$$
$$p_i = x_i + y_i \; . \qquad (22.16)$$

Gleichung (22.12) läßt sich unter Einführung von g_i und p_i gemäß (22.15),(22.16) umformen

$$\boxed{\begin{array}{l} s_i = x_i \oplus y_i \oplus c_i = \overline{x_i \cdot y_i} \cdot (x_i + y_i) \oplus c_i \\ \text{oder} \quad s_i = \bar{g}_i \cdot p_i \oplus c_i \end{array}} \qquad \begin{array}{l} (22.17) \\ (22.18) \end{array}$$

Auf der Grundlage der Gleichungen (22.14) und (22.18) läßt sich nun als Beispiel ein 4-Bit-Volladdierer mit den folgenden Funktionsgleichungen in Carry-Look-Ahead-Technik aufbauen:

Überträge

c_0: evtl. Übertrag vom vorangehenden Block

$c_1 = g_0 + p_0 \cdot c_0$

$c_2 = g_1 + p_1 \cdot c_1 = g_1 + p_1 \cdot g_0 + p_1 \cdot p_0 \cdot c_0$

$c_3 = g_2 + p_2 \cdot c_2 = g_2 + p_2 \cdot g_1 + p_2 \cdot p_1 \cdot g_0 + p_2 \cdot p_1 \cdot p_0 \cdot c_0$

$c_4 = g_3 + p_3 \cdot c_3 = g_3 + p_3 \cdot g_2 + p_3 \cdot p_2 \cdot g_1 + p_3 \cdot p_2 \cdot p_1 \cdot g_0$

$\quad + p_3 \cdot p_2 \cdot p_1 \cdot p_0 \cdot c_0 \qquad$ (Blockübertrag). $\qquad (22.25)$

Summen

$$s_0 = \bar{g}_0 \cdot p_0 \oplus c_0 \qquad (22.18)$$
$$s_1 = \bar{g}_1 \cdot p_1 \oplus c_1 \qquad (22.19), (22.20)$$
$$s_2 = \bar{g}_2 \cdot p_2 \oplus c_2 \qquad (22.21), (22.22)$$
$$s_3 = \bar{g}_3 \cdot p_3 \oplus c_3 \qquad (22.23), (22.24)$$

Bild 22.7 zeigt die Schaltung des 4-bit-Carry-Look-Ahead-Paralleladdierers.

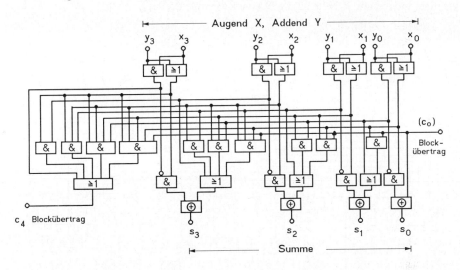

Bild 22.7: 4-Bit-Carry-Look-Ahead-Paralleladdierer

22.2.7 Erweiterung des Parallel-Volladdierers zur ALU

Durch Hinzufügen weiterer Steuerfunktionen läßt sich ein Volladdierer in seinen Anwendungsmöglichkeiten erheblich erweitern; man erhält eine Arithmetisch-Logische Einheit (ALU). Dies sei am Beispiel der 4 bit-ALU SN 74181 dargestellt. Durch Einführen einer *"mode-control"*-Variablen m läßt sich die Schaltung aus Bild 22.7 für logische Verknüpfungen erweitern. Wird zusätzlich noch eine Variable z *(Select)* eingeführt, so ist über eine XOR-Verknüpfung zwischen z und den Ziffern y_i die Invertierung von y_i und damit die Realisierung eines Vollsubtrahierers möglich. Bild 22.8 zeigt die zugehörige Schaltung mit den folgenden Funktionen:

$m = 0$:   (arithmetische Funktion mit Verarbeitung von c_i)

   $z = 0$ → $S = X$ plus Y

   $z = 1$ → $S = X$ minus Y

$m = 1$:   (logische Funktionen ohne Verarbeitung von c_i)

   $z = 0$ → $s_i = \overline{x_i \oplus y_i} = \overline{x}_i \cdot \overline{y}_i + x_i \cdot y_i$

   $z = 1$ → $s_i = x_i \oplus y_i = \overline{x}_i \cdot y_i + x_i \cdot \overline{y}_i$

   $S = \{s_3, s_2, s_1, s_0\}, \quad X = \{x_3, x_2, x_1, x_0\}, \quad Y = \{y_3, y_2, y_1, y_0\}$

Anmerkung: Für die logischen Operationen stehen, wie gewöhnlich, die Operatoren "+" und "."; die arithmetischen Operationen sind mit "plus" (Addition) und "minus" (Subtraktion) angegeben. Bei den logischen Funktionen bezieht sich die Funktionsgleichung jeweils auf *ein Bit*, bei den arithmetischen auf das *Wort*.

Die Zahl der Funktionen läßt sich erhöhen, indem man weitere *Select-Variablen* einführt. Beim gewählten Beispiel der ALU SN 74 181 sind 4 Selectvariable $z_3 \ldots z_0$ vorhanden. Bild 22.9 zeigt die Eingangsschaltung für *eine Stelle*. Die dabei systembedingt entstehenden 16 logischen Funktionen sind sehr mannigfaltig und zum Teil für die Praxis nicht interessant. Tabelle 22.5 gibt eine Zusammenstellung.

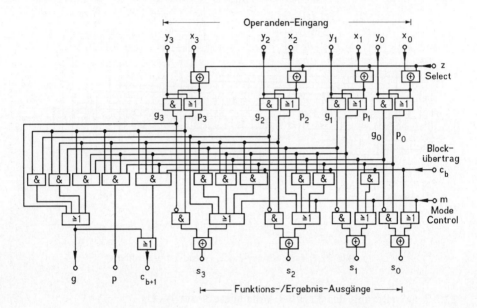

Bild 22.8: Zur ALU erweiterter Carry-Look-Ahead-Addierer

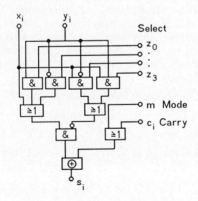

Bild 22.9: ALU SN 74 181
mit 4 Select-Variablen (1 bit)

22.2.8 Zusammenschaltung mehrerer ALU zur Vergrößerung der Wortlänge

Benötigt man eine Wortlänge, die ein Mehrfaches der einer einzelnen ALU beträgt, so lassen sich ALU zusammenschalten. Auch hier gibt es wieder die beiden bereits behandelten Methoden zur Verarbeitung des Blockübertrags

- Carry Ripple Through (durchlaufender Übertrag)
- Carry Look Ahead (schnelle Übertragsverarbeitung).

Im ersten Falle wird einfach der Blockübertragsausgang $c_{(b+1),i}$ des Blocks i auf den Blockübertragseingang $c_{b,(i+1)}$ des nächsten Blocks i+1 gegeben. Für das Carry-Look-Ahead-Konzept zeigt Bild 22.10 als Beispiel eine 16-bit-ALU mit 4 x SN 74181. Der hier zusätzlich erforderliche Carry-Look-Ahead-Generator ist in Bild 22.11 dargestellt; er ist als SN 74 182 in integrierter Form erhältlich.

Tabelle 22.5: Funktionstafel für die ALU SN 74 181

Select-Signal z_3 z_2 z_1 z_0	m = 1 logische Funktion	m = 0 arithmetische Funktionen	
		$c_0 = 0$	$c_0 = 1$
0 0 0 0	$s_i = \bar{x}_i$	S = X	S = X plus 1
0 0 0 1	$s_i = x_i + y_i$	S = X + Y	S = (X + Y) plus 1
0 0 1 0	$s_i = \bar{x}_i \cdot y_i$	S = X + $\bar{Y}$	S = (X + $\bar{Y}$) plus 1
0 0 1 1	$s_i = 0$	S = minus 1 (2er Kompl.)	S = 0
0 1 0 0	$s_i = x_i \cdot y_i$	S = X Plus X·$\bar{Y}$	S = X plus X·$\bar{Y}$ plus 1
0 1 0 1	$s_i = \bar{y}_i$	S = (X + Y) Plus X·$\bar{Y}$	S = (X + Y) plus X·$\bar{Y}$ plus 1
0 1 1 0	$s_i = x_i \oplus y_i$	S = X minus Y minus 1	S = X minus Y
0 1 1 1	$s_i = x_i \cdot \bar{y}_i$	S = X·$\bar{Y}$ minus 1	S = X·$\bar{Y}$
1 0 0 0	$s_i = \bar{x}_i + y_i$	S = X plus X·Y	S = X plus X·Y plus 1
1 0 0 1	$s_i = x_i \odot y_i$	S = X plus Y	S = X plus Y plus 1
1 0 1 0	$s_i = y_i$	S = (X + $\bar{Y}$)plus X·Y	S = (X + $\bar{Y}$) plus X·Y plus 1
1 0 1 1	$s_i = x_i \cdot y_i$	S = X·Y minus 1	S = X·Y
1 1 0 0	$s_i = 1$	S = X plus X	S = X plus X plus 1
1 1 0 1	$s_i = x_i + \bar{y}_i$	S = (X + Y) plus X	S = (X + Y) plus X plus 1
1 1 1 0	$s_i = x_i + y_i$	S = (X + $\bar{Y}$) plus X	S = (X + Y) plus X plus 1
1 1 1 1	$s_i = x_i$	S = X minus 1	S = X

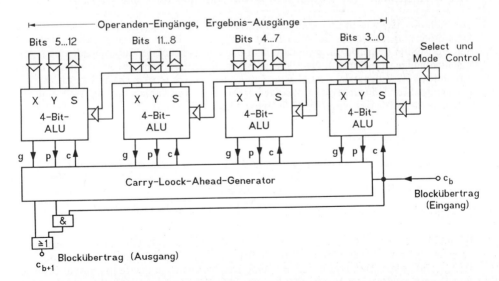

Bild 22.10: Beispiel für eine 16-Bit-Carry-Look-Ahead-ALU

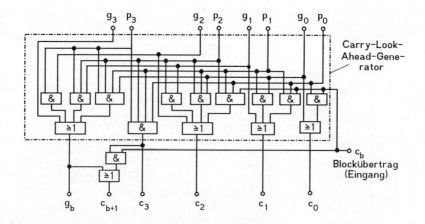

Bild 22.11: Carry-Look-Ahead-Generator SN 74 182

Eine Erweiterung von $k = 16$ auf $k = 64$ ist möglich, indem man 4 Blöcke entsprechend Bild 22.10 mit einem zusätzlichen Carry-Look-Generator zusammenschaltet.

Typische Additionszeiten in dieser Technik:

bei					
5	...	8 bit:	18 ns	(ripple through)
9	...	16 bit:	19 ns	(look ahead)
17	...	64 bit:	28 ns	(look ahead).

22.2.9 Algorithmen zur Durchführung von Multiplikation und Division

Die Addition ist, wie in den vorangegangenen Abschnitten gezeigt, eine sehr einfache Grundrechenoperation für die Verarbeitung von Dualzahlen. Die Subtraktion läßt sich auf die Addition zurückführen, indem man das Komplement des Subtrahenden zum Minuenden addiert (s. Kap. 9). Nach dieser Methode arbeitet auch die im vorhergehenden Abschnitt 22.2.7 behandelte ALU. Das Zweierkomplement wird auch als *konegative Zahl* bezeichnet. Zur Unterscheidung positiver und konegativer Zahlen benötigt man eine zusätzliche Stelle für das Vorzeichen (Polaritätsbit).

22.2.9.1 Multiplikation

Die *Multiplikation* läßt sich allgemein auf *2 Arten* durchführen. Zum einen wird der Multiplikand so oft, wie der Multiplikator es angibt, aufaddiert. Im zweiten Verfahren bildet man die Teilprodukte des Multiplikanden mit den Ziffern des Multiplikators und addiert sie stellenrichtig auf. Dieses Verfahren ist für Dualzahlen besonders vorteilhaft, und wir wollen es näher untersuchen.

Ist die betreffende Ziffer des Multiplikators 1, so wird der Multiplikand stellenrichtig zu dem bis dahin ermittelten Teilprodukt addiert, ist sie 0, so erfolgt keine Addition. Die stellenrichtige Addition ergibt sich einfach durch Verschieben des Teilproduktes nach jedem Rechenzyklus. Das Endresultat hat $m + n$ Stellen, wenn m die Stellenzahl des Multiplikanden und n die Stellenzahl des Multiplikators ist. Das ist bei der Multiplikation

von ganzen Zahlen (Integer) zu berücksichtigen. Bei Gleitkommazahlen werden normalerweise die letzten i Stellen abgetrennt.

Bild 22.12 zeigt ein einfaches Rechenwerk für *Parallelmultiplikation von zwei 4-stelligen
Dualzahlen*. Es enthält ein 4-stelliges Register X für den Multiplikanden, ein 4-stelliges
Schieberegister Y für den Multiplikator und ein 5-stelliges Akkumulator-Schieberegister
ACC, in dem das Produkt entwickelt wird. Dabei fungiert das Y-Register als Fortset-
zung des Akkumulators. Außerdem sind 4 Volladdierer und 4 UND-Schaltungen vor-
handen.

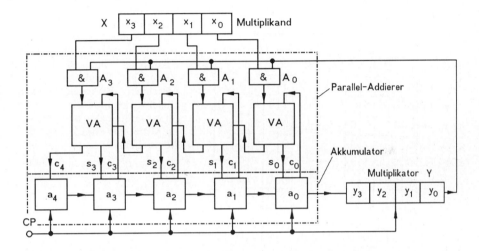

Bild 22.12: Parallelmultiplikation von zwei 4-stelligen Dualzahlen

Der Rechenablauf geschieht wie folgt: Zu Beginn der Multiplikation werden Multiplikand und Multiplikator in das X- bzw. Y-Register geladen und der Akkumulator auf
Null gesetzt. Hierfür ist ein Takt 1 erforderlich. Anschließend erfolgt die eigentliche
Multiplikation, die im Beispiel aus 4 Additionen $a_0 \dots a_3$ und 4 Verschiebungen $v_0 \dots v_3$
besteht. In Takt a_0 liegt das LSB y_0 des Multiplikators an den UND-Gliedern $A_0 \dots A_3$.

Da der Inhalt von ACC zunächst Null ist, wird für den Fall, daß $y_0 = 1$ ist, der Inhalt
von X als erstes Teilprodukt nach ACC übertragen. Im anderen Fall bleibt ACC = 0. Im
nächstfolgenden Verschiebeschritt v_0 erfolgt eine Rechtsverschiebung von Y und ACC.
Dabei geht y_0 verloren, und y_1 steht als nächste Ziffer zur Bildung des Teilproduktes an.
Der Vorgang wiederholt sich nun mit dem Additionsschritt a_1, der Verschiebung v_1 usw.,
bis das vollständige Produkt gebildet ist.

Dabei nimmt das Produkt am Ende der Operation mit seinen niedrigstwertigen 4 Ziffern
die Stellen im Y-Register ein, die höchstwertigen 4 Ziffern stehen im Akkumulator (a_0
$\dots a_3$), die Übertragsstelle a_4 ist leer.

Am Beispiel der Multiplikation

Multiplikand	x	Multiplikator
1110	x	1010
		0000
		1110
		0000
		1110
Ergebnis		10001100

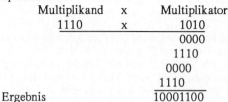

sei der Ablauf der Rechnung noch einmal ausführlich dargestellt (Bild 22.13). Eine Reduktion der Rechenzeit kann dadurch erreicht werden, daß man die Additionen mit Null nicht durchführt, sondern hier nur verschiebt. Bei angenommener Gleichverteilung zwischen 1 und 0 im Multiplikator hat man dann im Mittel nur etwa halb so viele Additionen.

Bild 22.13: Registerinhalte bei der Multiplikation (s.Text)

22.2.9.2 Division

Die *Division* erfolgt üblicherweise in Analogie zur Multiplikation als *wiederholte Subtraktion des Divisors vom Dividenden*. Dabei gibt der Quotient am Schluß an, wie oft die Subtraktion erfolgt ist. Kriterium für die Beendigung der Rechenoperation ist, daß der verbleibende Rest nach der letzten möglichen Subtraktion kleiner ist als der Divisor, die Differenz also negativ wird. Der Ablauf einer vollständigen Division läßt sich am einfachsten an einem Beispiel erläutern (Bild 22.14). Sie entspricht der Operation:

$$29_{(10)} \quad : \quad 5_{(10)} \quad = \quad 5_{(10)} \qquad \text{Rest } 4_{(10)} \, .$$

Die erste Subtraktion erfolgt so, daß das LSB des Divisors Y unter der höchstwertigen 1 des Dividenden X (an der Stelle i) steht. Ergibt die Subtraktion eine positive Differenz D_i = R_i - Y > 0, so erhält die betreffende Stelle des Quotienten eine 1. Im Falle D_i < 0 ist die Quotientenstelle 0, und der Divisor wird wieder zur Differenz zuaddiert. (R_i ist hierbei der jeweils verbliebene Rest des Dividenden). Danach wird die nächste Stelle von R_i heruntergeholt und damit R_{i-1} gebildet; der Vorgang wiederholt sich solange, bis das LSB des Dividenden verarbeitet ist.

Dividend X	Divisor Y	Quotient Q	Rest R_0

$$00011101 \quad : \quad 0101 \quad = \quad 00101 \qquad 0100$$

	− 0101	Subtrahieren Divisor	
D_4 =	− 0100	Differenz negativ	
	+ 0101	Addieren Divisor	
R_4 =	00011	nächste Stelle holen	
	− 0101	Subtrahieren Divisor	
D_3 =	− 0010	Differenz negativ	
	+ 0101	Addieren Divisor	
R_3 =	00111	nächste Stelle holen	
	− 0101	Subtrahieren Divisor	
D_2 =	0010	Differenz positiv	
R_2 =	0100	nächste Stelle holen	
	− 0101	Subtrahieren Divisor	
D_1 =	− 0001	Differenz negativ	
	+ 0101	Addieren Divisor	
R_1 =	01001	nächste Stelle holen	
	− 0101	Divisor subtrahieren	
$R_0 = D_0$ +	0100	Differenz positiv, aber kleiner als Q	

Bild 22.14: Ablauf einer Division (wiederholte Subtraktion)

Die Subtraktion des Divisors kann entsprechend auch durch *Komplementaddition* geschehen. Hier wird zunächst das Zweierkomplement des Divisors (auch *konegativer Divisor* genannt), gebildet. Bild 22.15 zeigt den Ablauf desselben Beispiels noch einmal unter Verwendung des konegativen Divisors (Zweierkomplement des Divisors 0101 → 1011).

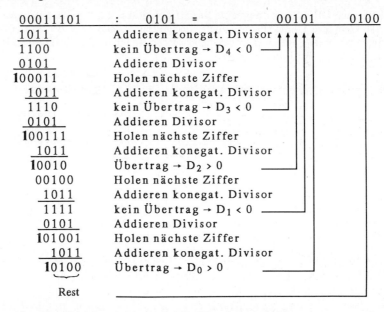

Bild 22.15: Division durch wiederholte Komplementaddtition

23 Digitale Schaltwerke, mikroprogrammierte Steuerungen

23.1 Einleitung, Problemstellung

In den Kapiteln 4 und 5 sowie 6 und 7 wurden kombinatorische Netzwerke (Schaltnetze) behandelt, die ausschließlich aus logischen Grundfunktionen (AND, OR, NOT, NAND, NOR, XOR, XNOR) realisiert sind. In den Kapiteln 13 und 18 haben wir Zähler (Schaltwerke) besprochen, deren Modulus ebenfalls durch kombinatorische Netzwerke bestimmt wird, die Rückführungen in irgendeiner Form darstellen. Im allgemeinen Sinne liegen jeweils *Zuordnerfunktionen* zugrunde. Zuordnerfunktionen benötigt man beispielsweise in den *Steuer-* und *Operationswerken* von Rechnern (Befehlsdekoder) und für viele sonstige Zwecke. Sind die Booleschen Verknüpfungsfunktionen nach der Vereinfachung immer noch aufwendig, kompliziert und unübersichtlich, so bietet die Verwendung von *mikroprogrammierten Schaltwerken* viele Vorteile.

Mikroprogrammierte Schaltwerke als Untergruppe der digitalen Steuerkreise sind demnach von übergeordnetem Interesse. Sie sollen deshalb in diesem Kapitel systematisch und ausführlicher behandelt werden.

23.2 Schaltwerk, Steuerwerk, Operationswerk und Steuerkreis

Der nach DIN allgemein gefaßte Begriff Schaltwerk (s. Kap. 2) muß sowohl im Hinblick auf komplexe Digitalschaltungen in Rechnern als auch auf die Prozeßsteuerung allgemein noch etwas genauer untersucht werden. In einem Schaltwerk existieren grundsätzlich 2 Arten von Untergruppen

- *Steuerwerke*
- *Operationswerke.*

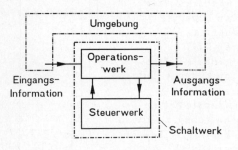

Beide bilden zusammen einen Steuerkreis, der mit seiner Umgebung gemäß Bild 23.1 kommuniziert.

Das *Steuerwerk* ist ein *aktives* Schaltwerk, das Signale erzeugt, um damit nach einem vorgegebenen Algorithmus ein Operationswerk zu steuern. Außerdem empfängt es Quittungssignale vom Operationswerk, um sie auszuwerten.

Bild 23.1: Steuerkreis in seiner Wirkungsumgebung

Das *Operationswerk* ist ein *passives* (gesteuertes) Schaltwerk, das die Signale vom Steuerwerk empfängt, in Operationen umsetzt und gegebenenfalls Quittungssignale erzeugt.

23.3 Arten von Schaltwerken

Bezüglich ihres funktionellen Aufbaus unterscheiden wir vier Gruppen von Schaltwerken:

- *festverdrahtete* Schaltwerke,
- Schaltwerke auf der Basis von *PLD-Bausteinen*,
- Schaltwerke mit *Halbleiterspeichern*,
- Schaltwerke mit *Mikroprozessoren*.

23.3.1 Festverdrahtetes Schaltwerk

Kennzeichnend für festverdrahtete Schaltwerke ist die durch die Bezeichnung bereits zum Ausdruck kommende Eigenschaft, daß der zu realisierende Steueralgorithmus aus einer *nicht veränderbaren logischen Schaltung* besteht, die beispielsweise Flipflops (Speicher) und logische Verküpfungen (Schaltnetze aus AND, OR, NOT etc.) enthält.

Vorteil: Für kleine Systemlösungen sehr preiswert.

Nachteil: Nicht flexibel.

23.3.2 Schaltwerk mit PLD-Schaltkreisen

Werden die erforderlichen logischen Verknüpfungsglieder für die zu realisierende Aufgabe zu zahlreich und besteht dennoch die Forderung nach einem starren Steuerprogramm, so bietet sich die Verwendung von PLD-Schaltkreisen an. Wir haben sie in Kap. 20 bereits behandelt.

23.3.3 Speicherprogrammierte (mikroprogrammierte) Schaltwerke

Typisch für ein speicherprogrammiertes Schaltwerk ist ein *Mikroprogramm*, das den Steueralgorithmus in Form von Steuersequenzen enthält und das in einen (Halbleiter-) Speicher eingelesen wird. Der Speicherinhalt ist in der Regel nicht modifizierbar (ROM) und ersetzt die oben beschriebenen Verknüpfungsglieder. Diese mikroprogrammierten Schaltwerke sollen nachfolgend ab Abschnitt 23.7 ausführlicher behandelt werden. Ihr Vorzug liegt im strukturell einfachen Aufbau und in der hohen Arbeitsgeschwindigkeit.

23.3.4 Schaltwerke mit Mikroprozessoren

Obwohl die Schaltwerke nach Abschnitt 23.3.3 schon recht flexibel sind, weil man die Speicherinhalte (z.B. durch Auswechseln des ROMs) leicht ändern kann, fehlen ihnen dennoch die *Arbeitsregister* und die *ALU*. Schaltwerke auf der Basis von *Mikroprozessoren* sind um diese Komponenten erweitert und stellen somit die flexibelsten (aber nicht die schnellsten) Lösungen dar.

23.4 Das Schaltwerk als endlicher Automat (Zustandsmaschine, Finite State Machine FSM)

Die Grundlage für die formale Behandlung von Schaltwerken ist das Modell des *endlichen Automaten (Finite State Machine, FSM)*, auch *Zustandsmaschine* genannt. Ein Schaltwerk läßt sich gemäß Bild 23.2 aufteilen in einen *ausschließlich verknüpfenden* (kombinatorischen) Teil K und einen *ausschließlich speichernden* Teil Sp.

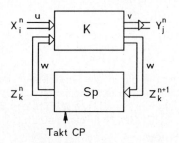

Bild 23.2: Struktur eines Schaltwerks (FSM)

Aus einer gegebenen Anzahl i von Eingangsvariablen x_i (dem u-dimensiomalen Eingangsvektor X_i)

$$X_i = \{x_0, x_1 \dots x_{u-1}\} \text{ mit } 0 \leqslant i \leqslant 2^u - 1 \tag{23.1}$$

sollen j Ausgangsvariablen y_j (der v-dimensionale Ausgangsvektor Y_j)

$$Y_j = \{y_0, y_1 \dots y_{v-1}\} \text{ mit } 0 \leqslant j \leqslant 2^v - 1 \tag{23.2}$$

unter Verwendung des w-dimensionalen Zustandsvektors Z_k

$$Z_k = \{z_0, z_1 \dots f_{w-1}\} \text{ mit } 0 \leqslant k \leqslant 2^w - 1 \tag{23.3}$$

erzeugt werden (Bild 23.2). Die augenblickliche Reaktion $Y_j(t)$ des Automaten hängt also nicht nur von $X_i(t)$ ab, sondern auch von seinem Zustand $Z_k(t)$.

Als *Zustand* definieren wir *die in einem Speicher festgehaltene Eigenschaft der Maschine, auf einen Eingangsvektor X(t) für t ≥ t_0 mit einem Ausgangsvektor Y(t) für t > t_0 zu reagieren.*

Da die Zeit mittels des Steuertaktes CP in n diskretisiert wird, läßt sich die Eigenschaft der Maschine auch dadurch kennzeichnen, daß sie auf einen Eingangsvektor $X_i|^n$ mit einem Ausgangsvektor $Y_j|^{n+1}$ unter Berücksichtigung des Zustandsvektor $Z_k|^{n+1}$ reagiert. Ein einfaches Beispiel in Form einer Personenmeldanlage möge das erläutern (Tabelle 23.1):

Tabelle 23.1: Beispiel für eine Zustandstabelle (Personenmeldeanlage)

Person da	Zustand n	Folgezustand n+1
wahr	Melder aus	Melder geht an
wahr	Melder an	Melder bleibt an
falsch	Melder aus	Melder bleibt aus
falsch	Melder an	Melder geht aus.

Das Verhalten des Automaten läßt sich auch in Form eines *Graphen, Übergangs- oder Zustandsdiagramms* darstellen (Bild 23.3). Die einzelnen *Zustände* werden durch *Kreise* gekennzeichnet, in denen der jeweilige Zustand beschrieben ist. Die Bedingung, die zum *Übergang* von einem Zustand in einen anderen führt, verdeutlicht ein *Pfeil*, der die Bedingung trägt. Eine *Haltebedingung* erkennt man daran, daß der Pfeil im jeweiligen Zustand entspringt und wieder in ihm endet.

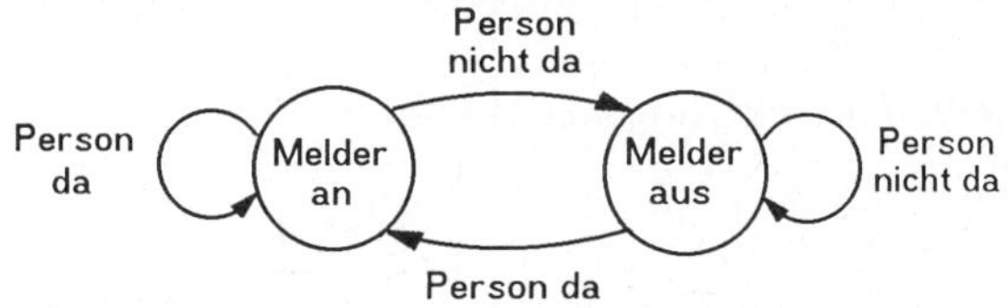

Bild 23.3: Zustandsgraph (Übergangsdiagramm), Beispiel, s. Text

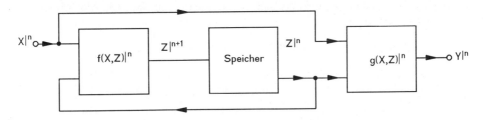

Jeder Automat läßt sich entweder als *Mealy-* oder als *Moore*-Automat realisieren, wobei beide in ihrem Ergebnisverhalten letztlich äquivalent sind, sich also gegenseitig ineinander transformieren lassen.

23.4.1 Mealy-Automat

Bezeichnen wir als $Z_k|^n$ den Zustand vor der Eingabe des Vektors $X_i|^n$, so sei $Y_j|^n$ der durch $X_i|^n$ und $Z_k|^n$ erzeugte Ausgangsvektor und $Z_k|^{n+1}$ der Folgezustandsvektor. Im kombinatorischen Teil K der Schaltung in Bild 23.2 sind 2 Verküpfungsfunktionen realisiert, nämlich die Übergangsfunktion

$$Z_k|^{n+1} = f\ (X_i, Z_k)|^n \qquad\qquad (23.4)$$

und die Ausgangsfunktion $Y_j|^n$, wobei $Y_j|^n$ den Typ des Automaten charakterisiert:

$$Y_j|^n = g\ (X_i, Z_k)|^n \qquad . \qquad\qquad (23.5)$$

Beim Mealy-Automaten haben Ausgangsvektor $Y_i|^n$ *und Folgezustandsvektor* $Z_k|^{n+1}$ *entsprechend den Gleichungen (23.4),(23.5) das gleiche Argument*, das heißt, die *Ausgangs variable* $Y_j|^n$ ist, wie im Bild 23.4 gezeigt, Ausgang der kombinatorischen Schaltung K und *reagiert damit unmittelbar auf Eingangssignaländerungen.*

Bild 23.4: Mealy-Automat, Prinzipschaltung

Man bezeichnet das Mealy-Steuerwerk auch als *übergangsorientiert,* weil sowohl $X_i|^n$ als auch $Z_k|^n$ auf $Y_j|^n$ und $Z_k|^{n+1}$ wirken. Die *Zustände* Z_k ändern sich *taktsynchron*, die *Ausgangsvektoren* Y_j hingegen *unmittelbar*, also asynchron und lediglich um die Signallaufzeit in K verzögert.

23.4.2 Moore-Automat

Beim Moore-Automaten wird die sich eventuell als Nachteil auswirkende Eigenschaft des Mealy-Automaten, daß sich $Y_j|^n$ asynchron ändert, beseitigt, indem man Y_j beispielsweise zusätzlich über ein synchron getaktetes Flipflop führt (Bild 23.5). Man erhält wieder die Übergangsfunktion

$$Z_k|^{n+1} = f\,(X_i, Z_k)|^n \qquad\qquad (23.4)$$

aber diesmal die Ausgangsfunktion $Y_j|^n$

$$Y_j|^n = g\,(Z_k|^{n+1}) \qquad . \qquad\qquad (23.6)$$

Der Eingangsvektor $X_i|^n$ wirkt nicht unmittelbar auf den Ausgangsvektor Y_j, sondern wird aus dem Folgezustandsvektor $Z_k|^{n+1}$ hergeleitet; er ist synchron zum Takt CP und erscheint erst einen Takt (oder auch endlich viele Takte) später.

Das MOORE-Steuerwerk wird dementsprechend auch als *zustandsorientiert* bezeichnet.

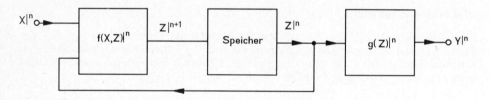

Bild 23.5: Moore-Automat, Prinzipschaltung

23.4.3 Vergleich Mealy/Moore-Automat

Mealy-Automaten werden benutzt, wenn sich die Ausgangssignale unmittelbar nach Änderung der Eingangsinformation neu einstellen sollen, also, wenn beispielsweise die Taktperiode von CP groß gegen die Laufzeit der Eingangsinformation ist.

Moore-Maschinen sind überall dort erforderlich, wo taktsynchrones Schalten im Ausgang gewünscht wird (z.B. zur Vermeidung von Spikes, vgl. Kap. 15). Sie erfordern einen höheren Aufwand.

23.5 Ungetaktete (''asynchrone'') Schaltwerke

Ungetaktete Schaltwerke werden häufig (aber nicht korrekt) als asynchrone Steuerwerke bezeichnet. Der Begriff Synchronität setzt immer den Gleichlauf eines oder mehrerer Signale mit einer Referenz (z.B. dem Takt CP) voraus, die im Falle von ungetakteten Schaltwerken aber fehlt. Ungetaktete Schaltwerke werden in der Praxis nur in sehr einfacher Form realisiert, weil bei ihnen Race- und Hazard-Probleme auftreten können, die sie unsicher machen (vgl. Kap. 15). Anwendungen sind beispielsweise Fahrstuhlsteuerungen oder Blocksicherungen in Eisenbahn- Signalanlagen.

23.6 Getaktete ("synchrone") Schaltwerke

Bei *getakteten* oder synchronen Steuerungen werden Steuerwerk und Operationswerk aus einem zentralen Takt versorgt, so daß hier keine Race- und Hazard-Probleme auftreten und sich auch komplexe Algorithmen realisieren lassen. Sie sind in der Praxis weitaus häufiger zu finden; ihr Entwurf ist auch übersichtlicher durchzuführen.

23.7 Beispiele für synchrone, mikroprogrammierte Schaltwerke

Bevor wir ein verallgemeinertes Modell des mikroprogramierten Schaltwerks diskutieren, wollen wir die Vorteile der Mikroprogrammierung an zwei einfachen Beispielen sehen, indem wir sie der konventionellen Technik mit kombinatorischen logischen Verknüpfungen gegenüberstellen. Das soll an 2 Beispielen gezeigt werden, wobei die Frage außer acht gelassen wird, ob sich der Aufwand bei derart einfachen Anwendungen rentiert. Hier soll lediglich das Prinzip erörtert werden, das sich sinngemäß auf komplexere Problemstellungen übertragen läßt.

Verwendet man für den *Zuordner* einen *wortadressierbaren Festwertspeicher*, so ergeben sich sehr einfache und klare Entwurfsmethoden.

Beispiel 1: Volladdierer aus Kapitel 22 (Bild 22.4 und Tabelle 22.2) als mikroprogrammiertes Schaltwerk.

In Anlehnung an das Beispiel aus Kapitel 22 stellen x_1, y_1 und c_1 hier die Eingangsvariablen (Augend, Addend, Eingangsübertrag) sowie s_1 und c_2 die Ausgangsvariablen (Summe, Übertrag) dar. Die 3 Eingangsvariablen erzeugen gemäß Bild 23.6 in einem 3-zu-8-Decoder die Wortadressen 0...7 für das ROM, das eine Wortlänge von $k = 2$ hat. Jedes der Worte enthält ein 2 bit-Ergebnis (s_1, c_2). Die Wahrheitstafel (Tabelle 22.2) spiegelt sich direkt im ROM-Inhalt wieder, indem überall dort, wo in der Tabelle eine 1 steht, das ROM an der entsprechenden Stelle eine gerichtete Verbindung (durch eine Diode symbolisiert) enthält.

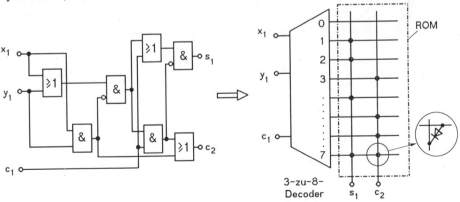

Bild 23.6: Volladdierer für 1 Bit als mikroprogrammiertes Steuerwerk

Beispiel 2: Modulo-5-Zähler für Bohrautomaten aus Kapitel 13, Abschnitt 13.4.2

Das Beispiel des Bohrautomaten werde hier noch einmal aufgegriffen und auf anderem

Wege gelöst. Es werde ein mikroprogrammiertes Schaltwerk mit ROM und D-Flipflops realisiert. Das Programm bleibe unverändert (s. Bild 13.16 und Tabelle 13.1). Die Übergangszustände (hier mit Q_i bezeichnet) sind in Tabelle 23.2 dargestellt

Tabelle 23.2: Übergangszustände für Bohrprogramm

Zustand Nr.	Arbeitsgang	n Q_2 Q_1 Q_0	n + 1 Q_2 Q_1 Q_0	Vorbereitung D_2 D_1 D_0
0	Grundstellung	0 0 0	0 0 1	0 0 1
1	Bohren Loch 1	0 0 1	0 1 1	0 1 1
3	Positionieren rechts und Bohren Loch 2	0 1 1	1 0 0	1 0 0
4	Positionieren vorwärts	1 0 0	1 0 1	1 0 1
5	Positionieren vorwärts und Bohren Loch 3	1 0 1	0 0 0	0 0 0
0	Grundstellung	0 0 0	0 0 1	0 0 1

Für das D-Flipflop gilt $Q|^{n+1} = D|^n$, also müssen die D-Eingänge im Zustand n mit den Ausgangswerten $Q_i|^{n+1}$ vorbereitet werden. Die Minterme $\overline{Q}_2 \cdot Q_1 \cdot \overline{Q}_0$, $Q_2 \cdot Q_1 \cdot \overline{Q}_0$ und $Q_2 \cdot Q_1 \cdot Q_0$ sind don't-care-Kombinationen. Das realisierte synchrone Schaltwerk im Bild 23.7 besteht aus einem 3-stufigen Zähler (Speicher) und einem 8x3-ROM einschließlich 3-zu-8-Adreßdekoder (Schaltnetz). Entsprechend den don't-care-Mintermen sind 3 Worte (2,6 und 7) des ROMs unbenutzt. Die Steuervariablen x_0, x_1 und x_2 für das Bohrwerk sind identisch mit den Zählerausgängen Q_0, Q_1 und Q_2.

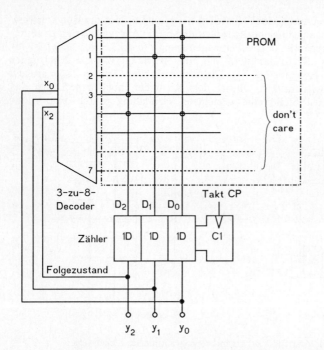

Bild 23.7: Bohrautomat als mikroprogrammiertes Steuerwerk

In den gezeigten Beispielen kommt der Vorteil bei der Verwendung von PROM-Steuerwerken naturgemäß nicht so deutlich zum Tragen, weil hier nur einfache Schaltnetze vorliegen. Sie zeigen aber das Entwurfsprinzip, das sich sinngemäß - wie oben schon gesagt - auf komplexere Anwendungen erweitern läßt.

23.8 Verallgemeinertes Modell des synchronen mikroprogrammierten Steuerwerks

Das zweite Beispiel im Abschnitt 23.7 enthält schon die wesentlichen Komponenten eines synchronen, mikroprogrammierten Steuerwerks, nämlich

- *speicherloses Zuordnernetzwerk* (programmiertes ROM mit Adressierung),

- *synchron getaktetes Speicherwerk* (Zustands- und Ergebnisregister).

In einer weiteren Verallgemeinerung muß man davon ausgehen, daß zusätzlich ein Eingangsvektor X vorhanden ist (s.a. Gl. (23.1)). Der *Eingangsvektor* zum Zeittakt t_n ist

$$ X|^n = \left\{ x_0, x_1, x_2, \ldots x_{u-1} \right\}|^n . \qquad (23.6) $$

Zusammen mit dem *Zustandsvektor*

$$ Z|^n = \left\{ z_0, z_1, z_2, z_{w-1} \right\}|^n \qquad (23.7) $$

liefert er die Information für das künftige Verhalten des Steuerwerkes.

Somit gilt für den *Ausgangsvektor* (Ergebnisvektor) $Y|^n$ aus Gleichung (23.5) zum Zeittakt t_n für das *Mealy-Steuerwerk*

$$ Y|^n = g(X,Z)|^n \qquad (23.8) $$

und für das *Moore-Steuerwerk*

$$ Y|^n = g(Z)|^n \qquad , \qquad (23.9) $$

jeweils mit dem *Folgezustandsvektor*

$$ Z|^{n+1} = f(X,Z)|^n \qquad . \qquad (23.10) $$

Anmerkung: Im Beispiel 2 (Abschnitt vorher) sind Zustandsvektor und Ergebnisvektor identisch; das muß jedoch nicht allgemein so sein.

Bild 23.8 zeigt die Grundstruktur eines mikroprogrammierten Mealy-Steuerwerks mit D-Flipflops. Das ROM enthält je einen Speicherteil für die Ausgangsfunktion g, die das Steuerwort liefert und die Übergangsfunktion f, die die Folgeadresse beinhaltet. Der Inhalt des ROM bildet insgesamt das *Mikroprogramm.*

Mikroprogrammierte Steuerwerke können je nach Einsatzgebiet sehr unterschiedlich konzipiert sein. Sie lassen sich prinzipiell nach 2 Kriterien einteilen, und zwar nach

- *Art der Folgeadreßerzeugung* und

- Art der *Steuerwortauswertung.*

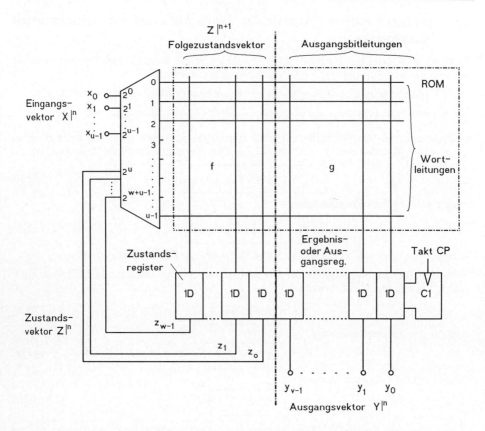

Bild 23.8: Getaktetes Mealy-Steuerwerk mit D-Flipflops

23.9 Erzeugung der Folgeadressen

23.9.1 Folgeadreßerzeugung mittels Binärzähler

Im einfachsten Falle läßt sich das ROM mit Hilfe eines Binärzählers (s.a. Kap. 13) adressieren. Kennzeichnend ist hier:

- Adressierungsaufwand gering,
- Steuerwortsignale lassen sich nur im starren Schema aufeinanderfolgend auslesen,
- Schaltwerk benötigt außer dem Zähltakt kein externes Signal; man bezeichnet es deshalb als *autonomes* Schaltwerk.

Bild 23.9 zeigt ein einfaches Beispiel mit einem NBC-Binärzähler (Darstellung des Zählers in kompakter Form mit Zweispeicher-Flipflops).

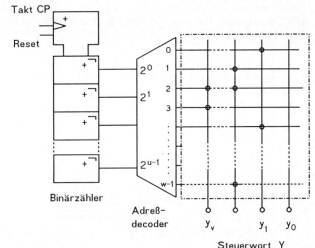

Bild 23.9: Folgeadreßerzeugung
mittels Binärzähler

23.9.2 Folgeadreßerzeugung durch das Mikroprogramm

Das Beispiel des Bohrautomaten aus Abschnitt 23.7 stellt ein Steuerwerk dieses Typs dar. Charakteristisch ist, daß die *Folgeadresse aus dem Steuerwort entwickelt* wird und deshalb nicht - wie im Falle 23.9.1 - in auf- oder absteigender binärer Ordnung liegen muß.

23.9.3 Folgeadreßerzeugung durch interne Verknüpfung von Eingangs- und Zu- standsvektor

Die bisher behandelten Steuerwerke haben eine starre Adreßfolge. Wird die Folgeadresse sowohl vom Eingangsvektor X als auch vom Zustandsvektor Z bestimmt, so erhalten wir die beiden klassischen Typen

$\qquad$ - Mealy -Steuerwerk und

$\qquad$ - Moore -Steuerwerk,

die wir im Abschnitt 23.4 erörtert haben.

23.10 Steuerwortauswertung

Die Auswerung des Steuerwortes - also die Umsetzung der Bits eines Steuerwortes in Hardwareaktivitäten im Operationswerk - kann prinzipiell im wesentlichen auf zwei Weisen geschehen

$\qquad$ - *horizontal* (parallel) und

$\qquad$ - *vertikal* (seriell) .

Der Unterschied dieser beiden Methoden ist in Bild 23.109 gezeigt. Im Falle der horizontalen Steuerwortauswertung wirkt jedes Bit des Ausgangsvektors Y direkt (und damit parallel zu den anderen) auf das Operationswerk. Dadurch werden mehrere Steuerfunktionen gleichzeitig ausgelöst, und es können unter Umständen Parallelkonflikte auftreten bei Operationen, die sich gegenseitig ausschließen (z.B. Lesen und Schreiben in eine Speicherzelle).

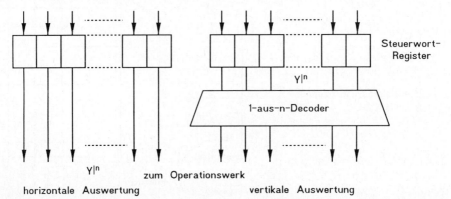

Bild 23.10: Auswertung der Steuerworte (horizontal und vertikal)

Ein Vorteil der horizontalen Methode ist die hohe Geschwindigkeit. Nachteilig ist außer den möglichen Parallelkonflikten auch noch, daß der Steuerwortcode in der Regel redundant und damit speicherunwirtschaftlich ist (s.a. Beispiel in Bild 23.7).

Die vertikale Steuerwortauswertung vermeidet Parallelkonflikte, indem zwischen Steuerwortregister und Operationswerk ein 1-aus-n-Decoder gesetzt wird, der dafür sorgt, daß die in diesem Falle binärcodierten Steuerworte jeweils nur eine Hardwareoperation zu einem bestimmten Zeitpunkt auslösen können. Vorteilhaft ist hier auch, daß die Steuerwortcodierung weniger Redundanz aufweist. Der Nachteil liegt in der langsameren Verarbeitungsgeschwindigkeit.

Außer den beiden erläuterten Methoden existieren noch Mischformen, die die günstigen Eigenschaften beider Prinzipien miteinander vereinen.

24 Grundlagen digitaler Rechenautomaten (Digitalrechner)

24.1 Begriffssbestimmung Analogrechner, Digitalrechner und Hybridrechner

24.1.1 Analogrechner (AR)

Analogrechner sind Geräte, die analog dargestellte Größen (Strom, Spannung, Druck usw.) *kontiniuierlich verarbeiten* und *analoge Ergebnisse* liefern.

Beispiel: Die Zahl 327 wird analog als Spannung von 32,7 V oder als Länge von 327 mm dargestellt.

Vorteil des AR: Hohe Rechengeschwindigkeit. Mit relativ einfachen Schaltungen lassen sich Lösungen komplizierter mathematischer Zusammenhänge (z.B. Differentialgleichungen) aufbauen.

Nachteil: Geringe Genauigkeit ($\approx 10^{-4}$).

24.1.2 Digitalrechner (DR)

Digital- oder *Ziffernrechner* sind Automaten, bei denen die Eingabedaten ziffernweise (dezimal, dual usw.) - also *diskret* - angeliefert, ebenso verarbeitet und ausgegeben werden. Sie bilden das Gegenstück zum AR. Bild 24.1 gibt eine grobe Übersicht.

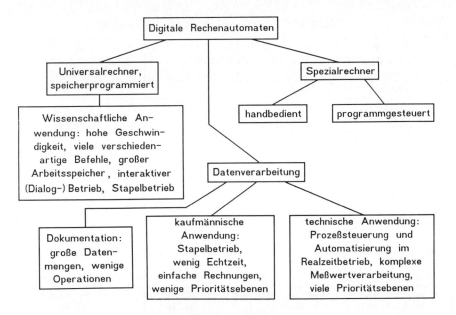

Bild 24.1: Arten von Digitalrechnern

24.1.3 Hybridrechner (HR)

Der Hybridrechner (HR) ist eine Kombination aus Analog- und Digitalrechner (AR/
DR). Die Vorzüge des AR (hohe Rechengeschwindigkeit) lassen sich mit denen des
DR (große Genauigkeit) kombinieren. Der AR berechnet die Teile des Programmes,
deren Lösungen schnell, aber relativ ungenau vorliegen sollen. Der DR berechnet die
Teile, deren Lösungen genau, aber nicht so schnell vorliegen müssen. Bild 24.2 zeigt
die Blockschaltung.

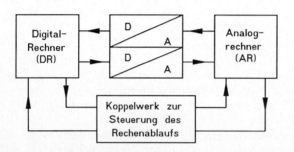

Bild 24.2: Blockschaltbild
eines Hybridrechners

Vergleich zwischen AR, HR und DR:

Der *Kostenanstieg* ist beim DR mit zunehmender Genauigkeit im wesentlichen linear,
weil nur die Anzahl der Bauelemente wächst. Der Kostenanstieg beim AR ist mit zunehmender Genauigkeit überproportional, weil die Bauelemente enger toleriert werden müssen und somit teurer werden, (Bild 24.3). Tabelle 24.1 gibt einen Vergleich
der wichtigsten Leistungsparameter von AR, DR und HR. Wir erkennen, daß der HR
vor allem durch seinen erhöhten Programmieraufwand auffällt, dem als Vorteil die
hohe Echtzeit-Grenzfrequenz entgegensteht.

Tabelle 24.1: Leistungsvergleich AR, HR und DR

	AR	HR	DR
Genauigkeit	$\approx 10^{-4}$		beliebig
Wertebereich	$\pm 10^4$		$\pm 10^{\pm 99}$ und mehr
Programmie-rungsart	Nachbilden des Systems		numerische Mathematik
Speicher-möglichkeit	bedingt		beliebig
Wartung	leicht (Baukasten-prinzip)		1 Fehler legt u. U. die Gesamtanlage lahm
Programmierzeit (relativ)	≈ 5	≈ 100	1
Rechenzeit (relativ)	1	≈ 5	≈ 100
Grenzfrequenz bei Echtzeit-simulation	≈ 100 Hz	≈ 50 Hz	≈ 10 Hz

Bild 24.3: Kostenvergleich AR - DR

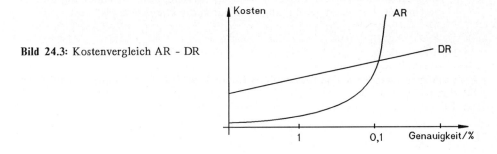

24.2 Prinzipieller Aufbau von digitalen Rechensystemen

24.2.1 Einleitung, Informationsverarbeitung beim Menschen

Bei der Informationsverarbeitung, die der Mensch und andere höhere Lebewesen ohne Hilfe von Maschinen im täglichen Kontakt mit der Umwelt durchführen, lassen sich ganz charakteristische Phasen und Stationen definieren, die in Bild 24.4 zusammengestellt sind.

1) *Eingabe:* Aufnahme der Reize durch die Sinne , Umsetzung in neuronale Signale und Weiterleitung an das Gehirn (Zentrale),

2) Informationsverarbeitung in 3 typischen Phasen):
   - *Speicherung* im Gedächtnis,
   - *Verknüpfung* mit bereits vorhandenen Daten nach gegebenen Regeln (Programm),
   - Abspeichern von *Zwischen-* und *Endergebnissen* im Gedächtnis.

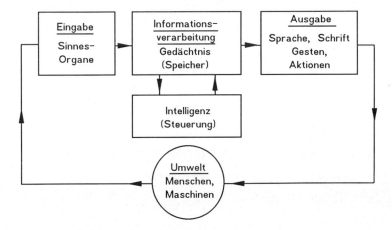

Bild 24.4: Informationsverarbeitung beim Menschen

3) *Ausgabe:* Mitteilung der Ergebnisse durch Sprache, Schrift, Handlung etc. an die Umwelt. Der gesamte Vorgang wird durch die *Intelligenz* gesteuert.

24.2.2 Prinzipielle Architekturen von Digitalrechnern

Elektronische Datenverarbeitungssysteme arbeiten, grob betrachtet, nach demselben Schema wie neuronale Systeme. Bild 24.5 zeigt eine sehr einfache Blocksschaltung eines EDV-Systems. Es besteht aus 4 charakteristischen Teilen

- *E/A-(Eingabe/Ausgabe)-Werk,*
- *Steuerwerk,*
- *Rechenwerk* und
- *Arbeitsspeicher.*

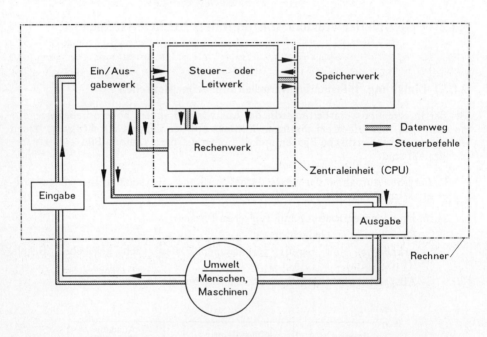

Bild 24.5: Einfache Blockschaltung eines digitalen Rechnersystems

Rechenwerk und Steuerwerk bilden zusammen die die *Zentraleinheit (Central Processing Unit, CPU).*

Dieses Modell ist - ebenso wie das der biologischen Signalverarbeitung - sehr grob, und wir müssen es weiter verfeinern, um die zahlreichen Varianten gebräuchlicher Rechner besser beschreiben zu können. Generell sind Rechner spezifiziert durch ihr

- *Operationsprinzip* (also das funktionelle Verhalten) und die
- *Struktur,* d.h. die praktische Realisierung dieses Operationsprinzips.

Die unterschiedlichen Rechnerarchitekturen haben sich im Verlauf der letzten 4 Jahrzehnte aus der klassichen *von-Neumann*-Struktur entwickelt, den wir im nächsten Abschnitt einleitend behandeln. Dieser Entwicklungsprozeß ist keineswegs abschlossen, sondern besitzt weiterhin große Dynamik. Während man technologisch - also bei der hardwaremäßigen Realisierung der Strukturen mit herkömmlichen Mitteln der Mikroelektronik - allmählich an die physikalischen Grenzen gelangt (z. B. wegen der endlichen elektrischen Signallaufzeiten), sind bei der Weiterentwicklung des Operationsprinzips hin zu größerer Parallelität noch viele Fortschritte zu erwarten.

Digitalrechner lassen sich aufgrund zweier wichtiger Kriterien in typische Klassen einteilen

- Art des *Befehlsstromes*
- Art des *Datenstromes*.

24.2.2.1 Von-Neumann Rechner, Single-Instruction/Single-Data-Stream (SISD) Rechner

Der in Ungarn gebürtige Amerikaner *Johann Baron (später John) von Neumann* stellte 1945 die nach ihm benannte Rechnerarchitektur vor, auf deren Basis seit mehr als 3 Jahrzehnten die Mehrzahl aller Digitalrechner arbeitet. Sie läßt sich durch folgende Merkmale kennzeichnen;

- *Rechenwerk* für die arithmetisch/logischen Operationen,
- *Steuerwerk* zur Koordination der Funktionen,
- *Speicherwerk*,
- *Ein/Ausgabewerk* (E/A),
- *streng sequentieller* Kontrollfluß,
- *elektronische* Signalverarbeitung,
- *binäre* Datenstrukturen.

Es existieren zu jedem beliebigen Zeitpunkt innerhalb des Systems *nur je ein Befehls- und ein Datenstrom;* man bezeichnet es deshalb als *Single-Instruction/Single-Data-Stream - Rechner (SISD)*. Bild 24.6 zeigt den von Neumann-Rechner und den Befehls- und Datenstrom schematisch.

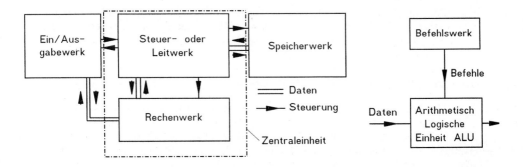

Bild 24.6: von-Neumann-Rechner (SISD-Rechner)

Die meisten der im nachfolgenden Abschnitt 24.3 behandelten Rechner gehören zu dieser Kategorie.

24.2.2.2 Single-Instruction/Multiple-Date-Stream (SIMD)-Rechner

Werden mehrere Datenströme gemäß Bild 24.7 gleichzeitig von einer Befehlssequenz verarbeitet, so spricht man von einem *Single-Instruction/Multiple-Data-Stream-Rechner (SIMD)*. *Bitsclice-Prozessoren* oder *Arrayrechner* gehören zu diesem Typ. Wir werden sie im Abschnitt 24.8.1 kennenlernen.

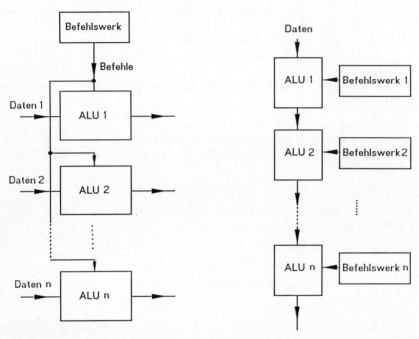

Bild 24.7: SIMD-Rechner   **Bild 24.8:** Pipeline-MISD-Rechner

24.2.2.3 Multiple-Instruction/Single-Data-Stream-(MISD)-Rechner

Bearbeiten mehrere Befehlsströme gleichzeitig einen Datenstrom, so liegt ein *Multiple-Instruction/Single-Data-Stream-Rechner (MISD)* vor. *Pipeline-Prozessoren* gemäß Bild 24.8 gehören zu dieser Kategorie, und auch *Multiprozessorsysteme* (Bild 24.9a) können so organisiert sein (s. Abschnitt 24.5.6).

24.2.2.4 Multiple-Instruction/Multiple-Data-Stream-(MIMD)-Rechner

Wirken viele selbständige SISD-Rechner über ein Verbundsystem zusammen, so erhält man ein *Multiple-Instruction/Multiple-Data-Stream-(MIMD)-System* (Bild 24.9b). Die Daten können aus getrennten Bereichen eines gemeinsamen Speichers stammen. Alle Prozessoren werden über ein Bussystem (Bus: vgl. Abschnitt 24.5) von einem gemeinsamen Betriebssystem verwaltet.

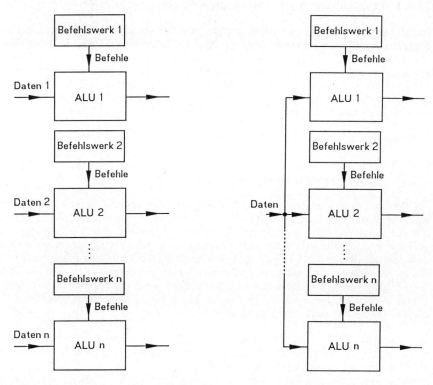

Bild 24.9a: Multiprozessor-MISD-Rechner   **b:** MIMD-Rechner

24.3 Arten von Rechnern

Rechner lassen sich - wie oben gezeigt - nach unterschiedlichen Kriterien einteilen.
Wir wollen in diesem Abschnitt einmal die Komplexität und damit auch die bevor-
zugten Anwendungsgebiete zugrundelegen.

24.3.1 Handbediente Tischrechner, Taschenrechner

Beim handbedienten Tischrechner führt die Bedienungsperson nacheinander die einzelnen Rechenoperationen selbst aus. Die Maschine besitzt ein Rechenwerk (z. B. für
die 4 Grundrechnungsarten Addition, Subtraktion, Multiplikation und Division, in
zunehmendem Maße aber auch für kompliziertere Funktionen) und meistens Zwischenspeicher zur Übernahme von Teilergebnissen. Zu dieser Kategorie kann man
auch einfachere Taschenrechner zählen.

24.3.2 Programmgesteuerte Rechenmaschinen

Rechenoperationen, die in bestimmter Reihenfolge immer wiederkehren und ein *Rechenprogramm* bilden, lassen sich entweder in *fester Verdrahtung* in einem Rechner realisieren oder in flexibleren Ausführungen auf *Schaltplatten* stecken, die man dann im Rechner auswechseln kann. Weitere Möglichkeiten bieten sich in der Steuerung mit *Lochstreifen, Magnetkarten, Magnetstreifen, ROM-Karten* usw., wobei die Reihenfolge der Aufzählung gleichzeitig die zeitliche Entwicklung widerspiegeln soll. Schaltplatten und Lochstreifensteuerungen sind kaum noch zu finden.

Anwendung z.B.: Buchungsmaschinen und andere einfachere Automaten.

24.3.3 Speicherprogrammierte Rechenmaschinen

Bei *speicherprogrammierten Rechern* werden die einzelnen Operationen, die ein Rechenprogramm bilden, in Zahlen (in der Regel binär) verschlüsselt und gemeinsam mit den Daten in den Speicher des Rechners eingegeben. Bei Ausführung des Programms können die einzelnen Instruktionen auch wie Daten verändert werden, so daß sich das Programm beliebig modifizieren läßt. Aufgrund der Ergebnisse arithmetischer Berechnungen lassen sich logische Entscheidungen fällen, die Weichen für den Programmablauf stellen. Art und Anzahl der möglichen Instruktionen und deren Verschlüsselung sind je nach Typ des Rechners verschieden. Verantwortlich hierfür ist die *Maschinensprache* des Rechners.

Der *logische Fluß* eines Programms wird als *Flußdiagramm* dargestellt. In DIN 66001 sind die Sinnbilder für Datenfluß- und Programmablauf-Pläne genormt. Die wichtigsten sind in Bild 24.10 aufgeführt.

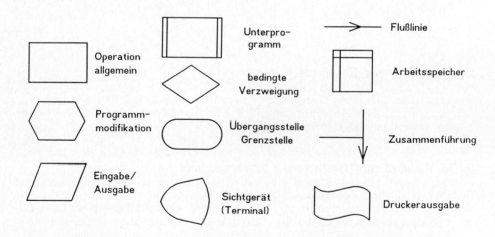

Bild 24.10: Symbole für Programmflußdarstellung nach DIN 66001

Jeder Rechner muß über eine Reihe von Instruktionen verschiedenen Typs verfügen. Die wichtigsten sind:

- *arithmetische* Operationen,
- *logische* Operationen

- *Transportbefehle* für Daten
- *Entscheidungen* logischer Art
- *Sprungbefehle*
- *Ein-* und *Ausgabeoperationen.*

Der prinzipielle Ablauf der Programmverarbeitung eines SISD—Rechners geschieht in 3 Phasen

1) *Laden* des Programms und der Daten in den Speicher
2) *Ausführung* des Programms
3) *Ausgabe* der Ergebnisse

Besonders die Phasen 1) und 2) sind deutlich auseinanderzuhalten! Die Phasen 2) und 3) können ineinander verzahnt sein.

Alle in den folgenden Abschnitten behandelten Rechner sind speicherprogrammiert. Wir wollen uns nun mit den typischen Hard- und Softwarekomponenten befassen.

24.4 Technische Ausrüstung von Rechnern (Hardware)

Als *Hardware* bezeichnet man alle *materiellen, physikalischen Teile* des Computers, also seine *mechanischen, elektrischen und elektronischen Funktionsmodule.* Die wichtigsten sind Speicher, Rechenwerk und Steuerwerk, Register, Übertragungskanäle sowie Ein- und Ausgabegeräte.

Es hat sich eingebürgert, Rechner in Generationen einzuteilen. In den Anfängen der Rechnertechnik (bis ca. 1970) war die Unterscheidung relativ einfach, weil das Spektrum noch nicht so breit war. Das ist jedoch bei heutigen Stand der Technik nicht mehr so klar erkennbar.

Bis zur Gegenwart (Stand ca. 1990) existieren grob 5 Generationen:

1938 erster Rechner von Zuse

ca. 1945-55: 1. Generation mit Röhren und Relais

ca. 1955-65: 2. Generation mit Transistoren, Halbleiterdioden und gedruckten Schaltungen in Steckkartentechnik

ca. 1965:   3. Generation mit integrierten Schaltkreisen

ca. 1970:   4. Generation mit hochintegrierter Technik, Mikroprozessoren, Halbleiterspeichern, Multiprozessor- und Verbundbetrieb.

ca. 1980:   5. Generation der Superrechner mit Parallel-Prozessorbetrieb und neuronalen Netzwerkstrukturen.

Eine ausführlichere Darstellung der geschichtlichen Entwicklung in Hard- und Software findet sich im Abschnitt 24.6 .

Die technische Entwicklung geht unter anderem dahin, immer mehr Schaltstufen zu einer Einheit zu integrieren. Damit steigen einerseits die Zuverlässigkeit und die Rechengeschwindigkeit, andererseits werden das Volumen und die Verlustleistung erheblich reduziert. Außerdem geht die Forschung dahin, den Übergang von der elektrischen zur optischen Signalverarbeitung zu realisieren, die prinzipiell überlegen ist.

Im folgenden wollen wir einige Begriffsbestimmungen vornehmen wie: Großcomputer, Minicomputer, Workstation, Mikrocomputer, Mikroprozessor, Mikrocontroller, Home- und Personalcomputer, Transputer, digitale Signalprozessoren (DSP).

24.4.1 Großcomputer

Großrechner, auch *Mainframes* genannt, wie sie in Rechenzentren verwendet werden, zeichnen sich durch große Kapazität des Arbeitsspeichers (0,05 ... 5.10^9 Byte) bei Wortlängen von 32 ... 72 bit (entsprechend 4...9 Byte, 1 Byte $\cong$ 8 bit), ein leistungs- fähiges Spektrum von Hintergrundspeichern, hohe Rechengeschwindigkeit, kom- fortable, oft mehrfach vorhandene Rechen- und Steuerwerke (Multiprozessorrechner) und vielseitige Ein/Ausgabe-Peripherie aus. Bild 24.11 zeigt ein Blockschaltbild. In- vestitionswert: Mehrere Millionen DM.

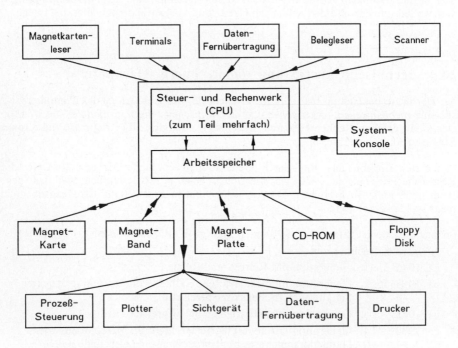

Bild 24.11: Allgemeine Blockschaltung eines Großrechners

24.4.2 Minicomputer

Minicomputer sind Rechner mit vorwiegend 16 oder 32 bit Wortlänge, wobei et- wa 90% aller Minicomputer 16 bit haben. Hierdurch werden gegenüber Großrech- nern Einschränkungen im Befehlsvorrat, bei der Ein/Ausgabe, der Programmierung und in der Speicherkapazität (max.2^{24} Worte) bewirkt. (Investitionswert bis zu einigen 10.000,-- DM).

24.4.3 Mikrocomputer

Mikrocomputer sind Rechner, deren Zentraleinheit (CPU) aus *(V)LSI-Chips ((Very)-Large-Scale-Integration)* besteht. Sie haben Wortlängen von 4, 8,16 oder 32 bit. Die Arbeitsspeicher bestehen in der Regel aus Halbleiterspeichern (RAM, Random-Access-Memories) mit wahlfreiem Zugriff, Programmspeichern (ROM, Read-Only-Memories) für feste Unterprogramme, programmierbare ROMs (PROMs), löschbare ROMs (EPROMs) und programmierbare logische Arrays (PLA).

Die Ein/Ausgabe-Peripherie ist entsprechend eingeschränkt (z. B. Sichtgerät, Drucker, Festplatte, Floppy Disk, einfache LCD-Anzeige); Investitionswert bis einige 1000,-- DM. Moderne Taschenrechner sind zur unteren Stufe der Mikrocomputer zu zählen.

24.4.4 Mikroprozessor

Mikroprozessoren sind programmgesteuerte *Rechen- und Steuerwerke* (also CPUs) in (V)LSI-Ausführung, die in der Lage sind, E/A-Vorgänge, arithmetische und logische Operationen und programmbedingte Entscheidungen durchzuführen. Sie sind somit Bestandteil eines Mikrocomputers. Investitionswert einige 100 DM, z.Teil schon unter 0150 DM.

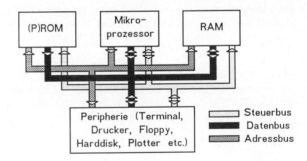

Bild 24.12: Bus-Konzept
bei Mikrocomputern

Bild 24.12 zeigt die Blockschaltung eines einfachen Mikrocomputers. Typisch für moderne Techniken (nicht nur für Mikrocomputer) ist das *Bus-Konzept* ("Bus-Lines"). Für Daten, Adressen und Steuersignale besteht je ein Bus in Form einer k-fach-Sammelleitung (k = Wortlänge), über die die gesamte Programmsteuerung und der Datenfluß im bitparallelen Betrieb abgewickelt werden. Meistens existieren für Daten, Adressen und Steuersignale unterschiedliche Busbreiten (Details s. Kap. 25).

24.4.5 Home- und Personalcomputer

Home- und Personalcomputer (PC) sind im Prinzip Mini- oder Mikrocomputer, die sich in den letzten Jahren sehr stark verbreitet haben. Sie sind ursprünglich für Heim- und Büroanwendungen konzipiert und zeichnen sich durch besonders günstiges Preis/Leistungsverhältnis aus. Diese Entwicklung wurde durch den rasanten Fortschritt der Mikroelektronik ermöglicht, der dazu geführt hat, daß VLSI-Module immer leistungsfähiger und gleichzeitig billiger hergestellt werden können. PCs haben sich mittlerweile auch für den Laboreinsatz und bei der professionellen Textverarbeitung (Desk Top Publishing DTP) bestens qualifiziert.

24.4.6 Vektorrechner (Feldrechner)

Vektorrechner sind Hochleistungsrechner. "Klassische" Rechner (von-Neumann-Struktur) sind sog. *Skalarrechner.* Eine Instruktion verarbeitet zu einer bestimmten Zeit in der Regel nur einen oder zwei Operanden. Vektorrechner sind in der Lage, mit einer Operation ganze Operandenfelder (Vektoren) gleichzeitig zu verarbeiten (Beispiele: Mengen von Luftdruckdaten aus einem Vorhersagegebiet für das Wetter, Vektoren bei Simulationsaufgaben etc.). Vektorrechner arbeiten meist im *Pipelineverfahren* (s. Abschnitt 24. 2.2.2)

24.4.7 Transputer

Transputer sind Rechner aus der Gruppe der Mikrocomputer. Ihre CPU besitzt *RISC*-Architektur. RISC steht für *Reduced Instruction Set Computer.* Ihr Befehlsvorrat ist gegenüber dem einer normalen CPU stark eingeschränkt. Zur Unterscheidung hat man deshalb für normale CPUs nachträglich die Bezeichnung *CISC (Complex Instruction Set Computer)* eingeführt. Das RISC-Konzept vermindert zwar die Vielfalt der Instruktionen. Hierauf kann man bei speziellen Aufgabenstellungen jedoch verzichten und erreicht dadurch im Gegenzug eine wesentliche Zeitverkürzung bei der Decodierung der einzelnen Befehle und damit eine Erhöhung der Rechengeschwindigkeit.

Charakteristisch ist außerdem die Fähigkeit zur Zusammenschaltung mehrerer parallel arbeitender Einheiten über sog. *Links* zu buslosen Transputernetzen unterschiedlichster Topologie. Für derartige Strukturen sind auch spezielle Programmiersprachen entwickelt worden.

24.4.8 Digitale Signalprozessoren

Digitale Signalprozessoren (DSP) unterscheiden sich von von-Neumann-Architekturen dadurch, daß Daten und Programme separate Speicherräume darstellen, die jeweils auch eigene Bussysteme besitzen und voll parallel arbeitsfähig sind. Man bezeichnet derartige Strukturen als *Harvard-Architektur.*

Die Befehlssätze und die Registerstrukturen sind häufig speziellen Aufgabenstellungen angepaßt (Beispiele für den Einsatz: FFT-Spektralanalyse von Sprachsignalen in Echtzeit; FFT: Fast Fourier-Analyse, Grafik und Bildverarbeitung, medizinische Diagnostik, Navigation, Robotik usw.). Signalprozessoren arbeiten vielfach im Verbund mit Rechnersystemen und dienen der Erweiterung von deren Peripherie.

24.5 Programmausrüstung von Rechnern (Software)

Die *Software* ist im Gegensatz zur Hardware nicht "greifbar". Sie umfaßt den *gesamten programmierten Bedienungskomfort*, der entweder von der Herstellerfirma mit einem Computer mitgeliefert wird oder den der Nutzer sich selbst schafft. Ähnlich wie bei der Hardware unterscheidet man auch bei der Software - historisch gesehen - einzelne Entwicklungsstufen. Bezogen auf einen modernen Rechner sind sie gleichzeitig Qualitätsmerkmale, das heißt, ein Rechner ist umso komfortabler, je komfortabler seine Software ist. Die Kosten für die Software sind häufig in gleicher Größenordnung oder höher als die für die Hardware, und in zunehmenden Maße haben die Softwareentwickler Schwierigkeiten, mit der Hardwareentwicklung Schritt zu halten. Wir wollen die einzelnen Entwicklungsstufen kurz erörten. Ein zusammenfassender geschichtliches Abriß findet sich im Abschnitt 24.6.

24.5.1 Programmierung im Maschinencode

Der *Maschinencode* eines Rechners (auch *host language* genannt) ist in der Regel so konzipiert, daß er die Rechnerarchitektur möglichst effizient ausnutzt, das heißt, daß der Rechenablauf zeit- und speicheroptimal erfolgt. Maschinensprachen sind jedoch, da sie Binärstrukturen besitzen, nicht besonders benutzerfreundlich, und man programmiert deshalb Rechenalgorithmen nur im Extremfall im Maschinencode.

24.5.2 Symbolische Programmiersprache (1:1-Übersetzung) oder Assemblercode

Der *Assemblercode* stellt nach dem Maschinencode die nächsthöhere Programmierstufe dar. Hier werden die einzelnen Instruktionen durch *mnemonische Ausdrücke* ersetzt, die die Befehle sinnfällig darstellen (Beispiele: Laden Accumulator LDA, Jump to Subroutine JSR). Der Assemblercode stellt also eine *1:1-Abbildung des Maschinencodes in symbolischer Form* dar. Den Operationen mit ihren Operanden (s.u.) sind keine absoluten Werte zugeordnet.

Der Rechner ist nicht in der Lage, Assemblercode unmittelbar zu verarbeiten, sondern es muß zunächst eine Übersetzung zwischengeschaltet werden. Hierfür existieren spezielle *Übersetzerprogramme*, die das Quellenprogramm in ein lauffähiges Maschinenprogramm umsetzen. Sie werden *Assembler* genannt. Assemblersprachen können aber auch sog. *Makroinstruktionen* enthalten, denen keine einzelne Maschineninstruktion entspricht (Beispiel: Trigonometrische Funktionen SIN, COS). In diesem Fall resultiert aus der Makroinstruktion beim Übersetzen eine Folge von Maschineninstruktionen.

24.5.3 Problemorientierte Programmiersprachen

Auch der Assemblercode setzt noch gewisse detaillierte Maschinenkenntnisse voraus; er ist also *maschinenorientiert*. Im Gegensatz dazu stehen die *nutzer- oder problemorientierten, algorithmischen Programmiersprachen.* Hierzu gehören zum Beispiel:

FORTRAN, ALGOL, COBOL, PL/I, BASIC, PASCAL, C etc.

Sie sind u.a. gekennzeichnet durch Rechenoperationen auf höherem Level (Funktionen wie sin, exp usw.) sowie durch wirkungsvolle Steuerfunktionen und Programmierungskomfort. In der einfachsten Version erfolgt *Einzelprogrammverarbeitung.*

Wie beim Assembler ist auch bei den problemorientierten Sprachen ein *Übersetzer (Translator)* erforderlich, der die Aufgabe hat, die *Quellenprogrammstatements* in Maschinenfunktionen umzusetzen. Hierfür existieren 2 grundsätzlich unterschiedliche Typen von Übersetzern

- *Compiler*

- *Interpreter.*

Während die problemorientierte Sprache selbst maschinenunabhängig ist, müssen Interpreter bzw. Compiler maschinenbezogen sein. In höheren Sprachen programmierte Programme bieten zusätzlich den Vorteil der *Portabilität,* das heißt die leichte Übertragbarkeit auf andere Rechnersysteme.

24.5.3.1 Interpreter

Die Arbeitsweise des Interpreters zeigt Bild 24.13. Der Interpreter setzt die einzelnen Statements **unmittelbar in Maschinenaktionen** um, die die Eingabedaten entsprechend dem Algorithmus verarbeiten und die Ergebnisse liefern. Dabei wird kein (ladefähiges) Maschinenprogramm erzeugt; bei jedem neuen Programmlauf wird das Quellenprogramm erneut interpretiert.

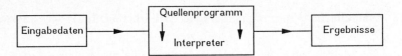

Bild 24.13: Interpreter, Arbeitsweise schematisch

Interpreter besitzen normalerweise einfachere Strukturen als Compiler, und sie werden daher häufig bei weniger aufwendigen Systemen verwendet. Beispiele für Übersetzungsprogramme mit Interpretern sind BASIC, LISP und APL. Der Nachteil von Interpretern ist die größere Programmlaufzeit.

Bild 24.14 zeigt den prinzipiellen Ablauf eines interpretergesteuerten Prozesses. Der Interpreter enthält in der Regel einen Satz von Unterprogrammen (Subroutines), wobei für jede Operation der Quellensprache eine Subroutine vorhanden ist, die die notwendigen Maschineninstruktionen beinhaltet. Die Subroutinen werden entsprechend den Statements nacheinander durchlaufen.

24.5.3.2 Compiler

Compiler setzen problemorientierte Quellenprogramme in *Maschinenprogramme (Objektcode)* um. Der Objektcode kann unterschiedliche Formen haben

- *direkt lauffähiges (absolut adressiertes)* Programm

- *relocatives (relativ adressiertes)* Programm (s.a. Abschnitt 24.7.4).

Im zweiten Fall muß muß während der Ausführung des Programms eine 1:1-Umsetzung in ein absolutes Programm erfolgen, die in der Regel automatisch geschieht.

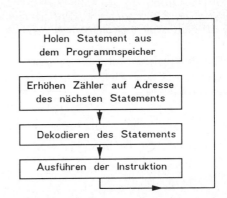

Bild 24.14: Interpretergesteuerter
Programmablauf

Logisch gesehen, müssen bei der Compilation 6 Schritte unterschieden werden, die jedoch in praktisch realisierten Compilern nicht immer so klar getrennt erscheinen:

- *Lexikalische Analyse*

- *Syntaktische Analyse*

- *Semantische Verarbeitung*

- *Speicherzuweisung*

- *Maschinencodegenerierung*

- *Assemblierung* (Zusammensetzung). Der Maschinencode wird im letzten Schritt mit Bibliotheksunterprogrammen etc. "zusammengebunden": Hierzu existiert ein *Binder* oder *"Linker"* (engl. to link: verbinden)

Lexikalische Analyse:

Die Hauptaufgabe der lexikalischen Analyse besteht darin, die Folge der Textzeichen einer Programmzeile (*Statement* genannt) in einzelne Ausdrücke zu zerlegen und festzustellen, welcher Kategorie der Grammatik diese Ausdrücke angehören (Beispiele: Variablen, Konstanten, Operationen usw. mit Untergruppierungen).

Syntaktische Analyse:

Die Grammatik oder Syntax definiert eine (Programmier)sprache dadurch, daß sie festlegt, welche Symbole und Ausdrücke innerhalb der Sprache erlaubt sind und zu welchen Folgen sie kombiniert werden dürfen.

Semantische Verarbeitung:

Die semantische Verarbeitung erfüllt zwei Aufgaben

- *Interpretation*

- *Generierung.*

Bei der Interpretation wird die Bedeutung der einzelnen Ausdrücke und Operatoren erfaßt. Die Generierung dient schließlich der Erzeugung der zugeordneten Operationen in einer *Meta-* oder *Zwischensprache.*

Speicherzuweisung:

Die Speicherzuweisung beinhaltet zum einen die Festlegung entsprechender Speicher für Variablen, Konstanten und Zwischenergebnisse und zum anderen die Adreßrechnung für dieAusführungsphase des Programms.

Maschinencodegenerierung:

Die Maschinen- oder Zielsprachengenierung setzt die Zwischensprache in die Maschinensprache um.

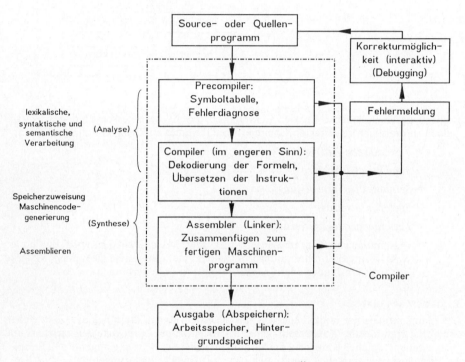

Bild 24.15: Schematischer Ablauf einer Übersetzung

Assemblierung (Binden oder "Linken"):

Die Assemblierung stellt den letzten Schritt der Übersetzung dar. Das Ergebnis ist z.B. das absolute oder relokative Maschinenprogramm (Objektcode).

Die ersten 3 Schritte (lexikalische, syntaktische und semantische Analyse) sind maschinenunabhängig, die letzten 3 Schritte (Speicherzuweisung, Maschinencodegenerierung und Assemblierung) sind synthetischer Art und daher maschinenbezogen.

In der Praxis ist eine so deutliche Trennung der einzelnen Teile des Compilers nicht immer möglich, da sie oft stark miteinander verzahnt sind. Bild 24.15 zeigt den praktischen Ablauf einer Übersetzung noch einmal anhand eines vereinfachten Schemas, wobei auch die Möglichkeit der interaktiven Fehlerkorrektur während der Übersetzung dargestellt ist. Die Begriffe Compiler Assembler usw. werden in der Literatur nicht immer einheitlich gehandhabt. Oft nennt man einen Compiler auch Prozessor.

24.5.4 Betriebssysteme (Monitor-Systeme)

Unter der Kontrolle eines *Überwachungsprogramms (Monitor)* lassen sich eine Reihe von verschiedenen Dienstprogrammen nacheinander durchführen. Nach Beendigung eines Dienstprogramms wird das Überwachungsprogramm wieder aufgerufen. Der Monitor besteht also aus einer Sammlung von Hilfsprogrammen, die dem Nutzer den Zugriff auf das Gesamtsystem Rechner (Hard- und Software) optimal ermöglichen. Es existiert eine große Vielfalt von Betriebssystemen, die von den verschiedenen Rechnerherstellern für die unterschiedlichsten Anwendungen entwickelt wurden.

Man kann bei aller Vielfalt jedoch folgende typische Gemeinsamkeiten in der Aufgabenstellung für Betriebssysteme definieren:

- Ablaufsteuerung der Programmverarbeitung

- Ein- und Ausgabesteuerung

- Externe Speicher- und Datenverwaltung

- Zentralspeicherverwaltung

- Konfigurationsüberwachung (bei variablen Rechnerstrukturen)

- Auftragsverwaltung

- Bedienung der Nutzer.

Verbreitete Betriebssysteme sind z.B. DOS, MS/DOS, UNIX, RT 11, CP/M, MP/M, RTE-IVB und viele andere (vgl Abschnitt 24.6).

CP/M: Control Program for Microcomputer (für Intel 8080 und 8085-Prozessoren sowie für Z-80).

DOS: Für Intel 8086 und 8088-Prozessoren, als Vorlage diente CP/M.

MS/DOS: Von Microsoft entwickelt für 8088-Prozessoren, z.B. im IBM PC verwendet, deshalb drotauch PC-DOS genannt.

UNIX: Nach Normung ca. 1983 durch Bell Laboratories weltweit verbreitet. Die Programmsprache von UNIX ist C.

C: Hervorgegangen aus der von Dennis Ritchie (Bell Lab.) entwickelten Sprache B. Es wird *strukturierte Programmierung* verwendet.

Alle Betriebssysteme haben unterschiedliche *Benutzeroberflächen* (z. B. GEM Graphics Environment Manager, WINDOWS oder SHELL), die die Schnittstelle zwischen Mensch und Maschine realisieren.

24.5.5 Mehrprogrammbetrieb (Multiprogramming)

Beim Mehrprogrammbetrieb werden im *Zeitscheibenverfahren (time-sharing)* mehrere Programme ineinander verzahnt und quasi gleichzeitig von einem System verwaltet und verarbeitet (vgl. a. Teilnehmerrechensysteme).

24.5.6 Simultanverarbeitung (Multiprocessing)

Unter *Multiprocessing* versteht man die gleichzeitige Bearbeitung eines Problems von mehreren Rechnern oder Rechenwerken. Multiprocessing wird häufig in verteilten Systemen (s.a. Abschnitt 24.5.9) angewandt.

24.5.7 Multitasking

Beim *Multitasking* wird ein Problem (Task) auf einer CPU modular durch mehrere Einzeltasks bearbeitet (Beispiel: Mailbox, Datenkonzentrator in der Vermittlungstechnik).

24.5.8 Teilnehmerrechensysteme (Multi-User-Systeme)

Beim Teilnehmerrechensystem (Multi-User-System) ist ein direkter Dialog Mensch ↔ Maschine für viele gleichberechtigte Benutzer von verschiedenen Orten aus und für verschiedene Zwecke möglich. Jeder Teilnehmer hat den Eindruck, als arbeite der Rechner nur für ihn. Teilnehmerrechensysteme stützen sich häufig auf verteilte Systeme und/oder Rechnerverbundnetze ab.

24.5.9 Verteilte Systeme (distributed systems), Rechnernetze

Rechnersysteme sind im Laufe ihrer Entwicklung immer komplexer geworden. Gleichzeitig sind die einzelnen Aktivitäten (Datenerfassung, Datenverarbeitung, Datenspeicherung usw.) häufig nicht mehr lokal konzentriert, sondern verteilen sich auf verschiedene Örtlichkeiten. Dadurch entstehen *verteilte Systeme (distributed systems)*. Die Definition dieses Begriffs ist sehr vielfältig und kann unter verschiedenen Aspekten vorgenommen werden. Legt man eine Verteilungsstruktur der einzelnen Systemkomponenten entsprechend den Beispielen in den Bildern 24.16 und 24.17 zugrunde, so sind folgende Klassifikationskriterien denkbar:

- *Grad der Kopplung* der einzelnen Komponenten:

    Ein Maß hierfür ist beispielsweise das Verhältnis der in einer Komponente verarbeiteten Daten zu den Daten, die mit den anderen Komponenten ausgetauscht werden.

- *Struktur der Verbindungen* zwischen den Komponenten:

    Direkte Verbindung, indirekte Verbindung, Baum-oder Maschenstruktur usw. oder Ringstrukturen (Token Ring);

- *Grad der gegenseitigen Abhängigkeit* der Komponenten voneinander:

    (vollständige Abhängigkeit oder Unabhängigkeit als Extrema);

- *Grad der Synchronität der Komponenten:*

    (asynchrone oder synchrone Arbeitsweise als Extrema);

- *Lokale Netze* (Local Area Network LAN)für die Verbindung von *Arbeitsplatzrechnern* (PC, Workstations etc). zu leistungsfähigen lokalen Netzen, u. U. mit sog. *Hostrechner*, der die Netzverwaltung vornimmt (Datenbanken, CAD, CAE CAM, CIM etc.);

- *Weitverkehrsnetze* (Wide Area Network WAN).

Der Grenzfall eines extrem gekoppelten Systems mit extremer Abhängigkeit und extremer Synchronität ist ein Multiprozessorsystem (das man allerdings nicht mehr zu den Verteilten Systemen rechnet).

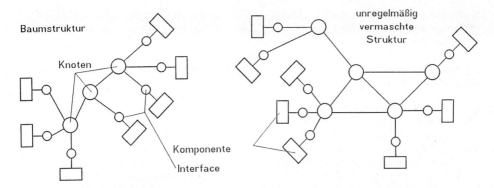

Bild 24.16: Baumstruktur   **Bild 24.17:** Maschenstruktur

Zur Abwicklung der organisatorischen Aufgaben in größeren Netzen ist - betrieben von der ISO (International Standard Organisation - die Entwicklung des sog. *ISO-Referenzmodells* im Gang, das die Kommunikation zwischen Rechnern in *7 streng hierarchisch gegliederten Schichten* beschreibt. Mit zunehmender Schichtnummer entfernen sich die Vorschriften immer mehr von der realen Hardware hin zu abstrakten, durch Software geregelten Gegebenheiten. Für jede Schicht werden die Regeln und technischen Vorgaben in Form von *Protokollen* festgelegt. Der ISO-Standard heißt auch *OSI (Open Systems Interconnection)*. Die Schichten höherer Ordnung sind noch nicht sehr weit konkretisiert. Der OSI-Standard ist, wie folgt, gegliedert:

Schicht 1, Bitübertragungsschicht (Physical Layer):

Sie beschreibt die unterste Hardwareebene mit ihren elektrischen und physikalischen Eigenschaften bezüglich des Verkehrs (Aufbau und Durchführung) zwischen Datenübertragungseinrichtungen etc. Im Bereich der *digitalen WAN* existieren als Protokolle z.B. *V.24/V.28 (CCITT)* und *RS-232/RS-449 (EIA)* bzw. im Analogbereich *X.21 (CCITT)*. In den *LAN* werden IEEE-Standards wie *Token-Ring (802.5), Token-Bus (8024)* bzw. *Ethernet (802.3)* verwendet.

Schicht 2, Sicherungsschicht (Data Link Layer):

Hier wird die blockweise Übertragung von Daten zwischen Netzknoten geregelt. Im Bereich der *WAN* sind Protokolle wie *BISYNC, SDLC* und *HDLC* zu nennen, und im *LAN*-Bereich existieren die für Schicht 1 schon erwähnten IEEE-Protokolle.

Schicht 3, Vermittlungsschicht (Network Layer):

Sie regelt den Aufbau von Verbindungen über mehrere Knoten sowie die Wahl und Sicherung des Übertragungsweges.

Schicht 4, Transportschicht (Transport Layer),

Schicht 5, Kommunikations-Steuerschicht (Session Layer),

Schicht 6, Darstellungsschicht (Presentation Layer),

Schicht 7, Anwendungsschicht (Application Layer).

Auf Details können wir hier nicht eingehen; es sei auf die weitergehende Literatur, soweit schon vorhanden, verwiesen.

24.6 Geschichtliches zur Computertechnik

Keine andere technologische Entwicklung der letzten 50 Jahre dürfte unser tägliches Leben in so nachhaltiger Weise beeinflußt haben wie die der Computer, wobei die Erfindung des *Mikroprozessors* Anfang der siebziger Jahre eine herausragende Rolle spielt. Die theoretischen Grundlagen der Computertechnik haben sich wesentlich langsamer entwickelt. Wir wollen nun versuchen, einige markante Punkte der historischen Entwicklung des Rechner nachzuvollziehen.

Ca. 300 v.Chr.: Der *Abakus* wird vermutlich im Mittelmeerraum erfunden. Hierbei handelt es sich um einen Holzrahmen mit Schnüren, Stäben oder Drähten, auf die Perlen o. ä. gefädelt sind. Durch Hin- und Herschieben der Perlen kann man Additionen und Subraktionen durchführen. Grundlage ist das polyadische (Stellenwert-) System. Die erste Perlenreihe hat die Wertigkeit 1, die nächste die Wertigkeit 10 und so fort. Der Abakus ist bei einigen Völkern (z.B. Japan, Orient) zum Teil auch heute noch gebräuchlich. Er bekam erst im 17. Jahrhundert Konkurrenz.

1614: Entdeckung der *Logarithmen* durch den Schotten *Napier.*

Ca. 1625: Der Engländer William *Oughtred* entwickelt auf der Basis der Logarithmen den ersten *Rechenschieber.*

1642: Der Franzose Blaise *Pascal* stellt seine mechanische Räderwerk-Rechenmaschine *Pascaline* vor. Mit ihr lassen sich einfache Additionen bequem durchführen; für andere Rechenoperationen ist die Handhabung umständlich.

1673: Verbesserung der Pascaline durch den Deutschen Gottfried Wilhelm *Leibniz.* Eine zusätzliche Kurbel für wiederholte Additionen und Subtraktionen ermöglicht die Durchführung von *Multiplikation* und *Division.*

1804: Der Franzose Mairie *Jacquard* erfindet einen *vollautomatischen Webstuhl,* den er mit *Lochkarten* steuert.

1822: Der Engländer *Babbage* greift die Idee der Lochkartensteuerung für seine *Differenzenmaschine* zur Berechnung langer wissenschaftlicher Tabellen auf.

1834: *Babbage* stellt seine *Analytische Maschine* vor, einen mechanischen Rechner mit Rechen- und Speicherwerk auf der Basis von Zahnrädern.

1890: Der deutschstämmige Amerikaner *Hollerith* konstruiert für die Volkszählung eine *statistische Tabelliermaschine mit Lochkarteneingabe.* Die Lochkarten haben das Format von 1-Dollar-Noten und tragen 12 Zeilen mit je 20 Spalten, die gelocht werden können. Das Lesen geschieht durch mechanisches Abtasten mittels Nadeln, die durch die Löcher stoßen und dabei über ein allen Nadeln gemeinsames Quecksilberbad elektrische Stromkreise schließen. Aus Holleriths Unternehmen geht nach einigen Zwischenstationen 1924 die Weltfirma IBM ("Big Blue") hervor. Die Lochkarte war bis in die siebziger Jahre ein wichtiges, preiswertes Speichermedium.

1941: Nach den Prototypen Z1 und Z2 stellt der Deutsche Conrad *Zuse* den ersten *programmgesteuerten Rechenautomaten* im Form der Z3 vor. Er arbeitet mit Relais aus der Fernsprech-Vermittlungstechnik und verwendet weltweit erstmals das *Dualzahlensystem* und die *Aussagenlogik.* Aus Kostengründen werden ausgediente Tonfilme zu Lochstreifen umfunktioniert, um als Programm- und Datenträger zu dienen. Mit der Z3 und dem Nachfolger Z4 führt Zuse Flugzeug- und Geschoßbahnberechnungen durch. Mit Kriegsende 1945 gerät Zuses Entwicklung ins Hintertreffen, die deutsche Rechnerentwicklung stagniert.

1940-1945: *Aiken* entwickelt an der Harvard-University zusammen mit IBM den Rechner *Mark I,* einen elektromechanischen Rechner (5 t Gewicht, 15 m Länge, über 3000 Relais, Zahnräder, Wellen, Ziffernblätter und Lochstreifensteuerung) für die Berechnung ballistischer Artillerie-Geschoßbahnen. Mark I ist insgesamt 16 Jahre in Betrieb.

1943: Alain *Turing* (England) konstruiert einen Rechner mit *Elektronenröhren,* mit dessen Hilfe der deusche Geheimcode der Enigna-Chiffriermaschine geknackt wird. Zuses gleichzeitig stattfindende Arbeiten zum Dechiffrieren des englischen Geheimcodes finden zum Schaden Deutschlands keine Unterstützung durch die deutsche Regierung und führen deshalb nicht zum Erfolg.

1945: John W. *Mauchly* (Moore-School der University of Pennsylvania) entwickelt *ENIAC* (Electronical Numerical Integrator and Computer) als ersten *vollelektronischen Rechner* (ca. 9000 Röhren, 6000 Schalter und Steckverbindungen für die Programmierung) für den Einsatz bei Schußbahnberechnungen. Die Programmierung einer einzigen Schußtafel dauert bis zu 2 Tage.

1945: *von Neumann, Eckert* und *Mauchly* (USA) veröffentlichen erste Arbeiten zum *speichergesteuerten Rechner* mit der klassischen von-Neumann-Architektur (Rechenwerk, Speicherwerk, Steuerwerk, Ein/Ausgabewerk auf binärer Basis).

1946: Erste elektronische Speicherwerke von Williams mit 100 bit in Form von Braun'schen *Speicherröhren* (USA)

1948: Akustischer Speicher in Form einer Quecksilber-Verzögerungsstrecke (mit seriellem Zugriff) als Arbeitsspeicher

1948: *Bardeen* und *Brattain* erfinden den *Bipolartransistor.*

1949: Grace *Hopper* und die Eckert-Mauchly-Computer Corp. bauen den ersten *Universalrechner* UNIVAC (**UNIV**ersal **A**utomatic **C**omputer).

1949: Maurice *Wilkes* (University of Cambrigde) stellt den ersten *speicherprogrammierten Rechner* der Welt EDSAC vor (Electronic Delay Storage Automatic Computer).

1949: An Wang meldet eindimensionalen Magnet-Kernspeicher (mit seriellem Zugriff) zum Patent an. Die Kernspeicher bestehen aus einer Fe-Ni- Legierung (Deltamax). Erteilung des Patents 1955.

1950: UNIVAC mit *Metall-Mehrspur-Magnetband-Ein/Ausgabe* kommt auf den Markt (5-8 bit parallel).

1950: Der erste Rechner für *kaufmännische Zwecke* LEO (Lyon's Electronic Office) ist verfügbar.

1951: IBM arbeitet an der Einführung des Magnet-Trommelspeichers (bis Ende der 60er Jahre wichtiger Massenspeicher).

1952: Jan Rajchman erfindet einen 2D-Kernspeicher mit 10.000 bit und wahlfreier Adressierung mittels Strom-Koinzidenzprinzip

1953: J. *Forrester* (MIT) baut eine *Ferrit-Ringkernspeichermatrix* mit 1 kByte Kapazität ($20x20$ cm^2 Fläche).

1954: Der erste *universelle Serienrechner* wird von *IBM* eingeführt in Form des Typs IBM 650, der 15 Jahre lang gebaut wird.

1954: Masterson (Fa. Univac) liefert den ersten Zeilendrucker (Uniprinter)

1955: Die Firma *Bell* baut einen *Transistor-Rechner* (mit ca 800 Transistoren).

1956: Stapel-Plattenspeicher von IBM

1958: *Stanford Research Institute* entwickelt den *Magnetschriftleser* ERMA (Electronic

Recording Method of Accounting) für die Bank of America.

1958-59: R. *Noyce*, J. *Hoerni* und K. *Lehovec* entwickeln in ihrer neugegründeten Firma Fairchild die ersten *ICs*.

1960: Firma *DEC* stellt die PDP-1 als ersten *Minicomputer* vor.

1961: *IBM* führt die *Kugelkopf*-Schreibmaschine ein

1961: Steven *Hofstein* (RCA) erfindet den *Feldeffekt-Transistor* (FET).

1962: *DEC* entwickelt eine *Lichtgriffel*-Eingabe für die PDP-1

1964: CDC bringt den Rechner 3600 als ersten *"Superrechner"* auf den Markt

1965: *DEC* liefert den ersten kommerziellen *Serien-Minicomputer* PDP-8.

1965: Pipeline-Prinzip von IBM

1966: Erster Vektorrechner

1968: Firma *Burroughs* stattet *Großrechner mit ICs* aus.

1970: Erster *Halbleiter-Speicher* von *Intel* (1kB, Chipfläche 3,5x3,5 cm^2).

1971: *Intel* stellt einen *4-bit-Mikroprozessor* vor, den Intel 4004 (2250 Transistoren).

1973: Shugart entwickelt 8-Zoll-Diskette bei Fa. Memorex

1974: 5¼-Zoll-Diskette für PC von Memorex

1974: Erster *Allzweck-Mikroprozessor (8 bit)* Intel 8008 (4500 Transistoren, 2,5 MHz Taktfrequenz).

1974: Jack *Tramiel (Fa. Mostek)* bringt als Alternative zum 8008 den 6502 auf den Markt.

1975: Firma *MITS* (Micro Instrumentation and Telemetry Systems) bietet den *Altair 8800* als Bastler-Bausatz für einen *Personal Computer* (PC) auf der Basis des Intel 8008 an.

1976: Superrechner Cray 1 (turmförmiger Aufbau und Kühlung mit flüssigem Freon)

1977: Der erste *Serien-PC* erscheint als Commodore PET (Personal Electronic Transaktor).

1977: Der *Apple II* (Arbeitsspeicher 4 kB) ist der erste Rechner mit *Diskettenlaufwerk*, noch als (stand-alone)- Zusatzgerät.

1977: Ein weiterer 8-bit-Mikroprozessor erscheint als *Z80* der Firma *Zilog* und findet rasche Verbreitung durch den PC TRS 80 von Radio Shack.

1978: *Intel 8086* erscheint mit wesentlich verbesserten Leistungsdaten (16 bit Datenbus, 20 bit Adreßbus), gefolgt vom

1979: *Intel 8088* .

1979: Firma *Motorola* bietet den *Mikroprozessor 68000* (16 bit Datenbus, 24 bit Adreßbus) mit echter Multplikation und 6 MHz Taktfrequenz an (ca. 70.000 Transistoren).

1979: Shugart entwickelt in seiner neugegründeten Firma Seagate eine 5¼-Zoll-Festplatte

1981: Erster *32-bit-Mikroprozessor* von Fa. *Hewlett-Packard* (450.000 Transistoren).

1981: Firma *IBM* findet Anschluß auf dem PC-Markt mit seinem *ersten PC* auf der Basis des Intel 8088 und bestimmt ab diesem Zeitpunkt wesentlich die weitere Entwicklung auf diesem Sektor.

1984: *IBM PC AT* (Advanced Technology) mit dem Intel 80286 (16 bit Datenbus, 24 bit

Adreßbus), 20 MB Magnet-Festplattenspeicher und 640 kB Halbleiter-RAM.

1984: Firma *Compaq* liefert als erste einen *IBM-kompatiblen PC;* er ist dreimal so schnell wie der IBM-PC.

1984: Mit dem *Macintosh* der Firma *Apple* erscheint der erste Computer mit sog. *Pull-Down-Menüs, Maus* und *grafischer Benutzeroberfläche.*

1984: Firma INMOS bringt Transputer auf den Markt (TMST 424)

1985: CD-ROM von Fa. Sony kommt auf den Markt (550 MByte Kapazität)

1986: *Deskpro 386* erscheint als erster Rechner mit dem 16-MHz-Mikroprozessor *80386* (32 bit Datenbus, 32 bit Adreßbus).

1986: *Apple* liefert den *Macintosh II* mit Motorola *68020* Mikroprozessor (32 bit Datenbus, 32 bit Adreßbus).

1986: *IBM PC* mit *RISC*-Architektur (reduced instruction set computer).

1988: *Sun Workstation* mit Intel 80386 oder Intel 80387.

1988: *Apple NeXT.*

1989: WORM-Massenspeicher von Sony/Philips (Write Once/Read Many)

Die Produktvielfalt erweitert sich in ständig steigendem Maße; die letzten Jahre sind deshalb nur sehr knapp und keineswegs vollständig dargestellt.

Die Zukunft wird bestimmt werden durch den Trend weg von der klassischen von Neumann-Architektur hin zu *parallelen Strukturen* und *neuronalen Netzwerken*, die nicht Thema dieses Buches sein können.

Mit der Hardwareentwicklung ging eine ähnlich stürmische Softwareentwicklung einher; man darf allerdings sagen, daß die Softwareentwicklung Mühe hat, mit der Hardwareentwicklung Schritt zu halten.

1949: Conrad *Zuse* entwickelt *Plankalkül,* den ersten Vorläufer einer höheren Programmiersprache. Diese theoretische Arbeit wird erst 1972 vollständig veröffentlicht.

1949: Grace *Hopper* und John *Mauchly* (Univac) machen den Schritt über die Programmierung im Oktalsystem und im Maschinencode hinaus und schaffen *Short Code.* Hier handelt es sich um eine primitive, symbolische Programmiersprache, bei der mathematische Formeln mittels Tabellen zur Codierung der einzelnen Formelelmente vom Programmierer in zweistellige Codes umgewandelt und eingegeben werden. Der Rechner setzt diese Codes mittels eines *Interpreterprogramms* in die binäre Maschinensprache um.

1950: Maurice *Wilkes* (England) schafft für den EDSAC-Rechner eine *mnemonische (symbolische) Sprache,* die es gestattet, Befehle und Unterprogramme symbolisch zu formulieren und mittels eines "Assembly-Systems" (heute sprechen wir deshalb allgemein von Assemblern) direkt in die Maschinensprache zu übersetzen.

1951: Grace *Hopper* entwickelt ein Übersetzungsprogramm, das sie *"Compiler"* nennt und das es erlaubt, geschriebene Programme zu übersetzen, zu speichern und laufen zu lassen. Es erhält die Bezeichnung *A-0.* Spätere Version erhalten die Namen *A-1, A-2, A-3* und 1957 schließlich *MATH-MATIC.*

1952: Der Engländer Alick *Glennie* entwickelt *AUTOCODE,* das ähnliche Eigenschaften wie A-0 hat. Es findet aber wenig Verbreitung.

1953: *IBM* bringt mit ihrem ersten vollelektronischen Rechner 701 einen interpretierenden *Assembler Speedcoding* auf den Markt.

1956: Grace *Hopper* schafft mit *FLOW-MATIC* einen Compiler, der Befehle versteht, die der englischen Umgangssprache sehr nahekommen.

1957: Nach dreijähriger Entwicklungszeit stellt John *Backus* mit seinem IBM-Team die erste Version von *FORTRAN* (Mathematic **FOR**mula **TRAN**slation System) vor, das sich als erste allgemein nutzbare höhere Programmiersprache in immer weiter verbesserten Versionen bis heute behauptet hat. 1966 und 1977 finden jeweils Standardisierungen statt.

1958: In Zürich wird eine Konferenz abgehalten, auf der vor allem die europäischen Nutzer sich auf eine Alternative zu FORTRAN einigen, die besser für rein wissenschaftliche Anwendungen geeignet ist; *ALGOL 58* entsteht.

1959: *APT* (Automatically Programmed Tool) wird vom *MIT* als Spezialsprache für die numerische Steuerung von Werkzeugautomaten etc. eingeführt. Sie hat bis heute in weiterentwickelten Versionen Bedeutung.

1959: Erste Feldversuche mit *Time-Sharing* am MIT unter *McCarthy*.

1960: *COBOL* (**CO**mmon **B**usiness **O**riented **L**anguage) wird als Programmiersprache für kaufmännische Anwendungen von *RCA* und *Sperry* auf den Markt gebracht.

1960: *McCarthy* vom MIT veröffentlicht *LISP* (**LIS**t **P**roccessing), eine Sprache zur Anwendung für rekursive Problemlösungen bei Forschungen zur künstlichen Intelligenz (KI) und zur Verarbeitung von Listen in der Form, wie man sich das für das menschliche Gehirn vorstellt.

1960: Kilbury (Manchester University) führt Virtuelle Speicherung in Verbindung mit Timesharing vor.

1960: *ALGOL 60* wird in Paris standardisiert.

1964: *IBM* bringt für den neuen Rechner IBM 360 die Programmiersprache *PL/1* heraus, die als Universalsprache mit den Fähigkeiten von FORTRAN, ALGOL und CO-BOL angekündigt ist. Sie findet nicht die Verbreitung wie zuvor andere Sprachen.

1964: *Kemeny* und *Kurtz* vom MIT schreiben *BASIC* (**B**eginner's **A**ll-Purpose **S**ymbolic **I**nstruction **C**ode) als einfach zu erlernende Sprache für Teilnehmer an Programmierkursen auf Time-Sharing-Anlagen. Sie ist als vereinfachte Version von FORTRAN zu betrachten. In den siebziger Jahren entwickelt sich BASIC in vielen Dialekten als die Sprache "des kleinen Mannes" der Mikrocomputergeneration.

1968: *ALGOL 68* wird standardisiert als verbesserte Version von ALGOL 60.

1969: Kenneth *Iverson* entwickelt bei IBM *APL* (**A P**rogramming **L**anguage), die sich durch ungewöhnliche Kompaktheit auszeichnet. Sie ist in der Lage, große Zahlenkolonnen sehr effektiv zu verarbeiten und findet unter anderem bei Wirtschaftsanalytikern Anklang.

1970: *Wirth* entwickelt an der ETH Zürich *PASCAL,* die erste, streng strukturierte Sprache. Sie führt in der Folgezeit dazu, daß Softwareentwickler immer mehr die Notwendigkeit strukturierter Programmierung akzeptieren, die wesentlich für den Aufbau komplexer Programmpakete ist und die die Lesbarkeit und die Prüfbarkeit der Programme entscheidend verbessert.

1972: Alain *Colmerauer* entwickelt an der Universität Marseille *PROLOG,* eine nichtprozedurale Sprache für die **PRO**grammierung in **LOG**ik. Zur Lösung einer Aufgabe wird dem Rechner nicht die Lösungsstrategie in Form von einzelnen Anweisungen vorgegeben, sondern nur das gewünschte Resultat. PROLOG eignet sich sehr gut für Probleme der künstlichen Intelligenz und für Expertensysteme.

1972: Dennis *Ritchie* entwickelt in den Bell Laboratories *C,* die Nachfolgesprache von B, die wiederum auf ALGOL 60 zurückgeht. C ist Grundlage für das *Betriebssystem UNIX;* es verbindet die Vorteile einer höheren Programmiersprache (Portabilität, Übersichtlichkeit, Kürze und Bequemlichkeit) mit dem direkten Zugriff zur Rechner-Hardware.

1979: Die Bemühungen eines internationalen Gremiums, den Sprachenwirrwarr und die unüberschaubare Menge der verschiedensten Programmpakete im Bereich der Universtäten, der Verteidigungsministerien und anderer Institutionen zu vereinfachen, mündet in *ADA.* Der Name wird zu Ehren von Augusta Ada, einer Zeitgenossin von Charles Babbage (Analytische Maschine, 1822) gewählt. ADA ist eine streng strukturierte Sprache, die das Schreiben von Programm-Modulen verlangt, die einzeln getestet und in Bibliotheken eingebunden werden.

1981: *Wirth* kündigt *MODULA-2* als weitgehenden Ersatz für PASCAL an, mit dem dessen Nachteile der praktischen Anwendung außerhalb des Lehrbetriebs beseitigt werden sollen.

1984: *Kemeny* und *Kurtz* vom MIT überarbeiten ihr BASIC und bringen eine dem ANSI-Standard weitgehend genügende Mikrocomputervariante (ANSI-BASIC) heraus. Sie enthält auch Elemente der strukturierten Programmierung und ist als Interpreter- oder Compilerversion unter dem Namen *True BASIC* verfügbar.

1983: Der Franzose Philippe *Kahn,* ein Schüler Wirths, schreibt *TURBO-PASCAL* und macht PASCAL damit für den Einsatz auf Mikrocomputern sehr erfolgreich. Seine von ihm 1984 in Kalifornien gegründete Firma *Borland* expandiert in kurzer Zeit enorm.

24.7 Informationsverarbeitung im klassischen von-Neumann-Rechner

24.7.1 Operationsprinzip

Der von-Neumann-Rechner mit einer einzelnen CPU realisiert auf der Hardware-Ebene folgende Informationsstruktur:

$$\boxed{\text{Var} := (\text{Adresse, Wert})} \quad . \tag{24.1}$$

Das heißt: *Eine Variable Var ist definiert durch eine physikalische oder logische Adresse und einen digitalen (binären) Wert, der unter der Adresse abgelegt ist.* Dieser Wert kann 3 Typen von Maschinendaten repräsentieren:

- *Befehle*
- *Adressen*
- *Daten.*

Da sie sich strukturell nicht unterscheiden, muß durch den Zustand der Maschine festgelegt werden, um was es sich jeweils handelt. Die dazu erforderliche Organisation ist Aufgabe des synchronen Steuer- oder Leitwerks, das zusammen mit dem Rechenwerk die CPU bildet (vgl. Bild 24.6). Wie wir im nächsten Abschnitt noch sehen werden, erfolgt die Verarbeitung der Instruktionen oder Befehle in 2 Phasen:

- *I-Phase* (Befehlsinterpretationsphase) und
- *E-Phase* (Ausführungs- oder Executionsphase).

Dieser Typ Rechner besitzt also einen *Zwei-Takt-* oder *Zwei-Phasenzyklus.* Beide Phasen wechseln einander bei der Abarbeitung eines Programms fortwährend ab.

24.7.2 Synchrones Steuer- oder Leitwerk.

In der ALU von Digitalrechnern findet man überwiegend Mikroprogramm-Steuerwerke mit festen Zuordnerfunktionen (Instruktionssatz in Form eines ROM), die häufig durch Verwendung von EPROM anstelle von ROM zusätzlich veränderbar gestaltet werden (s.a. Kap. 23, Abschnitt 21.3.4).

Standard-Bestandteile des Leitwerks sind
- *Befehlswerk* mit
- *Befehlszähler PC* (Program counter) und
- *Befehlsregister BR*
- *Operationssteuerung.*

Der Befehlszähler PC verfügt über ein Register, in dem die Adresse des Befehls steht, der gerade ausgeführt wird und über die Fähigkeit, diese Adresse fortzuzählen.

Das Befehlsregister BR enthält den Befehl, der gerade ausgeführt wird. Die Operationssteuerung (Befehlsdekoder) dekodiert den Operationsteil des im BR stehenden Befehls und erzeugt eine Folge von Steuersignalen, die zur Ausführung der Operation an die betreffenden Werke des Rechners gesendet werden (s.a. Bild 25.5 und Mikroprogrammierung, Abschnitt 24.7.6 bzw. 24.7.7.2))

24.7.3 Befehlstypen und Befehlsaufbau

Je nach Wortlänge, Befehlsvorrat und sonstigem Hardwareaufwand sind Leitwerke sehr unterschiedlich aufgebaut. Bei den Befehlen unterscheidet man
- *Einadreßbefehle*
- *Zwei-* und *Mehradreßbefehle.*

Allgemein besteht ein Befehl (vgl . Gleichung (24.1)) aus
- *Operationsteil* (OP-Code)
- *Adreßteil.*

Bei Byte-orientierten Rechnern erstreckt sich ein Befehl über ein oder mehrere Bytes.

24.7.3.1 Typische Befehlsarten

Jeder Rechner verfügt mindestens über 4 Arten von Befehlen.

1) Einfache *logische* und *arithmetische Verknüpfungsbefehle:*
Dies sind im wesentlichen Addition, Subtraktion, Konjunktion, Disjunktion (s. a. Rechenwerke, Kap. 22).

2) *Datentransport-* und *Speicherbefehle:*
Sie bewirken, daß Daten aus bestimmten Speicherstellen an andere Stellen des Spei-

chers oder in Register übertragen werden und umgekehrt. Dabei wird im allgemeinen der alte Speicherinhalt am Zielort überschrieben, der am Quellort bleibt so.

3) *Sprungbefehle:*

Der unbedingte Sprung bewirkt in jedem Falle die Unterbrechung der fortlaufenden Befehlsfolge und Verzweigen an eine andere Stelle des Programms, beim bedingten Sprung wird diese Verzweigung von speziellen Bedingungen abhängig gemacht (z.B. vom Ergebnis vorangegangener arithmetischer oder logischer Verknüpfungen oder von Schalterstellungen).

4) *Ein-/Ausgabebefehle:*

Sie ermöglichen den Verkehr mit der Rechnerperipherie.

24.7.3.2 Ein-, Zwei- und Mehradreßbefehle

Zur Durchführung einer Operation benötigt der Rechner außer dem Operationscode weitere *Operanden,* die in den meisten Fällen Adressen beinhalten. Je nach Komfort verfügt der Rechner über Ein-, Zwei- und Mehradreßbefehle.

1) *Einadreßbefehle:*

Insbesondere Mikroprozessoren, aber auch viele andere Rechner arbeiten mit Einadreßbefehlen. Hierbei dient ein spezielles Register, der *Akkumulator,* als Speicher bei der Abwicklung der Operationen. Ein Beispiel möge dies verdeutlichen. Wir benutzen symbolische Schreibweise (Assembler).

Beispiel:

$$\underbrace{\text{ADD}}_{\text{OP-Code}} \quad \underbrace{\text{ZAHL}}_{\text{Adresse}}$$

Wirkung: Der Inhalt des Speichers, dessen symbolische Adresse ZAHL heißt, wird zum Inhalt des Akkumulatorregisters ACC addiert (zur Unterscheidung zum logischen OR schreiben wir für die Addition "plus"):

(ZAHL) plus (ACC) → (ACC)   ( ) : Inhalt des Speichers.

Zustand vor der Operation:

ZAHL | 0 | 1 | 0 | 0 | 1 | 1 | 0 | 1 | ——Adresse ZAHL z.B. $\cong 1078_{(16)}$

ACC | 0 | 1 | 0 | 0 | 1 | 0 | 1 | 0 | ——Adresse von ACC (fiktiv)

Zustand nach der Operation:

ZAHL | 0 | 1 | 0 | 0 | 1 | 1 | 0 | 1 | (unverändert)

ACC | 1 | 0 | 0 | 1 | 0 | 1 | 1 | 1 | .

2) *Zweiadreßbefehle:*

In Zweiadreßbefehlen gibt beispielsweise die erste Adresse einen Operanden an, der mit einem anderen Operanden verknüpft werden soll, dessen Adresse durch den zweiten Teil gegeben ist. Bei Transportbefehlen können die Adressen auch Start und Ziel angeben.

Beispiele:

a) ADD   SUM, ZAHL   (Addition).

Wirkung: Der Inhalt des Speichers, dessen symbolische Adresse ZAHL heißt, wird
zum Inhalt des Speichers SUM addiert.

(SUM) plus (ZAHL)   →   (SUM)

b) TF   A, B   (Transportbefehl).

Wirkung: Der Inhalt des Feldes, dessen symbolische Adresse B heißt, wird in das
Feld übertragen, dessen symbolische Adresse A heißt. Dabei bleibt der Inhalt
von B unverändert, der alte Inhalt von A wird durch (B) überschrieben.

3) *Dreiadreßbefehle:*

Hier können beispielsweise die beiden ersten Adressen die zu verknüpfenden Operanden und die dritte die Zieladresse angeben, unter der das Ergebnis abgelegt
wird.

24.7.4   Arten der Adressierung (Adressierungsmodus) allgemein

Der Programmablauf läßt sich wesentlich dadurch optimieren, daß

- das Programm möglichst wenige, aber dafür mächtige Befehle enthält (Gewinn an
  Speicherplatzreserve),

- der Prozessor möglichst wenig Maschinenzyklen bei der Befehlsverarbeitung benötigt (Gewinn an Rechengeschwindigkeit).

Neben einem entsprechenden Vorrat an speziellen Operationscodes sind in diesem Zusammenhang auch die verschiedenen *Arten der Adressierung* wichtig. Man unterscheidet
2 große Gruppen von Adressierung:

- *nicht indizierte* und

- *indizierte* Adressierung.

Die indizierte Adressierung arbeitet mit Hilfe von *Indexregistern* (Einzelheiten s. u.). Je
nach Art der Adressierung und des Operationscodes können Operationen unterschiedlich lang sein (z.B. 1, 2 oder mehr Byte) und unterschiedlich viele Maschinenzyklen belegen.

Eine besondere Rolle spielt in manchen Computern die Adressierung in sog. *Seiten* oder
Pages und dabei speziell die erste Seite (*zero page* oder *base page*). Wir wollen zunächst
das Page-Konzept erörtern und dann die wichtigsten Adressierungsarten allgemein
behandeln. Für den jeweiligen Prozessortyp sind zusätzlich individuelle Bedingungen
relevant.

24.7.4.1   Einteilung des Speicherraums in Seiten (memory paging)

Das Seitenkonzept ist besonders bei Mikroprozessoren verbreitet. Viele Mikroprozessorsysteme arbeiten mit einer Datenwortlänge von 8 bit $\cong$ 1 byte und einer Adreßwortlänge
von 16 bit $\cong$ 2 byte ($\cong$ 64 k adressierbare Datenworte). Hierbei ist es vorteilhaft, den

adressierbaren Speicherraum in *Seiten (Pages)* (z.B. zu je 2^8 = 256 Worten) zu unterteilen, weil sich dadurch besonders wirksame Adressierungsverfahren erzielen lassen.

Bild 24.18 zeigt an einem Beispiel die Aufteilung eines mit 2 Byte adressierbaren Speicherraums, wobei das niederwertige Adreß-Byte (Low Order Byte oder ADdress Low, ADL) die Speicherstelle innerhalb einer Seite und das höherwertige (High Order Byte oder ADdress High, ADH) die Seitenzahl angibt.

24.7.4.2   Nicht-indizierte Adressierungstechniken

1) *Absolute Adressierung*

   Das übersetzte und lauffähige Maschinenprogramm besteht aus einer Folge von Bits, die im Arbeitsspeicher abgelegt ist und Instruktion für Instruktion abgearbeitet wird. Dabei ist es für einen einwandfreien Ablauf unerläßlich, daß jede Instruktion an dem Platz steht, den der Übersetzer ihr angewiesen hat, weil sonst keine einwandfreie Dekodierung der Operationscodes und der Adressen im Leitwerk erfolgen kann.

   Jede Operation hat also in diesem Stadium des Programmablaufs eine feste *(absolute)* Adresse, die sich durch eine Zahl ausdrücken läßt (meistens sedezimal oder oktal).

Beispiel:

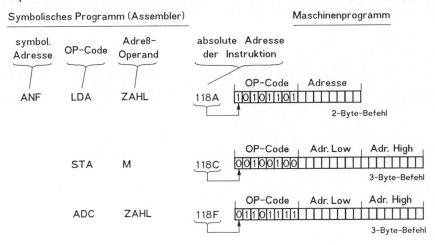

Der Operations-Code des ersten Befehls hat die symbolische Adresse ANF, der der Übersetzer die absolute Adresse $118A_{(16)}$ zuteilt. Da der Befehl 2 Byte lang sei und byteweise adressiert werde, erhält der Op-Code des zweiten Befehls STA die absolute Adresse 118C. STA sei ein 3-Byte-Befehl, also ist der nächste Operationscode ADC unter 118F abgespeichert (die Inhalte der Adreßteile sind hier nicht weiter eingetragen). ZAHL und M seien die Adresen je eines Speichers mit 16 bit (2 Byte) Länge.

2) *Direkte Adressierung (Immediate-Adressierung)*

   Bei den Direkt-Operationen enthält der Adreßteil nicht, wie sonst üblich, eine Speicheradresse, sondern er wird *direkt als Speicherinhalt* interpretiert. Während im normalen Fall also Speicherplatz für das Abspeichern von Zahlen reserviert werden

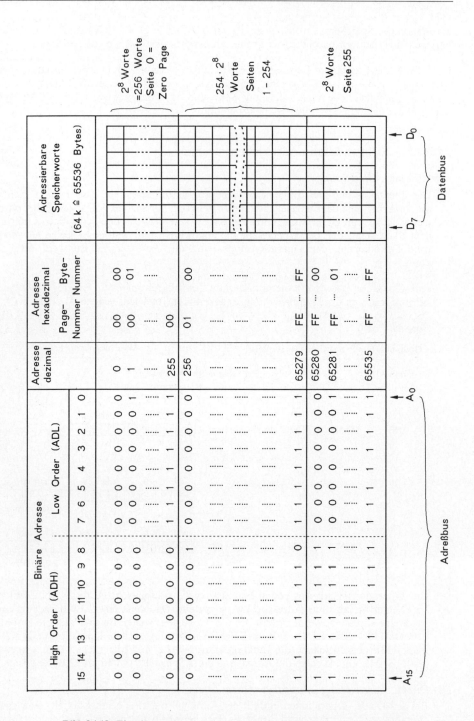

Bild 24.18: Einteilung eines 64 k-Speichers in 256 Seiten zu je 256 Byte

muß - im Beispiel unter 1) für ZAHL und für M je 2 Byte -, steht im Immediate-Befehl der Inhalt bereits in der Operation selbst.

Im folgendem Beispiel wird der Akku aus einem 1 Byte großen Speicher, der durch die Operation LDA direkt adressiert ist, mit dem Wert $1A_{(16)}$ ($\triangleq \sharp A_{(16)}$) geladen. Der Immediate-Operand wird in Assembler-Notation durch $\sharp$ gekennzeichnet, und statt $1A_{(16)}$ schreiben wir künftig \$1A (\$ für Hexadezimalzahl).

Beispiel:

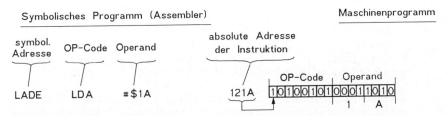

3) *Indirekte Adressierung (speicherindirekte Adressierung, Ersetzung)*

Bei der indirekten Adressierung gibt der Adreßteil der Operation die Adresse eines Speichers an. Von diesem wird aber nicht der Inhalt verarbeitet, sondern der Inhalt wird als *neue Adresse* interpretiert, unter der dann der eigentlich zu verarbeitende Inhalt steht (einfach indirekte Adressierung).

Beispiel (der Einfachheit halber an Dezimalzahlen gezeigt):

OP-Code	Adreß-Operand			
ADDIERE	B(ind)	:	Adresse von B :	01114
			Inhalt von B :	10232
B() wird als neue Adresse interpretiert			:	10232
			Inhalt von 10232 :	04121
Dieser Inhalt wird zu ACC addiert			:	07642 (ACC) alt
			Ergebnis :	11763 (ACC) neu

Der Befehl hat also dieselbe Wirkung wie der Befehl:

"Addiere den Inhalt von 10232 zum Inhalt von ACC."

Die indirekte Adressierung kann auch mehrfach geschehen. Im obigen Beispiel würde im Fall der doppelten indirekten Adressierung die Zahl 4121 nicht als Inhalt, sondern als neue Adresse 04121 interpretiert und (04121) zu ACC addiert.

4) *Implizierte Adressierung*

Die implizierte Adressierung bezieht sich lediglich auf Register (Setzen oder Löschen von Bits, Inkrementieren oder Dekrementieren von Zählern, Transferieren von Registerinhalten untereinander etc.). Die Operation benötigt daher keinen separaten Adreßteil und belegt in der Regel 1 Byte.

Beispiel: CLRA bewirkt das Löschen des A-Registers.

5) *Zero-Page-Adressierung*

Bei dieser Art Adressierung wird ein Speicherplatz in der Zero-Page (s. Abschnitt 24.7.4.1) angesprochen. Im Adreßteil wird deshalb nur 1 Byte benötigt (ADL). Das spart Speicherplatz und Rechenzeit. Die Zero-Page-Adressierung kann auch als Spezialfall der absoluten Adressierung bezüglich der Speicherplätze 0000 ... 0255$_{(10)}$ interpretiert werden. In Assemblernotation wird das durch D0000 ... D0256 ausgedrückt.

6) *Relative Adressierung*

Bei der relativen Adressierung wird die im Befehl gegebene absolute Adresse, die eventuell auch noch indiziert) werden kann, auf den jeweiligen Stand des Befehlszählers PC bezogen, also *relativ zum Befehlszähler* betrachtet. Das ist insbesondere dann vorteilhaft, wenn Programme im Speicher frei verschiebbar sein sollen (z.B. verschiebliche Funktionsunterprogrammsätze für Standardfunktionen).

Relative, indizierte und indirekte Adressierungen können auch kombiniert angewendet werden. Die Reihenfolge ist dann normalerweise Indizierung, Relativierung und Ersetzung (indirekte Adressierung).

24.7.4.3 Indizierte Adressierungstechniken

Die indizierte Adressierung wird sehr häufig angewandt. Sie baut oft auf der absoluten Adressierung (s. vorigen Abschnitt) auf. Die Adressen im Befehl werden um den *in einem Indexregister gespeicherten Betrag* verändert. Diese Veränderung gilt jedoch *nur für die Ausführungsphase des Befehls*; der Befehl bleibt im Speicher unverändert. Der Inhalt des Indexregisters läßt sich per Programm ändern und auf bestimmte Werte (z.B. auf Null) abfragen. Dadurch werden Programme sehr flexibel.

Man kann die Indizierung auf verschiedene, im vorigen Abschnitt behandelte Adressierungen anwenden (Beispiele folgen).

1) *Indizierte absolute Adressierung*

Für die indizierte absolute Adressierung gilt das einleitend Gesagte. In der Ausführungsphase wird die Absolutadresse um den Wert im Indexregister modifiziert. Bei Prozessoren mit Page-Konzept sind spezielle Vorkehrungen zu treffen, wenn durch die Indizierung der Adreßraum einer Seite verlassen wird.

2) *Indizierte Zero-Page-Adressierung*

Die indizierte Zero-Page-Adressierung entspricht der indizierten absoluten Adressierung (s. o.). Sie bezieht sich lediglich nur auf die Nullseite. Adreßüberschreitung bei der Indizierung muß bei der Programmierung allgemein vermieden werden. Die im vorigen Abschnitt erläuterten Vorteile der Zero-Page-Instruktionen bestehen auch hier.

3) *Indiziert indirekte Adressierung (pre-indexed indirect)*

Bei der indiziert indirekten Adressierung wird der Inhalt des Indexregisters (Offset) während der Ausführungsphase zur absoluten Adresse addiert und mit diesem Wert indirekt adressiert. Die Indizierung erfolgt in dem in Kap. 25 gewählten hypothetischen Mikrocomputer mit dem sogenannten X-Register und wird im Assemblercode durch ein X hinter dem ersten Teil des Operanden ausgedrückt. Die indirekte

Adressierung erkennt man daran, daß der Operand in Klammern steht.

Beispiel:

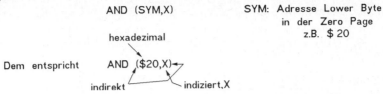

Wirkung: Der Inhalt des Akkumulators ACC wird logisch AND-verknüpft mit dem dem Inhalt des Speicherplatzes, dessen Adresse (Lower Byte) sich durch Addition von \$20 ($\cong$ Adr. Lower Byte von SYM) und dem Inhalt des X-Registers ergibt. Das Higher Byte steht im nächsthöheren Speicherplatz. Bild 24.19 zeigt dies in Einzelschritten (① ... ④).

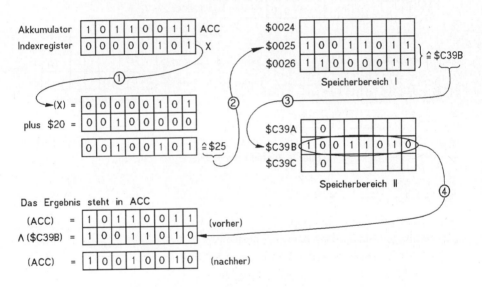

Bild 24.19: Indiziert-indirekte Adressierung (s. Text)

4) *Indirekt indizierte Adressierung (post-indexed indirect)*

Die indirekt-indizierte Adressierung basiert auf der Verwendung einer indirekten Adresse, die während der Ausführung der Operation mit dem Inhalt des Indexregisters modifiziert wird. Page-Überschreitungen werden automatisch berücksichtigt. Hier erfolgt also zuerst die Adreßersetzung und dann der Offset mit dem Inhalt des Indexregisters, während bei der indiziert-indirekten Adressierung erst der Offset durchgeführt und dann das Ergebnis als indirekte Adresse interpretiert wird.

Die Indizierung erfolgt bei dem in Kapitel 25 gewählten hypothetischen Mikroprozessor mit dem sogenannten Y-Register.

Beispiel (Bild 24.20):

Wirkung: Der Inhalt des Akkumulators ACC wird logisch AND-verknüpft mit dem Inhalt der Speicherzelle, deren Adresse sich aus dem Inhalt von $20 (LB) und $21 (HB), vermehrt um den Inhalt des Y-Registers, ergibt.

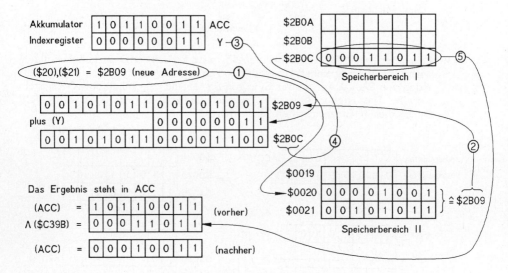

Bild 24.20: Indirekt-indizierte Adressierung

24.7.5 Steuerwerk

Die Steuerlogik erfüllt eine Reihe von Aufgaben, die sich sowohl auf die CPU als auch auf die übrigen Blöcke des Computers beziehen:

- *Ausführung* der *Befehle* (interne Mikroprogrammsteuerung),

- *Taktsteuerung* des gesamten Rechenablaufs

- *Bussteuerung*

- *Interruptsteuerung*, s. a. Abschnitt 24.7.8.

Die *Taktsteuerung* synchronisiert mit einem zentralen Systemtakt sämtliche Funktionsabläufe. Die Taktfrequenz liegt bei Mikrocomputern im Bereich zwischen 0,5 ... 50 MHz, bei Hochleistungrechnern noch darüber. Sie bestimmt unter anderem wesentlich die Instruktionszeiten (10 ... 0,005 μs).

Die *Bussteuerung* organisiert den Datentransport auf dem Daten-, dem Adreß- und dem Steuerbus. Die Signale müssen von der CPU in der Reihenfolge bestimmter Prioritäten bereitgestellt werden. Je nachdem, ob Schreib- oder Leseoperationen durchgeführt werden, sind gemäß Bild 24.21 folgende Unterschiede gegeben:

Schreiben:

- CPU liefert Adressen auf Adreßbus,
- CPU stellt Daten auf Datenbus bereit,

- CPU gibt Steuersignal WM (Write Memory) oder WIO (Write I/O),
- Daten gehen ins Memory oder I/O-Gerät.

Lesen:

- CPU gibt Adresse vom Memory oder I/O-Gerät auf Adreßbus
- Memory oder I/O-Gerät stellt Daten auf Datenbus bereit,
- CPU gibt Steuersignal RM oder RIO,
- CPU übernimmt Daten vom Datenbus.

Die *Interruptsteuerung* sorgt für die ordnungsgemäße Abwicklung des normalerweise asynchron zum Systemtakt erfolgenden Verkehrs mit der Ein/Ausgabeperipherie. Sie wird in 24.7.8 behandelt.

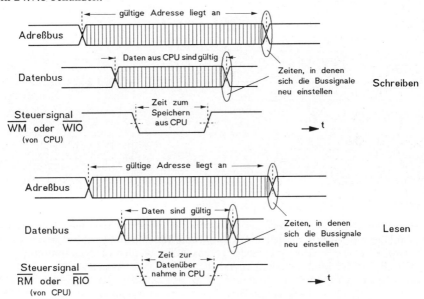

Bild 24.21: Bussteuerung beim Schreiben und Lesen (s. Text)

24.7.6 Befehlsverarbeitung in der CPU

Den typischen Ablauf einer Befehlsverarbeitung in der CPU zeigt Bild 24.22. Es sind 4 Phasen charakteristisch, die man deutlich unterscheiden muß:

1) Fetch-Phase

In der Fetch-Phase wird der nächste zu verarbeitende Befehl aus dem Speicher geholt. Dabei kommt der Inhalt des *Befehlszählers PC (Program Counter)* in ein Adreßregister, das zur Adressierung einer Speicherstelle im Arbeitsspeicher benutzt wird. Über den Adreßbus wird eine Speicherzelle adressiert, deren Inhalt über den Datenbus in ein Befehlsregister BR geladen wird, da es sich hierbei um den Befehls- oder OP-Code der Operation handelt (vgl. hierzu auch Bild 25.5 des hypothetischen Mikroprozessors).

2) PC inkrementieren

Der Befehlszähler PC wird inkrementiert und weist damit auf das nächste Speicherwort (das z.B. einen Operanden enthält).

3) Operanden holen

Abhängig vom Befehlscode erkennt der Befehlsdecoder, ob und wieviele weitere Operanden benötigt werden. Diese stehen dann entweder in den Zellen nach dem Op-Code (direkte Operanden) oder aber in Zellen, deren Adressen im Operand zu finden sind (absolut, indirekt, indiziert usw, s.o.). Die Phasen 1) ... 3) faßt man auch zur *Interpretationsphase (I-Phase)* zusammen.

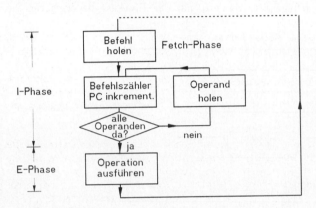

Bild 24.22: Befehlverarbeitung in der CPU

4) Ausführungsphase (Execute Phase, E-Phase)

Nach Abholung aller Operanden erfolgt die Ausführung des Befehls *(E-Phase)*. Die Zahl der hierfür erforderlichen *Mikroschritte (Maschinenzyklen)* hängt vom Befehl ab, wobei eine oder mehrere ineinander geschachtelte Wiederholungen bestimmter Schritte (z.B. bei der Multiplikation) enthalten sein können. Diese Schritte sind im Mikroprogramm (s.a. nächsten Abschnitt) festgelegt. Auf den letzten Zyklus der E-Phase folgt gemäß der von-Neumann-Struktur der erste Zyklus der I-Phase des nächsten Befehls.

24.7.7 Programmierebenen

Die programmgesteuerten Rechner haben in der Regel - physikalisch gesehen - *zwei Ebenen,* auf denen sie arbeiten.

24.7.7.1 Makroprogrammebene

Bei der *Makroprogrammierung* handelt es sich um die Ebene, auf der sich der *Anwender bei der Lösung seiner Probleme* bewegt. Das Anwenderprogramm wird in Form von Binärdaten in den Arbeitsspeicher gebracht und entsprechend dem oben Gesagten ausgeführt. Das hierzu gehörige Quellenprogramm kann in Maschinenschlüssel, Assembler oder einer höheren Programmiersprache erstellt sein (vgl Abschnitt 24.5). Es gibt außerdem noch den Begriff *Makroinstruktion.* Er darf nicht mit der Makroprogrammierung verwechselt werden! Als Makroinstruktionen bezeichnet man symbolische Befehle, denen direkt *kein einzelner* Maschinenbefehl entspricht, sondern mit denen z.B. Unterprogramme aufgerufen werden können, die ihrerseits wieder aus einer Folge von Einzelbefehlen bestehen oder die selbst zu einer Folge von Befehlen assembliert werden.

Beispiel: Funktions-Unterprogramm für trigonometrische oder transzendente Funktionen, die sich im Assemblercode z.B. mit SIN oder EXP aufrufen lassen.

24.7.7.2 Mikroprogrammierung

Das *Mikroprogramm* eines Computers ist dem Anwender meistens gar nicht oder nur in Sonderfällen zugänglich. Es handelt sich hierbei um die Folge von Anweisungen, die der Systemingenieur beim Entwurf des Rechners im *Mikroprogrammspeicher (Befehlsdecoder)* des Leitwerks abgelegt hat. Jeder Befehl des Makroprogramms (also jeder Maschinenbefehl), den der Prozessor aus dem Arbeitsspeicher holt, erzeugt das ihm entsprechende Mikroprogramm mit dem in vorigen Abschnitt erläuterten Ablauf. Hierbei sind Mikroprogrammspeicher und Makroprogrammspeicher *getrennt* vorhanden, im ersten Falle handelt es sich in der Regel um ein ROM, im zweiten um ein RAM. Der Mikroprogrammspeicher ist meist Bestandteil der CPU, hat eine größere Wortlänge und ist schneller als der Arbeitsspeicher. Rechner mit festem Befehlsvorrat sind nicht mikroprogrammierbar. Es gibt jedoch auch mikroprogrammierbare Computer, bei denen sich der Anwender zusätzliche, auf seine Probleme zugeschnittene Instruktionen erzeugen kann. Sie werden im (P)ROM des Befehlsdecoders der CPU abgelegt.

Viele Computer verfügen außer über RAMs und ROMs auch noch über sog. *Cache-Speicher*. Man kann sie als Teil des Arbeitsspeichers ansehen; sie sind separat oder in der CPU integriert. Damit wird der Zugriff bis zu 10 mal schneller als der zum RAM. Der Cachespeicher hält Daten und Instruktionen bereit, die mit der größten Wahrscheinlichkeit von der CPU benötigt werden. Sie werden zu Zeiten aus dem RAM akquiriert, wo die CPU weniger belastet ist oder bei Befehlen, die die Cache-Grenzen überscheiten. Die Speicherkapazität ist im Vergleich zum RAM wesentlich kleiner.

24.7.8 Programmunterbrechung (Interrupt)

Rechner müssen z.B. bei der Anwendung in der Prozeßdatenverarbeitung zur Lösung von Echtzeitaufgaben in der Lage sein, schnell auf *zu beliebigen Zeiten eintretende Ereignisse zu reagieren,* indem sie Daten aufnehmen oder abgeben. Von außen kommende *Unterbrechungsanforderungen (Interrupt Request, IRQ)* unterbrechen dabei den normalen Bearbeitungsablauf und starten spezielle *Interrupt-Service-Routinen (ISR).*

Akzeptiert der Rechner das IRQ-Signal, so müssen alle für den weiteren Programmablauf nach dem Interrupt erforderlichen Parameter in einen besonderen Speicherbereich gerettet werden. Dies geschieht zum Teil, bevor die entsprechende ISR gestartet wird (z.B. PC) und zum Teil in der ISR (weitere Register). Sind mehrere Interrupt-Quellen vorhanden, muß normalerweise auch noch eine Prioritätenregelung bei gleichzeitigem IRQ-Signal zweier Quellen vorgesehen werden. Die Interruptverwaltung erfordert zum Teil sehr hohen Aufwand; wir werden im nächsten Kapitel für das Beispiel eines einfachen hypothetischen Mikrocomputersystems einige grundlegende Dinge ansprechen.

Die meisten Computer verfügen über eine *Reset*-Möglichkeit. Das dabei aktivierte RESET-Signal ist auch als Interrupt anzusehen, und zwar als der mit *höchster Priorität.* Hierdurch wird nämlich der Rechner in eine Grundstellung gebracht.

Bild 24.23 zeigt die Verarbeitung einer Interruptanforderung durch ein E/A-Werk. Hat das E/A-Werk mehrere Kanäle (s.a. nächsten Abschnitt), so kann eine einfache Variante der Prioritätensteuerung nach Art der Polling-Technik erfolgen, bei der jeder Kanal entsprechend seiner Priorität bedient wird (Polling: Abrufen).

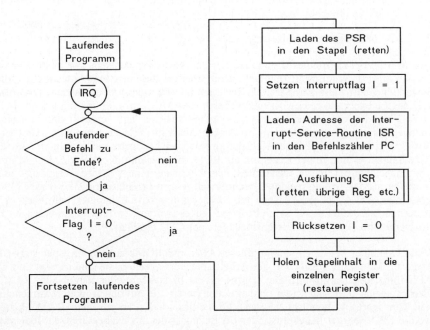

Bild 24.23: Ablauf einer Interruptanforderung

Bild 24.24 zeigt die Prioritätenabfrage bei einem E/A-Werk mit 2 Kanälen, von denen Kanal A gegenüber Kanal B höhere Priorität besitzen möge.

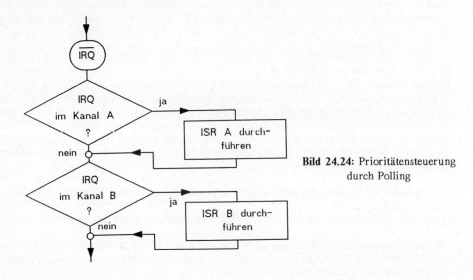

Bild 24.24: Prioritätensteuerung durch Polling

24.7.9 Datenverkehr mit den E/A-Einrichtungen

Datenübertragungen zwischen externen Ein-/Ausgabe Einrichtungen und dem Arbeitsspeicher der CPU werden in ihrem Ablauf wesentlich von der Geschwindigkeit bestimmt, mit der die E/A-Einrichtungen Daten aufnehmen bzw. abgeben kann. Insbesondere bei Prozeßdatenverarbeitung kann man nie davon ausgehen, daß E/A-Gerät und Prozessor synchron arbeiten. Bei externem Datenverkehr sind also besondere Maßnahmen erforderlich. Die speziellen Aufgaben werden von einer Vielzahl unterschiedlicher *Ein/Ausgabewerke (Device Controller)* übernommen.

Es sind dies unter anderem:

- *Adressierung der E/A-Kanäle* für den Prozessor,
- Umsetzung *serieller* Empfangsdaten in *parallele* Daten,
- Umsetzung *paralleler* Ausgabedaten in *serielle* Daten,
- *Sendung von Steuersignalen* an Prozeßperipherie o. ä.,
- *Empfang von Steuersignalen* aus der Prozeßperipherie,
- *Zwischenspeicherung* ein- oder auszugebender Daten.

24.7.10 Direkter Speicherzugriff (Direct Memory Access, DMA)

Zur Steigerung der Datenübertragungsgeschwindigkeit ist der *direkte Speicherzugriff DMA* vorteilhaft. Hierbei greift das E/A-Gerät - gesteuert durch eine spezielle Einheit, den *DMA-Controller* - direkt auf den Arbeitsspeicher der CPU zu. Voraussetzung für einen DMA ist die Anmeldung der Peripherieeinheit beim Prozessor durch ein IRQ-Signal. Akzeptiert der Prozessor die DMA-Anforderung - hierfür ist eine geordnete Programmunterbrechung mit allen dafür notwendigen Maßnahmen erforderlich - dann übernimmt der DMA-Controller die Bussteuerung für die Zeitdauer des DMA vom Prozessor, er wird "Master".

Der DMA-Controller kann den Datentranfer auf zwei verschiedene Arten organisieren, nämlich durch den

- *Vorrangmodus (Cycle Steeling)* oder den
- *Blockmodus (Burst Mode).*

Beim Cycle Steeling belegt der Controller den Bus jeweils für die Dauer der Übertragung *eines einzelnen Datums.* Er "stiehlt" damit dem Prozessor einige Maschinenzyklen. Dieser Modus findet bei langsameren Übertragungen Anwendung.

Der Burstmodus eignet sich besser für schnelle Datenübertragungen. Hier ist der Controller für die Dauer der Übertragung eines *gesamten Datenblocks* Master.

In komplexeren Systemen existieren häufig mehrere DMA-Kanäle, die untereinander in der Priorität gestaffelt sein müssen. Die Steuerungskonzepte hierfür können unterschiedlich gestaltet werden (z.B. hierarchisch fest zugeordnet oder zyklisch rotierend).

Die Bilder 24.25 und 24.26 zeigen die Gegenüberstellung einer normalen, programmgesteuerten Leseoperation und einer einfachen DMA-Lese-Operation. Sie lassen sich in charakteristische Phasen einteilen.

Normaler Lesebetrieb:

1) Der Prozessor teilt der E/A-Einheit die Adresse A mit, die den Eingabebereich angibt und startet den Eingabevorgang.

2) Die Daten werden von der E/A-Einheit in den Prozessor gelesen und zwischengespeichert. Der Eingabebereich hat häufig einen festen Adreßraum.

3) Der Prozessor adressiert den Speicherbereich im RAM (Adresse B).

4) Die Daten werden vom Prozessor in das RAM übertragen.

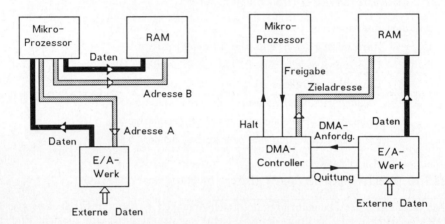

Bild 24.25: Programmgesteuerte Leseoperation   **Bild 24.26:** Leseoperation bei DMA-Betrieb

DMA-Betrieb:

1) Die E/A-Einheit gibt der DMA-Steuerung das IRQ-Signal (DMA-Anforderung).

2) Die DMA-Steuerung hält den Prozessor an (HALT).

3) Der Prozessor übergibt dem DMA-Controller die Bussteuerung (FREI).

4) Die DMA-Steuerung veranlaßt das E/A-Gerät, die Daten direkt ins RAM einzulesen und gibt die Kontrolle anschließend an den Prozessor zurück.

24.8 Hochleistungs-Mikroprozessoren

Das Anwendungsspektrum von Mikroprozessoren erweitert sich ständig. Es erstreckt sich von einfachen Steuerungsaufgaben (Haushaltsmaschinen, Automobilelektronik, Rundfunk, Fernsehen, Unterhaltungsspiele) über komplexere Systeme (Meßgeräte, Labor- und Fertigungsautomation, Prozeßsteuerung) bis hin zu Hochleistungssystemen (On-Line Bildverarbeitung, Radardatenauswertung, Computertomografie etc.). Entsprechend existieren Mikroprozessorsysteme unterschiedlicher Leistungsfähigkeit, z.B.

- *Einchip-MOS*-Mikrocomputer

- *Multichip-MOS*-Mikrocomputer

- *Multichip-Bipolar*-Mikrocomputer

- *Bitslice-Bipolar*-Mikrocomputer.

Der im Kapitel 25 als Beispiel detailliert behandelte hypothetische Mikrocomputer kann

Friedr. Vieweg & Sohn
Verlagsgesellschaft mbH

Postfach 5829

D-6200 Wiesbaden 1

**Sehr geehrte Leserin,
Sehr geehrter Leser,**

diese Karte entnahmen Sie einem
Vieweg-Buch

Als Verlag mit einem internationalen Buch-
und Zeitschriftenprogramm informiert Sie
der Verlag Vieweg gern regelmäßig über
wichtige Veröffentlichungen auf den Sie
interessierenden Gebieten.

Deshalb bitten wir Sie, uns diese Karte
ausgefüllt zurückzusenden.

**Wir speichern Ihre Daten und halten
das Bundesdatenschutzgesetz ein.**

Wenn Sie Anregungen haben, schreiben
Sie uns bitte.

**Bitte nennen Sie uns hier Ihre
Buchhandlung:**

Herrn / Frau

_____

_____

_____

Bitte füllen Sie den Absender mit der Schreibmaschine oder in Druckschrift aus, da er für unsere Adressenkartei verwendet wird. Danke!

Ich bin:		an der:	
☐ Dozent(in)	☐ Praktiker(in)	☐ Uni/TH	☐ FH
☐ Lehrer(in)	☐ Student(in)	☐ Berufssch.	☐ Gymn.
			☐ FS
			☐ Bibl./Inst.

Sonst.: . . . .

Sonst.: . . . .

. . . .

. . . .

Bitte informieren Sie mich über Ihre Neuerscheinungen auf dem Gebiet:

☐ (10) Mathematik (H5)
☐ (11) Mathematik-Didaktik (H5)
☐ (12) Informatik/DV (H36)
☐ Computerliteratur/Software
☐ (13) Physik (H7)
☐ (14) Chemie (H2)
☐ (15) Biowissenschaften/ Medizin (H2)
☐ (16) Geologie/Geophysik (H7)
☐ (17) Astronomie (H7)

☐ (20) Elektrotechnik/ Elektronik (H6)
☐ (21) Maschinenbau (H6)
☐ (23) Mechanik (H6)
☐ (24) Werkstoffkunde (H6)
☐ (25) Metalltechnik (H6)
☐ (26) KFZ-Technik (H6)
☐ (30) Architektur (H9)
☐ (31) Bauwesen (H4)
☐ (32) Philosophie/Wissenschaftstheorie (H7)

Ich möchte zugleich folgende Bücher bestellen:

Anzahl	Autor und Titel	Ladenpreis

Datum   Unterschrift

zu der zweiten Kategorie gerechnet werden. Wir wollen nun zwei Archtekturen erötern, die eine Fortentwicklung der von Neumannschen Struktur darstellen , nämlich die

- *Bitslice*-Prozessoren und
- *Pipeline*-Prozessoren (vgl. hierzu auch Abschnitt 24.2.2.2).

24.8.1 Bitslice-Prozessoren

Bitslice-Prozessoren unterscheiden sich von Standard-Prozessoren in den in Tabelle 24.2 aufgelisteten Punkten.

Tabelle 24.2: Vergleich Standard-Prozessor und Bitslice-Prozessor

	Standard-Prozessor	Bitslice-Prozessor
Wortlänge	fest (4,8,16 oder 32 bit)	kaskadierbar in Vielfachen von 2 oder 4 bit
Befehlssatz	in der Regel vorgegeben (viele Instruktionen CISC) manchmal mikroprogrammierbar	wenige Operationen (RISC) durch den Anwender mikroprogrammierbar
Programmierebenen	in der Regel nur makroprogrammierbar	mikro- und makroprogrammierbar
Taktfrequenz	max 50 MHz	25 ··· 80 MHz
Technologie	I^2L, MOS	ECL, I^2L, TTL

Bitslice-Prozessoren bestehen also aus kleinen, schnellen CPUs mit relativ einfachem Aufbau (RISC-Architektur). Sie lassen sich durch Kaskadierung zu größeren Einheiten variabler Wortlänge zusammenschalten. Sie finden Verwendung in Datenverarbeitungssystemen mit hoher Geschwindigkeit an Stellen, wo wenige spezielle Operationen durchzuführen sind, z. B. in Peripheriesteuerungen (schnelle Plattenspeichersteuerungen, Laserdruckersteuerungen, DMA-Steuerung, Interrupthandling etc.). Ein Beispiel für eine ALU in Bitslice-Technik zeigt Bild 23.9 im Kapitel 23.

Außerdem lassen sich Bitslice-Prozessoren zur Realisierung von *Emulatoren* verwenden. Hierunter versteht man die Simulation einer fremden Rechnerarchitektur mit Hilfe eines Mikroprogramms.

24.8.2 Pipeline-Prozessoren

Der höhere Informationsdurchsatz bei den Bitslice-Prozessoren ist gekennzeichnet durch 2 Maßnahmen

- schnelle Technologie (z.B. ECL)
- vergrößerte Bitparallelität.

In beiden Fällen wird die Leistungsfähigkeit eines einzelnen Prozessors gesteigert. Dem sind Grenzen gesetzt. Eine Alternative dazu ist die *Funktionsparallelität* mittels mehrer Teilprozessoren unter Verwendung des im Abschnitt 24.2.2.2 schon skizzierten *Pipelineprinzips.*

Unter Pipelining versteht man ein Fließbandverfahren, bei dem - wie in der industriellen Fertigung auch - ein immer gleichförmig ablaufender *Gesamtprozeß* P in einzelne *Teilprozesse* P_i aufgelöst wird, die synchron in einem gemeinsamen Zeitraster ablaufen. Entsprechend Bild 24.27 sind die Teilprozesse seriell miteinander verbunden. Zu definierten (äquidistanten) Zeitpunkten t_1, t_2, t_3 ... t_n werden Teilergebnisse von Einheit zu Einheit weitergegeben. Am Ende der Pipeline erscheint das Gesamtergebnis.

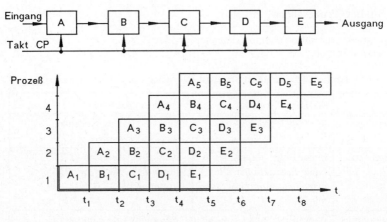

Bild 24.27: Pipeline-Prinzip

Betrachtet man z.B. den Zeitpunkt t_4, so beginnt Prozessor A gerade den Teilprozeß A_5, Prozessor B den Teilprozeß B_4, Prozessor C den Teilprozeß C_3 usw., und Prozessor E gibt das Ergebnis des Prozesses 1 aus.

Der Durchsatz an Daten (die Datenrate) entspricht dabei im eingeschwungenen Zustand dem Reziprokwert einer Taktzeit $\Delta t = t_{i+1} - t_i$. Ist n die Anzahl der Teilprozesse, so ist die Datenrate um den Faktor n größer im Vergleich zur einfachen seriellen Verarbeitung. Die Durchlaufzeit der Daten eines Prozesses ist $n \cdot \Delta t$.

Je nach der Ebene, in der das Pipelining realisiert wird, unterscheidet man zwischen

- *Makropipelining*
- *Mikropipelining,* und hier wieder zwischen
    - *Befehlspipelining* und
    - *Pipelinearithmetik.*

Das *Makropipelining* arbeitet entsprechend Bild 24.28 mit einer Kette aus Speichern und speziellen Prozessoreinheiten (MPUs), wobei jeder Prozessor einen Teil des Gesamtprogramm (also viele Instruktionen) bearbeitet.

Prozessor MPU_1 greift auf die (Eingabe-) Daten im Speicher 1 zu, verarbeitet sie und gibt sie an Speicher 2 weiter. MPU_2 benutzt die Daten aus Speicher 2 als Eingabedaten, verarbeitet sie und liefert sie an Speicher 3 ab usw.

Das *Mikropipelining* bezieht sich auf die einzelnen Instruktionen. Wie in Abschnitt 24.7.6 erläutert, setzt sich jeder Instruktionsablauf aus 4 typischen Phasen zusammen. Sofern eine nachfolgende Instruktion nicht den Abschluß der vorangehenden bedingt, ist ein *Pipelining der einzelnen Maschinenzyklen* denkbar. Beim *Befehlspipeli-*

ning überlappt die E-Phase des vorhergehenden Befehles die I-Phase des nachfolgenden (Bild 24.29).

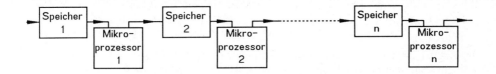

Bild 24.28: Makropipelining

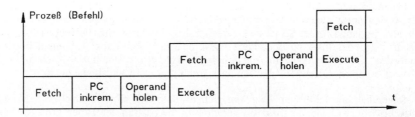

Bild 24.29: Einfaches Befehls-Pipelining

Beim *Arithmetik-Pipelining* (Bild 24.30) beschränkt sich die Überlappung auf die einzelnen Zyklen der E-Phase von logischen und arithmetischen Operationen komplexerer Art (Beispiel: Verarbeitung von Mantisse und Exponent bei Gleitkommaarithmetik).

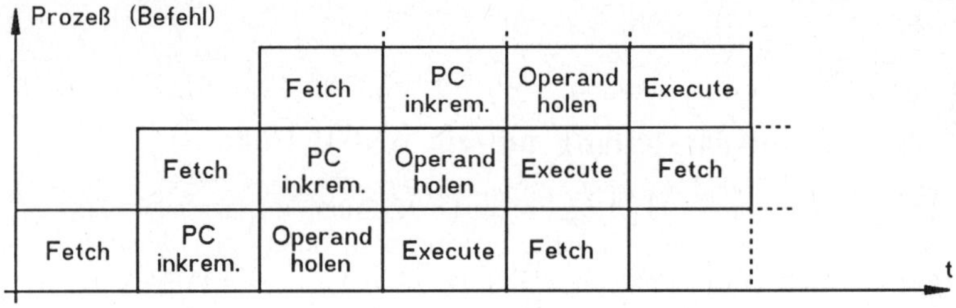

Bild 24.30: Befehls-Pipelining höherer Ordnung

25 Mikrocomputer (Micro Computer Units, MCUs)

Im Kapitel 24 haben wir schon darauf hingewiesen, daß - ganz grob betrachtet - im Prinzip keine wesentlichen Unterschiede in der Architektur und der Arbeitsweise von Rechnern der verschiedenen Größenordnungen bestehen. Das trifft jedoch keinesfalls für Details zu. Abgesehen vom gemeinsamen Merkmal, daß jeder Rechner über eine bestimmte Mindestkonfiguration verfügen muß, unterscheiden sich die Strukturen einzelner Typen so stark, daß eine umfassende, allgemein gültige Behandlung unmöglich ist. Hier spielen unter anderem Wortlänge, Befehlsvorrat, Rechengeschwindigkeit und Preis eine entscheidende Rolle. So ist es beispielsweise schwierig, den Funktionsablauf innerhalb der CPU detailliert zu behandeln, ohne daß man sich dabei auf einen bestimmten Typ festlegt. Die Klassifizierung bezüglich der Anzahl von Bits bezieht sich in der Regel auf den Datenbus. Adreßbus- und Steuerbusbreite weichen häufig davon ab.

Die folgenden Betrachtungen beziehen sich deshalb auf einen speziellen 8-Bit-Mikrocomputer *(Micro Computer Unit)*. Da gerade hier die Vielfalt der Typen groß ist, wird ein hypothetischer Mikrocomputer untersucht, der die wesentlichen Eigenschaften vieler kommerzieller Mikrocomputer besitzt, in seinen Strukturen übersichtlich ist und über einen überschaubaren Befehlssatz verfügt.

Einführend wollen wir zunächst den ASCII-Code behandeln, der auch über die Mikroprozessortechnik hinaus große praktische Bedeutung besitzt. Im Anschluß an den 8-Bit Mikrocomputer werden noch einige Details zu komplexeren 16- und 32-Bit-Systemen erörtert.

25.1 Informationsdarstellung mittels ASCII-Code

In Computern will man in der Regel nicht nur Zahlen, sondern auch Text ein- und ausgeben bzw. verarbeiten können. Daher benötigen wir außer dem *denären* Alphabet - den Ziffern 0 .. 9 - auch das *alphaische* - die Buchstaben a ... z (wahlweise groß und klein) - sowie *Sonderzeichen* in binär codierter Form.

Zusätzlich zu diesem darstellbaren alphanumerischen Zeichenvorrat muß der Zentralcode eines Computers noch *Steuerzeichen* für die Abwicklung des Verkehrs zwischen Rechner und Peripherie enthalten. Sie bewirken Hardwareaktivitäten in der Peripherie (vgl Tabelle 25.2).

In der Mikrocomputertechnik hat sich der aus dem amerikanischen Fernschreibcode hervorgegangene 7-Bit-ASCII- Code gemäß Tabelle 25.1 als Zentralcode durchgesetzt *(ASCII: American Standard Code for Information Interchange)*. Er wurde von andern internationalen Normengremien übernommen und hat dann folgende Bezeichnungen:

- *ISO-7-Bit-Code* ; ISO = International Standardization Organization

- *CITT-Nr. 5* (Comite Consultatif International Telegraphique et Telephonique)

- *DIN-Vorschrift 66003* und andere.

Die Wortlänge von 7 bit gestattet die Verschlüsselung von 128 Zeichen. In Tabelle 25.1 ist ein Wort $a_7 \ldots a_1$ jeweils aufgeteilt in die niederwertige Tetrade $a_3 \ldots a_1$, die den *Zifferenteil* bildet und die höherwertigen Bits $a_7 \ldots a_4$, die als *Zonenteil* bezeichnet werden. Der Zifferenteil bestimmt eine von 16 Zeilen in der Zeichenmatrix und der Zonenteil eine der 8 Spalten. Im Kreuzungspunkt ist das verschlüsselte Zeichen zu finden. Die Tabelle enthält außer dem hexadezimalen Äquivalent des Ziffern- und des Zonenteils auch jeweils das dezimale Äquivalent. Für die Eingabe eines ASCII-Zeichens über eine Terminaltastatur mit Hilfe der Alternate-<Alt>-Taste und des Zifferenteils benötigt man die dezimale Verschlüsselung. Man erhält sie einfach, indem man zum dezimalen Zonenwert den dezimalen Zifferenwert addiert.

Beispiel: Eingabe von J mittels <Alt> und Zifferenteil der Tastatur: Zonenteil $(64)_{10}$, Zifferenteil $(10)_{10}$ -> <Alt> 74.

Die Verabeitung der ASCII-Zeichen im Computer erfolgt *rechtsbündig;* ein 7-Bit-ASCII-Zeichen belegt ein Byte $b_7 \ldots b_0$ rechtsbündig. Das freibleibende Bit b_7 wird unterschiedlich genutzt:

- *Belegung mit 0,*

- *Datensicherung mittels Parity-Bit* (even oder odd, vgl. Abschnitt 12.2.3),

- *Einbeziehung des MSB zur Schaffung nationaler Zeichensätze*, indem die dann mit 8 Bit verfügbare Anzahl von 256 Codeworten zur Verschlüsselung z.B. griechischer Buchstaben, mathematischer Sonderzeichen sprachenspezifischer Buchstaben etc. benutzt (Beispiele für Zeichensätze: IBM-ASCII, Roman, ANSI, Greek etc.). Dabei bleiben die ersten 128 Zeichen bis auf wenige Ausnahmen gegenüber dem internationalen 7-Bit-Referenzcode unverändert (vgl. Tabelle 25.1 bezüglich der DIN-Version).

Tabelle 25.1: ASCII-Zeichensatz, rechtes Zeichen einer Spalte, soweit vorhanden: Zeichensatz nach DIN 66003

Dezim. Äquivalent d. Spalte					0	16	32	48	64	80	96	112
Hexadezimales Äquivalent					0	1	2	3	4	5	6	7
Dezim. Äquivalent der Zeilen	Hexad.	binär $a_7\ a_6\ a_5$ binär $a_4\ a_3\ a_2\ a_0$			000	001	010	011	100	101	110	111
0	0	0 0	0 0		NUL	DLE	SP	0	@ §	P		p
1	1	0 0	0 1		SOH	DC1	!	1	A	Q	a	q
2	2	0 0	1 0		STX	DC2	"	2	B	R	b	r
3	3	0 0	1 1		ETX	DC3	♯	3	C	S	c	s
4	4	0 1	0 0		EOT	DC4	$	4	D	T	d	t
5	5	0 1	0 1		ENQ	NAK	%	5	E	U	e	u
6	6	0 1	1 0		ACK	SYN	&	6	F	V	f	v
7	7	0 1	1 1		DEL	ETB	'	7	G	W	g	w
8	8	1 0	0 0		BS	CAN	(	8	H	X	h	x
9	9	1 0	0 1		HT	EM	)	9	I	Y	i	y
10	A	1 0	1 0		LF	SUB	*	:	J	Z	j	z
11	B	1 0	1 1		VT	ESC	+	;	K	[Ä	k	{ ä
12	C	1 1	0 0		FF	FS	,	<	L	\ Ö	l	| ö
13	D	1 1	0 1		CR	GS	-	=	M	] Ü	m	} ü
14	E	1 1	1 0		SO	RS	*	>	N	→	n	~ ß
15	F	1 1	1 1		SI	US	/	?	O	←	o	DEL

Wie wir aus Tabelle 25.1 entnehmen können, sind den Codeworten $(0 \ldots 32)_{10}$ bzw. $(0 \ldots 20)_{16}$ entsprechend Spalten 0, 1 und teilweise 2 die Steuerzeichen verschlüsselt. Ihre Bedeutung ist in Tabelle 25.2 zusätzlich erläutert. Ein weiteres Steuerzeichen ist noch im Wort $(127)_{10} \cong (7F)_{16}$ enthalten. Einige für Terminal-Ein- und Ausgabe wichtige sind kursiv hervorgehoben. Die Steuerzeichen können häufig auf der ASCII-Standardtastatur durch gleichzeitiges Drücken der <Ctrl>-Taste (Control) und einer Buchstabentaste erzeugt werden. Welche Kombination maßgeblich ist, hängt von der Gerätekonfiguration ab.

Tabelle 25.2: Bedeutung der Sonderzeichen im ASCII-Code nach DIN 66003

Dezimal-Wert	Hex-Code	ASCII-Zeichen	Bedeutung	
			englisch	deutsch
00	00	NUL	Null	Füllzeichen
01	01	SOH	Start of Heading	Anfang des Kopfes
02	02	STX	Start of Text	Anfang des Textes
03	03	ETX	End of Text	Ende des Textes
04	04	EOT	End of Transmission	Ende der Übertragung
05	05	ENQ	Enquiry	Stationsaufforderung
06	06	ACK	Acknowledge	Positive Rückmeldung
07	07	BEL	Bell	Klingel
08	*08*	*BS*	*Backspace*	*Rückwärtsschritt*
09	*09*	*HT*	*Horizontal Tabulation*	*Horizontal-Tabulator*
10	*0A*	*LF*	*Line Feed*	*Zeilenvorschub*
11	*0B*	*VT*	*Vertical Tabulation*	*Vertikal-Tabulator*
12	*0C*	*FF*	*Form Feed*	*Formularvorschub*
13	*0D*	*CR*	*Carriage Return*	*Wagenrücklauf*
14	*0E*	*SO*	*Shift Out*	*Dauerumschaltung*
15	*0F*	*SI*	*Shift In*	*Rückschaltung*
16	10	DLE	Data Link Espace	Datenübertrag.- Umschaltg.
17	11	DC1	Device Control 1	Gerätesteuerung 1
18	12	DC2	Device Control 2	Gerätesteuerung 2
19	13	DC3	Device Control 3	Gerätesteuerung 3
20	14	DC4	Device Control 4	Gerätesteuerung 4
21	15	NAK	Negative Acknowledge	Negative Rückmeldung
22	16	SYN	Synchronous Idle	Synchronisierung
23	17	ETB	End of Transmission Block	Ende des Übertrag.-Blocks
24	18	CAN	Cancel	Ungültig machen
25	19	EM	End of Medium	Ende der Aufzeichnung
26	1A	SUB	Substitute	Substitution
27	*1B*	*ESC*	*Escape*	*Umschaltung*
28	1C	FS	File Separator	Hauptgruppen-Trennung
29	1D	GS	Group Separator	Gruppen-Trennung
30	1E	RS	Record Separator	Untergruppen-Trennung
31	1F	US	Unit Separator	Teilgruppen-Trennung
32	*20*	*SP*	*Space*	*Zwischenraum, Leerschritt*
127	*7F*	*DEL*	*Delete*	*Löschen*

25.2 Hypothetischer 8-Bit-Mikrocomputer

25.2.1 Architektur des hypothetischen Mikrocomputers

Mikrocomputer arbeiten generell mit dem *Buskonzept.* Im Normalfall sind 3 Arten von Busleitungen vorhanden (Bild 25.1).

- *Adreßbus*
- *Datenbus*
- *Steuerbus.*

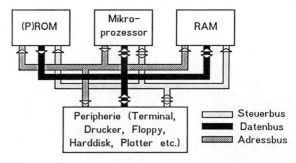

Bild 25.1: Bus-Struktur bei Mikrocomputern

Die Grundstruktur des hypothetischen Mikrocomputers zeigt Bild 25.2. Über entsprechende Schaltstufen können die einzelnen Einheiten des Rechners, gesteuert vom *Mikroprozessor (MPU),* miteinander kommunizieren. Da alle Einheiten *parallel* am Bus liegen, ist es erforderlich, immer nur die gewünschten zu aktivieren.

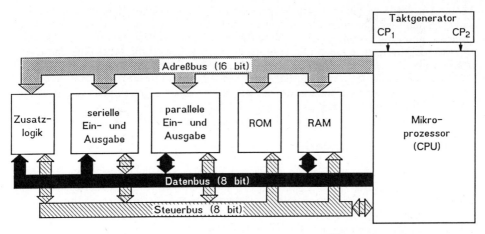

Bild 25.2: Allgemeine Struktur eines hypothetischen Mikrocomputers

Dazu benötigt man an den einzelnen Blöcken Stufen, die die 3 logischen Zustände "HIGH", "LOW" und "hochohmig" annehmen können *(Tristate-Logic).* In der Stellung "hochohmig" ist die betreffende Einheit vom Bus abgekoppelt.

Bild 25.3 zeigt die Tristate -Technologie am Beispiel eines TTL-NAND. Sie wird durch

Modifikation der *Totem-Pole-Schaltung* (s.a. Kap 5) erreicht. (Für u_e = HIGH ergibt sich die normale Totem-Pole-Ausgangsschaltung, für u_e = LOW sind beide Ausgangstransistoren gesperrt und damit hochohmig).

Der Mikrocomputer nach Bild 25.2 hat eine Wortlänge von 8 bit. Er besitzt einen Datenbus und einen Steuerbus mit je 8 bit Breite und einen Adreßbus mit 16 bit $\cong$ 2 Byte. Der Taktgenerator CP liefert zwei sich nicht überschneidende Takte CP_1 und CP_2 (Bild 25.4), die die MPU steuern. Die Wortlänge bestimmt die Breite des Datenbus und die Breite des Adreßbus die Zahl der maximal adressierbaren Speicherzellen.

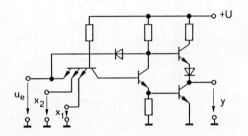

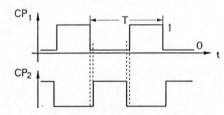

Bild 25.3: TTL-Tristate-NAND   **Bild 25.4:** Grundtakte des Mikroprozessors

Im vorliegenden Beispiel sind 2^{16} = 64 k Speicherzellen adressierbar. Der Adreßraum ist nach dem *Page-Prinzip* organisiert (s. Kap. 27, Bild 24.17). Der Adreßbus arbeitet *unidirektional,* das heißt, auf ihm werden Informationen nur von der MPU zu den anderen Einheiten des Rechners übertragen, während Daten- und Steuerbus *bidirektional* sind.

Die Blockschaltung des Mikroprozessors aus Bild 25.2 ist in Bild 25.5 detailliert dargestellt. Sie ist weitgehend identisch mit dem kommerzielll verwendeten Typ MOSTEK 6502. Die MPU besteht aus dem *Rechenwerk* (ALU und *Akkumulator* ACC), dem *Leitwerk* (Befehlsdekoder oder Micro Program MP), *Steuerlogik* (Control Logic), *Befehlsregister* BR und *Programmzähler* PC), einer Reihe weiterer Register, dem internen Datenbus (8 bit) und diversen internen Steuerleitungen. Nach außen ist die MPU über den Datenbus (8 bit, $D_7 \ldots D_0$), den Steuerbus (8 bit, mit den Bezeichnungen CP_1, CP_2, HALT, VMA, R/$\overline{W}$, NMI, IRQ und RESET) und den Adreßbus (16 bit $A_{16} \ldots A_0$) verbunden. Der Befehlssatz des Mikroprozessors enthält Befehle mit 1 Byte, 2 Byte und 3 Byte Länge. Der Operationscode ist stets 1 Byte $\cong$ 1 Wort lang.

25.2.2 Funktion der Register

Die MPU enthält eine Reihe von 8-bit-Registern: Datenregister DR, Akkumulator ACC, Prozessorstatusregister PSR, Stapelzeiger (Stackpointer) SP und Befehlsregister BR sowie 16-bit-Register für diverse Adressen (Adreßregister AD, Programmzähler PC). Sie haben jeweils 2 "Silben", nämlich ein LOW- und ein HIGH-Byte. Außerdem ist das Indexregister IR mit dem X- und dem Y-Byte vorhanden.

25.2.2.1 Datenregister

Das *Datenregister DR* dient als Pufferspeicher zwischen MPU und Datenbus. Es enthält jeweils 1 Byte $\cong$ 1 Wort.

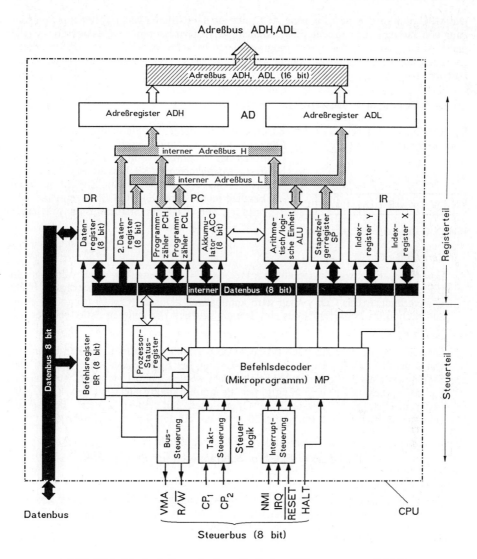

Bild 25.5 : Blockschaltung des hypothetischen Mikroprozessors (MPU)

25.2.2.2 Befehlsregister

Das *Befehlsregister BR* enthält jeweils den Operationscode (also das erste Wort) einer Instruktion. Abhängig vom Befehlscode wird über den Befehlsdekoder MP (von der Funktion her ein ROM) entschieden, wieviele Worte die Instruktion insgesamt hat und ob weitere, zum Befehl gehörende Worte über den Datenbus in die MPU geladen und ausgewertet werden müssen.

25.2.2.3 Akkumulator

Die MPU enthält den *Akkumulator ACC*, der als 8-bit-Mehrzweckregister zur Speicherung von Zwischenergebnissen dient. Manche Mikroprozessoren arbeiten auch mit 2 und mehr Akkumulatoren; das bietet programmiertechnische Vorteile. Der Befehlsdekoder entnimmt aus dem Operationscode, in welcher Weise der Akkumulator benutzt wird (s.a. Befehlsliste).

25.2.2.4 Prozessor-Statusregister

Das Ergebnis von Rechenoperationen und/oder der derzeitige Status des Prozessors bei Interruptbetrieb wird durch *Flags (Statusanzeiger mit 1 bit Länge)* angezeigt oder kann durch das Programm verändert werden. Das *Prozessor-Statusregister PSR* besteht aus 1 Byte, in dem 7 Bits verwendet werden. Ein Bit ist nicht benutzt (don't care, X). Bild 25.6 zeigt die Anordnung der Flags im Statusregister. Sie haben folgende Bedeutung:

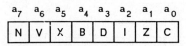

Bild 25.6: Prozessor-Statusregister

- *Carry-Flag C:*

  Das Carry-Flag wird automatisch gesetzt (C = 1), wenn bei einer Addition ein Übertrag aus dem MSB des Akkumulators auftritt. Entsteht kein Übertrag, so bleibt C unverändert. Das Carry-Flag wird automatisch gelöscht (C = 0), wenn bei einer Subtraktion im MSB des Akkus ein "Borgen" auftritt. Im anderen Falle bleibt es unverändert.

  Geht man davon aus, daß mit 8 Bit bei einfacher binärer Addition der Zahlenbereich von 0 bis 255 erfaßt wird, so wirdt das C-Flag bei Ergebnissen > 255 gesetzt. Das C-Flag kann als 9. Stelle des Akkus aufgefaßt werden, gehört jedoch nicht zum Akku, da es zusätzlich unabhängig per Programm modifiziert werden kann. Um sicherzustellen, daß arithmetische Operationen mit Übertrag oder Borgen im gesamten Zahlenraum ordnungsgemäß ablaufen, gilt folgende wichtige Regel:

  Löschen des C-Flags vor Additionen,
  Setzen des C-Flags vor Subtrahtionen per Programm !

- *Zero-Flag Z:*

  Das Z-Flag wird gesetzt (Z = 1), wenn im Akkumulator das Ergebnis einer arithmetischen Operation oder eines Datentransfers Null ist. Ansonsten ist Z = 0. Das Z-Flag ist nicht durch Programm modifizierbar.

- *Interrupt-Flag I:*

  Das I-Flag steuert den Interrupt-Betrieb, der weiter unten ausführlicher behandelt wird.

- *Dezimal-Mode-Flag D:*

  Das Dezimal-Mode-Flag bewirkt, wenn es per Programm auf D = 1 gesetzt ist, dezimale arithmetische Operationen. Für D = 0 findet Binärarithmetik statt.

- *Overflow-Flag V:*

  Bei Binäroperationen mit Berücksichtigung des Vorzeichens läßt sich der dezimale Zahlenbereich von - 127 bis + 128 verarbeiten (7 bit + Vorzeichen). Das V-Flag wird bei vorzeichenbehafteten arithmetischen Operationen gesetzt (V = 1), wenn ein Überlauf in die Vorzeichenstelle auftritt. Es erfüllt hier also die Funktion, die das C-Flag bei vorzeichenloser Arithmetik hat.

- *Vorzeichen-(Negative-)Flag N:*

Bei vorzeichenbehafteter Arithmetik und bei einfachen Transferoperationen enthält dieses Flag das Vorzeichenbit des Ergebnisses (N = 1 bei negativem Ergebnis). Der Vorteil dieses zusätzlichen Bit liegt darin, daß es bequem per Programm abgefragt werden kann.

- *B-(Break)-Flag B:*

Das B-Flag wird bei BRK-Instruktionen auf 1 gesetzt (s.u).

25.2.2.5 Befehlszähler (Program Counter, PC)

Der *Befehlszähler PC (program counter)* enthält die absolute *Adresse des Befehls, der gerade ausgeführt wird*. Da die Adressen 2 Worte lang sind, müssen sie (über einen Multiplexer) in 2 Schritten geladen werden. Somit unterscheidet man die beiden Adreßsilben *PCL (LOWer Byte)* and *PCH (HIGHer Byte)*. Weitere Erläuterungen sind unter "Befehlsverarbeitung" zu finden.

25.2.2.6 Indexregister

Das *Indexregister IR* wird über entsprechende Befehle angesprochen und zur indizierten Adressierung (s.a. Kap. 24) benutzt. Das Indexregister enthält die beiden Worte IRX (Indexregister X) und IRY (Indexregister Y).

25.2.2.7 Stapelzeiger (Stackpointer, SP)

Der *Stapelzeiger (stack pointer) SP* enthält die Adresse einer Speicherzelle aus einem per Programm wählbaren Bereich, der als *Stapel-* (stack) oder *Kellerspeicher* bezeichnet wird. Dieser Speicher dient dazu, bei Programmunterbrechungen (Interrupts) oder Unterprogrammsprüngen die Registerinhalte der MPU aufzunehmen (zu "retten), damit anschließend das Hauptprogramm ordnungsgemäß fortgesetzt werden kann. In Bild 25.7 ist diese Technik am einfachen Beispiel eines Sprungs vom Hauptprogramm in ein Unterprogramm UP gezeigt. In diesem Falle sei lediglich die Rücksprungadresse ins Hauptprogramm relevant und deshalb in den Stapel zu bringen.

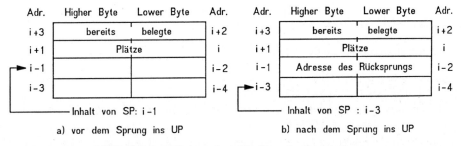

Bild 25.7: Stapelbelegung und Stellung des Stapelzeigers

Vor dem Sprung steht der Stapelzeiger auf der Adresse i-1 des Kellerspeichers. (Das Byte i ist das letzte belegte Byte). Beim Sprung ins Unterprogramm wird die Adresse des Rücksprungs in die Bytes i-1 und i-2 des Kellers abgelegt. Der Stapelzeiger zeigt deshalb nach dem Sprung ins Unterprogramm auf i-3. Bei der Rückkehr ins Hauptprogramm wird auch SR wieder auf i-1 zurückgesetzt (LIFO-Funktion gemäß Abschn. 22.3.3.3).

25.2.2.8 Adreßregister

Das *Adreßregister* dient als Pufferspeicher zwischen der MPU und dem Adreßbus. Es enthält jeweils 2 Byte $\cong$ 2 Worte, nämlich die *Seitenadresse* ADH und die *Byteadresse* ADL innerhalb einer Seite.

25.3 Steuerlogik

Die *Steuerlogik* erfüllt eine Reihe von Aufgaben, die sich sowohl auf die MPU als auch auf die übrigen Blöcke des Mikrocomputers beziehen:
- Ausführung der Befehle (interne Mikroprogrammsteuerung), s. a. 24.5.7.1.
- Taktsteuerung des gesamten Rechenablaufs
- Bussteuerung
- Interruptsteuerung, s. a. 25.5.

Die *Taktsteuerung* mit den Signalen CP_1 und CP_2 synchronisiert sämtliche Funktionsabläufe. Die Taktfrequenz liegt bei 1 MHz. Sie bestimmt unter anderem wesentlich die Instruktionszeiten.

Die *Bussteuerung* mit den Signalen $R/\overline{W}$, VMA und HALT organisiert den Datentransport auf dem Daten-, dem Adreß- und dem Steuerbus. Das Signal $R/\overline{W}$ (Read/ Write) hat folgende Bedeutung:

$R/\overline{W}$ = 1: Einlesen von Daten in die MPU

$R/\overline{W}$ = 0: Ausgabe von Daten aus der MPU.

Das Signal VMA (Valid Memory Adress) meldet für

VMA = 1: Gültige Adresse liegt auf dem Adreßbus.

Das Signal HALT stoppt die laufende Befehlsausführung:

HALT = 1: Ausgänge des Datenregisters DR, des Adreßregisters AD und der Steuerleitungen $R/\overline{W}$ und UMA werden hochohmig.

Die *Interruptsteuerung* mit den Signalen NMI und IRQ wird in 25.5 behandelt.

Das Signal $\overline{RESET}$ setzt den Rechner in eine Grundstellung. Es ist nullaktiv, wenn also die Leitung $\overline{RESET}$ eine Null führt, heißt das

RESET= 0: Setzen des Rechners in Grundstellung, d.h. an den Anfang des auszuführenden Programms.

25.4 Befehlsverarbeitung in der MPU

Den typischen Befehlsablauf in der MPU haben wir im Kapitel 24 bereits erörtert. Das Mikroprogramm ist im vorliegenden Fall nicht veränderbar. Jeder Befehl des Makroprogrammes (also jeder Maschinenbefehl), den der Prozessor aus dem Arbeitsspeicher holt, erzeugt das ihm entsprechende Mikroprogramm mit dem in Abschnitt 24.7.5.1 erläuterten Ablauf. Der Mikroprogrammspeicher ist Bestandteil der MPU und vom Prinzip her ein ROM. Die Befehlsliste (s.u.) enthält Angaben darüber, wieviele Maschinenzyklen die Ausführung einer jeden einzelnen Instruktion erfodert.

25.5 Programmunterbrechung (Interrupt)

Der vorliegende Mikrocomputer muß z. B. bei der Anwendung in der Prozeßdatenverarbeitung zur Lösung von Echtzeitaufgaben in der Lage sein, schnell auf zu beliebigen Zeiten eintretende Ereignisse zu reagieren, indem er Daten aufnimmt oder abgibt. Von außen kommende *Unterbrechungsanforderungen (Interrupt Request, IRQ)* unterbrechen dabei den normalen Bearbeitungsablauf in der MPU und starten spezielle *Interrupt-Service-Routinen (ISR)*.

Akzeptiert der Rechner das IRQ-Signal, so müssen alle für den weiteren Programmablauf nach dem Interrupt erforderlichen Parameter in einen besonderen Speicherbereich (Stapel, Stack) gerettet werden, bevor die entsprechende ISR gestartet wird. Sind mehrere Quellen vorhanden, muß normalerweise auch noch eine *Prioritätenregelung* bei gleichzeitigem IRQ-Signal zweier oder mehrerer Quellen vorgesehen werden.

Beim vorliegenden Mikroprozessor wird eine Interruptanforderung von einem E/A-Werk durch das Signal IRQ angemeldet. Die ISR wird jedoch nur durchgeführt, wenn das Interruptflag I im Statusregister PSR (s.a. Bild 25.6) nicht gesetzt ist (also noch kein anderer Interrupt bearbeitet wird).

Ein *Interrupt höherer Priorität* wird durch das Signal NMI (Non Maskable Interrupt) ausgelöst. Die betreffende ISR wird auch dann gestartet, wenn das I-Flag gesetzt ist. Wenn ein NMI-Interrupt abläuft, werden Interrupts von peripheren Geräten nicht bedient.

Auch das RESET-Signal ist als Interrupt anzusehen, und zwar mit *höchster Priorität*. Hierdurch wird, wie in 25.3 bereits erwähnt, der Rechner in eine Grundstellung gebracht. Tabelle 25.3 zeigt die Anordnung der sog. *Interrupt-Vektoren* in einem speziellen Bereich des ROM mit den 6 Adressen n-5 ..... n. Die Inhalte dieser Zellen geben die *Startadressen der zugehörigen ISR an.*

Tabelle 25.3: Interrupt-Vektoren
(Beispiel für eine mögliche Anordnung)

Adresse	Inhalt		Interrupt-Variable
FFFC	lower	Byte	$\overline{\text{RESET}}$
FFFD	higher	Byte	
FFFA	lower	Byte	$\overline{\text{NMI}}$
FFFB	higher	Byte	
FFFE	lower	Byte	$\overline{\text{IRQ}}$
FFFF	higher	Byte	

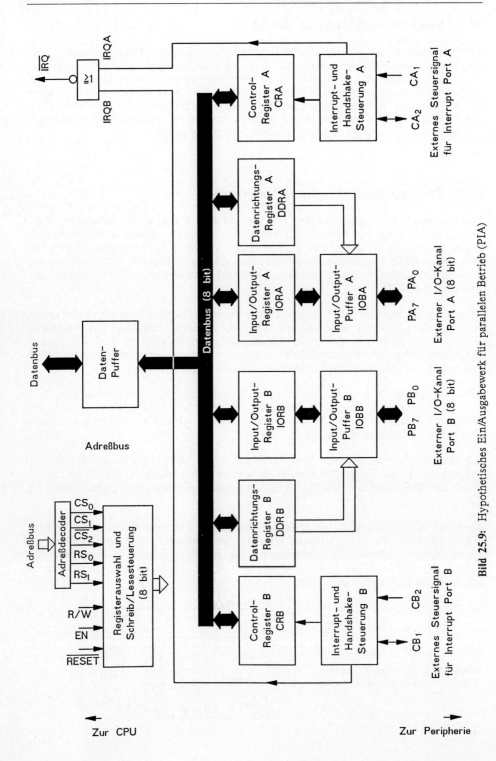

Bild 25.9: Hypothetisches Ein/Ausgabewerk für parallelen Betrieb (PIA)

Bild 25.8 zeigt die Verarbeitung einer Interruptanforderung durch ein E/A-Werk mit 2 Känälen, von denen Kanal A gegenüber B priorisiert sei. Die Prioritätensteuerung erfolgt nach Art der *Polling-Technik* (polling: abrufen, vgl. a. Kap. 24). Die Bits a_7 und b_7 in den Kontrollregistern CRA und CRB werden hierfür herangezogen (vgl.a nächsten Abschnitt).

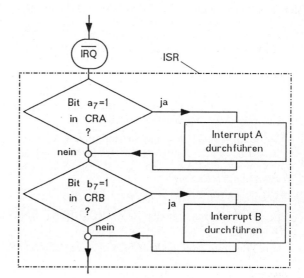

Bild 25.8: Prioritätensteuerung durch Polling (s. Text)

25.6 Datenverkehr mit den E/A-Einrichtungen

Datenübertragungen zwischen externen Ein-/Ausgabe Einrichtungen und dem Arbeitsspeicher (RAM) der MPU werden in ihrem Ablauf wesentlich von der Geschwindigkeit bestimmt, mit der die E/A-Einrichtungen Daten aufnehmen bzw. abgeben kann. Insbesondere bei Prozeßdatenverarbeitung kann man nie davon ausgehen, daß E/A=Gerät und Prozessor synchron arbeiten. Bei externem Datenverkehr sind also besondere Maßnahmen erforderlich.

Die speziellen Aufgaben können beim vorliegenden Mikrocomputer von 3 verschiedenen Ein/Ausgabewerke übernommen werden:

> - E/A-Werk für *seriellen* Betrieb (Serial Interface Adapter SIA)
> - E/A-Werk für *parallelen* Betrieb (Parallel Interface Adapter PIA)
> - E/A-Werk für *universellen Einsatz* (Versatile Interface Adapter, VIA).

Diese Aufgaben sind im einzelnen:

> - *Adressierung der E/A-Kanäle* für den Mikroprozessor,
> - Umsetzung *serieller* Empfangsdaten in *parallele* Daten,
> - Umsetzung *paralleler* Ausgabedaten in *serielle* Daten,
> - *Sendung* von *Steuersignalen* an Prozeßperipherie o. ä.

- *Empfang* von *Steuersignalen* aus der Prozeßperipherie
- *Zwischenspeicherung* ein- oder auszugebender Daten.

25.6.1 Hypothetisches E/A-Werk für parallelen Betrieb (PIA)

Das hypothetische Parallel-E/A-Werk ist im Bild 25.9 dargestellt. Es entspricht weitgehend dem kommerziellen Typ Motorola MCS 6520 und hat folgende Schnittstellen:

1) Zum Anwender:

- Zwei identische 8-bit-I/O-Kanäle mit den Bitleitungen PA_7 ... PA_0 bzw. PB_7 ... PB_0. Jede Leitung kann durch den Benutzer unabhängig von den anderen bitweise zum Ein- oder Ausgang erklärt werden.
- Für jeden Kanal 2 externe Steuersignale CA_1, CA_2 bzw. CB_1, CB_2 für die Interrupsteuerung und den Quittungsbetrieb (Handshaking).

2) Zum übrigen Rechner:

- Datenbus 8 bit,
- Steuerbus mit den Signalen $R/\overline{W}$, IRQ, RESET, EN (Enable); sie werden weiter unten erläutert,
- Adreßbus mit den Signalen CS_0, CS_1, CS_2, RS_0 und RS_1.

Aufgabe des PIA ist die Zwischenspeicherung empfangener und/oder gesendeter Worte zwecks Koordination des einwandfreien Rechenablaufs. Hierbei dient der Datenpuffer als rechnerseitiges Register, während die Ein/Ausgaberegister IORA und IORB zur Peripherie hin orientiert sind.

25.6.1.1 Datenrichtungsregister DDR, I/O-Pufferregister IOB

Die *Datenrichtungsregister (Data Direktion Register)* DDRA und DDRB legen fest, ob die zugeordneten Leitungen der *I/O-Puffer* IOBA und IOBB als Sender oder Empfänger geschaltet werden. Jeder Leitung PA_i bzw. PB_i ist dabei ein bit a_i bzw. b_i des Datenrichtungsregisters A bzw. B zugeordnet.

Beispiel: $a_i = 0$: PA_i ist als *Eingang* (Empfänger) wirksam

$a_i = 1$: PA_i ist als *Ausgang* (Sender) wirksam.

Bild 25.10 zeigt die Wirkung des Kontrollwortes $D1_{(16)}$ im Datenrichtungsregister DDRA auf den Puffer IOBA.

Bild 25.10: Wirkung des Datenrichtungsregisters

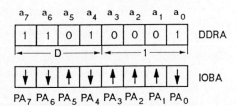

25.6.1.2 Steuerregister oder Kontrollregister (Control Register)

Die *Steuerregister* A und B (Control-Register CRA und CRB) haben 3 Aufgaben:
- Festlegung der *Funktionen der externen Steuerleitungen* CA1 ... CB2
- Speicherung der von der Peripherie *hereinkommenden Interruptanforderungen*
- *Unterscheidung* zwischen I/O-Registern und Datenrichtungsregistern (IORA und DDRA bzw. IORB und DDRB).

Tabelle 25.4: Funktionen des Steuerregisters CRA

Bits	Aufgabe	Wert			Wirkung	
a_0, a_1	Festlegung der Wirkung von CA_1	$a_0 = 0$ $a_1 = X$			kein Interrupt durch CA_1 möglich	
		$a_0 = 1$	$a_1=0$	Interrupt durch CA_1 möglich	Interruptflag $IRQA_1$ (bit a_7) wird durch negative Flanke von CA_1 gesetzt	
			$a_1=1$		$IRQA_1$ wird durch positive Flanke von CA_1 gesetzt	
a_2	Registerwahl	$a_2 = 0$ $a_2 = 1$		Adressierung des Datenrichtungsregisters DDRA Adressierung des I/O-Registers IORA		
a_3, a_4, a_5	Festlegung der Wirkung von CA_2	$a_5 = 0$	$a_3=0$ $a_4=X$		kein Interrupt durch CA_2 möglich	
			$a_3=1$ $a_4=0$	CA_2 ist Eingang	Interrupt möglich	Interruptflag $IRQA_2$ (bit a_6) wird durch durch CA_2 negative Flanke von CA_2 gesetzt
			$a_3=1$ $a_4=1$			$IRQA_2$ wird durch positive Flanke von CA_2 gesetzt
		$a_5 = 1$	$a_3=0$ $a_4=0$	CA_2 ist Ausgang	CA_2 wird zu 0 nach dem Lesen von IORA. Das nächste aktive Signal CA_1 setzt CA_2 wieder auf 1 (Handshake od. Quittungsbetrieb)	
a6	Interruptflag $IRQA_2$	$a_6 = 0$, $a_5 = 0$		Wenn CA_2 als Eingang arbeitet ($a_5=0$), wird $a_6 = 0$ (beim Lesen von IORA gelöscht)		
		$a_6 = 1$ $a_5 = 0$		a_6 wird durch die aktive Flanke von CA2 gesetzt		
a7	Interruptflag $IRQA_1$	$a7 = 0$		Durch Lesen von IORA automatisch gelöscht		
		$a_7 = 1$		Durch aktive Flanke von CA_1 gesetzt		

Am Beispiel des Kanals A ist in Tabelle 25.4 die Wirkung des Steuerregisters A hinsichtlich der einzelnen Bits dargestellt.

Das Steuerregister ist für die verschiedenen Arten der Interrupts und I/O-Operationen wichtig. So ist generell automatischer oder programmierter Quittungssignalbetrieb (handshaking) oder I/O- Betrieb ohne Quittung möglich. Im vorliegenden Mikroprozessor ist nur automatisches handshaking und programmierte Ein/Ausgabe ohne Quittung vorgesehen. An einem Beispiel werde der Ablauf einer Eingabe über Kanal A im Quittungsbetrieb dargestellt. Das Kontrollregister CRA habe den Inhalt entsprechend Bild 25.11.

a_7 a_6 a_5 a_4 a_3 a_2 a_1 a_0

X	0	1	0	0	1	1	1

Bild 25.11: Kontrollregister CRA (s. Text)

Nach Tabelle 25.4 sind damit für den PIA folgende Funktionen festgelegt:

- CA_1 kann Interrupt durchführen ($a_0 = 1$), und zwar mit positiver Flanke ($a_1 = 1$)
- das I/O-Register A wird adressiert ($a_2 = 1$)
- CA_2 ist als Ausgang geschaltet ($a_5 = 1$)
- es wird automatischer Quittungsbetrieb durchgeführt (a_3, $a_4 = 0$). Bild 25.12 zeigt das Zeitliniendiagramm.

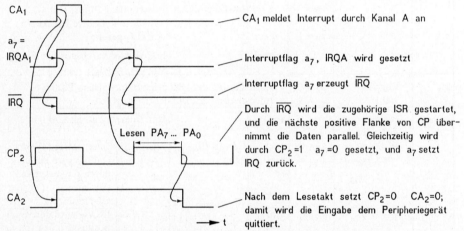

Bild 24.12: Zeitliniendiagramm eines Quittungsbetriebes im Kanal A

25.6.1.3 Adressierung der Register des PIA

Nach Bild 25.11 sind für die Adressierung des PIA-Bausteins insgesamt 5 bit vorgesehen. Zur Auswahl eines der insgesamt 6 Register dienen die Adreßvariablen RS_0 und RS_1. Mit 2 bit können jedoch nur 4 Register adressiert werden. Somit zieht man die Bits a_2 und b_2 der Kontrollregister mit heran, weil man davon ausgehen kann, daß a_2 und b_2 nur zu Beginn des Programms abgefragt werden und nach Festlegung der Datenrichtungen wieder verfügbar sind. Entsprechend Tabelle 25.5 wird a_2 für die Bitadressierung von DDRA und IORA und b_2 für DDRB und IORB herangezogen.

RS_0	RS_1	a_2	b_2	adressiertes Register
0	0	0	X	DDRA
0	0	1	X	IORA
0	1	X	X	CRA
1	0	X	1	DDRB
1	0	X	1	IORB
1	1	X	X	CRB

Tabelle 25.5: Bitadressierung der PIA-Register

Dieser Adressierungsmodus erklärt sich aus der begrenzten Zahl von Anschlußstiften des PIA.

25.6.1.4 Bausteinadressierung (Chip Select)

Die Variablen CS_2, CS_1 und CS_0 werden vom Adreßdecoder aus der vom Prozessor über den Adreßbus gesendeten Adresse erzeugt. Sie dienen zur Auswahl des richtigen Peripherie-Bausteins, da es im Prinzip möglich ist, eine größere Anzahl von Zusatzeinrichtungen zu betreiben. Für die Auswahl des hier besprochenen PIA ist die Kombination $CS_0 = CS_1 = CS_2 = 0$ vorgesehen. Werden weitere gleichartige PIA angeschlossen, so benötigt man zusätzlich Adreßdekoder.

25.6.1.5 Steuersignale EN, RESET und R/$\overline{\text{W}}$

Das Signal EN (enable) wird normalerweise aus dem Systemtakt CP_2 hergeleitet. Es dient zur Steuerung des Zeitablaufs beim Verkehr zwischen MPU und PIA.

Mit RESET = 0 werden die I/O-Register IOR, die Datenrichtungsregister DDR und die Kontrollregister CR gelöscht.

Das Signal R/$\overline{\text{W}}$ legt die Datenflußrichtung des PIA zum übrigen Rechner fest. R/$\overline{\text{W}}$ = 0 schaltet den PIA auf Lesen (Empfangen), R/$\overline{\text{W}}$ = 1 auf Schreiben (Senden).

25.6.2 Hypothetisches E/A-Werk für seriellen Betrieb (SIA oder ACIA)

Viele relativ langsame Peripheriegeräte arbeiten *zeichenorientiert* (Teletype, Bildschirmterminal, Drucker etc.) und sind von daher oder aus anderen Gründen (z.B. Kassettenlaufwerk) *seriell* organisiert. Häufig ist für die Übertragung ein fester Takt (z.B. 2400 Baud = 2400 bit/s) vereinbart. Bei manueller Eingabe entstehen zwischen den einzelnen Zeichen Pausen willkürlicher Länge, so daß die Übertragung asynchron erfolgt und durch bestimmte Start- und Stop-Bits synchronisiert werden muß. Außerdem müssen die Daten parallel-seriell (für Ausgabe) und seriell-parallel (für Eingabe) gewandelt werden. Diese Aufgaben übernimmt das *E/A-Werk für seriellen Betrieb* (Serial Interface Adapter *SIA* oder Asynchronous Communications Interface Adapter *ACIA*). Bild 24.12 zeigt die Blockschaltung eines hypothetischen SIA; es ähnelt weitgehend dem kommerziellen Typ Motorola MCS 6850 und hat folgende Schnittstellen:

1) Zum Anwender:

- *Empfangsleitung* (1 Bit) RDATA (Receive Data) zum Lesen serieller Daten,
- *Sendeleitung* TDATA (Transmit Data) zum Schreiben serieller Daten,
- *Sendeankündigung* RTS (Request To Send), vom Prozessor her aktivierbar, um dem Peripheriegerät eine Datenausgabe anzukündigen,
- *Bereitschaftsmeldung* CTS (Clear To Send), Antwort auf RTS von der Peripherie,
- *Betriebsmeldung* DCD (Data Carry Detect), die solange aufrechterhalten wird, wie die Verbindung zwischen SIA und Peripheriegerät steht,
- *Sendetakt* TCP (Transmit Clock Pulse)
- *Empfangstakt* RCP (Receive Clock Pulse).

    TCP und RCP können aufgrund z.B. langsamer Eingabe über Tastatur und Ausgabe über Bildschirm sehr unterschiedlich sein.

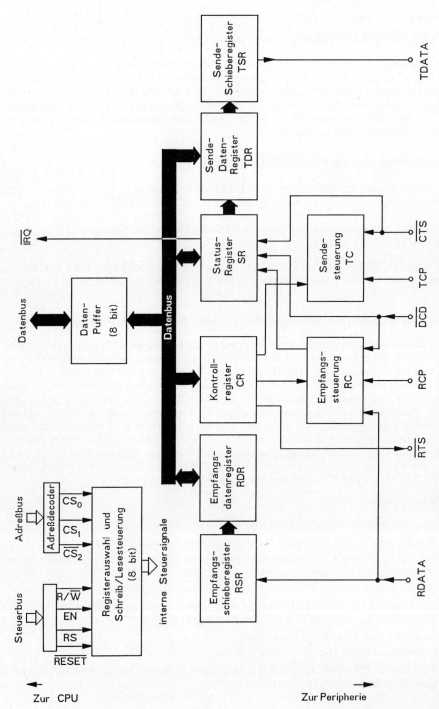

Bild 25.13: Blockschaltung eines hypothetischen E/A-Werks für seriellen Betrieb (SIA)

2) Zum Rechner:

Die Verbindungsleitungen zum Rechner sind ähnlich denen bei dem PIA

- *Datenbus* (8 Bit),
- *Steuersignale* R/W, IRQ, RS (Register Select), EN (Enable) aus dem Steuerbus,
- *Adreßsignale* CS_0, CS_1 und CS_2.

25.6.2.1 Steuerregister oder Kontrollregister (Control Register)

Das Steuerregister CR hat entsprechend Bild 25.13 vier Bitgruppen, nämlich U, F, S und E. Sie haben folgende Aufgaben:

c_7	c_6	c_5	c_4	c_3	c_2	c_1	c_0
E	S_2	S_1	F_3	F_2	F_1	U_2	U_1

Bild 25.14: Steuerregister CR

U_1, U_2 *(Bit c_0 und c_1): Festlegung der Übertragungsrate*

U_2	U_1	Wirkung
0	0	1-fache Untersetzung
0	1	16-fache Untersetzung
1	0	64-fache Untersetzung
1	1	Rücksetzen des SIA

Tabelle 25.6: Steuerung der Datenübertragungsrate

Entsprechend Tabelle 25.6 bewirken die 4 möglichen Kombinationen die 1-, 16- oder 64-fache Untersetzung der Taktsignale TCP und RCP bzw. das Rücksetzen des SIA.

F_1, F_2, F_3 *(Bits c_2... c_4): Festlegung des Datenformats*

Gemäß Tabelle 25.7 wird mit den 8 möglichen Kombinationen bestimmt, ob 7- oder 8-Bit-Worte mit oder ohne Stop-Bits und/oder Parity-Bits erzeugt bzw. empfangen werden.

Tabelle 25.7: Steuerung des Datenformats

F_3	F_2	F_1	F o r m a t
0	0	0	7 Bits + Even Parity + 2 Stop-Bits
0	0	1	7 Bits + Odd Parity + 2 Stop-Bits
0	1	0	7 Bits + Even Parity + 1 Stop-Bit
0	1	1	7 Bits + Odd Parity + 1 Stop-Bit
1	0	0	8 Bits + 2 Stop-Bits
1	0	1	8 Bits + 1 Stop-Bit
1	1	0	8 Bits + Even Parity + 1 Stop-Bit
1	1	1	8 Bits + Odd Parity + 1 Stop-Bit

S_1, S_2 *(bits c_5 und c_6), RTS-Signalsteuerung:*

Entsprechend Tabelle 25.8 wird das RTS-Signal auf 0 oder 1 gesetzt und damit ent
schieden, ob das SIA nach dem Senden ein neues Zeichen per IRQ anfordern darf.

S_2	S_1	RTS-Funktion
0	0	0, IRQ nicht möglich
0	1	0, IRQ möglich
1	0	1, IRQ nicht möglich
0	1	0, Unterbrechungssignal auf Sendeleitung, IRQ nicht möglich

Tabelle 25.8: RTS-Steuerung

E (bit c_7):
Wenn E = 1 ist, meldet der SIA dem Rechner den Empfang eines Zeichens per IRQ.

25.6.2.2 Statusregister

Das Statusregister SR enthält gemäß Bild 25.15 die Bits $s_7 \cdots s_0$ mit den Flags IRQ, PE, OVRN, FE, CTS, DCD, TDRE, RDRF

Bild 25.15: Statusregister

$$s_7 \quad s_6 \quad s_5 \quad s_4 \quad s_3 \quad s_2 \quad s_1 \quad s_0$$

IRQ	PE	OVRN	FE	CTS	DCD	TDRE	RDRF

Sie haben folgende Bedeutung:

IRQ:
Erzeugt das SIA ein IQR-Signal auf der Steuerleitung, so ist das IRQ-Flag=1. Durch Lesen oder Schreiben des Empfangs- oder Senderegisters wird IRQ gelöscht.

PE (Parity-Error-Flag):
Beim Auftreten eines Parity-Errors wird PE = 1 gesetzt.

OVRN (Empfänger Overrun):
Überlauf im Empfangsregister setzt OVRN = 1.

FE (Format Error):
Ist das empfangene Wort nicht entsprechend dem F-Teil des Steuerregisters CR mit Start- und Stop-Bits versehen, wird FE=1 gesetzt.

CTS:
Dieses Flag hat den Zustand der CTS-Leitung

DCD:
Fällt die Trägerfrequenz des Eingangssignals aus, so wird DCD = 1 gesetzt.

TDRE (Transmit Data Register Empty):
Wenn das Sendedatenregister TDR leer ist (z.B. nach Übertragung in TSR), wird TDRE = 1 gesetzt.

RDRF (Receive Data Register Full):
Ein bereitstehendes Wort im Empfangsdatenregister RDR setzt RDRF = 1. Ist gleichzeitig E = 1 (Steuerregister), so wird ein IRQ-Signal erzeugt.

25.6.2.3 Registeradressierung

Die Registeradressierung ist beim SIA einfacher als beim PIA, weil nur jeweils 2 Register Lese- bzw. Schreiboperationen durchführen können. Es genügt deshalb das RS-Signal (Register Select) in Verbindung mit $R/\overline{W}$. $CS_0 \cdots CS_2$ arbeiten wie beim PIA.

25.6.3 Hypothetisches E/A-Werk für universellen Einsatz (Versatile Interface Adapter VIA)

Ein hypothetisches E/A-Werk für *parallelen* und *seriellen* Betrieb, das für universellen Einsatz geeignet ist und einen zusätzlichen *programmierbaren Zähler* und *Zeitgeber* enthält, wird in diesem Abschnitt behandelt. Es entspricht weitgehend dem Typ SY 6522 von Synertek. In ihm sind viele Eigenschaften der in den beiden vorangegangenen Abschnitten behandelten PIA und SIA vereinigt. Bild 25.16 zeigt die Blockschaltung.

Aufgaben des VIA sind

- Datenverkehr (parallel und seriell) mit externen Geräten oder Schaltungen mit und ohne Quittungsbetrieb

- Zwischenspeicherung empfangener und/oder gesendeter Daten zwecks Koordination eines einwandfreien Datenverkehrs. Hierbei dient der Datenbuspuffer (DBB) als rechnerseitiger Treiber, während die Ein/Ausgabepuffer IOBA und IOBB zur Peripherie hin orientiert sind (s. Bild 25.16).

- Parallel-serielle und seriell-parallele Wandlung von Daten

- Erzeugung von programmierbaren Steuerfrequenzen für externe Datenerfassung

- Empfang und Zählung extern erzeugter Impulse

- Abwicklung des Quittungsbetriebs zwischen VIAs in Multiprozessorsystemen.

Der Via hat folgendeSchnittstellen:

1) Zum Anwender:

- Zwei 8-bit-I/O-Kanäle (Ports A und B) mit den Bitleitungen $PA_7 \cdots PA_0$ bzw. $PB_7 \cdots$ PB:

Jede Leitung PA_i kann durch den Benutzer unabhängig von den anderen bitweise mit Hilfe des programmierbaren Datenrichtungsregisters DDRA zum Ein- oder Ausgang erklärt werden. Der logische Zustand der als Ausgänge fungierenden Leitungen PA_i wird durch den Inhalt des Output-Register ORA bestimmt, während die Eingangsdaten in die Auffangspeicher (Latches) IRA unter der Kontrolle des CA_1-Signals gelangen. Die PA- und PB-Leitungen haben jeweils ein TTL-Fan-In = 1 und TTL-Fan-Out = 1.

Die Leitungen PB_i werden in entsprechender Weise durch das Output-Register ORB und das Datenrichtungsregister DDRB gesteuert. Zusätzlich kann das Ausgangssignal von PB_7 durch einen der beiden vorhandenen Zeitgeber (Timer) programmiert werden, während der zweite vorhandene Zeitgeber als Zähler programmierbar ist, der eingehende Signale an PB_6 zählt.

Die Treiberschaltungen für PA_i und PB_i sind entsprechend Bild 25.17a und b leicht unterschiedlich (s.a. Abschnitt 25.5.3.2).

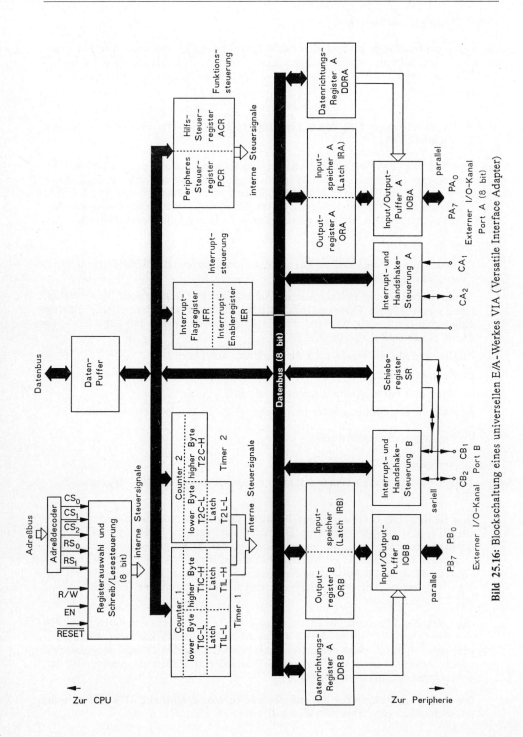

Bild 25.16: Blockschaltung eines universellen E/A-Werkes VIA (Versatile Interface Adapter)

- Für jeden Kanal A und B zwei externe Steuersignale CA_1, CA_2 bzw. CB_1, CB_2 zur Steuerung des Interrupt- und des Quittungsbetriebes beim Handshaking: Jedes Signal steuert je ein internes Interrupt-Flag mit zugehörigem Enable-Bit. CA_1 ist ein hochohmiger Eingang, er steuert die Verriegelung (latching) der Eingabeleitungen von Port A. CA_2 kann sowohl als Ausgang wie auch als Eingang fungieren (1 TTL-Standard-Last). CB_1 und CB_2 arbeiten wie die entsprechenden CA-Leitungen, können aber zusätzlich als serieller Kanal unter der Kontrolle des vorhandenen Hilssteuerregister ACR (s.a. 25.5.3.3) verwendet werden. Sie sind bidirektional. CB_1: Schiebetakt (intern oder extern), CB_2: Serielle Datenleitung.

- Eine Leitung IRQ für den Interruptbetrieb.

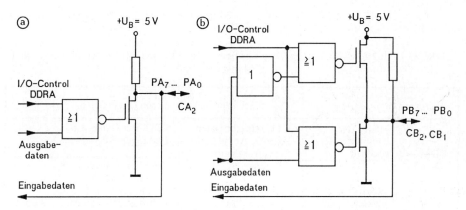

Bild 25.17: Ausgangsschaltung von PA und PB (bzw. CA_1, CA_2 und CB_1, CB_2)

2) Zum Rechner:
- Datenbus 8 bit
- Steuerbus mit den Signalen RESET, R/W, CP_2
- Adreßbus mit den Signalen CS_1, CS_2, RS_0 ··· RS_3.

In den folgenden Abschnitten wollen wir die Funktion der einzelnen Register etc. näher erörtern.

25.6.3.1 Datenrichtungsregister DDRA, DDRB

Die *Datenrichtungsregister* (Data Direction Register) *DDRA* und *DDRB* legen fest, ob die zugeordneten Leitungen der I/O-Puffer IOBA und IOBB als Sender oder Empfänger geschaltet werden. Jeder Leitung PA_i bzw. PB_i ist dabei ein bit a_i bzw. b_i des Datenrichtungsregisters A bzw. B zugeordnet.

Beispiel:

$a_i = 0$: PA_i ist als Eingang (Empfänger) wirksam
$a_i = 1$: PA_i ist als Ausgang (Sender) wirksam.

Bild 25.18 zeigt die Wirkung des Kontrollwortes $D1_{(16)}$ im Datenrichtungsregister DDRA auf den Puffer IOBA.

$$a_7 \quad a_6 \quad a_5 \quad a_4 \quad a_3 \quad a_2 \quad a_1 \quad a_0$$

| 1 | 1 | 0 | 1 | 0 | 0 | 0 | 1 | DDRA |

Bild 25.18: Funktion von DDRA (Beispiel)

|←——— D ———→|←——— 1 ———→|

| ↓ | ↓ | ↑ | ↓ | ↑ | ↑ | ↑ | ↓ | IOBA |

$$PA_7 \quad PA_6 \quad PA_5 \quad PA_4 \quad PA_3 \quad PA_2 \quad PA_1 \quad PA_0$$

25.6.3.2 Input Register (Latches) IRA, IRB und Output-Register ORA, ORB

Entsprechend Bild 25.18 werden die Leitungen der Ports A und B außer von DDRA und DDRB (Funktionssteuerung) bezüglich ihres logischen Zustandes gesteuert durch je ein korrespondierendes Bit aus den Output-Registern ORA und ORB bzw. der Input-Latches IRA und IRB. Die Signale CA_1 und CB_1 steuern dabei die Verriegelung von IRA und IRB.

Tabelle 25.9 Funktionssteuerung der Register IRA, IRB, ORA und ORB durch DDRA, DDRB, CA_1 und CB_1

Wahl der Datenrichtung		Schreiben (Senden)	Lesen (Empfangen)
DDRA = 1 (Output)	Input latching(c_0=0) disabled	CPU schreibt Daten nach ORA und von dort direkt in die Ausgänge PA	CPU liest Daten von Leitungen PA
	Input latching enabled (c_0=0)		CPU liest Daten aus IRA. Der Inhalt von IRA entspricht dem Zustand der Leitungen PA zu dem Zeitpunkt, wo CA_1 das letzteMal aktiv war.
DDRA = 0 (Input)	Input latching (c_0 =0) disabled	CPU schreibt Daten nach ORA. Solange DDRA=0 ist, werden sie nicht weiter- gegeben nachPA	CPU liest Daten von Leitungen PA
	Input latching enabled (c_0 =1)		CPU liest Daten aus IRA. Der Inhalt von IRA entspricht dem Zustand der Leitungen PA zu dem Zeitpunkt, wo CA1 das letzte Mal aktiv war.
DDRB = 1 (Output)		CPU schreibt Daten nach ORB und von dort in die Aus- gänge PB	CPU liest den Inhalt von IRB, die Leitungen PB sind ohne Einfluß
DDRB=0 (Input)	Input latching disabled (c_1 = 0)	CPU schreibt Daten nach ORB. Solange DDRB=0 ist, werden sie nicht weiter- gegeben nach PB	CPU liest Daten von Lei- tungen PB
	Input latching enabled (c_1=1)		CPU liest Daten aus IRB. Der Inhalt von IRB entspricht dem Zustand der Leitungen PB zu dem Zeitpunkt, wo wo CB_1 das letzte Mal aktiv war

Tabelle 25.9 enthält eine Zusammenfassung der einzelnen Aktivitäten in den Registern IRA, IRB, ORA, ORB in Abhängigkeit von der Funktionssteuerung durch DDRA, DDRB, CA_1 und CB_1. (Die Flags c_0 und c_1 befinden sich im ACR, s.a. 25.5.3.3).

25.6.3.3 Schieberegister (SR) und Hilfssteuerregister (ACR)

Das *Schieberegister (SR)* gestattet den *seriellen I/O-Datenverkehr* unter der Kontrolle eines internen modulo-8-Zählers. Die Schiebetaktimpulse können entweder extern über CB_1 eingegeben oder auch intern erzeugt werden. Im letztgenannten Fall stehen sie an CB_1 als Steuersignal für externe Zwecke zur Verfügung. Die Steuerbits für die verschiedenen Betriebsarten des Schieberegisters sind im *Hilfssteuerregister (auxiliary control register) ACR* abgelegt, und zwar entsprechend Bild 25.19 in den Zellen c_4, c_3 und c_2. Bits c_1 und c_0 steuern das Enable/Disable der Latches von Port A und B.

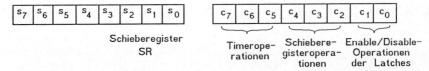

Bild 25.19: Struktur des Schieberegisters SR und des Hilfssteuerregisters ACR

Wenn SR als Empfänger arbeitet, werden die Daten von s_0 Richtung s_7 geschoben. Ist SR Sender, so wird s_7 als erstes Bit ausgegeben und rotiert gleichzeitig zurück nach s_0.

Tabelle 25.10 gibt eine Zusammenstellung der möglichen Betriebsarten von SR in Abhängigkeit der Steuerbits c_4 ... c_2.

Tabelle 25.10: Arbeitsweise des seriellen E/A-Kanals unter der Steuerung von c_4 ··· c_2

Bitkombination c_4 c_3 c_2	Arbeitsweise
0 0 0	keine (disabled)
0 0 1	Einlesen unter Kontrolle von Timer 2
0 1 0	Einlesen unter Kontrolle von CP2
0 1 1	Einlesen unter Kontrolle eines externen Taktes an CB_1
1 0 0	Auslesen zyklisch freilaufend, durch Timer 2 getaktet
1 0 1	Auslesen (1 Mal) unter Kontrolle von Timer 2
1 1 0	Auslesen unter Kontrolle von CP2
1 1 1	Auslesen unter Kontrolle eines externen Taktes an CB_1

Die einzelnen Betriebsarten haben unterschiedliche Reaktionen beim IRQ-Flag zur Folge (s. unten).

25.6.3.4 Steuersignale CP_2, RESET, R/$\overline{W}$

Der *Systemtakt* CP_2 wird vom Rechner geliefert. Er dient zur Steuerung des Zeitablaufs beim Datenverkehr zwischen Prozessor und dem VIA.

Mit *RESET* werden mit Ausnahme der Latches von Timer T_1 und T_2, der Zähler und dem Schieberegister SR alle internen Register des VIA auf log. 0 gelöscht. Dadurch gelangen alle peripheren Datenleitungen in den Eingabe-Status und die Timer, das Schieberegister und die Interruptsteuerung werden deaktiviert (disabled).

Das *Signal R/$\overline{W}$* legt die Datenflußrichtung des VIA zum übrigen Rechner fest. R/$\overline{W}$ = 0 bewirkt Schreiben von Daten aus dem Rechner in das ausgewählte Register des VIA. Für R/$\overline{W}$ = 1 und adressiertem Chip werden Daten aus dem VIA in den Rechner übertragen (Lesen).

25.6.3.5 Chip- und Registeradressierung CS_1, CS_2, RS_0 ... RS_3

Die beiden Chip-Adressierungseingänge CS_1 und CS_2 werden zur Adressierung des VIA durch den Rechner benutzt. Da es im Prinzip möglich ist, eine größere Anzahl von Peripheriegeräten zu betreiben, ist für die Auswahl des VIA festgelegt:

$$CS_1 = 1 \quad \text{und} \quad CS_2 = 0.$$

Werden weitere gleichartige VIA angeschlossen, so benötigt man zusätzlich *Adreßdekoder.*

Die 4 Registeradressierungsvariablen RS_3 ... RS_0 ermöglichen die Adressierung eines der 16 internen Register des VIA. Tabelle 25.11 zeigt die verschiedenen Möglichkeiten.

Tabelle 25.11: Registeradressierung mittels RS_3 ··· RS_0

Adreßvariable RS_3 RS_2 RS_1 RS_0	Adressiertes Register	Arbeitsweise	
		Schreiben	Lesen
0 0 0 0	ORB/IRB	Ausgabe B	Eingabe B
0 0 0 1	ORA/IRA	Ausgabe A	Eingabe A
0 0 1 0	DDRB	Datenrichtungsregister B	
0 0 1 1	DDRA	Datenrichtungsregister A	
0 1 0 0	T1C-L	T_1-Latch Low Order	T_1-Zähler Low Order
0 1 0 1	T1C-H	T_1-Zähler High Order	
0 1 1 0	T1L-L	T_1-Latch Low Order	
0 1 1 1	T1L-H	T_1-Latch High Order	
1 0 0 0	T2C-L	T_2-Latch Low Order	T_2-Zähler Low Order
1 0 0 1	T2C-H	T_2-Zähler High Order	
1 0 1 0	SR	Schieberegister	
1 0 1 1	ACR	Hilfssteuerregister	
1 1 0 0	PCR	Peripheres Steuerregister	
1 1 0 1	IFR	Interrupt-Flagregister	
1 1 1 0	IER	Interrupt Enable-Register	
1 1 1 1	ORA/IRA	Aus/Eingabe-Register ohne Handshake	

High Order $\cong$ Higher Byte ;   Low Order $\cong$ Lower Byte

25.6.3.6 Interrupt-Request-Signal IRQ

Das Interrupt-Request-Signal IRQ ist immer dann IRQ = 0, wenn ein internes Interrupt-Flag gesetzt und das zugehörige Interrupt-Enable-Bit logisch 1 sind. Der Ausgang hat "Open-Drain"-Technik, um externe Wired-OR-Verknüpfungen (s. a. Arbeitsblatt 6) mit anderen gleichartigen Signalen vornehmen zu können.

25.6.3.7 Periphere Steuerleitungen CA_1, CA_2, CB_1, CB_2

Die beiden peripheren Steuerleitungspaare CA_1, CA_2 und CB_1, CB_2 haben zum Teil gleiche, zum Teil unterschiedliche Funktionen (s.a. Bild 25.17). Jede Leitung steuert je ein *internes Interruptflag* mit *zugehörigem Interrupt-Enable - Bit.*

CA_1 kontrolliert die Verriegelung der Eingabedaten von Port A und ist ein hochohmiger Eingang. CA_2 ist bidirektional mit einem Fan-In/Fan-Out von jeweils 1 Standard-TTL-Lasteinheit. CB_1 und CB_2 sind beide bidirektional und dienen zusätzlich als serieller I/O-Kanal (s.a. Abschnitt 25.6.3.3). Fan-In/Fan-Out ist wie bei CA_2.

25.6.3.8 Quittungsbetrieb (Handshake) bei Datenübertragungen, Peripherie-Steuerregister PCR

Mit Hilfe der peripheren Steuerleitungen aus Abschnitt 25.6.3.7 ist Quittungsbetrieb bei der Datenein- und -ausgabe (Handshake) möglich. Während CA_1, CA_2 Handshake beim Lesen *und* Schreiben erlaubt, ist dies mit CB_1, CB_2 *nur* für Schreiben möglich.

Read Handshake:
Datenübertragung von der Peripherie zum Prozessor kann durch "Read-Handshaking" gesichert werden. In dieser Betriebsart erzeugt die Peripherie ein Signal DATA READY, um dem Prozessor zu melden, daß gültige Daten am Eingabekanal bereitstehen. Das Signal CA_1 bewirkt im Prozessor einen Interrupt, die Daten werden gelesen, und der Prozessor quittiert mit DATA TAKEN. Die Peripherie reagiert darauf, indem sie weitere Daten zur Verfügung stellt. Der Vorgang wiederholt sich solange, bis der Datentransfer abgeschlossen ist.

Das DATA READY-Signal an CA_1 erzeugt ein internes Interruptflag, das den Prozessor über eine Polling-Routine (s.a. Abschnitt 25.5) zum Interrupt veranlaßt. Nach vollzogener Dateneingabe kann das DATA-TAKEN-Signal zwei verschiedene Formen haben. Im automatischen Quittungsbetrieb ist DATA TAKEN = 0 für die Dauer einer CP_2-Periode. Im anderen Fall wird DATA TAKEN = 0 gesetzt durch den Prozessor, und ein nachfolgendes DATA READY = 0 setzt DATA TAKEN = 1 . Automatischer Quittungsbetrieb ist nur im Kanal A möglich.

Bild 25.20 veranschaulicht die beiden Arten des Handshaking beim Lesen von Port A noch einmal grafisch an einem Beispiel. Die Polarität von CA_2 kann auch entgegengesetzt gewählt werden (s. Tabelle 25.12).

Write Handshake:
Das Handshaking beim Übertragen von Daten aus dem Prozessor zur Peripherie ist ähnlich dem bei Lesebetrieb, mit dem Unterschied, daß der VIA das DATA READY-Signal erzeugt und die Peripherie mit DATA TAKEN quittiert. Der Betrieb ist sowohl mit Port A als auch mit Port B möglich. CA_2 bzw. CB_2 arbeiten als DATA READY-Ausgänge, und CA_1 bzw. CB_1 sind die entsprechenden DATA TAKEN-Eingänge mit zugeordnetem Interruptflag. Bild 25.21 zeigt die Signalverläufe grafisch.

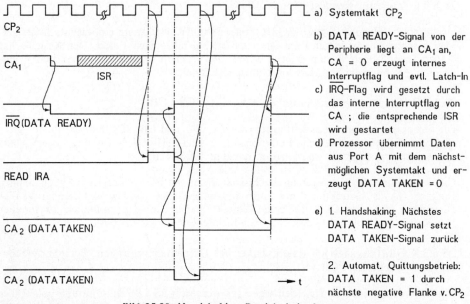

a) Systemtakt CP$_2$

b) DATA READY-Signal von der Peripherie liegt an CA$_1$ an, CA = 0 erzeugt internes Interruptflag und evtl. Latch-In

c) IRQ-Flag wird gesetzt durch das interne Interruptflag von CA ; die entsprechende ISR wird gestartet

d) Prozessor übernimmt Daten aus Port A mit dem nächstmöglichen Systemtakt und erzeugt DATA TAKEN = 0

e) 1. Handshaking: Nächstes DATA READY-Signal setzt DATA TAKEN-Signal zurück

2. Automat. Quittungsbetrieb: DATA TAKEN = 1 durch nächste negative Flanke v. CP$_2$

Bild 25.20: Handshaking-Betrieb beim Lesen

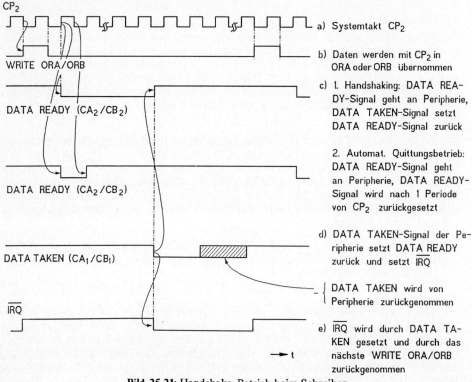

a) Systemtakt CP$_2$

b) Daten werden mit CP$_2$ in ORA oder ORB übernommen

c) 1. Handshaking: DATA READY-Signal geht an Peripherie, DATA TAKEN-Signal setzt DATA READY-Signal zurück

2. Automat. Quittungsbetrieb: DATA READY-Signal geht an Peripherie, DATA READY-Signal wird nach 1 Periode von CP$_2$ zurückgesetzt

d) DATA TAKEN-Signal der Peripherie setzt DATA READY zurück und setzt IRQ

{ DATA TAKEN wird von Peripherie zurückgenommen

e) IRQ wird durch DATA TAKEN gesetzt und durch das nächste WRITE ORA/ORB zurückgenommen

Bild 25.21: Handshake-Betrieb beim Schreiben

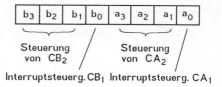

Bild 25.22: Struktur des Peripherie-Steuerregisters PCR

Peripherie-Steuerregister (Peripheral Control Register PCR):

Das PCR legt den Betriebsmodus von CA_1, CA_2, CB_1 und CB_2 fest.Bild 25.22 zeigt die Zuordnung der 8 bit des PCR zu den einzelnen Leitungen.

a_0 und b_0 sind den Leitungen CA_1 und CB_1 zugeordnet:

a_0, b_0 = 0: negative Flankensteuerung,

a_0, b_0 = 1: positive Flankensteuerung.

Die Bits a_1 ... a_3 und b_1 ... b_3 bestimmen die Betriebsart von CA_2 und CB_2 entsprechend Tabelle 25.12.

Tabelle 25.12: Programmierung der Signale CA_2, CB_2 durch PCR

a_3 a_2 a_1 / b_3 b_2 b_1	Betriebsart von CA_2 / CB_2
0 0 0	Eingang, Steuerung von IRA/IRB, negative Flanke aktiv
0 0 1	Eingang unabhängiger Interrupt, negative Flanke aktiv
0 1 0	Eingang,Steuerung von IRA/IRB, positive Flanke aktiv
0 1 1	Eingang unabhängiger Interrupt, positive Flanke aktiv
1 0 0	Handshake-Ausgang
1 0 1	Automatischer Quittungsbetrieb ,Ausgang
1 1 0	LOW-Ausgangssignal
1 1 1	HIGH-Ausgangssignal

25.6.3.9 Interruptbetrieb, Interrupt-Flag-Register IFR, Interrupt-Enable-Register IER

Die Interruptsteuerung innerhalb des VIA enthält 3 wesentliche Aktivitäten:

- *Setzen* oder *Löschen* der *Interrupt-Flags*,
- *Meldung* einer *Interruptanforderung* an den Prozessor
- *Durchführung* des Interrupts.

Die Interrupt-Flags werden gesetzt, wenn irgendwelche Interruptbedingungen in dem VIA vorhanden sind oder an dessen Eingängen anstehen. Die Flags bleiben in der Regel so lange gesetzt, bis der Interrupt bedient worden ist. Die CPU muß hierzu zum einen die Interruptquelle identifizieren und sie zum anderen in die Prioritätenkette einreihen. Das geschieht, indem der Inhalt des Interrupt-Flag-Registers IFR in den Akkumulator des Prozessors geladen wird. Durch anschließendes Rechts- oder Linksverschieben (Isolieren einzelner Bits des Akkuinhalts) wird unter Verwendung bedingter Sprünge die Interruptquelle des VIA ermittelt.

Bild 25.23 zeigt die Struktur des Interrupt-Flag-Registers sowie die den einzelnen f_i zugeordneten Setz- und Rücksetzbedingungen.

Das IFR kann direkt vom Prozessor gelesen werden. Wenn die entsprechenden Chip-Select- und Register-Select-Signale (s.a. 25.6.3.5) auf dem Adreßbus anstehen, liegt der Inhalt von IFR auf dem Datenbus. Die einzelnen Flags f_i lassen sich dann auch per Programm individuell löschen, mit Ausnahme von f_7 (siehe unten). Das Löschen geschieht, indem man eine logische 1 in das entsprechende f_i schreibt (intern führt das dazu, daß daraus eine logische 0 wird)!

Jedem *Interrupt-Flag* f_i ist ein *Interrupt-Enable-Bit* e_i entsprechend Bild 25.24 zugeordnet. Es wird durch den Prozessor gesetzt oder zurückgesetzt, je nachdem, ob der durch das korrespondierende f_i angemeldete Interrupt vom Prozessor bedient wird oder nicht. Dabei gilt:

$$f_i = 1 : \text{Interruptanforderung liegt vor}$$

$$e_i = 1 : \text{Interrupt wird bedient.}$$

Gleichzeitig ist die Interrupt-Request-Leitung (s.a. 25.6.3.6)

$$\text{IRQ} = 0 \qquad \text{für } e_i = 1.$$

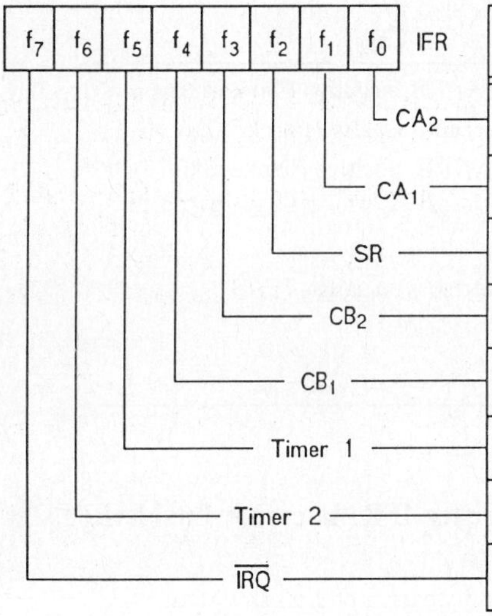

f_7 f_6 f_5 f_4 f_3 f_2 f_1 f_0 IFR		gesetzt durch	zurückgesetzt durch
	CA$_2$	aktive Flanke von CA$_2$	Lesen IRA oder Schreiben ORA)*
	CA$_1$	aktive Flanke von CA$_1$	Lesen IRA oder Schreiben ORA
	SR	Vollenden von 8 Schiebeoperationen	Lesen oder Schreiben SR
	CB$_2$	aktive Flanke von CB$_2$	Lesen IRB oder Schreiben ORB)*
	CB$_1$	aktive Flanke von CB$_1$	Lesen IRB oder Schreiben ORB
	Timer 1	TIME OUT von T2	Lesen T2 Low oder Schreiben T2 High
	Timer 2	TIME OUT von T1	Lesen T1 Low oder Schreiben T1 High
	IRQ	jeden Interrupt, der "enabled" ist	CLEAR ALL INTERRRUPTS

)* Wenn CA$_2$/CB$_2$ im Peripherie-Steuerregister im Modus "unabhängiger Interrupt" programmiert sind, dann werden f_0/f_3 durch Lesen oder Schreiben nicht zurückgesetzt, sondern müssen per Programm gelöscht werden,

Bild 25.23: Interrupt-Flag-Register IFR

Allgemein wird f_7 in dem Fall, daß im VIA ein Interrupt existiert, von der CPU als logische "1" gelesen. Damit kann man bei Vorhandensein mehrerer VIA bequem die Interruptquelle identifizieren und die Prioritätensteuerung (Polling, s.a. Bild 25.11) organisieren, indem man die IFR der einzelnen VIA auf $f_7 = 1$ abprüft.

Entsprechend Bild 25.23 ist das IRQ-Flag f_7 Teil des IFR. Es gilt

$$f_7 = f_6 \cdot e_6 + f_5 \cdot e_5 + f_4 \cdot e_4 + f_3 \cdot e_3 + f_2 \cdot e_2 + f_1 \cdot e_1 + f_0 \cdot e_0 \;. \qquad (25.2)$$

Bit f_7 ist demnach kein normales Flag, es kann deshalb nicht einfach gelöscht werden, indem man eine logische 1 wie bei den anderen f_i (s.o.)

einschreibt. Es läßt sich nur löschen, indem alle anderen Flags f_i im IFR gelöscht werden oder indem alle aktiven Interrupts deaktiviert werden.

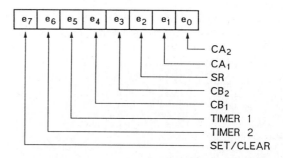

Bild 25.24: Interrupt-Enable-
Register IER

Für das Löschen von f_7 gibt es zwei Möglichkeiten:

- *Alle anderen Flags* f_6 ... f_0 im IFR werden gelöscht.
- *Alle aktiven Interrupts* werden deaktiviert (disabled), indem im IER die Bits e_6 ... e_0 gelöscht werden. Wie das ermöglicht wird, zeigen die folgenden Erläuterungen.

Die CPU kann die einzelnen Bits im IER einzeln setzen oder löschen, ohne daß die übrigen Interrupts dabei beeinflußt werden. Dies geschieht, indem mittels entsprechender Chip-Select- und Register-Select-Signale über den Adreßbus das IER adressiert wird (s.a. 25.6.3.5). Die dann auf dem Prozessor-Datenbus liegenden Bits D_7 ... D_0 beeinflussen das IER wie folgt (s.a. Bild 25.24):

$D_7 = 0$: Jede logische 1 in den Datenbits D_6 ... D_0 löscht das entsprechende Bit e_6 ... e_0 und deaktiviert dabei den zugeordneten Interrupt. Alle Datenbits mit log. ”0” beeinflussen das zugehörige e_i-Bit nicht.

$D_1 = 1$: Jede logische 1 in den Datenbits D_6 ... D_0 setzt das entsprechende Bit e_6 ... e_0 und aktiviert den zugehörigen Interrupt. Alle Datenbits mit log. 0 beeinflussen das zugehörige e_i-Bit nicht.

Diese individuelle SET/CLEAR-Kontrolle der einzelnen e_i -Bits *(maskiertes Setzen und Löschen)* bietet bequeme Möglichkeiten zur Steuerung des Interruptbetriebes im Gesamtsystem.

Der Prozessor kann den Inhalt des IER außerdem auch einfach lesen, indem IER entsprechend adressiert (s.o.) und das Signal $R/\overline{W} = 1$ gesetzt wird. Bit e_7 wird dann als log. 0 gelesen.

25.6.3.10 Zeittakt-Steuerung (Timer-Operation)

Entsprechend Bild 25.16 enthält der VIA zwei *Zeitsteuerungen* (Timer 1 und Timer 2). Timer 1 besteht aus zwei 8-bit-Latches (T1L-L und T1L-H) und einem 16-bit- Zähler (T1C-L und T1C-H). Die Latches (Auffangflipflops) werden benutzt, um die Voreinstellung des Zählers aufzunehmen. Der Takt für den Zähler ist das Signal CP_2. Die verschiedenen Betriebsarten von Timer 1 werden unten näher erläutert.

Timer 2 besteht aus einem 8-bit-Latch (T2L-L) und einem 16-bit-Zähler (T2C-L und T2C-H), dessen Zähltakt ebenfalls CP_2 ist. Timer 2 unterscheidet sich nicht nur im Aufbau, sondern auch in den Betriebsarten von Timer 1. Für die Steuerung des Timer-Betriebes werden außerdem die Bits c_7, c_6 und c_5 des Hilfssteuerregisters ACR benötigt (s.a. 25.6.3.3). Folgende Zuordnung besteht (Bild 25.25):

$$c_7, c_6 \quad : \quad \text{Steuerung von Timer 1-Operationen}$$

$$c_5 \quad : \quad \text{Steuerung von Timer 2-Operationen.}$$

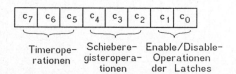

Bild 25.25: Steuerung des Timerbetriebs mittels Hilfssteuerregister ACR

Timer 1-Betriebsarten

Timer 1 kann, gesteuert mit Hilfe der Bits c_7 und c_6 im ACR, in insgesamt 4 verschiedenen Betriebsarten arbeiten:

- *Einzelinterruptbetrieb (One-Shot-Mode) ohne* Ausgangssignal an PB_7 ($c_7 = 0$, $c_6 = 0$)
- *Einzelinterruptbetrieb (One-Shot-Mode) mit* Ausgangssignal an PB_7 ($c_7 = 1$, $c_6 . 0$)
- *Freilaufender (kontinuierlicher) Interruptbetrieb ohne* Ausgangssignal an PB_7 ($c_7 = 0$, $c_6 = 1$)
- *Freilaufender (kontinuierlicher) Interruptbetrieb mit* Ausgangssignal an PB_7 ($c_7 = 1$, $c_6 = 1$).

Die beiden Bytes T1C-L und T1C-H des Zählers werden beim Schreiben (Laden) und Lesen unterschiedlich behandelt. Das gleiche gilt für die Latches T1L-L und T1L-H. Tabelle 25.13 gibt eine Zusammenstellung.

Einzelimpulsbetrieb (One-Shot-Mode):

Der Einzelimpulsbetrieb ermöglicht einen *einzelnen Interrupt pro Ladeoperation* des Timers. Die Zeitverzögerung zwischen dem Laden des T_1C-H- Higher Byte und dem Auslösen des Prozessor-Interrupts ist eine direkte Funktion der Voreinstellung des Timers (Inhalt von TC1-L und TC1-H). Zusätzlich kann der Timer mittels Bit c_7 des ACR so programmiert werden, daß er an PB_7 einen negativen Einzelimpuls erzeugt. Wenn $c_7 = 1$ ist, wird durch eine WRITE T1C-H-Operation $PB_7 = 0$ gesetzt, und es bleibt dann solange auf 0, bis der Timer auf Null gezählt hat (Time out). Es entsteht an PB_7 ein Einzelimpuls programmierbarer Länge. Bild 25.26 zeigt das zugehörige Impulsdiagramm.

Während des One-Shot-Betriebes hat ein Laden des High-Order-Latches T1L-H keinen Einfluß auf den Timer 1-Ablauf. Für den Fall, daß das Zählerbyte T1C-L benötigt wird, muß jedoch sichergestellt sein, daß das Low-Order-Latch T1L-L die korrekten Daten enthält, bevor mit einer WRITE T1C-H-Operation das Laden und die Triggerung des T1-Zählers beginnen.

Beim Laden des T1-Zählers wird das Interrupt-Flag f_6 im IFR gelöscht; es bleibt solange 0, bis der Zähler Null erreicht hat und entsprechend Bild 25.26 mit IRQ = 0 der Interrupt ausgelöst wird. Der Zähler wird anschließend weiter getriggert, und damit erhält man die Möglichkeit, durch Lesen des Zählerstandes die Zeitspanne seit Beginn des Interrupt zu bestimmen. Interruptflag f_6 kann nur entsprechend Bild 25.23 neu gesetzt werden.

Tabelle 25.13: Wirkung der Schreib- und Leseoperationen auf die Timer 1-Register

Register	Schreiben (Laden) WRITE	Lesen READ
T1C-L	8 Bit werden aus der CPU nach T1L-L geladen. Der Latch-Inhalt wird nach T1C-L übertragen in dem Zeitpunkt, wo T1C-H geladen wird. (Direktes Laden von T1C-L aus der CPU ist nicht möglich).	8 Bit aus T1C-L werden zur CPU übertragen. Zusätzlich wird f6 im Interrupt-Flag-Register IFR zurückgesetzt.
T1C-H	8 Bit werden aus der CPU nach T1L-H geladen. Außerdem werden sowohl der Inhalt von T11L-H als auch von T1L-L nach T1C-H bzw. T1C-L übertragen. Interruptflag f6 im IFR wird zurückgesetzt.	8 Bit werden von T1C-H zur CPU übertragen.
T1L-L	8 Bit werden aus der CPU nach T1L-L geladen (s.a. Laden T1C-L).	8 Bit werden aus T1L-L zur CPU übertragen. Im Gegensatz zum Lesen T1C-L wird f6 im IFR nicht gelöscht.
T1L-H	8 Bit werden aus der CPU nach T1L-H übertragen. Im Gegensatz zum "Laden T1C-L" findet kein zusätzlicher Transfer nach T1C-L statt	8 Bit werden aus T1L-H zur CPU übertragen.

Freilaufender Interruptbetrieb (Free-Run-Mode):

Der freilaufende Interruptbetrieb ermöglicht die kontinuierliche Folge zeitlich äquidistanter Interrupts. Wenn $c_7 = 1$ ist, kann außerdem an PB_7 ein Rechtecksignal abgegriffen werden, dessen Frequenz unabhängig von Variationen der Interrupt-Antwortzeit des Prozessors ist.

Der Free-Run-Mode wird eingeleitet durch eine WRITE T1C-H-Operation. Wenn $c_7 = 1$ ist, wird gleichzeitig PB_7 = 0 gesetzt. Hat der Zähler Null erreicht, so wird IRQ = 0, und PB_7 wird invertiert. Im Gegensatz zum One-Shot-Betrieb wird jetzt der T1-Zähler *(erneut)* mit dem 16-Bit-Inhalt von T_1L-L und T1L-H voreingestellt und mit CP_2 heruntergezählt. Immer dann, wenn der Zähler Null erreicht, wird IRQ = 0 gesetzt und (bei $c_7 = 1$) PB_7 invertiert. Bild 25.27 zeigt das zugehörige Impulsdiagramm. IRQ kann gelöscht werden durch WRITE T1C-H, READ T1C-L oder durch direktes Schreiben in das Flag, wie später beschrieben. Wenn PB_7 als Timer-Ausgang arbeiten soll, müssen gleichzeitig bit b_7 in DDRB und c_7 im ACR logisch 1 sein.

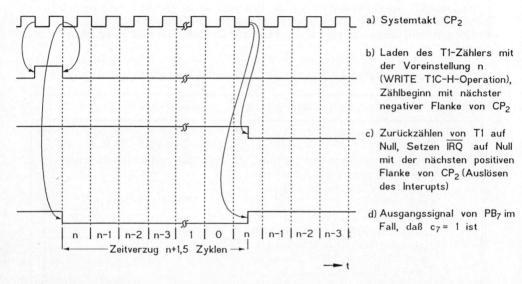

a) Systemtakt CP_2

b) Laden des T1-Zählers mit der Voreinstellung n (WRITE T1C-H-Operation), Zählbeginn mit nächster negativer Flanke von CP_2

c) Zurückzählen von T1 auf Null, Setzen $\overline{IRQ}$ auf Null mit der nächsten positiven Flanke von CP_2 (Auslösen des Interupts)

d) Ausgangssignal von PB_7 im Fall, daß $c_7 = 1$ ist

| n | n-1 | n-2 | n-3 | 1 | 0 | n | n-1 | n-2 | n-3 |

Zeitverzug n+1,5 Zyklen

→ t

Bild 25.26: Einzelimpuls-(One-Shot-) Betrieb von Timer 1 (und mit Ausnahme von Teilbild d) auch von Timer 2)

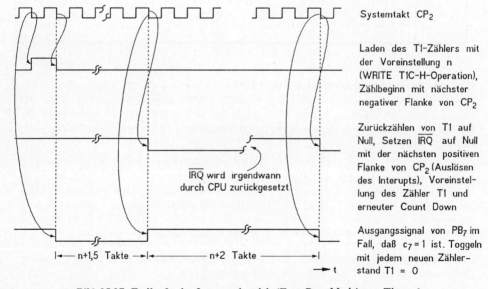

Systemtakt CP_2

Laden des T1-Zählers mit der Voreinstellung n (WRITE T1C-H-Operation), Zählbeginn mit nächster negativer Flanke von CP_2

Zurückzählen von T1 auf Null, Setzen $\overline{IRQ}$ auf Null mit der nächsten positiven Flanke von CP_2 (Auslösen des Interupts), Voreinstellung des Zähler T1 und erneuter Count Down

$\overline{IRQ}$ wird irgendwann durch CPU zurückgesetzt

Ausgangssignal von PB_7 im Fall, daß $c_7 = 1$ ist. Toggeln mit jedem neuen Zählerstand T1 = 0

|← n+1,5 Takte →|← n+2 Takte →|

→ t

Bild 25.27: Freilaufender Interruptbetrieb (Free-Run-Mode) von Timer 1

Timer 2-Betriebsarten

Timer 2 kann, gesteuert mittels Bit c_6 im ACR, in 2 Betriebsarten arbeiten, und zwar im

- *One-Shot-Mode* ähnlich Timer 1 und im

- *Zähler-Mode.*

Timer 2 besteht aus einem *"Write-Only"*-Low-Order Latch T2L-L, einem *"Read-On ly"*-Low-Order-Zähler T2C-L und einem *"Write/Read"*-High-Order-Zähler T2C-H. DieZählerregister arbeiten als 16-Bit-Zähler, der mit CP_2 getriggert wird. Tabelle 25.14 gibt eine Übersicht über die Wirkung der Schreib- und Leseoperationen auf die T2-Register.

Tabelle 25.14: Wirkung der WRITE- und READ-Operationen auf die T2-Register

Register	Schreiben (Laden) WRITE	Lesen READ
T2C-L	8 Bit werden aus der CPU in das Latch T2L-L geladen (Direktes Laden von T2C-L ist nicht möglich).	8 Bit werden aus T2C-L zur CPU übertragen. Bit f6 im Interrupt Flagregister IFR wird gelöscht.
T2C-H	8 Bit werden aus der CPU nach T2C-H geladen. Zusätzlich kommt der Inhalt von T2L-L nach T2C-L, und das Interruptflag f6 im IFR wird gelöscht.	8 Bit werden aus T2C-H zur CPU übertragen.

One-Shot-Mode von Timer 2

Der Einzelimpulsbetrieb von Timer 2 entspricht dem von Timer 1 mit der Ausnahme, daß Ausgang PB_7 nicht programmiert werden kann (s.a. Bild 25.26). Mit jeder WRITE T2C-H-Operation wird ein einzelner Interrupt eingeleitet. Nach dem Time-Out wird IRQ = 0 gesetzt, der Zähler wird weiter dekrementiert. Um IRQ wieder zurückzusetzen, ist entweder READ T2C-L oder WRITE T2C-H erforderlich.

Pulszähler-Modus (Pulse Counting Mode) von Timer 2

Im Pulszähler-Modus arbeitet der Zähler in Timer 2 als voreingestellter 16-Bit-Zähler, der mit negativer Taktflanke über PB_6 getriggert wird. Der Zählvorgang wird mit WRI-TE T2C-H eingeleitet (s.a. Tabelle 25.10). Dabei wird f_6 im IFR gelöscht. Nach dem Count-Down wird f_6 gesetzt und mit IRQ = 0 der Interrupt eingeleitet. Der Zähler dekrementiert im PB_6-Takt weiter. Bild 25.28 zeigt das zugehörige Impulsdiagramm.

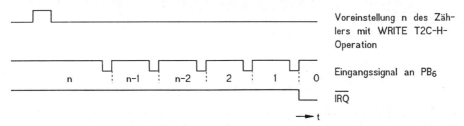

Voreinstellung n des Zählers mit WRITE T2C-H-Operation

Eingangssignal an PB_6

$\overline{IRQ}$

Bild 25.28: Timer 2, Betriebsart Pulszähler

Alle Zeittakt-(Timer-)-Steuerungen sind *re-triggerbar,* das heißt, durch (vorzeitiges) Neuladen der Zähler mittels WRITE-Operation wird der Count-Down re-initialisiert und beginnt von vorn ohne Folge auf die Interrupteinleitung. Ein Time-Out kann also verhindert werden, indem die Zähler vor dem Erreichen von Null neu geladen werden.

Bei Timer 1 ist das z.B. gegeben durch vorzeitiges WRITE T1C-H. Lädt man jedoch die Latches während eines laufenden Count-Down, so hat das keinen Einfluß auf den Time-Out. Hiermit erfolgt stattdessen die Vorbereitung der Länge des nachfolgenden Time-Out.

25.7 Minimalkonfiguration des hypothetischen Mikrocomputers

In Bild 25.1 ist die allgemeine Struktur eines Mikrocomputers dargestellt. Für den einfachen Betrieb sind jedoch außer dem unabdingbaren Mikroprozessor nicht alle verfügbaren Zusatzbausteine erforderlich, sondern es genügt eine *Minimalkonfiguration,* bei der auch nicht der gesamte Adreßraum ausgenutzt sein muß. Bild 25.29 zeigt das Beispiel einer Minimalkonfiguration mit Mikroprozessor CPU, 1 k Worte Festspeicher ROM, 256 Worte Arbeitsspeicher RAM, PIA, Taktgenerator CP und Reset-Einrichtung.

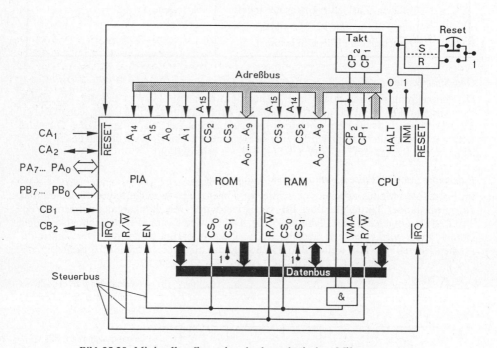

Bild 25.29: Minimalkonfiguration des hypothetischen Mikrocomputers

Häufig sind Mikrocomputer komplett auf einer gedruckten Platine untergebracht. Man bezeichnet sie dann als *Ein-Platinencomputer.* Sofern sie vollständig auf einem VLSI-Chip integriert ist, spricht man von einer *Ein-Chip-MCU.*

Wir wollen nun eine Minimalkofiguration mit der MCU aus Abschnitt 25.2 entwerfen. Der Datenbus hat (zwangsläufig) die Breite 8 bit. Vom Steuerbus werden nur 4 Bits (IRQ, R/W, RESET und VMA) benötigt. VMA ist mit CP_2 konjunktiv verknüpft und im ROM auf CS_0, im PIA auf EN geführt. Dadurch findet Datenverkehr nur bei $CP_2 = 1$ und $VMA = 1$ statt.

Die Bausteinauswahl (RAM, ROM, PIA) geschieht über die Adreßbits A_{14} und A_{15}. Bezeichnet man mit X die übrigen benötigten Adreßbits und setzt alle nicht verwendeten bits auf 0, so ergibt sich die Adressierung der Minimalkonfiguration nach Tabelle 25.15.

Tabelle 25.15: Adressierung der Minimalkonfiguration

A_{15} A_{14} A_{13} A_{12} A_{11} A_{10} A_9 A_8 A_7 A_6 A_5 A_4 A_3 A_2 A_1 A_0	Baustein	Adreßraum
1 1 0 0 0 0 X X X X X X X X X X	ROM	C000 ⋯ C3FFF
0 0 0 0 0 0 0 0 X X X X X X X X	RAM	0000 ⋯ 00FF
0 1 0 0 0 0 0 0 0 0 0 0 0 0 X X	PIA	4000 ⋯ 4003

25.8 Befehlssatz des hypothetischen Mikroprozessors

Da der Operationsteil der Instruktionen 1 Byte lang ist, sind maximal $2^8 = 256$ verschiedene Befehle möglich. Wegen der unterschiedlichen Möglichkeiten der Adressierung (s. a. Kap 24) müssen für die meisten Assemblercodes mehrere Maschinencodes vorgesehen werden. Demntsprechend soll ein Mikroprozessor mindestens über arithmetisch-logische, Datentransport- und Sprungbefehle verfügen. Die Tabellen 25.16a bis 25.16b enthalten die Befehlsliste des hypothetiscnen Mikroprozessors, geordnet nach Art der Befehle, und zwar in alphabetischer Reihenfolge der Assembler-Codes sowie die Maschinenschlüssel für die einzelnen Adressierungsarten. Hierbei ist gleichzeitig ersichtlich, wieviele Bytes der jeweilige Befehl lang ist und wieviele Maschinenzyklen zu seiner Ausführung benötigt werden.

Es ist ferner die Wirkung auf die einzelnen Flags des Statusregister angegeben (X: Flag wird entsprechend dem Ergebnis der Operation gesetzt; 1 bzw. 0: Flag wird auf 1 oder 0 gesetzt). Bei den bedingten Sprüngen werden die Flags abgefragt, ohne daß ihr Zustand verändert wird.

Tabelle 25.13a,b enthält die Operationscodes in numerischer Reihenfolge der Maschinenschlüssel. Die Adressierungsart ist hier im Operanden enthalten.

Tabelle 25.14a,b enthält die gleiche Aufstellung mit dem Unterschied, daß die Adressierungsart mit im mnemonischen OP-Code impliziert ist. Manche Compiler erfordern diese Art des Asemblercodes.

Adressierungsart, Befehlslänge, Zykluszahl

I. Arithmetische u. Logische Befehle

Op-Code (Assembler)	Bedeutung	direkt 2 Byte OP, n	Zero page 2 Byte, nicht indiz. OP, n	Zero page 2 Byte, indiz. X OP, n	absolut 3 Byte, nicht indiz. OP, n	absolut 3 Byte, indiz. X OP, n	absolut 3 Byte, indiz. Y OP, n	relativ 2 Byte OP, n	indirekt 2 Byte (Operand, X) OP, n	indirekt 2 Byte (Operand) Y OP, n	impliziert 1 Byte Op, n	PSR: N Z C I D V	Wirkung der Operanden / Erläuterungen
ADC	ADDieren auf Accu mit Carry	69 2	65 3	75 4	6D 4	7D 4(+1)	79 4(+1)	–	61 6	71 5(+1)	–	* * * – – *	Zum Inh. d. Accu w. Inh. d. adr. Zelle addiert (ACC) plus (M) -> ACC. C
AND	Logisches AND mit Accu	29 2	25 3	35 4	2D 4	3D 4(+1)	39 4(+1)	–	21 6	31 5	–	* * – – – –	Inh. von M wird bitweise UND m. Accu verknüpft (ACC)(M) -> ACC
ASL	Arithmetisches Shift Left	–	06 5	16 6	0E 6	1E 7	–	–	–	–	–	* * * – – –	Arithmetisches Shift Left. Verschiebeinhalt des adress.Speich. um eine Stelle nach links oder rechts,
ASLA	Arithmetisches Shift Left Accu	–	–	–	–	–	–	–	–	–	0A 2	* * * – – –	Auffüllen freigewordenes Bit mit 0, Übertrag herausgeschobenes Bit ins Carry-Flag, zum Beispiel
LSR	Logisches Shift Right	–	46 5	56 6	4E 6	5E 7	–	–	–	–	–	* * * – – –	Logisches Shift Right
LSRA	Logisches Shift Right Accu	–	–	–	–	–	–	–	–	–	4A 2	* * * – – –	Shift Right: M oder A C $0 -> -> -> -> -> -> -> -> ->$
BIT	BIt Test m. Accu	–	24 3	–	2C 4	–	–	–	–	–	–	m_7 * – – – m_6	bit 6 u.7 aus M ins Statusrg.; Z=1 für (M). (ACC)=0, sonst Z=0
CMP	CoMPare mit Accu	C9 2	C5 3	D5 4	CD 4	DD 4(+1)	D9 4(+1)	–	C1 6	D1 5(+1)	–	* * * – – –	Vergl. Inh. v. Accu od. Indexreg.X,Y mit Inh.v.M ohne Änd. d. Operand.; Ergebnis ->Statusrg.(A),(X)
CPX	ComPare mit X	E0 2	E4 3	–	EC 4	–	–	–	–	–	–	* * * – – –	od.(Y)minus(M)->PSR
CPY	ComPare mit Y	C0 2	C4 3	–	CC 4	–	–	–	–	–	–	* * * – – –	
DEC	DECrementieren M	–	C6 5	D6 6	CE 6	DE 7	–	–	–	–	–	* * – – – –	Dekremenation des Inhalts von M, X um 1
DEX	DECrementieren X	–	–	–	–	–	–	–	–	–	CA 2	* * – – – –	(M), (X) oder (Y) minus 1 -> M, X, Y
DEY	DECrementieren Y	–	–	–	–	–	–	–	–	–	88 2	* * – – – –	
EOR	Exclus.OR m.Accu	49 2	45 3	55 4	4D 4	5D 4(+1)	–	–	41 6	51 5(+1)	–	* * – – – –	XOR-Verknüpfung des Inhalts von M mit Inhalt von Accu (ACC)⊕(M)-> ACC
INC	INCrementieren M	–	E6 5	F6 6	EE 6	FE 7	–	–	–	–	–	* * – – – –	Wie Decrementieren, nur Erhöhen des Inhalts des adressierten Speichers um 1
INX	INCrementieren X	–	–	–	–	–	–	–	–	–	E8 2	* * – – – –	
INY	INCrementieren Y	–	–	–	–	–	–	–	–	–	C8 2	* * – – – –	
NOP	NO Operation	–	–	–	–	–	–	–	–	–	EA 2	– – – – – –	No Operation
ORA	OR mit Accu	09 2	05 3	15 4	0D 4	1D 4(+1)	19 4(+1)	–	01 6	11 5	–	* * – – – –	OR-Verknüpfg. des Inhalts von M mit Inhalt von Accu: (ACC) + (M)-> ACC
ROL	ROtate 1 bit Left	–	26 5	36 6	2E 6	3E 7	–	–	–	–	–	* * * – – –	Verschieben d. Inhalts des adress. Speich. um 1 bit nach links oder rechts unter Einbeziehung des Carry-Flags
ROR	ROtate 1 bit Right	–	66 5	76 6	6E 6	7E 7	–	–	–	–	–	* * * – – –	
ROLA	ROt.1 bit Left Accu	–	–	–	–	–	–	–	–	–	2A 2	* * * – – –	des C-Flags
RORA	ROt.1 bit Right Accu	–	–	–	–	–	–	–	–	–	6A 2	* * * – – –	
SBC	SuBtract m. Carry	E9 2	E5 3	F5 4	ED 4	FD 4(+1)	F9 4(+1)	–	E1 6	F1 5(+1)	–	* * * – – *	Vom Inhalt Accu wird Inhalt der adressierten Zelle m. Borgen subtrahiert (ACC) minus (M) -> ACC

(+1): 1 Zyklus mehr, wenn Page überschritten wird
Wirkung auf das Statusregister PSR
*: Inhalt des Flag im PSR hängt vom Ergebnis der Operation ab
M: Adresse des Operanden

Tabelle 25.16a: Befehlssatz des hypothetischen Mikroprozessors (Teil I)

II. Sprung- und Verzweigungsbefehle

Op-Code (Assembler)	Bedeutung	direkt 2 Byte (OP n)	Zero page nicht indiz. (OP n)	Zero page indiz. X (OP n)	absolut nicht indiz. (OP n)	absolut indiz. X (OP n)	absolut indiz. Y (OP n)	relativ 2 Byte (OP n)	indirekt (Operand,X) (OP n)	indirekt (Operand)Y (OP n)	implizit 1 Byte (Op n)	N	Z	C	I	D	V	Wirkungen
BBC	Branch on Carry Clear	–	–	–	–	–	–	90 3(+1)	–	–	–	–	–	–	–	–	–	Verzweigen, wenn C = 0 ist
BCS	Branch on Carry Set	–	–	–	–	–	–	B0 3(+1)	–	–	–	–	–	–	–	–	–	Verzweigen, wenn C = 1 ist
BEQ	Branch on EQal Zero	–	–	–	–	–	–	F0 3(+1)	–	–	–	–	–	–	–	–	–	Verzweigen, wenn Z = 1 ist
BMI	Branch on MInus	–	–	–	–	–	–	30 3(+1)	–	–	–	–	–	–	–	–	–	Verzweigen, wenn N = 1 ist
BNE	Branch on Not Equal	–	–	–	–	–	–	D0 3(+1)	–	–	–	–	–	–	–	–	–	Verzweigen, wenn Z = 0 ist
BPL	Branch on PLus	–	–	–	–	–	–	10 3(+1)	–	–	–	–	–	–	–	–	–	Verzweigen, wenn N = 0 ist
BRK	BRreaK (interrupt)	–	–	–	–	–	–	–	–	–	00 7	–	–	–	1	1	–	Software-Interrupt,(PC) plus 2 -> Stack,(PSR) -> Stack
BVC	Branch on OVerflow Clear	–	–	–	–	–	–	50 3(+1)	–	–	–	–	–	–	–	–	–	Verzweigen, wenn V = 0 ist
BVS	Branch on OVerflow Set	–	–	–	–	–	–	70 3(+1)	–	–	–	–	–	–	–	–	–	Verzweigen, wenn V = 1 ist
JMP	JuMP (unbedingt)	–	–	–	4C 3	–	–	–	–	–	–	–	–	–	–	–	–	Unbedingter Sprung, (PC plus 1) -> PCL, (PC plus 2)->PCH
JSR	Jump to SubRoutine	–	–	–	20 6	–	–	–	–	–	–	–	–	–	–	–	–	Sprung ins Unterprog. und Retten Rückkehr ins Programm: (PC plus 2) -> Stack, (PC plus 1) -> PCL, (PC plus 2)-> PCH
RTI	Return from Interrupt	–	–	–	–	–	–	–	–	–	40 6			aus Stack				Rückkehr aus Interrupt (PSR) und (PC) aus Stack holen
RTS	Return from Subroutine	–	–	–	–	–	–	–	–	–	60 6	–	–	–	–	–	–	Rückkehr aus Unterprogramm (PC) aus Stack, (PC plus 1) -> PC

III. Datentransportbefehle

Op-Code (Assembler)	Bedeutung	direkt 2 Byte (OP n)	Zero page nicht indiz. (OP n)	Zero page indiz. X (OP n)	absolut nicht indiz. (OP n)	absolut indiz. X (OP n)	absolut indiz. Y (OP n)	relativ 2 Byte (OP n)	indirekt (Operand,X) (OP n)	indirekt (Operand)Y (OP n)	implizit 1 Byte (Op n)	N	Z	C	I	D	V	Wirkungen
CLC	CLear Carry Flag	–	–	–	–	–	–	–	–	–	18 2	–	–	0	–	–	–	Löschen Carry-Flag (C = 0)
CLD	CLear Decimal Flag	–	–	–	–	–	–	–	–	–	D8 2	–	–	–	–	0	–	Löschen Dezimal-Modus (D = 0)
CLI	CLear Interrupt Flag	–	–	–	–	–	–	–	–	–	58 2	–	–	–	0	–	–	Löschen Interr.-Disable-Flag (I=0)
CLV	CLear OVerflow Flag	–	–	–	–	–	–	–	–	–	B8 2	–	–	–	–	–	0	Löschen Overflow-Flag (V = 0)
LDA	LoaD Accu	A9 2	A5 3	B5 4	AD 4	BD 4(+1)	B9 4(+1)	–	A1 6	B1 5(+1)	–	*	*	–	–	–	–	Laden Accu ACC, Register X oder Y mit Inhalt von M
LDX	LoaD Indexreg. X	A2 2	A6 3	B4 4	AE 4	–	BE (4+1)	–	–	–	–	*	*	–	–	–	–	(M) -> ACC, X oder Y
LDY	LoaD Indexreg. Y	A0 2	A4 3	B4 4	AC 4(+1)	BC 4(+1)	–	–	–	–	–	*	*	–	–	–	–	
PHA	PusH Accu to Stack	–	–	–	–	–	–	–	–	–	48 3	–	–	–	–	–	–	Retten Inhalt von Accu oder Statusregister ->Stapel: (ACC), (PSR) -> Stack
PHP	PusH PSR to Stack	–	–	–	–	–	–	–	–	–	08 3	–	–	–	–	–	–	

Spaltenerläuterungen:
- (+1): 1 Zyklus mehr, wenn Page überschritten wird
- M: Adresse des Operanden
- *: Inhalt des Flag im PSR hängt vom Ergebnis der Operation ab
- Adressierungsart, Befehlslänge, Zyklenzahl n
- Wirkung auf das Statusregister PSR: N Z C I D V

Tabelle 25.16b: Befehlssatz des hypothetischen Mikroprozessors (Teil II)

III. Datentransportbefehle (Fortsetzg.)

Op-Code (Assembler)	Bedeutung	direkt, 2 Byte OP n	Zero page, 2 Byte nicht indiz. OP n	Zero page indiz. X OP n	absolut, 3 Byte nicht indiz. OP n	absolut indiz. X OP n	absolut indiz. Y OP n	relativ, 2 Byte OP n	indirekt (Operand, X) OP n	indirekt (Operand), Y OP n	implizit 1 Byte Op n	N Z C I D V	Wirkung Erläuterungen
PLA	PuLl Accu from Stack	– –	– –	– –	– –	– –	– –	– –	– –	– –	68 4	* * – – – –	Holen alten Inhalt von Accu oder PSR aus Stapel nach Accu oder PSR (Stack) -> ACC, PSR
PLP	PuLl PSR from Stack	– –	– –	– –	– –	– –	– –	– –	– –	– –	28 4	aus Stack	
SEC	SEt Carry Flag	– –	– –	– –	– –	– –	– –	– –	– –	– –	38 2	– – 1 – – –	Setzen Carry Flag C = 1
SED	SEt Decimal Mode	– –	– –	– –	– –	– –	– –	– –	– –	– –	F8 2	– – – – 1 –	Setzen Dezimal Modus Flag D = 1
SEI	SEt Interr. Disable	– –	– –	– –	– –	– –	– –	– –	– –	– –	78 2	– – – 1 – –	Setzen Interr.-Disable-Fl. I=1
STA	STore from Accu	– –	85 3	95 4	8D 4	9D 5	99 5	– –	81 6	91 6	– –	– – – – – –	Holen Inhalt von Accu, Indexrg. X oder Y nach M (ACC), (X) oder (Y) -> M
STX	STore from Index X	– –	85 3	– –	8E 4	– –	– –	– –	– –	– –	– –	– – – – – –	
STY	STore from Index Y	– –	84 3	94 4	8C 4	– –	– –	– –	– –	– –	– –	– – – – – –	
TAX	Transfer Accu to X	– –	– –	– –	– –	– –	– –	– –	– –	– –	AA 2	* * – – – –	Inhalt des Accus wird ins Index-register X oder Y gebracht (ACC) -> X, Y
TAY	Transfer Accu to Y	– –	– –	– –	– –	– –	– –	– –	– –	– –	A8 2	* * – – – –	
TSX	Transfer Stack Pointer to X	– –	– –	– –	– –	– –	– –	– –	– –	– –	BA 2	* * – – – –	Inhalt des Stapelzeigers kommt nach X: (SP)-> X
TXA	Transfer X to Accu	– –	– –	– –	– –	– –	– –	– –	– –	– –	8A 2	* * – – – –	Inhalt von X kommt nach Accu: (X) -> ACC
TXS	Transfer X to Stack pointer	– –	– –	– –	– –	– –	– –	– –	– –	– –	9A 2	* * – – – –	Inhalt von X kommt in den Stapel-zeiger: (X) -> SP
TYA	Transfer Y to Accu	– –	– –	– –	– –	– –	– –	– –	– –	– –	98 2	* * – – – –	Inhalt von Y kommt nach Accu: (Y) -> ACC

(+1): 1 Zyklus mehr, wenn Page überschritten wird

* : Inhalt des Flag im PSR hängt vom Ergebnis der Operation ab

M: Adresse des Operanden

Anmerkung: Die Spalte "Op-Code (Assembler)" enthält die Mnemonik, bei der die Adressierungsart im Operanden enthalten sein muß.

Je nach Assemblerprogramm ist aber auch die Version möglich, die die Adressierungsart im Op-Code enthält.

Tabelle 25.16c: Befehlssatz des hypothetischen Mikroprozessors (Teil III)

Tabelle 25.17a: Operationscode des hypothetischen Mirokprozessors in numerischer Reihenfolge der Maschinenschlüssel

OP-Cod (hex.)	OP-Code (symbolisch)	Adressie- rungs-Art	OP-Code (hex.)	OP-Code (symbolisch)	Adressie- rungsart
00	BRK	impliziert	59	EOR	absolut, Y
01	ORA	(indirekt,X)	5D	EOR	absolut, X
05	ORA	Zero Page	5E	ASR	absolut, X
06	ASL	Zero Page	60	RTS	impliziert
08	PHP	impliziert	61	ADC	(indirekt,X)
09	ORA	direkt	65	ADC	Zero Page
0A	ASL	impliziert	66	ROR	Zero Page
0D	ORA	absolut	68	PLA	impliziert
0E	ASL	absolut	69	ADC	direkt
10	BPL	impliziert	6A	ROR	impliziert
11	ORA	(indirekt), Y	6B	ADC	absolut
15	ORA	Zero Page, X	6E	ROR	absolut
16	ASL	Zero Page, X	70	BVS	impliziert
18	CLC	impliziert	71	ADC	(indirekt), Y
19	ORA	absolut, Y	75	ADC	Zero Page, X
1D	ORA	absolut, X	76	ROR	Zero Page, X
1E	ASL	absolut, X	78	SEI	impliziert
20	JSR	absolut	79	ADC	absolut, Y
21	AND	(indirekt,X)	7B	ADC	absolut, X
24	BIT	Zero Page	7E	ROR	absolut, X
25	AND	Zero Page	81	STA	(indirekt, X)
26	ROL	Zero Page	84	STY	Zero Page
28	PLP	impliziert	85	STA	Zero Page
29	AND	direkt	86	STX	Zero Page
2A	ROLA	impliziert	88	DEY	impliziert
2C	BIT	absolut	8A	TXA	impliziert
2D	AND	absolut	8C	STY	absolut
2E	ROL	absolut	8D	STA	absolut
30	BMT	relativ	8E	STX	absolut
31	AND	(indirekt), Y	90	BCC	relativ
35	AND	Zero Page, X	91	STA	(indirekt), Y
36	ROL	Zero Page, X	94	STY	Zero Page, X
38	SEC	impliziert	95	STA	Zero Page, X
39	AND	absolut, Y	96	STX	Zero Page, Y
3D	AND	absolut, X	98	TYA	impliziert
3E	ROC	absolut, X	99	STA	absolut, Y
40	RTI	impliziert	9A	TXS	impliziert
41	EOR	(indirekt,X)	9B	STA	absolut, X
45	EOR	Zero Page	A0	LDY	immediate
46	ASR	Zero Page	A1	LDA	(indirekt, X)
48	PHA	impliziert	A2	LDX	direkt
49	EOR	direkt	A4	LDY	Zero Page
4A	ASLA	impliziert	A5	LDA	Zero Page
4C	JMP	absolut	A6	LDX	Zero Page
4D	EOR	absolut	A8	TAY	impliziert
4E	ASR	absolut	A9	LDA	direkt
50	BVC	relativ	AA	TAX	impliziert
51	EOR	(indirekt), Y	AC	LDY absolut	
55	EOR	Zero Page, X	AD	LDA absolut	
56	ASR	Zero Page, X	AE	LDX absolut	
58	CLI	impliziert	B0	BCS	relativ

Tabelle 25.17b: Operationscodes des hypothetischen Mikroprozessors in numerischer Reihenfolge der Maschinenschlüssel

OP-Code (hex.)	OP-Code (symbolisch)	Adressierungs-Art
B1	LDA	(indirekt), Y
B4	LDY	Zero Page, X
B5	LDA	Zero Page, X
B8	CLV	impliziert
B9	LDA	absolut, Y
BA	TSX	impliziert
BC	LDY	absolut, X
BB	LDA	absolut, X
BE	LDX	absolut, Y
C0	CPY	direkt
C1	CMP	(indirekt,X)
C4	CPY	Zero Page
C5	CMP	Zero Page
C6	DEC	Zero Page
C8	INY	impliziert
C9	CMP	direkt
CA	DEX	impliziert
CC	CPY	absolut
CB	CMP	absolut
CE	DEC	absolut
D0	BNE	relativ
D1	CMP	(indirekt),Y
D5	CMP	Zero Page, X
D6	DEC	Zero Page, X
D8	CLD	impliziert
D9	CMP	absolut, Y
DD	CMP	absolut, X
DE	DEC	absolut, X
E0	CPX	direkt
E1	SBC	(indirekt,X)
E4	CPX	Zero Page
E5	SBC	Zero Page
E6	INC	Zero Page
E8	INX	impliziert
E9	SBC	direkt
EA	NOP	impliziert
EC	CPX	absolut
ED	SBC	absolut
EE	INC	absolut
F0	BEQ	relativ
F1	SBC	(indirekt),Y
F5	SBC	Zero Page, X
F6	INC	Zero Page, X
F8	SEB	impliziert
F9	SBC	absolut, Y
FB	SBC	absolut, X
FE	INC	absolut, X

Tabelle 25.18a: Operationscodes des hypothetischen Mikroprozessors in numerischer Reihenfolge der Maschinenschlüssel und Mnemonischen OP-Codes, die die Adresierungsart enthalten

OP-Code (hex.)	OP-Code (symbolisch)	Adressie-rungs-Art	OP-Code (hex.)	OP-Code (symbolisch)	Adressie-rungsart
00	BRK	impliziert	59	EOY	absolut, Y
01	ORAIX	(indirekt,X)	5D	EORX	absolut, X
05	ORAZ	Zero Page	5E	LSRX	absolut, X
O6	ASLZ	Zero Page	60	RTS	impliziert
08	PHP	impliziert	61	ADCIX	(indirekt, X)
09	ORAIM	direkt	65	ADCZ	Zero Page
0A	ASLA	impliziert	66	RORZ	Zero Page
0B	ORA	absolut	68	PLA	impliziert
0E	ASL	absolut	69	ADCIM	direkt
10	BPL	impliziert	6A	RORA	impliziert
11	ORAIY	(indirekt), Y	6B	ADC	absolut
15	ORAZ	Zero Page, X	6E	ROR	absolut
16	ASLZX	Zero Page ,X	70	BVS	impliziert
18	CLC	impliziert	71	ADCIY	(indirekt), Y
19	ORAY	absolut, Y	75	ADCZX	Zero Page, X
1D	OR	absolut, X	76	RORZX	Zero Page, X
1E	ASLX	absolut, X	78	SEI	impliziert
20	JSR	absolut	79	ADCY	absolut, Y
21	ANDIX	(indirekt,X)	7B	ADCX	absolut, X
24	BITZ	Zero Page	7E	RORX	absolut, X
25	ANDZ	Zero Page	81	STAIX	(indirekt, X)
26	ROLZ	Zero Page	84	STYZ	Zero Page
28	PLP	impliziert	85	STAZ	Zero Page
29	ANDIM	direkt	86	STXZ	Zero Page
2A	ROLA	impliziert	88	DEY	impliziert
2C	BIT	absolut	8A	TXA	impliziert
2D	AND	absolut	8C	STY	absolut
2E	ROL	absolut	8D		STA absolut
30	BMI	relativ	8E	STX	absolut
31	ANDIY	(indirekt), Y	90	BCC	relativ
35	ANDZX	Zero Page, X	91	STAIY	(indirekt), Y
36	ROLZX	Zero Page, X	94	STYZX	Zero Page, X
38	SEC	impliziert	95	STAZX	Zero Page, X
39	ANDY	absolut, Y	96	STXZY	Zero Page, Y
3B	ANDX	absolut, X	98	TYA	impliziert
3E	ROLX	absolut, X	99	STAY	absolut, Y
40	RTI	impliziert	9A	TXS	impliziert
41	EORIX	(indirekt,X)	9B	STAX	absolut, X
45	EORZ	Zero Page	A0	LDYIM	direkt
46	LSRZ	Zero Page	A1	LDAIX	(indirekt, X)
48	PHA	impliziert	A2	LDXIM	direkt
49	EORIM	direkt	A4	LDYZ	Zero Page
4A	LSRA	impliziert	A5	LDAZ	Zero Page
4C	JMP	absolut	A6	LDXZ	Zero Page
4D	EOR	absolut	A8	TAY	impliziert
4E	LSR	absolut	A9	LDAIM	direkt
50	BVC	relativ	AA	TAX	impliziert
51	EORIY	(indirekt),Y	AC	LDY	absolut
55	EORZX	Zero Page, X	AD	LDA	absolut
56	LSRZX	Zero Page, X	AE	LDX	absolut
58	CLI	impliziert	B0	BCS	relativ

Tabelle 25.18b: Operationscodes des hypothetischen Mikroprozessors in numerischer Reihenfolge der Maschinenschlüssel und mnemonischen Op-Codes, die die Adressierungsart enthält

OP-Code (hex.)	OP-Code (symbolisch)	Adressierungs-Art
B1	LDAIY	(indirekt), Y
B4	LDYZX	Zero Page, X
B5	LDAZX	Zero Page, X
B8	CLV	impliziert
B9	LDAY	absolut, Y
BA	TSX	impliziert
BC	LDYX	absolut, X
BB	LDAX	absolut, X
BE	LDXY	absolut, Y
C0	CPYIM	direkt
C1	CMPIX	(indirekt, X)
C4	CPYZ	Zero Page
C5	CMPZ	Zero Page
C6	DECZ	Zero Page
C8	INY	impliziert
C9	CMPIM	direkt
CA	DEX	impliziert
CC	CPY	absolut
CD	CMP	absolut
CE	DEC	absolut
D0	BNE	relativ
D1	CMPIY	(indirekt),Y
D5	CMPZX	Zero Page, X
D6	DECZX	Zero Page, X
D8	CLD	impliziert
D9	CMPY	absolut, Y
DD	CMPX	absolut, X
DE	DECX	absolut, X
E0	CPXIM	direkt
E1	SDCIX	(indirekt,X)
E4	CPXZ	Zero Page
E5	SBCZ	Zero Page
E6	INCZ	Zero Page
E8	INX	impliziert
E9	SBCIM	direkt
EA	NOP	impliziert
EC	CPX	absolut
EB	SBC	absolut
EE	INC	absolut
F0	BEQ	relativ
F1	SDCIY	(indirekt),Y
F5	SBCZX	Zero Page, X
F6	INCZX	Zero Page, X
F8	SED	impliziert
F9	SBCY	absolut, Y
FB	SBCX	absolut, X
FE	INC	absolut, X

25.9 Industrielle 16- und 32-Bit-Mikroprozessoren

Im Bereich der *16- und 32-Bit-MPU*s teilen sich relativ wenige Großfirmen den Markt. Sie verfügen jeweils über sog. *Prozessor-Familien,* von denen jedes einzelne Mitglied zum Teil identische und zum Teil verschiedenartige bzw. weitergehende *(aufwärtskompatible)* Spezifikationen hat. Wir wollen die Leistungsmerkmale von 3 Prozessorfamilien (Motorola, Intel und National Semiconductors) als Beispiele herausgreifen. Tabelle 25.19 enthält charakteristische Daten, die so zusammengestellt sind, daß ein gewisser Vergleich möglich ist. Anhand der Leistungsmerkmale werden einige Begriffe, soweit dies nicht schon in den vorangegangenen Kapiteln geschehen ist, zusätzlich erläutert. Auf Einzelheiten können wir im Rahmen dieses Buches nicht eingehen; hier genüge der Verweis auf die umfangreichen Produktinformationen.

Interne Verarbeitung (bit)

Manche MPU arbeiten intern mit einer größeren Datenbusbreite als extern zugänglich; dadurch erhöht sich u. a. die Verarbeitungsgeschwindigkeit. Sie kann zudem für Festkomma- und/oder Gleitkomma-Arithmetik unterschiedlich sein.

Bitfeld-Befehle

Die Bitverarbeitung kann allgemein in *Bit, Nibble* (4 bit), *Bytes* (8 bit), *Worten* (16 bit), *Doppelworten* (*long word*, 32 bit) und *Vierfachworten* (*quad word*, 64 bit) erfolgen. Manche Prozessoren lassen auch eine *variable Anzahl* von Bits zu, die dann als *Bitfeld* definiert werden.

Stringbefehle

Das Datenformat *String* bezieht sich auf aufeinanderfolgend gespeicherte Daten gleichen Formats. Typisch sind z. B. ASCII-Byte-Strings.

Speicherdirekte Adressierung

(vgl. Abschnitt 24.7.4.2)

Daten/Befehls-Cache

Mikroprozessoren, die intern über einen oder mehrere *Cache-Speicher* (versteckte Arbeitsspeicher innerhalb der MPU) verfügen, können auf diese Speicher in extrem kurzer Zeit zugreifen; sie sind daher sehr schnell. Die Cache-Speicher enthalten - hardwaregesteuert - Kopien von Teilen des Hauptspeichers (Daten und/oder Befehle). So können beispielsweise Programmschleifen, die in der Praxis sehr häufig vorkommen, ohne einen externen Speicherzugriff abgewickelt werden.

Cache-Snooper

Zur *Kontrolle der Datenkonsistenz* zwischen Cache und externem Arbeitsspeicher verfügen manche MPUs über sog. *Bus-* oder *Cache-Snooper* (Schnüffler).

Instruction-Queue

Ein spezielles Register verbessert die *Befehlsverarbeitung* durch Anwendung des *Pipeline-Prinzips* (vgl. Abschnitt 24.8.2)

Prozessor	MC68000	MC68010	MC68020	MC68030	MC68040	8086	80286	i386	i486	NS32016	NS32032	NS32332	NS32532
Datenbus/bit	16	16	32	32	32	16	16	32	32	16	32	32	32
Adreßbus/bit	24	24	32	32	32	20	24	32	32	24	24	32	32
Takt/MHz	8;10;16	8;10;12,5	12,5;16;20	16;20	16;20	–	–	–	–	–	–	–	–
Verarbeitung intern/bit	32	32	32	32	32	16	16	32	32	32	32	32	32
Bitfeldbefehle	–	–	ja	ja	ja	–	–	ja	ja	–	–	–	–
String-Befehle	–	–	–	–	–	ja	ja	ja	ja	–	–	–	–
Speicherindirekte Adressierung	–	–	ja	ja	ja	–	–	–	–	–	–	–	–
Daten-Cache	–	–	–	256 Byte	4 kB	–	–	–	–	–	–	–	1 kB
Befehls-Cache	–	3 Worte	128 Worte	256 Byte	4 kB	–	–	–	–	–	–	–	512 Byte
Befehls-/Daten-Cache	–	–	–	–	–	–	–	–	8 kB	–	–	–	–
Cache-Snooper	–	–	–	–	–	–	–	–	–	–	–	–	–
Instruction-Queue	–	–	–	–	–	6 Byte	6 Byte	16 Byte	32 Byte	8 Byte	8 Byte	20 Byte	8 Byte
Unterstützung für Demand-Paging	–	ja	ja	ja	ja	–	ja	ja	ja	ja	ja	ja	ja
On-Chip-MMU	–	–	–	ja (1)	ja (2)	4 Segm.: 20-Bit-Basis	4 Segmente: a)20-Bit-Bas. b)24-Bit-Bas. durch Deskriptoren	1) 6 Segmente: a) 20-Bit-Bas. b) 32-Bit-Bas. durch Deskript. 2) wahlweise zus. Seitenverwalt.	ja	–	–	–	ja
Betriebsebenen	2	2	2	2	2	1	4	4	4	2	2	2	2
Deskriptorverwaltung für Multitasking	–	–	–	–	–	–	ja	ja	ja	ja	ja	ja	ja
Deskriptorverwaltung für Moduln	–	–	–	–	–	–	–	ja	–	ja	ja	ja	ja
Dynamic-Bus-Sizing-Port-Sizes in Bits	–	–	8,16,32	8,16,32	–	–	16,32	8,16,32	–	–	–	8,16,32	8,16,32
Address-Pipelining	–	–	–	ja	–	–	ja	ja	–	–	–	ja	ja
Data-Misalignment	–	–	ja	ja	ja	ja	ja	ja	ja	ja	ja	ja	ja
Asynchroner Bus-zyklus	ja	ja	ja	ja	ja	–	–	–	–	ja	ja	ja	ja
Synchroner Bus-zyklus	–	–	–	ja	ja	ja	ja	ja	ja	–	–	–	–
Burst-Mode-Zyklus	–	–	–	ja	ja	–	–	–	ja	–	–	–	ja
Coprozessor-schnittstelle	–	–	ja	ja	–	ja	ja	ja	–	ja	ja	ja	ja
On-chip-FPU	–	–	–	–	ja	–	–	–	ja	–	–	–	–

Tabelle 25.19 : Leistungsmerkmale von Mikroprozessoren der Reihen Motorola MC 68XXX, Intel 80XX(X), i386, i486, National Semiconductors NS 32XXX

Demand-Paging

Greift der Prozessor bei größeren Programmen oder bei *Mehrnutzer-(Multiuser)-Betrieb* auf Teile zu, die sich zur Zeit nicht im RAM befinden, sondern in einem Hintergrund-Speicher *(virtuelle Speicherung),* so muß die betreffende Seite *(Page-Konzept,* s.a. Abschnitt 24.7.4.1) erst geladen werden. Man bezeichnet dies als *Demand-Paging.*

On-Chip-MMU

Die *Speicherverwaltungseinheit (Memory Managing Unit, MMU)* hat die Aufgabe, bei virtueller Speicherung (s. o.) eine effektive Verwaltung der einzelnen Programmsegmente durchzuführen, indem sie aus den *virtuellen (logischen)* Adressen *reale (physikalische)* erzeugt. Sofern sie nicht auf der MPU *("on chip")* ist muß sie gegebenfalls extern bereitgestellt werden.

Die MMU arbeitet mit der MPU und dem Cache zusammen. Der Speicherzugriff der MPU reduziert sich auf den Zugriff zur MMU, die ihrerseits wiederum die Daten aus dem schnellen Cache bezieht. Die MMU sogt dafür, daß der Cache blockweise den Datenverkehr mit dem übrigen Hauptspeicher durchführt. Der Zugriff des Caches auf den Hauptspeicher wird so organisiert, daß er zu den Zeiten erfolgt, zu denen die MPU mit Operationen beschäftigt ist, die keinen Speicherzugriff erfordern.

Betriebsebenen

Die meisten MPUs verfügen über mindestens 2 interne - *unbhängig voneinander und weitgehend parallel arbeitende* - Bussysteme *(Betriebsebenen),* die über eine Bussteuereinheit koordiniert werden.

Deskriptoren für Multitasking

Bei Mehrprogrammbetrieb bzw. Multitasking (vgl. Abschnitt 24.5.5 bzw. 24.5.7) werden die einzelnen Prozesse *(Tasks)* mittels *Dekriptoren* verwaltet, die in Form von Deskriptortabellen bereitstehen. Sofern die MPU nicht über entsprechende Möglichkeiten verfügt, müssen sie extern geschaffen werden.

Dynamic Bus Sizing und Data Misalignment

Die MPU kann im allgemeinen byte-, wort- oder doppelwortweise auf den Arbeitsspeicher zugreifen, weil dieser zumeist byteweise adressierbar ist. Bei größeren Systemen mit Datenbusbreiten von 32 bit wird normalerweise mit voller Busbreite (32 bit) auf den Speicher zugegriffen. Sofern *dynamische Busbreiten (Dynamic Bus Sizing)* vorgesehen ist, kann der Prozessor aber auch mit reduzierer Breite (8 oder 16 bit) zugreifen. Dabei muß die Adressierung entsprechend korrigiert und ein sog. *Data Alignment* vorgenommen werden. Details möge der Leser den Produktinformationen entnehmen.

Adreß-Pipelining

Das *Adreß-Pipelining* arbeitet sinngemäß zum Befehls-Pipelining; es genüge deshalb der Verweis nach dort.

Bus-Zyklen (synchron, asynchron, Burst-Mode)

Der *Datenverkehr zwischen MPU und Peripherie* setzt sich aus einer Reihe von Aktivitäten zusammen, die miteinander koordiniert sein müssen, Der Datenverkehr kann dabei synchron oder asynchron erfolgen. Jeweils *genau eine* Einheit steuert zu einem betrachteten Zeitpunkt den Bus und ist in dem Augenblick *Bus-Master.* Sie legt Adressen auf den Adreßbus. Dementsprechend ist das *adressierte Modul* der *Slave* (RAM, I/O-Baustein etc.)

Bei *synchronem Buszyklus* legt der *Master im ersten Takt* die Startadresse an, und im *nächsten Takt reagiert der Slave* mit der Datenübernahme oder -übergabe. Hierbei muß sich der Master (Prozessor) nach der (häufig wesentlich niedrigeren) Arbeitsgeschwindigkeit des Slave richten.

Bei *asynchronem Buszyklus* setzt der Busmaster die Slave-Adresse und wartet, bis der Slave die Datenübernahme/übergabe ohne zusätzlichen Masterzyklus abgewickelt hat (vgl. a. E/A-Verkehr, Abschnitt 25.64).

Der *Burst-Mode-Zyklus* ist im Abschnitt 24.7.9 erläutert.

Coprozessor-Schnittstelle

Zu manchen MPUs existieren sog. Coprozessoren. Es handelt sich dabei um genau auf die MPU hardwaremäßig abgestimmte Prozesoren (Slave- Prozessoren), die im wesentlichen folgende Aufgaben haben

- allgemeine Entlastung des (Master-) Prozessors zwecks Erhöhung der Rechengeschwindigkeit

- Realisierung zusätzlicher Befehle (z.B. Gleitkomma-Arithmetik - in diesem Fall handelt es sich um eine Floating-Point-Unit FPU).

Für den Verkehr zwischen MPU und Coprozessor existiert eine definierte Schnittstelle mit einem entsprechenden Busprotokoll auf Mikroprogrammebene. *Der Anwender behandelt MPU und Coprozessor als eine physikalische Einheit.*

Auswahl ergänzender und weiterführender Literatur

[1]   G. Boole: An Investigation of the Laws of Thought, London 1854, Neudruck Chicago 1916.

[2]   C.E. Shannon: A Symbolic Analysis of Relay and Switching Circuits, Trans. A.I.E.E. 57 (1938), S. 713-723.

[3]   G. Boole: The Mathematical Analysis of Logic, Mc Millan, Cambridge 1847, Neudruck Blackwell, Oxford, 1948.

[4]   C.E. Shannon: The Synthesis of Two-Terminal Switching Circuits, Bell Syst. Tech. Journ. 28 (1949), H. 1 S. 59-98.

[5]   E. W. Veitch: A Chart Method for Simplifying Truth Functions, Proc. Association for Comp. Mach. Conf., May 1952, S. 127-133.

[6]   Karnaugh, M.:   The Map Method for Synthesis of Combinational Logic Circuits, Communications and Electronics, Nov. 53, S. 593-598.

[7]   Quine: A Way to Simplify Thruth Functions, American Mathematical Monthly 62, 1955.

[8]   Mc Cluskey: Minimisation of Boolean Functions, Bell Syst. Techn. J., 35, 1956.

[9]   Händler: Ein Minimalisierungsverfahren zur Synthese von Schaltkreisen, Diss. T.H. Darmstadt, 1958.

[10] E. O. Philipp: Die Dimensionierung von bistabilen Multivibratoren mit Flächentransistoren, Elektronische Rundschau No. 4 / 1962, S. 151 ff.

[11] S.H. Caldwell: Der logische Entwurf von Schaltkreisen,1964 Oldenbourg, München.

[12] Steinhauer/Dokter: Berechnung und Dimensionierung eines Schmitt-Triggers mit Transistoren unter Berücksichtigung der Anwendung in logischen Schaltungen, Internationale Elektronische Rundschau, H. 10, 11 und 12, 1964.

[13] W. Bitterlich: Elektronik, Springer Verlag ,1967.

[14] Peterson: Prüfbare und korrigierbare Codes, R. Oldenbourg Verlag, 1967.

[15] Isernhagen: Logischer Entwurf von Schaltkreisen, Valvo 1970.

[16] H. Schmid: Electronic Analog/Digital Conversions, van Nostrand Reinhold Company, New York/London/Toronto/Melbourne, 1970.

[17] Weber: Einführung in die Methoden der Digitaltechnik, AEG-Tfk-Handbücher Bd. 6, 4. Aufl., 1970.

[18] Booth/Taylor: Digital Networks and Computer Systems, John Wiley, 1971.

[19] Busse: A/D- und D/A-Umsetzer in der Meß- und Regelungstechnik, Geyer Verlag 1971.

[20] Fleischer: Logische Schaltungen, Teil 1: Verknüpfungsglieder, Siemens Verlag, 1971

[21] Schaller/Nüchel: Nachrichtenverarbeitung, 1: Digitale Schaltkreise, Teubner 1972.
                                  2: Entwurf digitaler Schaltwerke, Teubner 1974.

[22] Telefunken: Einführung in die CMOS-Technik, Applikationsbericht B,
                                  2/V.7.28/0772.

[23] E. Merkel: Technische Informatik, Grundlagen und Anwendung Boolescher
                                  Maschinen, Vieweg 1973.

[24] Rumpf/Pulvers: Transistor-Elektronik, 5. Auflage 1973, Verlag VEB Technik Ber-
                                  lin.

[25] Steinkamp: Die Schaltungstechnik zyklischer Binärcodes, Elektro-
                                  nik 22, 1973, H. 2. und H. 3.

[26] Dokter/Steinhauer: Digitale Elektronik, Bd. I/II, Philips Verlag 1974.

[27] W.-R. Lange: Digital/Analog - Analog/Digital-Wandlung, R. Oldenbourg
                                  München, Wien 1974.

[28] Bienert: Einführung in den Entwurf und die Berechnung von Kippschal-
                                  tungen, 4. Auflage 1975, Hüthig Verlag.

[29] A. Möschwitzer: Halbleiterelektronik, Wissensspeicher, 2. Auflage 1975, Hüthig
                                  Verlag.

[30] Seliger: Kodierung und Datenübertragungm, R. Oldenbourg 1975.

[31] E. R. Hnatek: A User's Handbook of D/A- and A/D-Converters, John Wiley &
                                  Sons 1976.

[32] D. Dooley: Data Conversion Integrated Circuits, IEEE Press 1980.

[33] Mead, Conway: Introduction to VLSI Systems, Addison-Wesley Publishing Com-
                                  pany 1980.

[34] Newkirk, Mathews: The VLSI Designers Library, Addison Wesley Publishing Compa-
                                  ny 1980.

[35] Heilmayr (Hrsg.):   A/D- und D/A-Wandler - Bausteine der Datenerfassung, Markt
                                  und Technik 1982.

[36] Muroga/Saburo: VLSI System Design, John Wiley & Sons, Inc.,1982.

[37] Steinbuch/Rupprecht: Nachrichtentechnik Band III, Nachrichtenverarbeitung, Springer
                                  Verlag 1982.

[38] R. W. Hamming: Digitale Filter, VHC Verlagsgesellschaft 1983.

[39] Mavor/Jack/Denyer: Introduction to MOS LSI Design, Addison Wesley Publishing
                                  Company 1983.

[40] Feichtinger: Arbeitsbuch Mikrocomputer, Franzis Verlag 1985.

[41] Scholze: Einführung in die Mikrocomputertechnik, Teubner Studienskrip-
                                  ten No. 104, Teubner Verlag 1985.

[42] Eckl/Pütgens/Walter: A/D- und D/A-Wandler, Franzis Verlag 1988.

[43] Flik/Liebig: Mikroprozessortechnik, Springer Verlag 1990.

[44] Tietze/Schenk: Halbleiter-Schaltungstechnik, 9. Auflage, Springer Verlag 1989.

[45] Leilich/Knaak: Zeitverhalten synchroner Schaltwerke, Springer 1990.

Stichwortverzeichnis

Wärmeabfuhr in der Elektronik

von Maximilian Wutz

1991. XII. 287 Seiten. Gebunden.
ISBN 3-528-06392-0

Das Buch bietet dem Ingenieur einen praxisnahen Zugang zu den theoretischen Grundlagen spezieller Wärmetransportprozesse und führt den Leser auf die Anwendung für verschiedene Kühlprobleme hin. Einleitend hebt das Buch auf die grundsätzliche Bedeutung der Wärmeabfuhr von elektronischen Bauelementen ab. In anschaulicher und leicht faßbarer Weise werden dann die Grundlagen der Wärmeübertragung durch Leitung, Konvektion und Strahlung behandelt. Gebrauchsformeln werden vorgestellt, wie sie für geometrische Anordnungen, die in der Elektronik von Interesse sind, verwendet werden. Dabei werden auch instationäre Vorgänge berücksichtigt wie sie beim Einschalten elektronischer Geräte auftreten. Eng an praktischen Erfordernissen sind die weiteren Kapitel ausgerichtet, die sich mit den Grundprinzipien zur Verbesserung der Wärmeabfuhr und mit konkreten Problemstellungen der Elektronik befassen. Die Wärmeabfuhr von Leistungshalbleitern und von elektronischen Karten werden ebenso behandelt wie der Wärmewiderstand von Bauteilgehäusen.

Das Buch enthält zahlreiche Übungsbeispiele, deren Lösungen gut nachvollziehbar angegeben sind.

Das Buch ist eine wertvolle Hilfe für den Ingenieur, der Probleme der Wärmeabfuhr in der Elektronik lösen muß. Es ist ebenso dem Studenten der Elektrotechnik und Informationstechnik zu empfehlen, der eine Einführung sowie praxisbezogene Lösungsansätze für Wärmeprobleme sucht.

Der Autor lehrt an der RWTH Aachen und ist auf verschiedenen Gebieten für die Industrie beratend tätig.

Vieweg Verlag · Postfach 58 29 · D-6200 Wiesbaden 1